W0361714

Paulsen, Waschke

Sobotta

Atlas der Anatomie des Menschen

Kopf Auge Ohr

Prof. Dr. Friedrich Paulsen

Präparierkurse für Studenten

In der Lehre legt Friedrich Paulsen größten Wert darauf, dass die Studierenden im Präparierkurs tatsächlich an Körperspendern arbeiten können. „Das eigene Präparieren ist nicht nur außerordentlich wichtig für das dreidimensionale Verständnis der Anatomie und bildet die Basis für praktisch jedes medizinische Fach, im Präparierkurs setzt man sich in den meisten Fällen auch zum ersten Mal intensiv mit dem Thema Tod und Sterben auseinander und lernt im Team nicht nur Anatomie, sondern auch den Umgang mit einer besonderen Situation. So einen engen Kontakt hat man später nie wieder zu seinen Kommilitonen und zu seinen Lehrern."

Professor Friedrich Paulsen (geb. 1965) wurde in Kiel geboren und absolvierte nach dem Abitur in Braunschweig zunächst eine Ausbildung als Krankenpfleger. Nach dem Studium der Humanmedizin in Kiel war er als wissenschaftlicher Angestellter am Anatomischen Institut der Klinik für Mund-, Kiefer- und Gesichtschirurgie und der Klinik für Hals-Nasen-Ohrenheilkunde, Kopf- und Halschirurgie der Christian-Albrechts-Universität Kiel tätig. 2002 wurde er mit seinen Kollegen mit dem Lehrpreis für herausragenden Unterricht im Fach Anatomie von der Medizinischen Fakultät der Universität Kiel ausgezeichnet. Auslandserfahrung sammelte er bei mehrmonatigen Aufenthalten in der wissenschaftlichen Abteilung der Augenklinik der Universität Bristol, England. Von 2004 bis 2010 leitete er als Universitätsprofessor am Institut für Anatomie und Zellbiologie der Martin-Luther-Universität Halle die Makroskopie und Prosektur. Zum April 2010 hat Professor Paulsen den Lehrstuhl II am Institut für Anatomie der Friedrich-Alexander-Universität Erlangen übernommen. Professor Paulsen ist seit 2006 Vorstandsmitglied der Anatomischen Gesellschaft und seit 2009 Generalsekretär der International Federation of Associations of Anatomy (IFAA).

Sein Hauptarbeitsgebiet ist das angeborene Immunsystem. Dabei geht es um antimikrobielle Peptide, Kleeblattpeptide, Surfactantproteine, Muzine, korneale Wundheilung sowie Tränendrüsenstammzellen und Erkrankungen wie Augeninfektionen, trockenes Auge oder Arthrose.

Prof. Dr. Jens Waschke

Mehr Klinisches in der Lehre

Sein Lehrstuhl für Anatomie und Zellbiologie ist neu gegründet worden. „Mit dieser Neugründung sollte betont werden, dass es wichtig ist, die Lehre in der Anatomie stärker klinisch auszurichten", sagt Jens Waschke, Professor am Institut für Anatomie und Zellbiologie in Würzburg.
„Die klinischen Aspekte im Atlas führen den Studenten in den ersten Semestern zur Anatomie hin und zeigen gleichzeitig wie wichtig dieses Fach für den späteren klinischen Alltag ist, dass Sie die menschliche Anatomie verstehen können, statt nur Strukturen auswendig zu lernen."

Professor Jens Waschke (geb. 1974) hat sich – nach Medizinstudium und Promotion an der Universität Würzburg – 2007 habilitiert. Zwischen 2003 und 2004 verbrachte er einen neunmonatigen Forschungsaufenthalt an der University of California in Davis bei Professor Fitz-Roy Curry. Seit Juni 2008 ist er Inhaber des Lehrstuhls III an der Universität Würzburg. Professor Waschke wurde 2005 zusammen mit seinen Kollegen mit dem Albert-Koelliker-Lehrpreis der Würzburger Medizinischen Fakultät ausgezeichnet. 2006 erhielt er den Wolfgang-Bargmann-Preis der Anatomischen Gesellschaft.

In seiner Forschung untersucht er vor allem zellbiologische Mechanismen, die die Haftung zwischen Zellen und die Schrankenfunktionen an den äußeren und inneren Barrieren des menschlichen Körpers kontrollieren. Hier stehen zum einen die Regulation der Endothelbarriere bei der Entzündung und daneben die Mechanismen, die bei der Autoimmunerkrankung Pemphigus zur Bildung der z.T. tödlichen Hautblasen führen, im Zentrum des Interesses. Ziel ist es, die Zellhaftung besser zu verstehen und neue Therapieansätze zu entdecken.

Sobotta

Atlas der Anatomie des Menschen

Kopf Auge Ohr

23. Auflage herausgegeben von
F. Paulsen und J. Waschke

295 farbige Tafelbilder
mit 320 Einzelabbildungen

ELSEVIER
URBAN & FISCHER

URBAN & FISCHER
München

Zuschriften und Kritik an:
Elsevier GmbH, Urban & Fischer Verlag, Hackerbrücke 6, 80335 München, E-Mail: medizinstudium@elsevier.de

Anschriften der Herausgeber:
Professor Dr. med. Friedrich Paulsen
Institut für Anatomie II (Vorstand)
Universität Erlangen-Nürnberg
Universitätsstraße 19
91054 Erlangen

Professor Dr. med. Jens Waschke
Institut für Anatomie
Ludwig-Maximilians-Universität
Pettenkoferstraße 11
80333 München

Bibliografische Information der Deutschen Nationalbibliothek
Die Deutsche Nationalbibliothek verzeichnet diese Publikation in der Deutschen Nationalbibliografie; detaillierte bibliografische Daten sind im Internet über http://dnb.d-nb.de abrufbar.

13 14 15 16 17 5 4 3 2 1

Diese Ausgabe ist inhaltlich identisch mit den entsprechenden Kapiteln der 23. Auflage in 3 Bänden.

Um den Textfluss nicht zu stören, wurde bei Patienten und Berufsbezeichnungen die grammatikalisch maskuline Form gewählt. Selbstverständlich sind in diesen Fällen immer Frauen und Männer gemeint.

Planung: Alexandra Frntic; Dr. Katja Weimann
Lektorat: Dr. Andrea Beilmann; Susanne Szczepanek
Redaktion: Julia Baier, München; Amelie Gutsmiedl, München; Martin Kortenhaus, Illertissen; Ulrike Kriegel, buchundmehr, München; Renate Putz, München; Susanne Szczepanek; Janin Schroth, München
Herstellung: Sibylle Hartl; Renate Hausdorf, buchundmehr, Gräfelfing
Layout: Nicola Neubauer, Puchheim
Satz: Mitterweger & Partner, Plankstadt; Nicola Neubauer, Puchheim; Michael Wiedorn, München; abavo GmbH, Buchloe
Bildbearbeitung: Claudia Adam, Darmstadt; Nicola Neubauer, Puchheim; Michael Wiedorn, München
Gesamtherstellung: Firmengruppe appl, Wemding
Zeichnungen: Dr. Katja Dalkowski, Buckenhof; Sonja Klebe, Aying-Großhelfendorf; Jörg Mair, München; Stephan Winkler, München
Umschlaggestaltung: Michael Keller und Jan Riemer, München; SpieszDesign, Neu-Ulm

ISBN Print 978-3-437-44117-2

Der Begründer dieses Atlaswerkes, Professor Dr. med. Johannes Sobotta †, war zuletzt o. ö. Professor der Anatomie und Direktor des Anatomischen Instituts der Universität Bonn.

Deutsche Ausgaben mit Erscheinungsjahr:
1. Auflage: 1904–1907 J. F. Lehmanns Verlag, München
2.–11. Auflage: 1913–1944 J. F. Lehmanns Verlag, München
12. Auflage: 1948 und folgende Auflagen
Urban & Schwarzenberg, München
13. Auflage: 1953, Hrsg. H. Becher
14. Auflage: 1956, Hrsg. H. Becher
15. Auflage: 1957, Hrsg. H. Becher
16. Auflage: 1967, Hrsg. H. Becher
17. Auflage: 1972, Hrsg. H. Ferner und J. Staubesand
18. Auflage: 1982, Hrsg. H. Ferner und J. Staubesand
19. Auflage: 1988, Hrsg. J. Staubesand
20. Auflage: 1993, Hrsg. R. Putz und R. Pabst
Urban & Schwarzenberg, München
21. Auflage: 2000, Hrsg. R. Putz und R. Pabst
Urban & Fischer, München
22. Auflage: 2006, Hrsg. R. Putz und R. Pabst
Urban & Fischer, München

Hinweise zur Benutzung

Einstiegsseiten:

- Einstiegsseiten bieten zu jedem Kapitel alle relevanten anatomischen Informationen zu diesem Thema auf einen Blick. Leicht verständlich sind hier wichtige Details und Zusammenhänge aufbereitet.
- IMPP-Checklisten beinhalten alle Stichwörter zu möglichen Fragen in Testaten und im Physikum.

Atlasseiten:

- Die Menüleiste auf jeder Doppelseite gibt die Themenbereiche des jeweiligen Kapitels an, der Fettdruck zeigt den aktuellen Themenbereich.
- Wichtige Strukturen sind in den Abbildungen fett hervorgehoben.
- Orientierungsskizzen sorgen bei komplexen Ansichten für eine bessere Vorstellung.
- Ausführliche Bildlegenden erklären Zusammenhänge der anatomischen Strukturen.
- Aufzählungen im Text sowie Tabellen erleichtern den Überblick und strukturieren komplexe Inhalte.
- Abbildungen, Tabellen und Textkästen sind durch Querverweise vernetzt.
- Verweise zum separaten Tabellenheft mit Tabellen zu Muskeln, Gelenken und Nerven verbinden Abbildung mit prüfungsrelevanten Wissen zu diesen anatomischen Strukturen.
- Klinikkästen stellen klinische Bezüge zu den auf der Seite dargestellten anatomischen Strukturen her.

Weiteres:

Ein → Abkürzungsverzeichnis und die → Richtungs- und Lagebezeichnungen finden Sie zu Beginn des Buchs sowie ein → Glossar am Ende des Buchs.

Farbtafel

- Concha nasalis inferior
- Mandibula
- Maxilla
- Os ethmoidale
- Os frontale
- Os lacrimale
- Os nasale
- Os occipitale
- Os palatinum
- Os parietale
- Os sphenoidale
- Os temporale
- Os zygomaticum
- Vomer

Beim Neugeborenen sind folgende Schädelknochen zu einer Farbe zusammengefasst.

- Os nasale, Os temporale, Mandibula
- Maxilla, Os incisivum
- Os occipitale, Os palatinum

Perfekt zurechtfinden – das neue Navigationssystem

Das Thema dieser Seite

Orientierungsskizzen geben bei komplexen Ansichten die Blickrichtung und die Schnittebenen an.

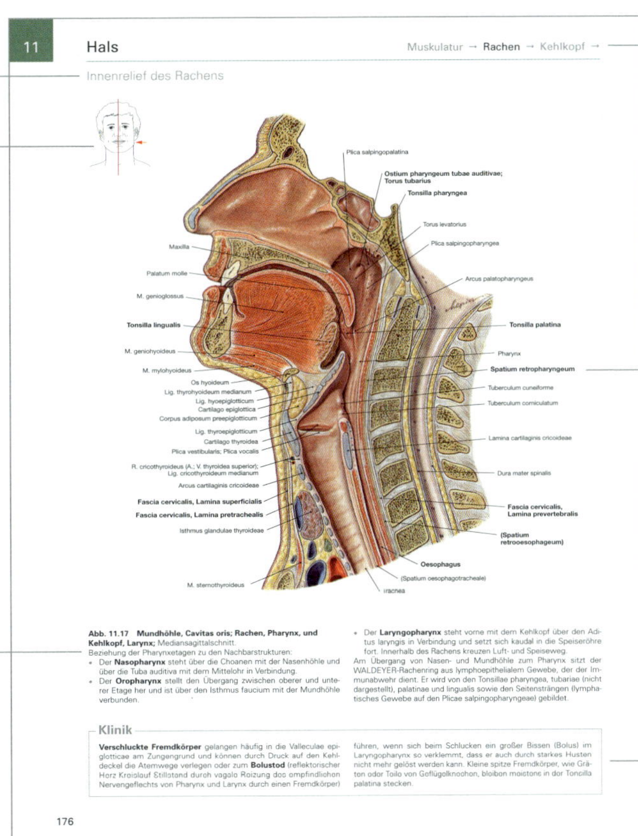

Die Menüleiste mit entsprechendem Fettdruck zeigt den aktuellen Themenbereich.

Wichtige Strukturen sind fett hervorgehoben.

Bildlegenden erläutern anatomische Zusammenhänge zu den dargestellten Strukturen.

In Klinikkästen werden Krankheitsbilder beschrieben, die mit den anatomischen Strukturen der Buchseite in Bezug stehen. Diese klinischen Aspekte haben meist auch hohe Prüfungsrelevanz.

Abkürzungsverzeichnis

Singular:			Plural:		
A.	=	Arteria	Aa.	=	Arteriae
Lig.	=	Ligamentum	Ligg.	=	Ligamenta
M.	=	Musculus	Mm.	=	Musculi
N.	=	Nervus	Nn.	=	Nervi
Proc.	=	Processus	Procc.	=	Processus
R.	=	Ramus	Rr.	=	Rami
V.	=	Vena	Vv.	=	Venae
Var.	=	Variation			

♀ = weiblich
♂ = männlich

Prozentangaben:
Angesichts der großen Streubreite individueller Körpermaße sind die prozentualen Größenangaben nur als grobe Richtwerte aufzufassen.

Allgemeine Richtungs- und Lagebezeichnungen des Körpers

Die folgenden Termini bezeichnen die gegenseitige Lage von Organen und Teilen des Körpers zueinander, z.T. ohne Rücksicht auf die Stellung des Körpers im Raum, sowie Lage und Richtung an den Extremitäten. Diese Begriffe werden nicht nur der menschlichen Anatomie, sondern auch der praktischen Medizin und der vergleichenden Anatomie gerecht.

Allgemeine Bezeichnungen

anterior – posterior = vorne – hinten (z.B. Arteriae tibiales anterior et posterior)
ventralis – dorsalis = bauchwärts – rückenwärts gelegen
superior – inferior = oben – unten (z.B. Conchae nasales superior et inferior)
cranialis – caudalis = kopfwärts – schwanzwärts gelegen
dexter – sinister = rechts – links (z.B. Arteriae iliacae communes dextra et sinistra)
internus – externus = innen liegend – außen liegend
superficialis – profundus = oberflächlich gelegen – tief gelegen (z. B. Musculi flexores digitorum superficialis et profundus)
medius, intermedius = in der Mitte zwischen zwei anderen Gebilden liegend (Die Concha nasalis media z. B. liegt in der Mitte zwischen Concha nasalis superior und inferior)
medianus = in der Mittellinie gelegen (Fissura mediana anterior des Rückenmarks). Durch einen „medianen Sagittalschnitt" wird der Körper in zwei spiegelbildlich gleiche Teile zerlegt.
medialis – lateralis = gegen die Mitte des Körpers gelegen, gegen die Seite zu gelegen (z. B. Fossae inguinales medialis et lateralis)
frontalis = in der Stirnebene (Frontalebene) liegend, auch zur Stirn ziehend (z. B. Processus frontalis der Maxilla)
longitudinalis = längs verlaufend (z. B. Musculus longitudinalis superior der Zunge)
sagittalis = in einer Sagittalebene liegend
transversalis = in einer Transversalebene liegend
transversus = quer verlaufend (z. B. Processus transversus des Brustwirbels)

Richtungs- und Lagebezeichnungen für die Extremitäten

proximalis – distalis = gegen die Extremitätenwurzel zu gelegen – gegen das Extremitätenende zu gelegen (z. B. Articulationes radioulnares proximalis et distalis)

für die Brustgliedmaße:
radialis – ulnaris = auf der Radialseite – auf der Ulnarseite gelegen (z. B. Arteriae radialis et ulnaris)

für die Hand:
palmaris – dorsalis = hohlhandwärts – handrückenwärts gelegen (z. B. Aponeurosis palmaris, Musculus interosseus dorsalis)

für die Beckengliedmaße:
tibialis – fibularis = auf der Tibial-, auf der Fibularseite gelegen (z.B. Arteria tibialis anterior)

für den Fuß:
plantaris – dorsalis = fußsohlenwärts – fußrückenwärts gelegen (z. B. Arteriae plantares lateralis et medialis, Arteria dorsalis pedis)

Verwendung von Klammern

[ ]: In eckige Klammern gesetzte lateinische Namen sind Alternativbegriffe, wie sie in der Terminologia Anatomica (1998) angegeben sind, z. B.: Ren [Nephros]. Um aber die Bildlegenden nicht zu sehr zu überladen, sind im Wesentlichen nur solche Alternativbegriffe aufgenommen, die Abweichungen in den Wortstämmen beinhalten und auch international zum Verständnis notwendig erscheinen. Ihre Verwendung wurde weitgehend auf die Abbildungen beschränkt, in denen sie Hauptinhalte bezeichnen.

( ): Runde Klammern wurden mit unterschiedlicher Zielsetzung verwendet:

- Für Fachbegriffe, die auch in der Terminologia Anatomica in runden Klammern aufgeführt sind, z. B.: (M. psoas minor).
- Für Fachbegriffe, die zwar nicht in der offiziell gültigen Auflistung der Nomenklatur enthalten sind, die von den Herausgebern aber als praktisch notwendige und hilfreiche lateinische Begriffe betrachtet werden, z. B.: (Crista zygomatico-alveolaris).
- Für Angaben zur näheren Beschreibung des übergeordneten Bezugs, z. B.: R. spinalis (A. vertebralis).

Inhalt

Kopf

Übersicht 4
Skelett und Gelenke 5
Muskulatur 40
Topographie 46
Leitungsbahnen 52
Nase 58
Mund und Mundhöhle 68
Speicheldrüsen 90

Auge

Entwicklung 100
Skelett 102
Lider 104
Tränenapparat 108
Augenmuskulatur 112
Topographie 116
Augapfel 125
Sehbahn 131

Ohr

Übersicht 136
Äußeres Ohr 138
Mittelohr 142
Ohrtrompete 148
Innenohr 151
Hören und Gleichgewicht 157

Vorwort

Im Vorwort zur 1. Auflage seines Atlas schreibt Johannes Sobotta im Mai 1904: „Langjährige Erfahrungen bei den anatomischen Präparierübungen haben den Verfasser veranlasst, bei der Darstellung des peripherischen Nervensystems und der Blutgefäße so zu verfahren, dass der Student auf den Abbildungen des Buches die betreffenden Teile derart vorgeführt erhält, wie er sie am Präparate zu sehen gewohnt ist, d. h. Gefäße und Nerven derselben Region gleichzeitig. Außerdem enthält der Atlas abwechselnd Text und Tafelblätter. Letztere enthalten die hauptsächlichen Figuren des Atlas, erstere außer Hilfs- und schematischen Zeichnungen und den Tafelerklärungen einen kurzen, in knapper Darstellung gehaltenen Text zur schnellen Orientierung beim Gebrauche des Buches im Präpariersaal."

Wie die Mode, so ändern sich auch die Lese- und Lerngewohnheiten der Studenten regelmäßig. Die multimediale Präsenz und die Verfügbarkeit von Informationen und Reizen sind sicherlich die Hauptgründe dafür, warum dies in einem viel schnelleren Ausmaß als jemals zuvor geschieht. Diesen Entwicklungen und damit auch den z.T. veränderten Anforderungen von Studierenden an Lehrbücher und Atlanten, die sie verwenden möchten, sowie die digitale Verfügbarkeit deren Inhalte, ist von Seiten der Herausgeber und Verlage Rechnung zu tragen. Außer Gesprächen und systematischen Befragungen von Studenten ist auch der Lehrbuchmarkt bisweilen ein Indikator, um die Erwartungen der Studenten einschätzen zu können. Detaillierte Lehrbücher mit dem absoluten Anspruch auf Vollständigkeit werden zu Gunsten von Lernbüchern, die auf die didaktischen Bedürfnisse der Studierenden und die Inhalte des Studiums der Human-, Zahn- und Biomedizin, sowie deren Prüfungen abgestimmt sind, zunehmend verlassen. Ebenso werden Abbildungen in Atlanten wie dem Sobotta, dessen exakte naturalistische Darstellung echter Präparate viele Generationen von Ärzten und medizinassoziierten Berufen auf der gesamten Welt fasziniert hat, von den Studenten als teilweise zu kompliziert und detailliert empfunden. Diese Einsicht verlangt nach der Überlegung, wie die Stärken eines Atlas, der in seiner über hundertjährigen Tradition mit 22 Auflagen zu einer Referenz an Exaktheit und Qualität gereift ist, an moderne didaktische Konzepte angepasst werden kann, ohne dass das Gesamtwerk dabei sein Alleinstellungsmerkmal und seine Originalität verliert. Der Elsevier-Verlag und die Herausgeber Professor Reinhard Putz und Professor Reinhard Pabst, die den Atlas bis zur 22. Auflage betreut haben, sind nach reiflichen Überlegungen zu dem Schluss gekommen, dass durch ein neues Herausgeberteam, das sich wie die Kollegen Putz und Pabst durch eine große Begeisterung für Anatomie und den Anatomieunterricht auszeichnet, den neuen Anforderungen am besten begegnet werden könnte. Daher freuen wir uns außerordentlich, dass uns diese Aufgabe, die 23. Auflage des Sobotta zusammen mit dem Elsevier-Verlag zu gestalten, übertragen wurde.

Bei der Neugestaltung wurde besonders einer übersichtlichen Gliederung der Inhalte und einer didaktischen Heranführung an die Abbildungen Rechnung getragen. Nun ist nicht jede Mode etwas ganz Neues. Unter didaktischen Gesichtspunkten haben wir das alte Konzept eines dreibändigen Atlas, wie Sobotta es schon in der ersten Auflage verwendet hat, wieder aufgegriffen mit den Bänden Bewegungsapparat (1), Eingeweide (2) sowie Kopf, Hals und Nervensystem (3). Auch das eingangs im Vorwort zur ersten Auflage erwähnte Konzept der Verknüpfung von Atlasbild mit einem erklärenden Text ist eine alte Mode, die aktuell wieder im Trend liegt, und die wir in modifizierter Weise aufgegriffen haben. So ist jedes Bild mit einem kurzen erklärenden Text versehen, der dazu dient, den Studenten an die Abbildung heranzuführen und zu erläutern, warum die jeweilige Präparation und Darstellung einer Region gewählt wurde. Die einzelnen Kapitel wurden systematisch im Hinblick auf den derzeitigen Gegenstandskatalog und die aktuellen Lerngewohnheiten gegliedert, fehlende Abbildungen – besonders zur Systematik der Leitungsbahnen – oder verbesserungswürdige Abbildungen ergänzt und ersetzt. Ein Großteil dieser neuen Abbildungen ist so konzipiert, dass das Lernen besonders relevanter Versorgungs- und Innervationswege unter didaktischen Gesichtspunkten erleichtert wird. Ferner haben wir zahlreiche bestehende Abbildungen überarbeitet, die Beschriftungen reduziert und durch Fettungen gewichtet, um den Zugang zu den anatomischen Inhalten zu vereinfachen. Zahlreiche Hinweise zur Klinik sollen aus der manchmal „trockenen Anatomie" eine klinische und lebendige Anatomie machen, die dem Anfänger die Relevanz der Anatomie für die spätere berufliche Tätigkeit vor Augen führt und einen Vorgeschmack auf die Klinik gibt. Konzeptionell neu sind Einstiegsseiten zu den einzelnen Kapiteln, die in aller Kürze einen Überblick über den Inhalt, die zugehörige Klinik und die für die besprochene Region relevanten Präparationsschritte geben und eine Checkliste umfassen, die sich an den Vorgaben des Instituts für Medizinische und Pharmazeutische Prüfungsfragen (IMPP) sowie am mündlichen Physikum orientiert. Neu sind auch kurze Einführungen in die Embryologie zu jedem Thema.

Zwei Dinge möchten wir aber ganz klar herausstellen:

1. Der „neue" Sobotta in der 23. Auflage ist kein Lernatlas, der mit dem Anspruch an Vollständigkeit des gesamten Wissens die Intention vermitteln könnte, ein begleitendes Lehrbuch ersetzen zu wollen oder zu können.
2. Egal, wie gut ein didaktisches Konzept ist, es kann dem Studenten das Lernen nicht abnehmen, es aber zumindest anschaulicher machen. Anatomie zu lernen ist nicht schwer, benötigt jedoch viel Zeit. Zeit, die zu opfern sich lohnt, denn sowohl Arzt als auch Patienten werden später davon profitieren. Die 23. Auflage des Sobotta hat nicht nur zum Ziel, das Lernen zu erleichtern, sondern auch, diese Zeit des Lernens spannend und interessant zu gestalten, so dass man den Atlas während des Studiums, aber auch im Laufe der beruflichen Tätigkeit immer wieder gerne in die Hand nimmt.

Erlangen und Würzburg im Sommer 2010, genau 106 Jahre nach Erscheinen der ersten Auflage

Friedrich Paulsen und Jens Waschke

Danksagung

Als Erstes möchten wir gerne zum Ausdruck bringen, dass uns die Arbeit am Sobotta sehr viel Spaß gemacht hat und eine echte Herausforderung war. In den Momenten, in denen man mit ein wenig Abstand den Fortschritt der einzelnen Kapitel und die neu entwickelten Abbildungen beobachten konnte, hat man viel Genugtuung und auch Stolz empfunden und sich immer mehr mit dem Sobotta identifiziert.

Die Neugestaltung des Sobotta ist natürlich nicht das alleinige Werk zweier unerfahrener Herausgeber, sondern erfordert heute mehr denn je ein eingespieltes Team unter der Koordination des Verlags. Ohne die langjährigen Erfahrungen von Frau Dr. Andrea Beilmann, die schon mehrere Auflagen des Sobotta betreut hat und die den ruhenden Pol des Sobotta-Teams bildete, wäre Vieles nicht möglich gewesen. Für all ihre Hilfe und Unterstützung danken wir ihr sehr. Für Frau Alexandra Frntic, ebenfalls Teil des vierköpfigen Sobotta-Teams, war es das erste Großprojekt ihrer Karriere, das sie mit Herzblut angepackt und mit Enthusiasmus vorangetrieben hat. Ihre Lebhaftigkeit und Ihre Art, Motivation zu verbreiten, haben die Herausgeber immer wieder aufgeheitert und angetrieben. Dafür danken wir Ihr ganz herzlich. Wir denken gerne an die Sobotta-Einstiegswoche in Parsberg und die wöchentlichen Telefonkonferenzen zurück, in denen uns Frau Dr. Beilmann und Frau Frntic bei der Gestaltung zur Seite standen und es auf bemerkenswerte Weise verstanden haben, zwei von ihrer Persönlichkeit verschiedene Köpfe zu einem einheitlichen Arbeitsstil zu erziehen. Ohne die Durchsetzungskraft, die Durchhalteparolen und die schützende Hand von Frau Dr. Dorothea Hennessen, die die Oberleitung des Projektes „23. Auflage Sobotta" inne hatte und immer fest an ihr Sobotta-Team und den engen Zeitplan geglaubt hat, wäre diese Auflage nicht erschienen. Die gute Reproduktion des Atlas lag wie viele Produktionen zuvor in den Händen des Routiniers Renate Hausdorf. Weitere Personen, die an der Bearbeitung und dem Gelingen der 23. Auflage des Sobotta beteiligt waren und denen wir ganz herzlich danken sind Frau Susanne Szczepanek (Manuskriptbearbeitung), Frau Julia Baier, Herrn Martin Kortenhaus und Frau Ulrike Kriegel (redaktionelle Bearbeitung), Frau Amelie Gutsmiedl (formale Textbearbeitung), Frau Sibylle Hartl (interne Herstellung), Frau Claudia Adam und Herrn Michael Wiedorn (formale Bildbearbeitung und Satz), Frau Nicola Neubauer (Layoutentwicklung und Verfeinern der Satzdaten) sowie den Studierenden Doris Bindl, Derkje Hockertz, Lisa Link, Sophia Poppe, Cornelia Rippl und Katharina und Florian Stumpfe. Für die Erstellung des Registers danken wir Frau Dr. Ursula Osterkamp-Baust vielmals.

Besonderer Dank gilt unseren Zeichnern Frau Dr. Katja Dalkowski, Frau Sonja Klebe, Herrn Jörg Mair und Herrn Stephan Winkler, die außer der Überarbeitung bestehender Abbildungen mit uns auch eine Vielzahl ausgezeichneter Abbildungen neu entwickelt haben.

Herr Priv.-Doz. Dr. rer. nat. Helmut Wicht, Dr. Senkenbergische Anatomie, Goethe-Universität Frankfurt am Main, hat die von den beiden Herausgebern verfassten Texte der Kapiteleinstiegsseiten vereinheitlicht und durch seinen, ihm ganz eigenen Schreibstil zum Leben erweckt. Hierfür danken wir ihm ganz herzlich.

Eine große Hilfe war für uns das Beratungsgremium, in dem uns außer den früheren Herausgebern Prof. Dr. med. Dr. h. c. Reinhard Putz, Ludwig-Maximilians-Universität München, und Prof. Dr. med. Reinhard Pabst, Medizinische Hochschule Hannover, auch die Kollegen Prof. Dr. med. Peter Kugler, Julius-Maximilians-Universität Würzburg, und Prof. Dr. rer. nat. Gottfried Bogusch, Charité Berlin, mit Ratschlägen und kritischen Anregungen intensiv unterstützt haben. Ganz besonders hervorheben möchten wir den Einsatz von Frau Renate Putz, die das Manuskript äußerst sorgfältig korrigiert hat und deren Anmerkungen für die Konsistenz des Werks in sich und mit den früheren Auflagen von entscheidender Bedeutung war.

Für die Hilfe bei Korrekturen und Überarbeitungen möchten wir Frau Stephanie Beilicke, Herrn Dr. rer. nat. Lars Bräuer, Frau Anett Diker, Herrn Fabian Garreis, Frau Elisabeth George, Frau Patrizia Maake, Frau Susann Möschter, Herrn Jörg Pekarsky und Herrn Martin Schicht danken.

Für die Hilfe bei der Erstellung klinischer Bilder sei herzlich Herrn Priv.-Doz. Dr. med. Hannes Kutta, Klinik und Poliklinik für Hals-Nasen-Ohrenheilkunde, Universitätsklinikum Hamburg-Eppendorf, Herrn Prof. Dr. med. Norbert Kleinsasser, Universitätsklinik für Hals-Nasen-Ohrenkrankheiten, Julius-Maximilians-Universität Würzburg, Herrn Prof. Dr. med. Andreas Dietz, Direktor der Klinik und Poliklinik für Hals-Nasen-Ohrenheilkunde, Universität Leipzig, Herrn Dr. med. Dietrich Stövesandt, Klinik für Diagnostische Radiologie, Martin-Luther-Universität Halle-Wittenberg, Herrn Prof. Dr. med. Stephan Zierz, Direktor der Universitätsklinik und Poliklinik für Neurologie, Martin-Luther-Universität Halle-Wittenberg, Frau Dr. med. Berit Jordan, Universitätsklinik und Poliklinik für Neurologie, Martin-Luther-Universität Halle-Wittenberg, Herrn Dr. med. Saadettin Sel, Universitätsaugenklinik, Martin-Luther-Universität Halle-Wittenberg, Herrn cand. med. Christian Schröder, Eckernförde und Herrn Denis Hiller, Bad Lauchstädt, gedankt.

Herzlich danken möchten wir auch unseren Anatomischen Mentoren Prof. Dr. med. Bernhard Tillmann, Christian-Albrechts-Universität Kiel, und Prof. Dr. med. Detlev Drenckhahn, Julius-Maximilians-Universität Würzburg, denen wir nicht nur unsere Anatomieausbildung, die Motivation für das Fach und das Sendungsbewusstsein verdanken, sondern die uns auch im Hinblick auf die Gestaltung von Lehrbüchern und Atlanten sowie eine ausgezeichnete Lehre immer ein großes Vorbild waren und sind.

Unser tiefster Dank gilt unseren Eltern Dr. med. Ursula Paulsen und Prof. Dr. med. Karsten Paulsen sowie Annelies Waschke und Dr. med. Dieter Waschke, die das Projekt Sobotta intensiv begleitet und unterstützt haben. Karsten Paulsen hat als Medizinstudent aus der 4. Auflage des Sobotta Anatomie gelernt, er ist im Mai 2010 gestorben. Dieter Waschke hat die 16. Auflage des Sobotta verwendet und bildet sich auch im Ruhestand mit medizinischer Fachliteratur fort. Unseren Vätern ist die 23. Auflage gewidmet.

Nicht zuletzt danken wir unseren Frauen Dr. med. Dana Paulsen und Susanne Waschke, die uns im letzten Jahr nicht nur mit dem Sobotta teilen mussten, sondern uns auch bei vielen Fragen mit Ratschlägen zur Seite standen und uns intensiv unterstützt haben.

Bildernachweis

Den nachstehend benannten klinischen Kollegen sind die Herausgeber für die Bereitstellung von Ultraschall-, Computertomographie- und Magnetresonanztomographiebildern sowie von endoskopischen Aufnahmen und Farbfotos von Operationssiten und Patienten zu sehr großem Dank verpflichtet.

Prof. Altaras, Zentrum Radiologie, Universität Gießen (Abb. 2.18; 2.39; 2.40)
Prof. Brückmann und Dr. Linn, Neuroradiologie, Institut für radiologische Diagnostik, Universität München (Abb. 4.148)
Prof. Daniel, Abteilung Kardiologie, Universität Erlangen (Abb. 10.39)
Prof. Galanski und Dr. Schäfer, Abteilung Diagnostische Radiologie, Med. Hochschule Hannover (Abb. 2.97; 5.3; 5.103; 6.31; 6.129)
Prof. Gebel, Abteilung Gastroenterologie und Hepatologie, Med. Hochschule Hannover (Abb. 6.73; 6.75; 6.76; 6.94; 6.95; 7.25)
Dr. Greeven, St.-Elisabeth-Krankenhaus, Neuwied (Abb. 4.96; 8.96)
Prof. Hoffmann und Dr. Bektas, Klinik für Viszeral- und Transplantationschirurgie, Med. Hochschule Hannover (Abb. 4.41)
Prof. Hohlfeld, Klinik für Pneumologie, Med. Hochschule Hannover (Abb. 5.71)
Prof. Jonas, Urologie, Med. Hochschule Hannover (Abb. 7.33)
Prof. Kampik und Prof. Müller, Augenklinik, Universität München (Abb. 9.66)
Dr. Kirchhoff und Dr. Weidemann, Abteilung Diagnostische Radiologie, Med. Hochschule Hannover (Abb. 6.131; 6.133; 7.26)
Prof. Kleinsasser, Klinik und Poliklinik für Hals-, Nasen- und Ohrenkrankheiten, plastische und ästhetische Operationen, Universitätsklinikum Würzburg (Abb. 11.41; 11.42; 11.43)
PD Dr. Kutta, Klinik und Poliklinik für Hals-, Nasen- und Ohrenheilkunde, Universitätsklinikum Hamburg-Eppendorf (Abb. 8.101; 10.16; 11.16)
Dr. Meyer, Abteilung Gastroenterologie und Hepatologie, Med. Hochschule Hannover (Abb. 6.22; 6.32; 7.104)
Prof. Pfeifer, Radiologie Innenstadt, Institut für radiologische Diagnostik, Universität München (Abb. 2.63–2.65; 2.67–2.70; 3.52; 3.54; 3.55; 4.97; 4.99; 4.100; 4.105; 4.106)
Prof. Possinger und Prof. Bick, Medizinische Klinik und Poliklinik II mit Schwerpunkt Onkologie und Hämatologie, Charité Campus Mitte, Berlin (Abb. 2.141)
Prof. Ravelli †, ehem. Institut für Anatomie, Universität Innsbruck (Abb. 2.62)
Prof. Reich, Klinik für Mund-Kiefer-Gesichtschirurgie, Universität Bonn (Abb. 8.60; 8.61)
Prof. Reiser und Dr. Wagner, Institut für radiologische Diagnostik, Universität München (Abb. 2.71; 12.105; 12.106; 12.110; 12.111)
Dr. Scheibe, Chirurgische Abteilung, Rosman-Krankenhaus Breisach (Abb. 4.79)
Prof. Scheumann, Klinik für Viszeral- und Transplantationschirurgie, Med. Hochschule Hannover (Abb. 11.58)
Prof. Schillinger, Frauenklinik, Universität Freiburg (Abb. 1.49)
Prof. Schliephake, Mund-Kiefer-Gesichtschirurgie, Universität Göttingen (Abb. 8.156; 8.157)
Prof. Schlösser, Zentrum Frauenheilkunde, Med. Hochschule Hannover (Abb. 7.79)
cand. med. Carsten Schröder, Kronshagen (Abb. 9.27)
Prof. Schumacher, Neuroradiologie, Abteilung Radiologie, Universität Freiburg (Abb. 12.5)
Dr. Sel, Universitätsklinik und Poliklinik für Augenheilkunde, Universitätsklinikum Halle (Saale) (Abb. 9.64)
Dr. Sommer und PD Dr. Bauer, Ärzte für Radiologie, München (Abb. 4.101; 4.102)
PD Dr. Vogl, Radiologische Poliklinik, Universität München (Abb. 9.69; 9.70)
Prof. Witt, Klinik für Neurochirurgie, Universität München (Abb. 3.116)
Prof. Zierz und Dr. Jordan, Universitätsklinik und Poliklinik für Neurologie, Universitätsklinikum Halle (Saale) (Abb. 8.82, Abb. 12.151)

Weitere Bilder wurden aus folgenden Büchern übernommen:

1 Benninghoff-Drenckhahn: Anatomie, Band 1 (Drenckhahn D., Hrsg.), 17. Aufl., Urban & Fischer, München 2008
2 Benninghoff-Drenckhahn: Anatomie, Band 2 (Drenckhahn D., Hrsg.), 16. Aufl., Urban & Fischer, München 2004
3 Benninghoff-Drenckhahn: Taschenbuch Anatomie (Drenckhahn D., Waschke, J., Hrsg.), Urban & Fischer, München 2007
4 Berchtold, R., Bruch, H.-P., Trentz, O. (Hrsg.): Chirurgie, 6. Aufl., Urban & Fischer, München 2008
5 Böcker, W., Denk, H., Heitz, P. U., Moch, H. (Hrsg.): Pathologie, 4. Aufl., Urban & Fischer, München 2008
6 Classen, M., Diehl, V., Kochsiek, K., Berdel, W.E., Böhm, M., Schmiegel, W. (Hrsg.): Innere Medizin, 5. Aufl., Urban & Fischer 2003
7 Classen, M., Diehl, V., Kochsiek, K., Hallek, M., Böhm, M. (Hrsg.): Innere Medizin, 6. Aufl., Urban & Fischer 2009
8 Drake, R. L., Vogl, A. W., Mitchell, A., Paulsen, F. (Hrsg.): Gray's Anatomie für Studenten, 1. Aufl., Urban & Fischer 2007
9 Drake, R. L., Vogl, A. W., Mitchell, A.: Gray's Anatomy for Students, 2nd ed., Churchill Livingstone 2010
10 Drake, R. L., Vogl, A. W., Mitchell, A.: Gray's Atlas der Anatomie, Urban & Fischer 2009
11 Fleckenstein, P., Tranum-Jensen, J.: Röntgenanatomie, Urban & Fischer 2004
12 Forbes, A. Misiewicz, J., Compton, C., Quraishy, M., Rubesin, S., Thuluvath, P.: Atlas of Clinical Gastroenterology, 3rd ed., Mosby 2004
13 Franzen, A.: Kurzlehrbuch Hals-Nasen-Ohren-Heilkunde, 3. Aufl., Urban & Fischer 2007
14 Garzorz, N.: BASICS Neuroanatomie, Urban & Fischer 2008
15 Kanski, J. J.: Klinische Ophthalmologie, 5. Aufl., Urban & Fischer 2003
16 Kanski, J. J.: Klinische Ophthalmologie, 6. Aufl., Urban & Fischer 2008
17 Kauffmann, G. W., Moser, E., Sauer, R. (Hrsg.): Radiologie, 3. Aufl., Urban & Fischer 2006
18 Lippert, H.: Lehrbuch Anatomie, 7. Aufl., Urban & Fischer 2006
19 Mettler, F. A. (Hrsg.): Klinische Radiologie, Urban & Fischer 2005
20 Moore, K., Persaud, T.V. N., Viebahn, C. (Hrsg.): Embryologie, 5. Aufl., Urban & Fischer 2007
21 Schulze, S.: Kurzlehrbuch Embryologie, Urban & Fischer 2006
22 Speckmann, E.-J., Hescheler, J., Köhling, R. (Hrsg.): Physiologie, 5. Aufl., Urban & Fischer 2008
23 Trepel, M.: Neuroanatomie, 4. Aufl., Urban & Fischer 2008
24 Welsch, U.: Sobotta Lehrbuch Histologie, 2. Aufl., Urban & Fischer 2005
25 Welsch, U., Deller, T.: Sobotta Lehrbuch Histologie, 3. Aufl., Urban & Fischer 2010
26 Welsch, U.: Atlas Histologie, 7. Aufl., Urban & Fischer 2005
27 Wicke, L.: Atlas der Röntgenanatomie, 7. Aufl., Urban & Fischer 2005

Nachstehende Zeichner sind verantwortlich für die neu entwickelten Zeichnungen:

Katja Dalkowski: Abb. 8.42, 9.52, 10.12, 10.15, 10.26, 10.50, 11.63, 11.76, 12.10, 12.51, 12. 87, 12.89, 12.91, 12.98, 12.152, 12.175, 12.176
Sonja Klebe: Abb. 8.153, 8.163, 9.22, 10.9, 11.9, 11.14, 11.31, 11.35, 11.37, 11.39, 11.81, 12.11, 12.12, 12.99, 12.100, 12.138, 12.139, 12.140, 12.141, 12.142, 12.143, 12.148, 12.153, 12.154
Jörg Mair: Abb. 9.19, 11.69, 12.1, 12.131, 12.142, 12.143, 12.144, 12.145, 12.149, 12.150, 12.155, 12.156, 12.157, 12.158, 12.160, 12.161, 12.162, 12.163
Stephan Winkler: 8.57, 8.144

Kopf

Übersicht 4

Skelett und Gelenke 5

Muskulatur 40

Topographie 46

Leitungsbahnen 52

Nase 58

Mund und Mundhöhle 68

Speicheldrüsen 90

8

Der Kopf – die „Haupt"sache am Menschen

Das Skelett des Kopfs (Caput/Kephalon), der Schädel (Cranium), besteht aus zwei Teilen: dem Gesichtsschädel (Viscerocranium) und dem Hirnschädel (Neurocranium). Die Grenze zwischen beiden – des einen Dach und des anderen Boden – ist die Schädelbasis (Basis cranii), die etwa in der schrägen Ebene liegt, die von den Augenbrauen, der äußeren Öffnung des Gehörgangs und der Basis des Hinterhaupts definiert wird.

Schädelkalotte und Kopfschwarte

Die stark gewölbte **Schädelkalotte** (Schädeldach, Calvaria) bildet eine längsovale Kuppel über der Schädelbasis und beschirmt so die Schädelhöhle (Cavitas cranii), in der das Gehirn (Cerebrum), umgeben von harten und weichen Hirnhäuten (Meninges), im Hirnwasser (Liquor) schwimmt. An der Kalotte können eine Stirn-, eine Scheitel-, eine Schläfen- und eine Hinterhauptgegend unterschieden werden, unter denen sich die kalottenbildenden Teile der gleichnamigen Knochen (Os frontale, parietale, temporale und occipitale) befinden.

Die Haut über der Kalotte ist derb **(„Kopfschwarte")** und fest mit einer platten Sehne verwachsen, die sich unter ihr von der Stirn bis zum Hinterhaupt ausspannt. Diese Sehne (Galea aponeurotica) gehört zum M. occipitofrontalis (dem Stirnrunzler), einem mimischen Muskel. Gegenüber der Kalotte sind Haut und Sehne gut verschieblich, weswegen man sie als Skalp relativ leicht abheben kann. Verletzungen der gefäßreichen Kopfschwarte können zu starken, aber meist nicht lebensbedrohlichen Blutungen führen.

Schädelbasis

Die Schädelbasis bildet das Dach der beiden Augen- (Orbitae) und der Nasenhöhle (Cavitas nasi), aber auch das Dach des Schlunds (Pharynx, der bis zur Schädelbasis hinaufreicht) und die Basis des Hinterhaupts, die am großen Hinterhauptsloch (Foramen magnum) mit dem obersten Halswirbel artikuliert. Durch die Basis cranii verlaufen viele Nerven und Gefäße, sie ist von Knochenspalten durchsetzt und – an ihrer Unterseite, die zum Viscerocranium hinweist – von zahlreichen Fortsätzen, Dornen und Einschnitten (Processus/Spinae/Incisurae) übersät, an denen Muskeln und Bänder befestigt sind. Ihre Oberseite, der Boden des Neurocraniums, ist weniger unregelmäßig gestaltet und ähnelt einer Terrassenanlage auf drei Etagen: Die oberste Etage, die vordere Schädelgrube (Fossa cranii anterior), liegt über den Orbitae, eine Treppenstufe abwärts, auf der Höhe der Schläfenbeine, liegt die mittlere Schädelgrube, Fossa cranii media, und der letzte Schritt führt hinab in die hintere Schädelgrube, die Fossa cranii posterior mit dem Foramen magnum.

Gesichtsschädel und Höhlungen

Im Zentrum des Gesichtsschädels sitzt der größte **Gesichtsknochen,** der Oberkieferknochen (Maxilla), der die Böden der Orbitae, den größten Teil der Seitenwände der Nasenhöhle und den vorderen Teil des Gaumens bildet und außerdem noch die Zahnreihe des Oberkiefers trägt. Wie viele andere Knochen des Schädels ist die Maxilla „pneumatisiert", d. h., sie ist hohl und mit Luft gefüllt, wobei sie diese Luft aus der Nasenhöhle bezieht (Sinus maxillaris, Kieferhöhle, eine Nasennebenhöhle). Außer der Maxilla sind noch ein halbes Dutzend anderer, kleinerer Knochen am Aufbau des Viscerocraniums beteiligt.

Atmen, Riechen, Schmecken, Kauen, Schlucken, Sprechen, Sehen und Gesehenwerden – das sind die Aufgaben der **Organe,** die vom Viscerocranium gestützt und geschützt werden.

Für das Sehen sind die Augen und ihr Hilfsapparat (Organum visus, → S. 98) zuständig. Gesehenwerden ist die Sache der mimischen Muskulatur. Die meisten dieser Muskeln wirken nicht auf Knochen, sondern auf die Gesichtshaut, die unter der Daueraktion dieser Muskeln auch zur Faltenbildung neigt.

Das Riechen ist Sache der Nase (Nasus), auch wenn sie es nur mit ihrem kleinsten Teil, dem Riechepithel am Dach der Nasenhöhle, unter der Schädelbasis, tut. Der äußere, von Knorpeln umrahmte Vorhof der Nase (Vestibulum nasi) und die weit geräumigere, knöcherne innere Nasenhöhle (Cavitas nasalis ossea) dienen der Atmung: Über die inneren Nasenöffnungen (Choanae) öffnet sich die Nasenhöhle hinten zum Schlund (Pharynx), der seinerseits – viel weiter kaudal, mit dem Kehlkopf und über diesen mit der Luftröhre (Trachea) kommuniziert.

Beißen, Kauen, Sprechen, Schmecken und Schlucken sind die Aufgaben der Mundhöhle (Cavitas oris) und der Organe, die sie flankieren. Wie die Nase besitzt auch die Mundhöhle einen Vorhof (Vestibulum oris), den Raum zwischen Lippen (Labiae) und Wangen (Buccae) einerseits und den Zähnen (Dentes) andererseits.

Hinter den Zahnreihen liegt der größere, eigentliche Teil der Mundhöhle (Cavitas oris propria). Bei geschlossenen Kiefern wird er fast vollständig von der Zunge (Lingua) ausgefüllt. Auch die Mundhöhle öffnet sich nach dorsal hin zum Pharynx, in dem sich – um den Preis des Verschluckens – Luft- und Speiseweg kreuzen. Das Dach der Mundhöhle, der Gaumen (Palatum), bildet zugleich den Boden der Nasenhöhle. Der Gaumen ist vorne starr und knöchern, zum Pharynx, nach dorsal hin, weich, beweglich und muskulös. Das Zäpfchen (Uvula) hängt vom weichen Teil des Gaumens herab. Der Boden der Mundhöhle, der vom beweglichen Unterkiefer (Mandibula) umrahmt wird und auf dem die Zunge liegt, wird von Muskelplatten gebildet. Beim Sprechen wirken fast alle diese Strukturen (gemeinsam mit vielen anderen) zusammen, wobei die Nase als zusätzlicher Resonanzraum dient.

Zwei **Gruben** des Gesichtsschädels sind von Bedeutung: Entfernt man (im Geiste, im Präparierkurs dann auch realiter) den aufsteigenden knöchernen Ast der Mandibula (Ramus mandibulae), der zum Kiefergelenk (Articulatio temporomandibularis) führt, kann man „hinter der Backe" von der Seite her in die Weichteile des Kopfs eindringen und gelangt in einen Raum, den man als Unterschläfengrube (Fossa infratemporalis) bezeichnet. Hier liegen Kaumuskeln (Mm. pterygoidei medialis und lateralis) und Nervenäste. Außerdem führen die Endäste der großen äußeren Kopfschlagader (A. carotis externa) in das Zentrum des Gesichtsschädels.

Die Fossa infratemporalis setzt sich innen und oben, zur Orbita hin, in einen weiteren Raum fort, den man die Flügelgaumengrube (Fossa pterygopalatina) nennt. Diesen Raum sollte man im Präparierkurs in jedem Fall finden und seinen Inhalt und seine vielfältigen Verbindungswege kennen. Er ist eine Art „zentraler Verteiler" für Gefäße und Nerven des Gesichtsschädels. Und eben weil er so versteckt und seine Anatomie so komplex ist, lieben ihn alle Anatomen – und fragen gerne danach.

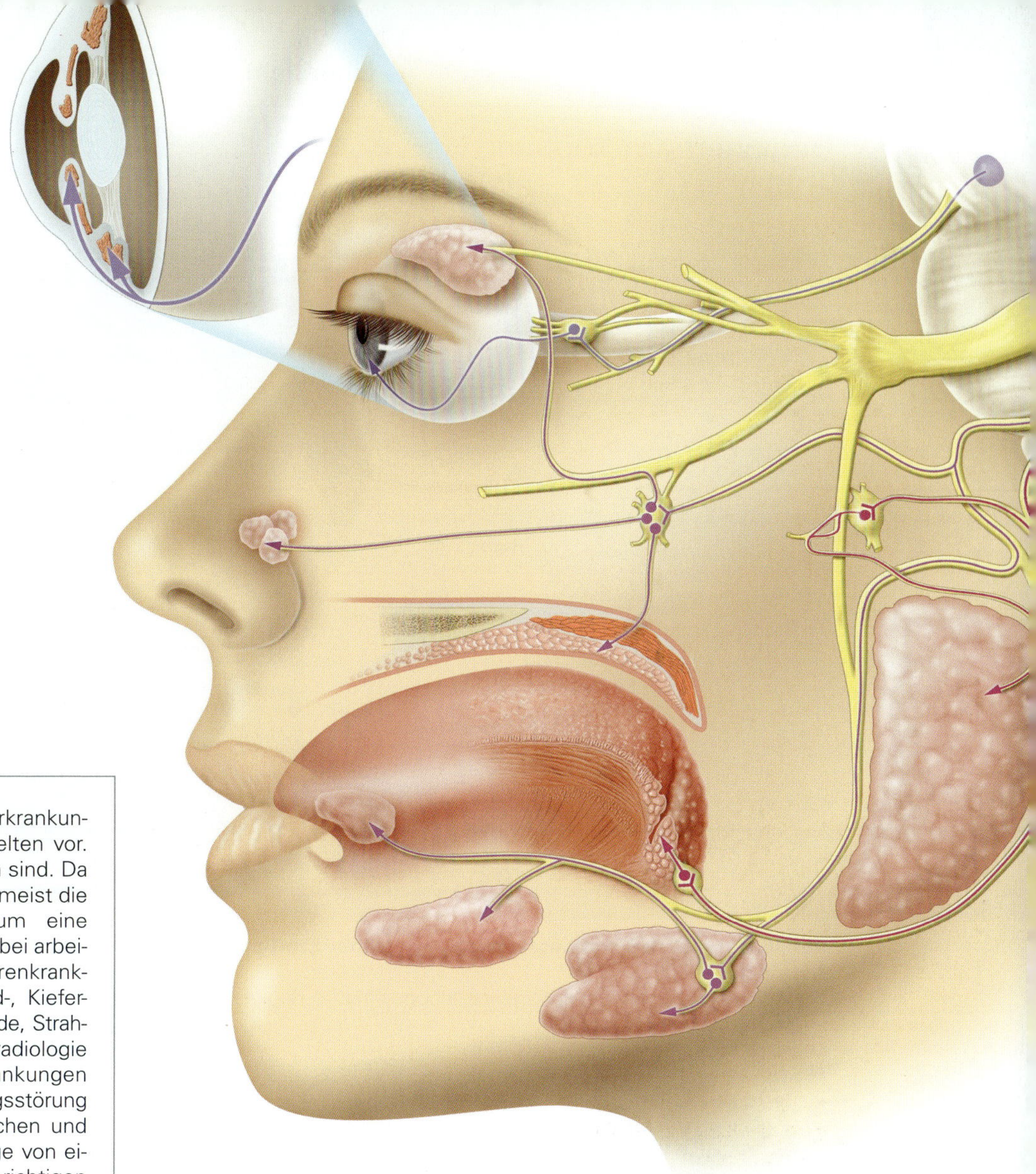

Klinik

Erkrankungen und Verletzungen des Kopfs sind häufig; Erkrankungen im Bereich der Schädelbasis kommen dagegen selten vor. Allen gemeinsam ist, dass sie sehr oft lebensbedrohlich sind. Da der Kopf ein anatomisch komplexes Gebiet darstellt, ist meist die Beteiligung mehrerer Fachdisziplinen notwendig, um eine optimale Versorgung der Patienten zu gewährleisten. Dabei arbeiten Spezialisten aus den Fachgebieten Hals-Nasen-Ohrenkrankheiten, Kopf- und Halschirurgie, Neurochirurgie, Mund-, Kiefer- und Gesichtschirurgie/plastische Chirurgie, Augenheilkunde, Strahlentherapie sowie Diagnostische Radiologie und Neuroradiologie eng zusammen. Menschen mit schweren Kopferkrankungen (z. B. unklaren Kopfschmerzen oder einer Durchblutungsstörung im Bereich des Hirnstamms, die mit Schwindel, Erbrechen und Gleichgewichtsstörungen einhergeht) irren oftmals lange von einem Arzt zum nächsten, bis sie den oder besser die richtigen medizinischen Experten für ihr gesundheitliches Problem finden. An manchen Universitäten gibt es deshalb große Zentren, in denen in Abstimmung mit allen beteiligten Fachdisziplinen eine qualifizierte Therapie- und Behandlungsempfehlung für betroffene Patienten ausgesprochen wird. In gemeinsamen Konferenzen der betroffenen Fachgebiete kann eine Therapie abgestimmt werden und somit die Behandlung und ein möglichst ungestörter Genesungsprozess erleichtert und beschleunigt werden.

→ ***präplink***

Die Präparation der **oberflächlichen Gesichtsregion** am sagittalisierten Kopf (Kopf lateral) erfolgt mit Darstellung der Gesichtsarterien und -venen, der mimischen Muskeln, sämtlicher Fazialisäste und der peripheren Trigeminusäste.

Die Präparation der **tiefen Gesichtsregion** umfasst die Entfernung der Glandula parotidea, die Darstellung des Plexus parotideus (N. facialis [VII]), die Auspräparation der Fossa retromandibularis, die Darstellung aller vier Kaumuskeln und des Verlaufs der A. maxillaris bis in die Endäste sowie die Präparation des Kiefergelenks mit Darstellung des Discus articularis und Aufsuchen der Chorda tympani.

Präparation **von medial** am sagittalisierten Kopf (Kopf medial): Nach Darstellung des Nasenseptums mit seinen knorpeligen und knöchernen Anteilen sowie der Fila olfactoria und des N. nasopalatinus folgen die Entfernung des Nasenseptums und die Darstellung der lateralen Nasenwand mit Mündungen der Nasennebenhöhlen und des Ductus nasolacrimalis. Die Fossa pterygopalatina wird eröffnet und ihr Inhalt dargestellt. Schließlich erfolgen das Aufsuchen der A. sphenopalatina am Foramen sphenopalatinum, die Durchpräparation der Mundhöhle mit Darstellung von Glandulae submandibularis und sublingualis, Nn. lingualis, hypoglossus und glossopharyngeus sowie die Präparation der Gaumenmuskulatur unter dem Tubenknorpel und die Präparation des Tonsillenbetts.

IMPP-CHECKLISTE

• Entwicklung: Neurocranium, Viscerocranium, Nn. craniales, Sinnesorgane, Facies, Cranium mit Calvaria, Basis cranii, Durchtrittsstellen mit durchtretenden Strukturen, Articulatio temporomandibularis und Fossa infratemporalis
• Kopf- und Halsmuskeln, Faszien mit Gesichtsmuskulatur, Kaumuskulatur, Faszien am Kopf, Os hyoideum und suprahyaler Muskulatur • Kopfeingeweide: Cavum nasi (mit Mündungen), Sinus paranasales, topographische Beziehungen, Cavum oris, Dentes, Lingua, Glandulae oris, Palatum und Funktion des Palatum molle (Spaltbildungen), Isthmus faucium, WALDEYER-Rachenring, Tonsillae, Pharynx, Fossa pterygopalatina, Innervation und Versorgung sämtlicher Strukturen, Fazialisparese und Verlauf der Nn. craniales [V, VII–XII]

Regionen von Kopf und Hals

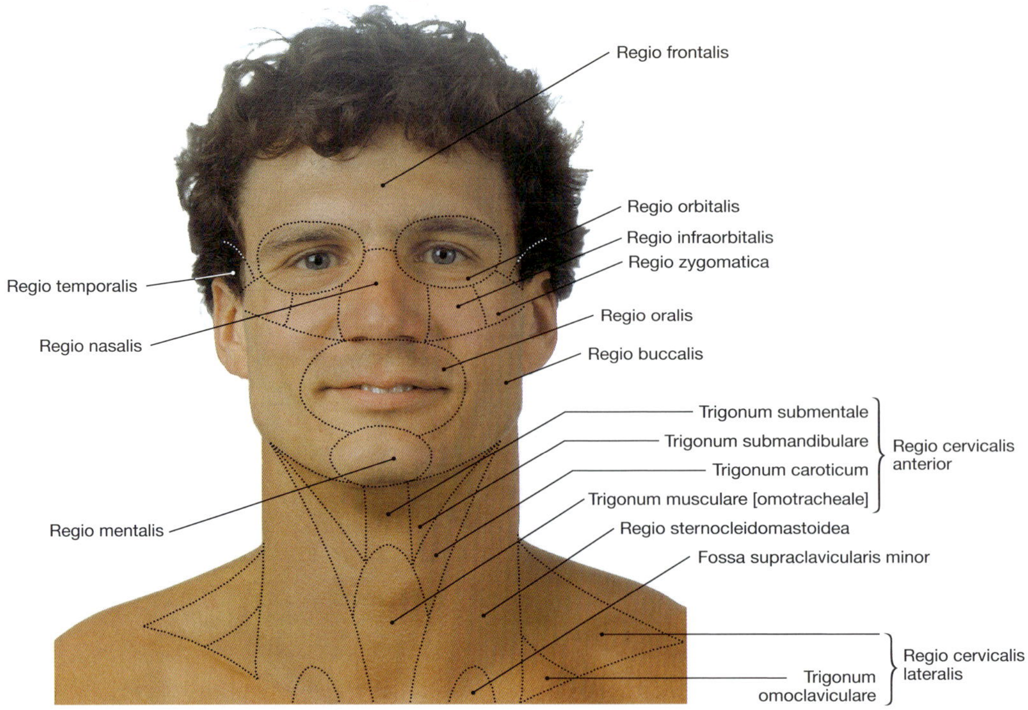

Abb. 8.1 Regionen von Kopf und Hals, Regiones capitis und colli; Ansicht von vorne.
Am **Kopf** unterscheidet man folgende topographische Regionen:
- Regio frontalis
- Regio temporalis
- Regio orbitalis
- Regio nasalis
- Regio infraorbitalis
- Regio zygomatica
- Regio oralis
- Regio buccalis
- Regio mentalis
- Regio parietalis
- Regio occipitalis
- Regio parotideomasseterica

Am **Hals** unterscheidet man folgende topographische Regionen:
- Regio cervicalis anterior, bestehend aus Trigonum submentale, Trigonum submandibulare, Trigonum caroticum und Trigonum musculare (omotracheale)
- Regio sternocleidomastoidea mit Fossa supraclavicularis minor
- Regio cervicalis lateralis mit Trigonum omoclaviculare
- Regio cervicalis posterior

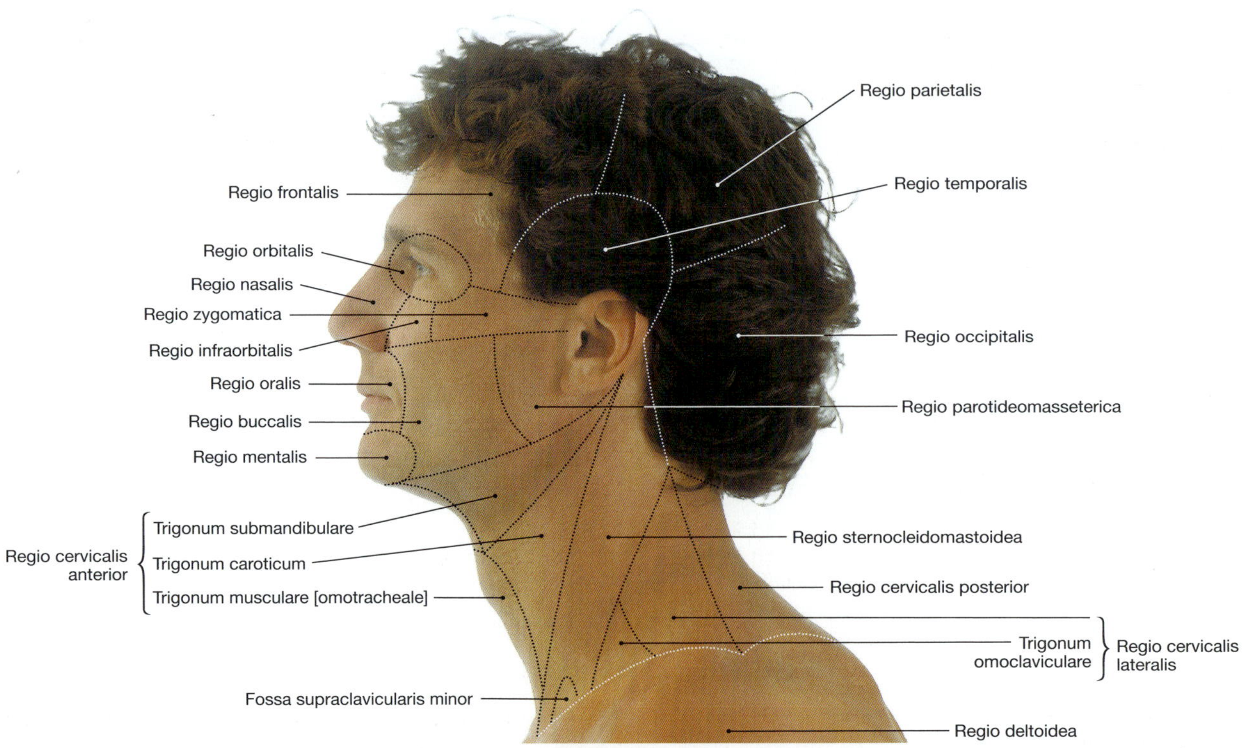

Abb. 8.2 Regionen von Kopf und Hals, Regiones capitis und colli; Ansicht von lateral.

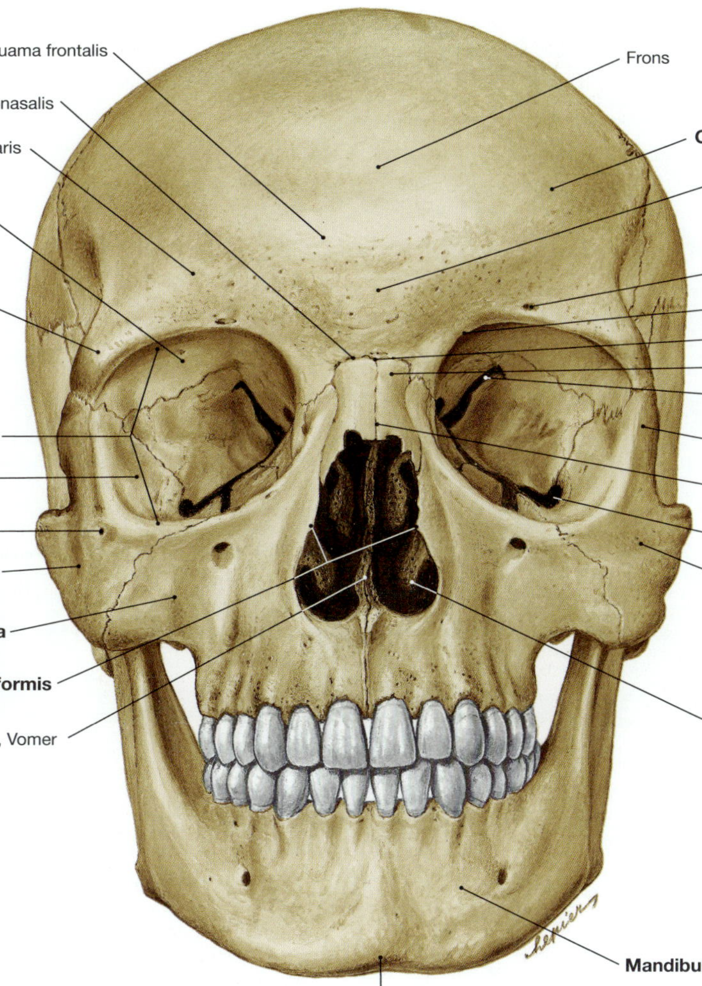

Abb. 8.3 Schädel, Cranium; Ansicht von vorne.
Von unten nach oben sieht man Unterkiefer (Mandibula), die beiden Oberkiefer (Maxillae), die Nasenbeine (Ossa nasalia) zwischen Oberkiefer und Augenhöhle (Orbita) sowie oberhalb der Orbita das Stirnbein (Os frontale).
Das Stirnbein **(Os frontale)** besteht aus vier Anteilen (→ Abb. 8.23). Oberhalb des Orbitarands (Margo supraorbitalis) wölbt sich beidseits ein Arcus superciliaris vor. Ein Fortsatz des Os frontale ragt medial nach unten und formt einen Teil des medialen Orbitarands. Lateral steht der Proc. zygomaticus mit dem Proc. frontalis des Os zygomaticum in Kontakt. Beide bilden gemeinsam den lateralen Orbitarand.
Das Jochbein **(Os zygomaticum)** bildet den größten Teil des lateralen und des unteren Orbitarands.
Die beiden Nasenbeine **(Os nasale)** stehen über die Sutura frontonasalis mit dem Os frontale und über die Sutura internasalis untereinander in Kontakt.

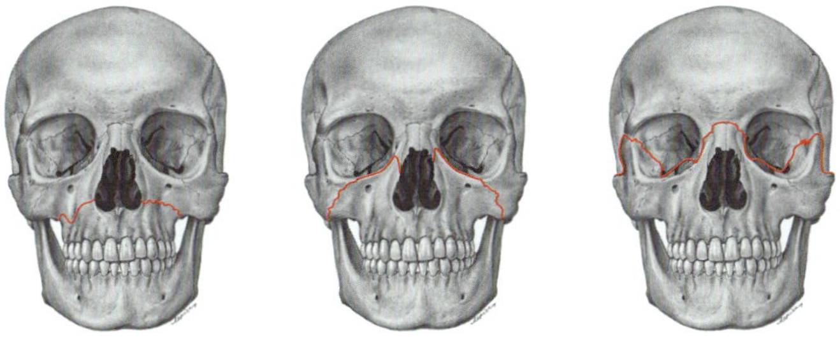

Abb. 8.4 LE-FORT-Frakturen.

Klinik

Zentrale Mittelgesichtsfrakturen treten am häufigsten als Folge von Verkehrsunfällen auf. Sie werden nach LE FORT eingeteilt (→ Abb. 8.4) in:

- **LE FORT I:** isolierte Absprengung des Alveolarfortsatzes
- **LE FORT II:** Absprengung der Maxilla im Bereich des mittleren Orbitabodens, Beteiligung von Siebbein, vorderer Schädelbasis und Nasenbein möglich
- **LE FORT III:** Abriss des gesamten Gesichtsschädels vom Gehirnschädel

Schädelknochen

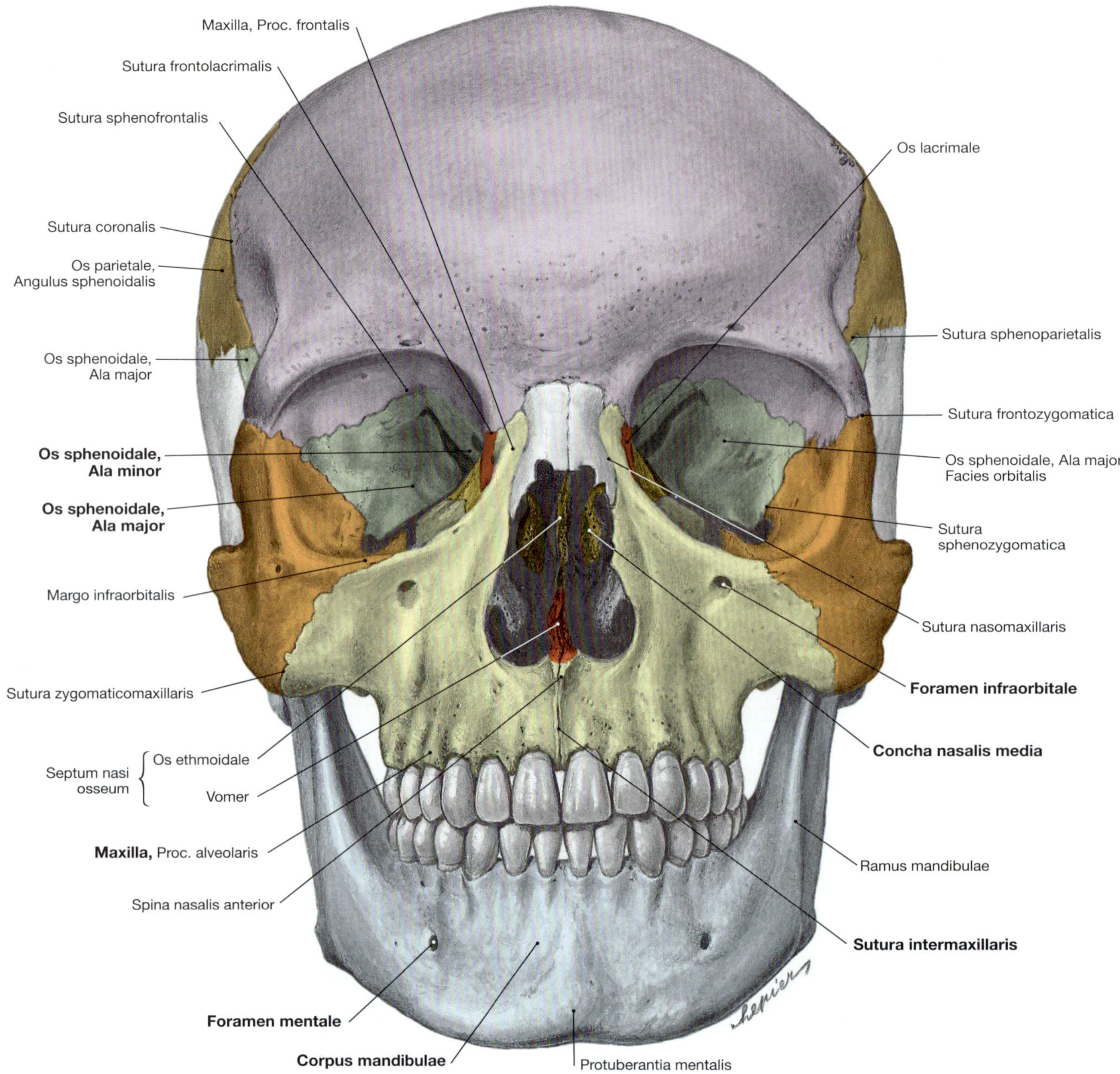

Abb. 8.5 Schädelknochen, Ossa cranii; Ansicht von vorne; Farbtafel → Hinweise zur Benutzung.

Zwischen Augenhöhle und Mundhöhle liegt beidseits der Oberkieferknochen **(Maxilla).** Die Maxilla bildet Teile des unteren und des medialen Orbitarands und grenzt lateral an das Os zygomaticum. Der Proc. frontalis der Maxilla steht mit dem Os frontale in Verbindung. Im Corpus maxillae liegt unterhalb des unteren Orbitarands das Foramen infraorbitale. In der Mittellinie wölbt sich die Spina nasalis anterior vor. Unten befindet sich der Proc. alveolaris, der den Oberkieferunterrand bildet und die Zähne trägt. Die Maxilla begrenzt in der Orbita unten die Fissura orbitalis inferior und bildet zusammen mit dem Os zygomaticum deren lateralen Rand.

Der Unterkiefer **(Mandibula)** besteht aus Corpus und Rami mandibulae, die am Angulus mandibulae ineinander übergehen. Das Corpus mandibulae besteht aus der die Zähne tragenden Pars alveolaris und der darunter liegenden Basis mandibulae. Letztere springt in der Mittellinie als Protuberantia mentalis vor. Ferner sieht man das Foramen mentale.

Klinik

Frakturen des Nasenbeins oder des Nasengerüsts gehören zu den häufigsten Frakturen im Gesichtsbereich. Man unterscheidet geschlossene sowie offene Nasenfrakturen, bei denen infolge von Haut- und Weichteilverletzungen Knochen frei liegt. Zusätzlich können das Nasenseptum und die Conchae nasales mit verletzt sein. Nasengerüstfrakturen sind typisch bei tätlichen Auseinandersetzungen, Verkehrsunfällen, Kampfsportarten, wie Karate, Boxen, und bei zahlreichen Mannschaftssportarten.

Schädelknochen

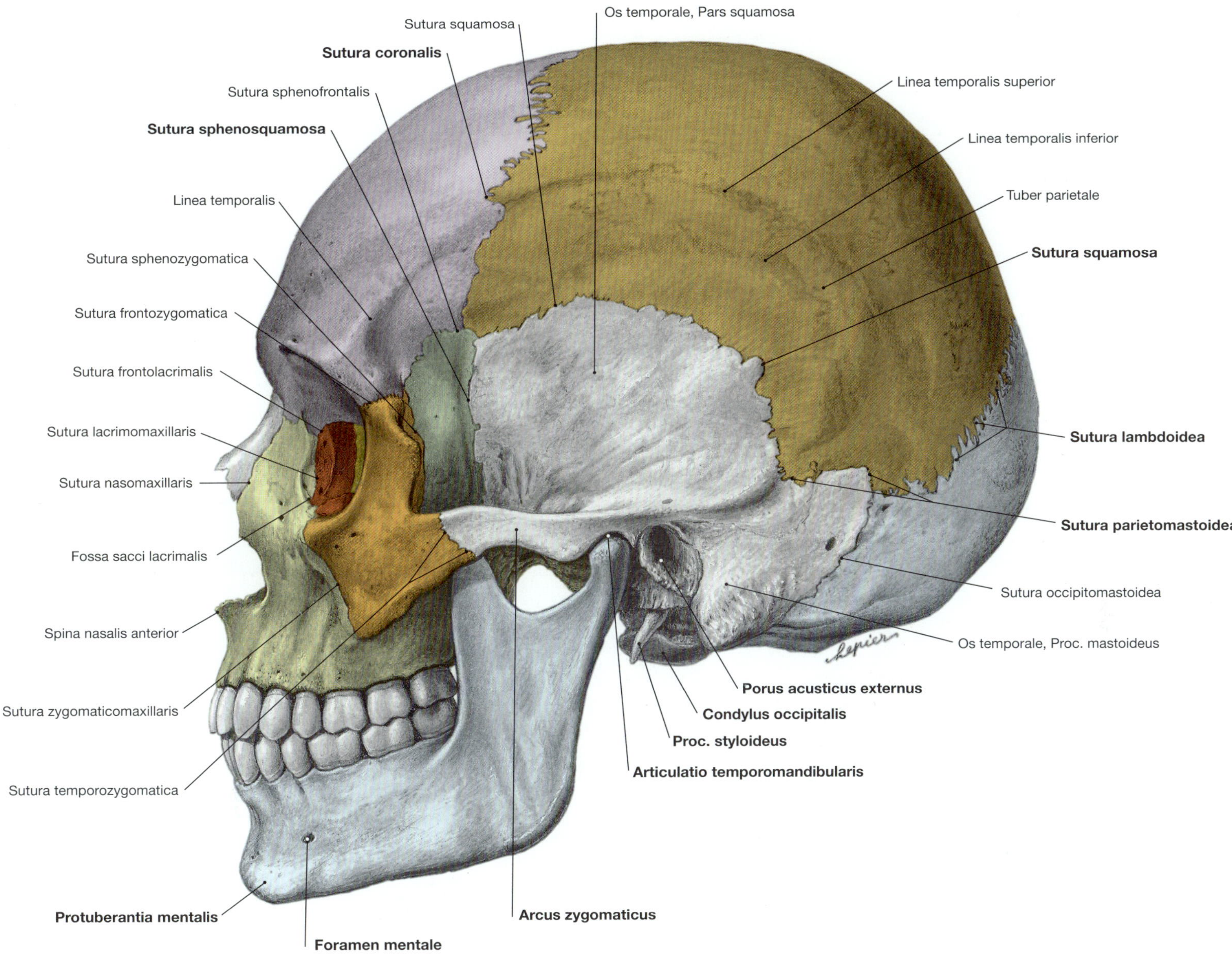

Abb. 8.6 Schädelknochen, Ossa cranii; Ansicht von lateral; Farbtafel → Hinweise zur Benutzung.

Die Seitansicht zeigt Teile der Ossa frontale, parietale, occipitale, sphenoidale und temporale, Teile des Gesichtsschädels (Os nasale, Os lacrimale, Maxilla und Os zygomaticum) sowie die laterale Seite des Unterkiefers (Mandibula).

Im Bereich des Viscerocraniums grenzt das **Os nasale** oben an das Os frontale und hinten an die Maxilla. Zwischen Maxilla und Os ethmoidale bildet der obere Abschnitt des Tränenbeins **(Os lacrimale)** die Fossa sacci lacrimalis. Der Proc. alveolaris der Maxilla trägt die Oberkieferzähne. Medial steht die **Maxilla** mit dem Os frontale in Verbindung, lateral mit dem Os zygomaticum. Vorne wölbt sich die Spina nasalis anterior vor. Das **Os zygomaticum** ist für die Kontur der Wangenregion verantwortlich.

Das Mandibulaköpfchen (Caput mandibulae) artikuliert mit dem Os temporale im Kiefergelenk (Articulatio temporomandibularis).

Vorne oben steht das **Os frontale** über die Sutura coronalis mit dem Scheitelbein **(Os parietale)** und mit dem Keilbein **(Os sphenoidale)** in Verbindung. Das Os parietale grenzt über die Sutura lambdoidea an das Hinterhauptsbein (Os occipitale) und über die Sutura sphenoparietalis an das Os sphenoidale. Dieses und das Schläfenbein **(Os temporale)** stehen über die Sutura sphenosquamosa miteinander in Verbindung. Os temporale und Os occipitale stehen hinten unten über die Sutura occipitomastoidea in Verbindung. Den größten Teil der lateralen Schädelwand bildet die Pars squamosa des Os temporale.

Os temporale und Os zygomaticum bilden den Jochbogen (Arcus zygomaticus), der die Fossa temporalis überbrückt. Die Pars tympanica des Os temporale schließt sich unterhalb der Wurzel des Proc. zygomaticus an die Pars squamosa an. An ihrer Oberfläche liegt der Porus acusticus externus.

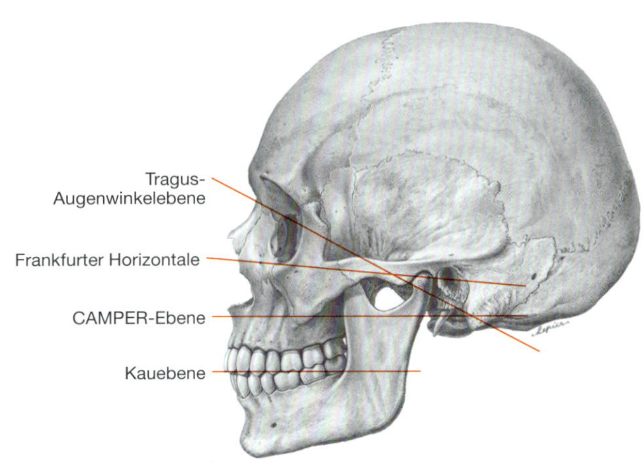

Abb. 8.7 Bezugsebenen des Gebisses.

Schädelknochen

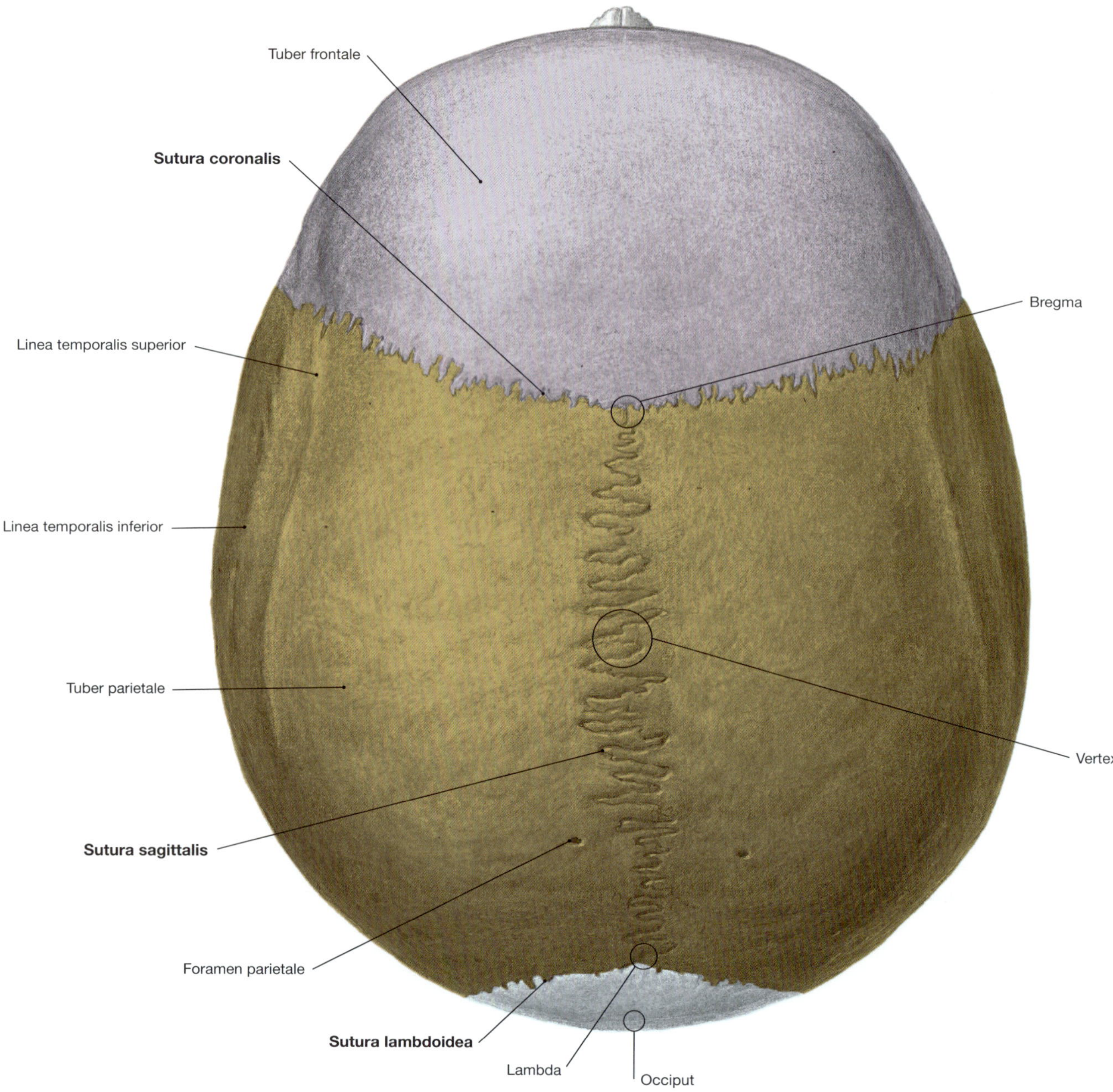

Abb. 8.8 Schädelknochen, Ossa cranii; Ansicht von oben; Farbtafel → Hinweise zur Benutzung.
Beim Blick auf das Schädeldach (Schädelkalotte, Calvaria) erkennt man das Os frontale, die Ossa parietalia und das Os occipitale. Os frontale und Ossa parietalia sind durch die **Kranznaht** (Sutura coronalis) voneinander getrennt. Die beiden Ossa parietalia grenzen über die **Pfeilnaht** (Sutura sagittalis) aneinander. Das Os occipitale ist mit den beiden Ossa parietalia über die **Lambdanaht** (Sutura lambdoidea) verbunden. Die Kontaktstelle der Suturae coronalis und sagittalis heißt **Bregma,** die Kontaktstelle von Suturae sagittalis und lambdoidea **Lambda.** Im dorsalen Anteil der Ossa parietalia befinden sich unmittelbar lateral der Sutura sagittalis paarige Foramina parietalia für den Durchtritt von Vv. emissariae.

Klinik

Nach größerer Gewalteinwirkung von außen kann es häufig zu **Schädelfrakturen** kommen. Man unterscheidet dabei **Linearfrakturen** mit deutlicher Bruchlinie, **Berstungsfrakturen** mit multiplen Fragmenten (Impressionsfraktur, falls nach innen gekippt, mit Kompression oder Riss der Dura mater und Verletzung des Hirngewebes), **Diastasen** (Nahtsprengungen) und **Schädelbasisfrakturen.** Jede Fraktur, die mit einer Rissplatzwunde der Kopfhaut einhergeht oder mit den Nasennebenhöhlen oder dem Mittelohr in Verbindung steht, gilt als offene Fraktur, die einer operativen Behandlung bedarf, da sie potenziell infiziert sein kann.

Schädelknochen

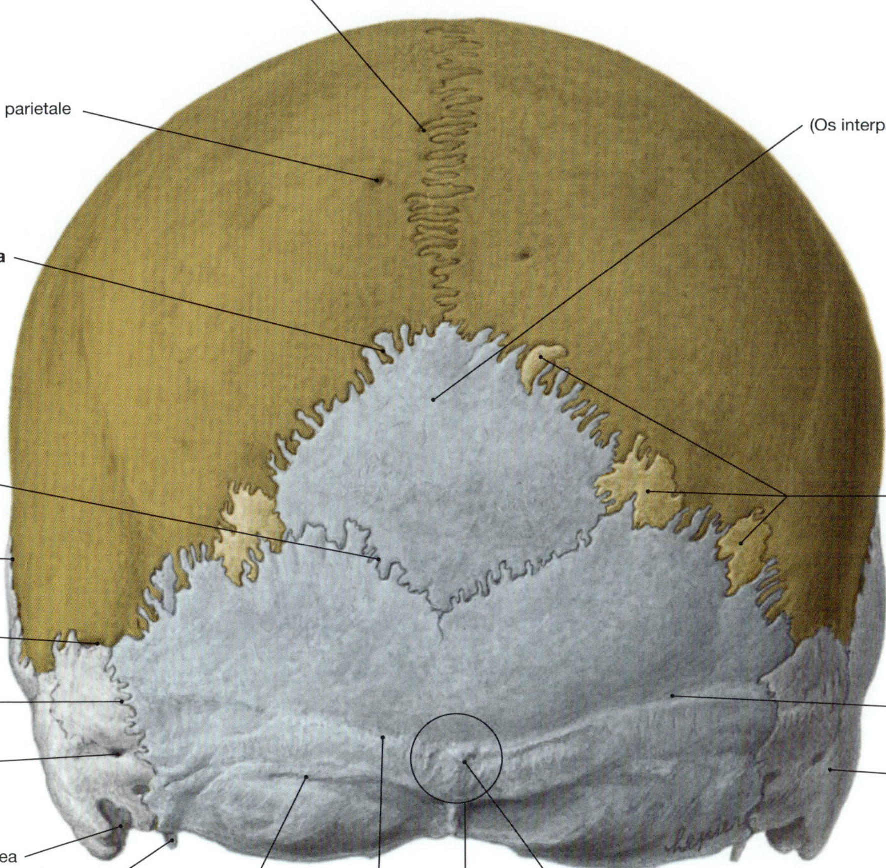

Abb. 8.9 Schädelknochen, Ossa cranii; Ansicht von hinten; Farbtafel → Hinweise zur Benutzung.

Der Blick von hinten zeigt die Ossa temporalia, parietalia und das Os occipitale. Lateral erkennt man auf beiden Seiten das **Os temporale** mit dem Proc. mastoideus. Am unteren medialen Rand des Proc. mastoideus liegt die Incisura mastoidea, eine Einkerbung, die dem Venter posterior des M. digastricus als Ansatz dient.

Von hinten sieht man die beiden **Ossa parietalia,** die in der Mittellinie über die Sutura sagittalis aneinanderstoßen, hinten über die Sutura lambdoidea an das Os occipitale und seitlich außen über die Suturae parietomastoideae an die Ossa temporalia grenzen.

Ein Großteil der Schädelrückseite wird vom **Os occipitale** gebildet. Die zentrale Struktur ist die Squama occipitalis. Häufig können als Variante im Bereich der Sutura lambdoidea Nahtknochen (Ossa suturalia) eingelagert sein. Das Os occipitale besitzt als knöchernen Orientierungspunkt die meist sehr gut tastbare Protuberantia occipitalis externa. Ihr am weitesten nach hinten vorspringender Punkt ist das Inion. Seitlich setzt sich die Protuberantia auf beiden Seiten bogenförmig als Linea nuchalis superior fort, eine knöcherne Leiste, die dem Ansatz autochthoner Rückenmuskulatur dient. Unten verlaufen ebenfalls bogenförmig, ca. 2–2,5 cm unterhalb der Protuberantia occipitalis externa die beiden Lineae nuchales inferiores, die ebenfalls als Muskelansätze fungieren.

Schädelknochen

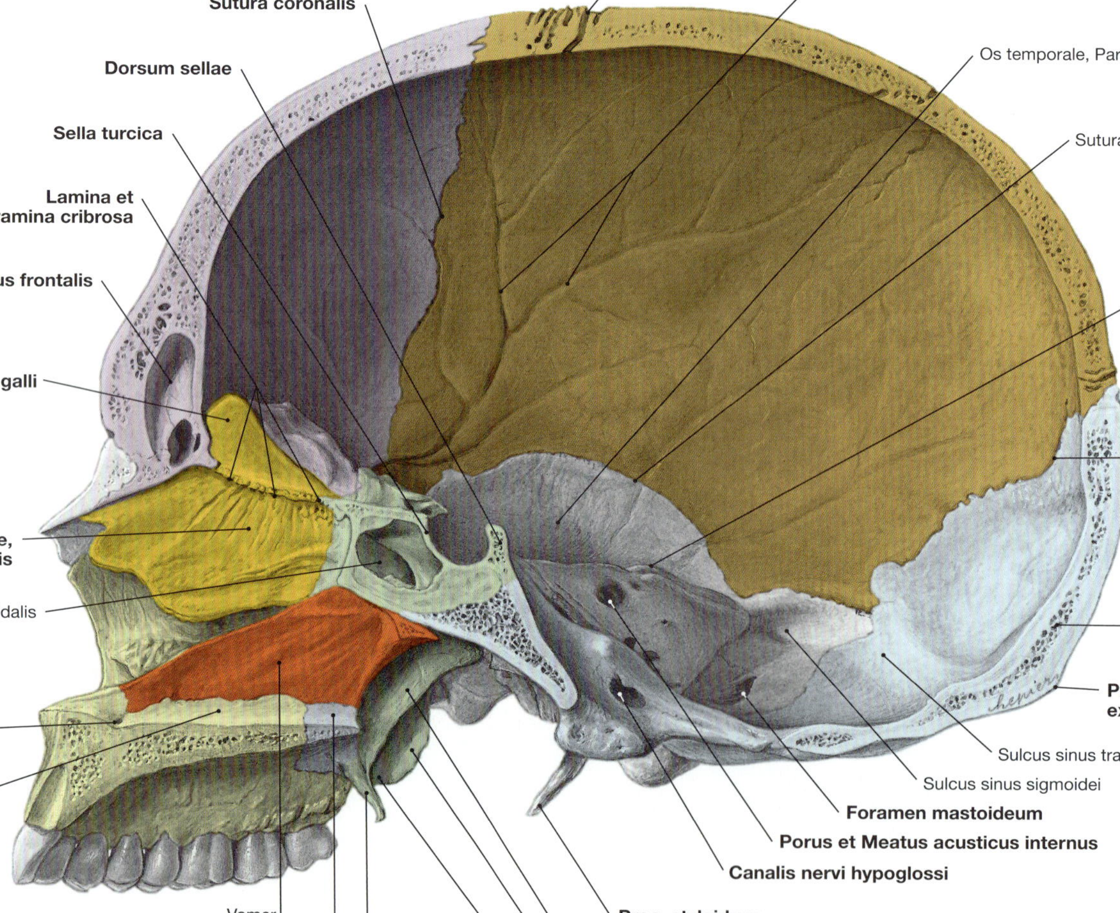

Abb. 8.10 Schädelknochen, Ossa cranii, rechts; Ansicht von medial; Farbtafel → Hinweise zur Benutzung.
Die Schädelhöhle umfasst das Schädeldach (Calvaria) sowie die aus vorderer, mittlerer und hinterer Schädelgrube bestehende Basis. Sie umgibt das Gehirn mit den Hirnhäuten, den proximalen Anteilen der Hirnnerven, den Blutgefäßen und den venösen Sinus. Auf der Innenseite der Schädelkapsel sieht man die durch den Puls der A. meningea media hervorgerufenen Sulci arteriosi. Am Übergang zum Gesichtsschädel schließen sich die Lamina perpendicularis des Os ethmoidale und der Vomer als Teile des knöchernen Nasenseptums an. Der harte Gaumen wird vom Proc. palatinus der Maxilla und vom Os palatinum gebildet.

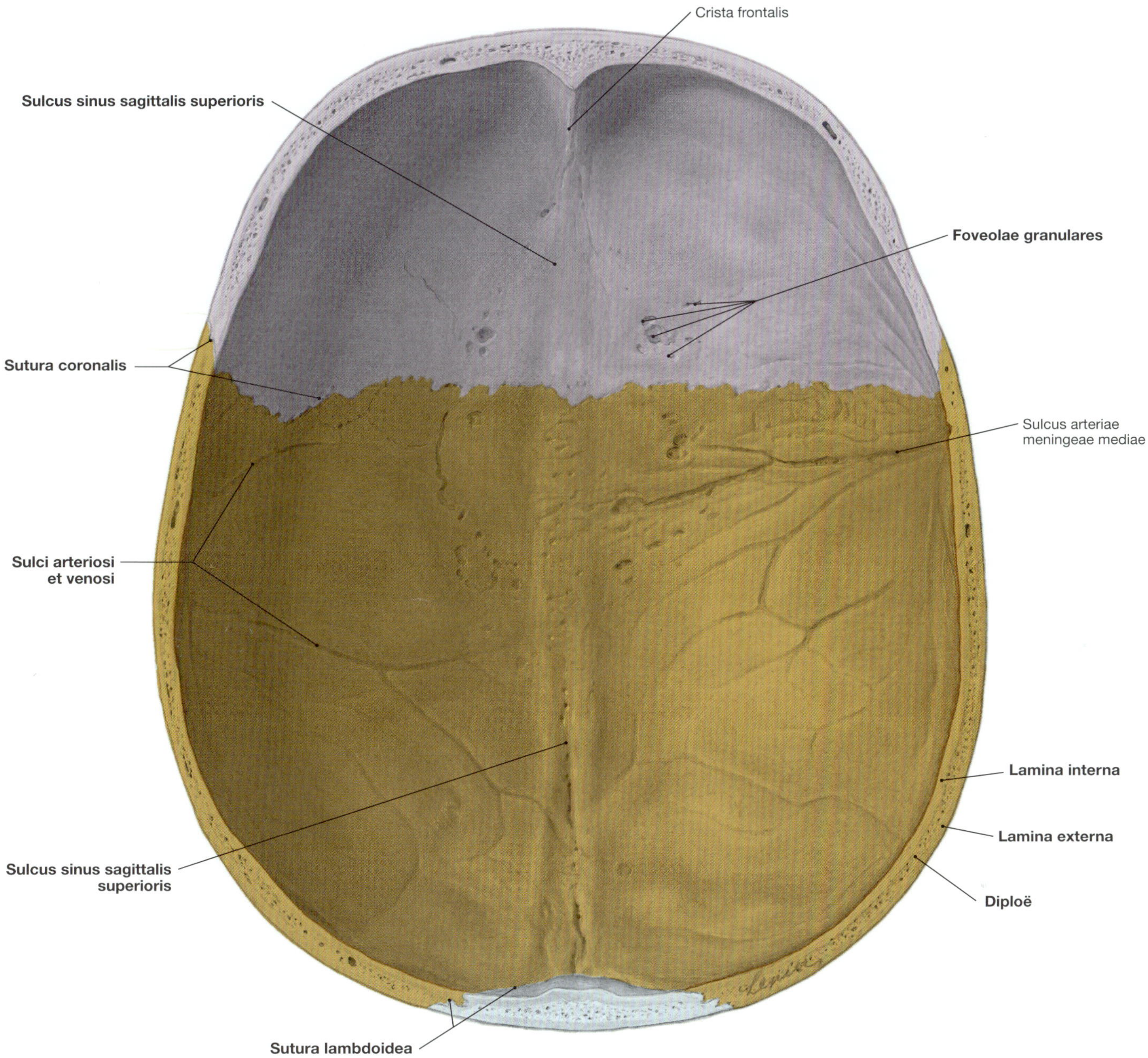

Abb. 8.11 Schädeldach, Calvaria; Ansicht von innen; Farbtafel → Hinweise zur Benutzung.

An der Innenseite des Schädeldachs sieht man die Sutura coronalis zwischen Os frontale und Ossa parietalia und die Sutura lambdoidea zwischen Ossa parietalia und Os occipitale. Ferner ist die Crista frontalis auf der Innenseite des Os frontale sichtbar, die der Anheftung der Falx cerebri (Duraduplikatur aus straffem Bindegewebe; trennt die Großhirnhemisphären voneinander) dient. Die Crista frontalis geht in den Sulcus sinus sagittalis superioris (Lage des Sinus sagittalis superior) über, der nach hinten breiter und tiefer wird. Er erstreckt sich über die Sutura lambdoidea bis auf das Os occipitale.

Lateral des Sulcus sinus sagittalis superioris befinden sich auf dessen gesamter Länge unregelmäßig angeordnete kleine Vertiefungen (Foveolae granulares, Lage der blumenkohlartigen Granulationes arachnoideae [PACCHIONI-Granulationen]). Im lateralen Abschnitt der Schädelkalotte sind zahlreiche Furchen (Sulci arteriosi et venosi) erkennbar.

Die **Knochen der Calvaria** besitzen einen besonderen **Aufbau.** Sie bestehen aus einer dicken äußeren und einer dünnen inneren Kompakta, die als Lamina externa und Lamina interna (Lamina vitrea) bezeichnet werden, sowie aus einer schmalen Schicht Spongiosa, die man Diploë nennt.

Klinik

Da die Lamina interna der Schädelkalotte sehr dünn ist, wird sie im Rahmen von **Biegebrüchen** häufig verletzt. Werden dabei im Sulcus arteriae meningeae mediae der Lamina interna verlaufende Äste der A. meningea media mit verletzt, kann es zur Ausbildung eines **epiduralen Hämatoms** kommen.

Innere Schädelbasis

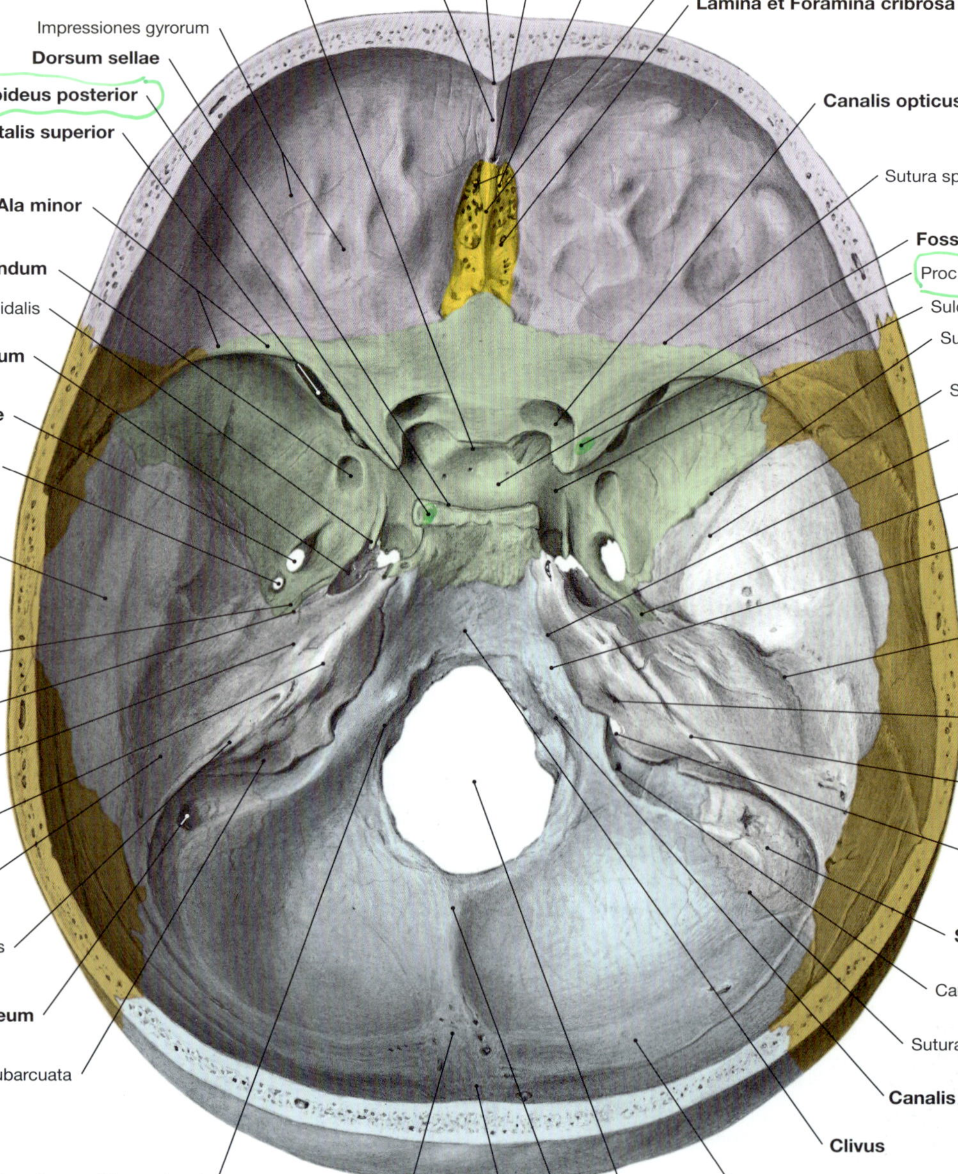

Abb. 8.12 Innere Schädelbasis, Basis cranii interna; Ansicht von oben; Farbtafel → Hinweise zur Benutzung.

Vordere (Fossa cranii anterior), mittlere (Fossa cranii media) und hintere Schädelgrube (Fossa cranii posterior) bilden die innere Schädelbasis. Ossa frontale, ethmoidalia und sphenoidale sind am Aufbau der **vorderen Schädelgrube** beteiligt. Sie liegt über der Nasenhöhle und den Augenhöhlen. In der vorderen Schädelgrube befinden sich das Foramen caecum, die Crista galli (Anheftungsstelle der Falx cerebri) und beidseits davon die Lamina cribrosa. Hinter den Ossa frontale und ethmoidalia bilden das Corpus und die Alae minores des Os sphenoidale den Boden der vorderen Schädelgrube. Das Corpus bildet außerdem die Grenze zur mittleren Schädelgrube.

Die **mittlere Schädelgrube** wird von den Ossa sphenoidale und temporalia gebildet. Ihr Boden ist in der Mittellinie erhöht und wird hier Teil des Corpus des Os sphenoidale. Die lateralen Abschnitte bilden Gruben und sind Bestandteile der Ala major des Os sphenoidale und der Pars squamosa des Os temporale. In der mittleren Schädelgrube befinden sich auf jeder Seite der Canalis opticus, der Türkensattel (Sella turcica) mit der Fossa hypophysialis, die Fissura orbitalis superior und die Foramina rotundum, ovale, spinosum und lacerum. Hinten wird die mittlere Schädelgrube durch die Facies anterior partis petrosae gebildet.

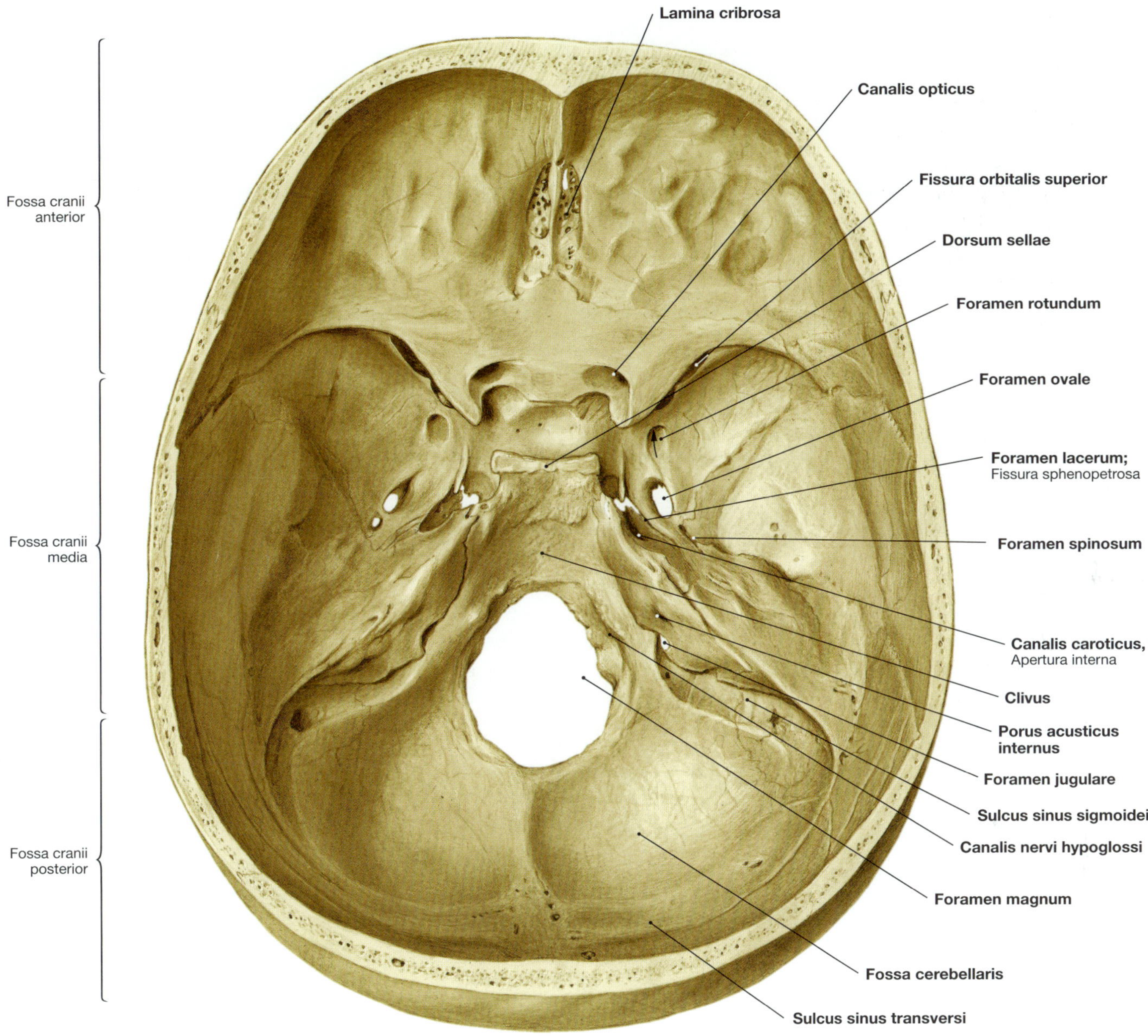

Abb. 8.13 Innere Schädelbasis, Basis cranii interna; Ansicht von oben.

Von den drei Schädelgruben ist die **hintere Schädelgrube** die größte. Sie wird hauptsächlich von den Ossa temporalia, dem Os occipitale und zu geringen Anteilen vom Os sphenoidale und von den Ossa parietalia gebildet.

Ihre Vordergrenze bilden in der Mittellinie das Dorsum sellae und der Clivus. Der Clivus ist eine schräge Knochenfläche, die vom Dorsum sellae schräg zum Foramen magnum abfällt. Er besteht aus Anteilen des Corpus des Os sphenoidale und der Pars basilaris des Os occipitale. Hinten wird die Grenze der hinteren Schädelgrube hauptsächlich vom Sulcus sinus transversi gebildet. Die größte Durchtrittsstelle der hinteren Schädelgrube ist das Foramen magnum.

Weitere Strukturen der hinteren Schädelgrube sind der Canalis nervi hypoglossi, der Porus acusticus internus und das Foramen jugulare. Zum Foramen jugulare führt von lateral der Sulcus sinus sigmoidei. Zentrale Vertiefung der hinteren Schädelgrube ist die Fossa cerebellaris.

Äußere Schädelbasis

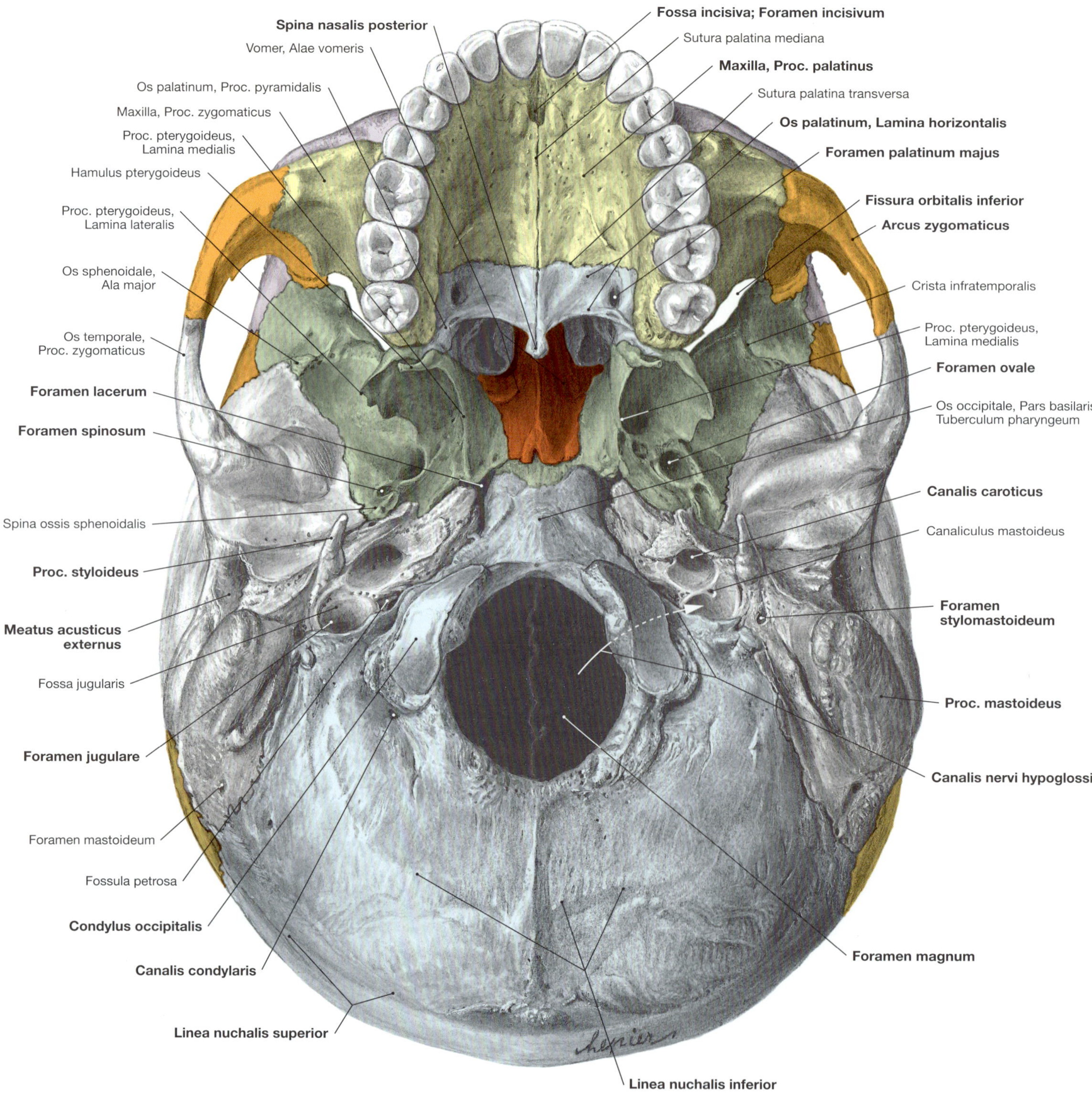

Abb. 8.14 Äußere Schädelbasis, Basis cranii externa; Ansicht von unten; Farbtafel → Hinweise zur Benutzung

Die Schädelbasis reicht vorne bis zu den mittleren Schneidezähnen, seitlich bis zu den Procc. mastoidei und zu den Arcus zygomatici sowie hinten bis zu den Lineae nuchales superiores. Die Schädelbasis wird in drei Abschnitte geteilt:

- vorderer Teil mit Oberkieferzähnen und Gaumen
- mittlerer Teil hinter dem Gaumen bis zum Vorderrand des Foramen magnum
- hinterer Teil vom Vorderrand des Foramen magnum bis zu den Lineae nuchales superiores

Vordere Schädelbasis: Sie umfasst den harten Gaumen (→ Abb. 8.26).

Mittlere Schädelbasis: Der vordere Anteil des mittleren Abschnitts besteht aus Vomer und Os sphenoidale; den hinteren Abschnitt bilden die Ossa temporalia und das Os occipitale. Der vorne in der Mittellinie liegende Vomer sitzt dem Os sphenoidale oben auf und trägt zum hinteren Anteil des knöchernen Nasenseptums bei.

Das Os sphenoidale besteht aus einem zentralen Corpus, den paarigen Alae majores und den Alae minores (von unten nicht sichtbar).

Unmittelbar hinter dem Corpus des Os sphenoidale beginnt mit der Pars basilaris des Os occipitale der hintere Teil der mittleren Schädelbasis. Die Pars basilaris erstreckt sich bis an das Foramen magnum. Hier wölbt sich das Tuberculum pharyngeum vor. Dabei handelt es sich um einen Vorsprung, an dem Teile des Pharynx an der Schädelbasis befestigt sind. (Fortsetzung → Abb. 8.15)

Äußere Schädelbasis

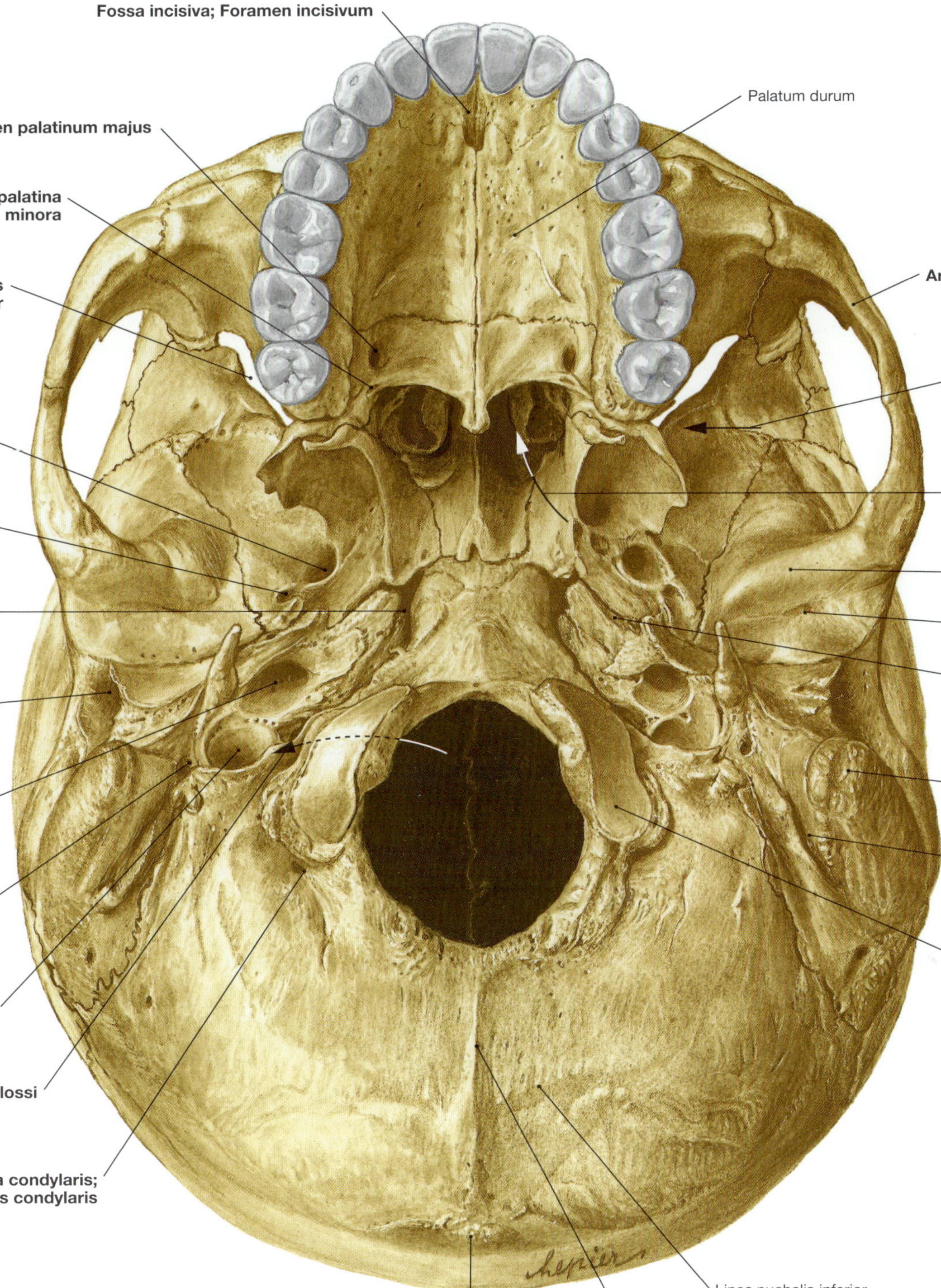

Abb. 8.15 Äußere Schädelbasis, Basis cranii externa; Ansicht von unten.

Mittlere Schädelbasis (Fortsetzung von → Abb. 8.14): An der Grenze zwischen Ala major des Os sphenoidale und Pars petrosa des Os temporale liegt der Sulcus tubae auditivae, der den Eingang in den knöchernen Anteil der Tuba auditiva bildet (→ S. 145). Der knöcherne Kanal setzt sich durch die Pars petrosa des Os temporale zur Paukenhöhle fort. Seitlich liegt die Pars squamosa des Os temporale, die an der Bildung des Kiefergelenks (Articulatio temporomandibularis) beteiligt ist. Die Fossa mandibularis ist Teil der Gelenkfläche des Kiefergelenks (→ S. 36–39). Am Vorderrand der Fossa mandibularis befindet sich das Tuberculum articulare.

Hintere Schädelbasis: Der hintere Abschnitt erstreckt sich vom Vorderrand des Foramen magnum bis zu den Lineae nuchales superiores und besteht aus Teilen des Os occipitale und der Ossa temporalia. Die paarige Pars lateralis trägt je einen Condylus occipitalis zur Artikulation mit dem Atlas. Hinten befindet sich hinter dem Kondylus die Fossa condylaris, die den Canalis condylaris enthält; oberhalb verläuft der Canalis nervi hypoglossi. Unmittelbar lateral davon liegt das Foramen jugulare.

Durchtrittsstellen der äußeren Schädelbasis

Abb. 8.16 Äußere Schädelbasis, Basis cranii externa, mit Foramina; Ansicht von unten; Farbtafel → Hinweise zur Benutzung.

Klinik

Bei **Schädelbasisfrakturen** verlaufen die Bruchspalten durch die Öffnungen der Schädelbasis. Die durchtretenden Nerven und Gefäße können dabei verletzt werden. Nervenausfälle und Blutungen sind daher häufig. Ebenso ist eine Eröffnung der Stirn- und Keilbeinhöhlen sowie der Siebbeinzellen möglich (Austritt von Liquor aus der Nase). Bei lateralen Frakturen ist häufig das Felsenbein mit betroffen (Austritt von Liquor aus dem Ohr).

Foramina der äußeren Schädelbasis und deren Inhalt

Foramen	Inhalt
Foramen incisivum	• N. nasopalatinus (N. maxillaris [V/2])
Foramen palatinum majus	• N. palatinus major (N. maxillaris [V/2]) • A. palatina major (A. palatina descendens)
Foramina palatina minora	• Nn. palatini minores (N. maxillaris [V/2]) • Aa. palatinae minores (A. palatina descendens)
Fissura orbitalis inferior	• A. infraorbitalis (A. maxillaris) • V. ophthalmica inferior • N. infraorbitalis (N. maxillaris [V/2]) • N. zygomaticus (N. maxillaris [V/2])
Foramen rotundum (→ S. 12)	• N. maxillaris [V/2]
Foramen ovale	• N. mandibularis [V/3] • Plexus venosus foraminis ovalis
Foramen spinosum	• R. meningeus (N. mandibularis [V/3]) • A. meningea media (A. maxillaris)
Fissura sphenopetrosa, Foramen lacerum	• N. petrosus minor (N. glossopharyngeus [IX]) • N. petrosus major (N. facialis [VII]) • N. petrosus profundus (Plexus caroticus internus)
Apertura externa canalis carotici und Canalis caroticus	• A. carotis interna, Pars petrosa • Plexus venosus caroticus internus • Plexus caroticus internus (Truncus sympathicus, Ganglion cervicale superius)
Foramen stylomastoideum	• N. facialis [VII]
Foramen jugulare	vorderer Bereich: • Sinus petrosus inferior • N. glossopharyngeus [IX] hinterer Bereich: • A. meningea posterior (A. pharyngea ascendens) • Sinus sigmoideus (Bulbus superior venae jugularis) • N. vagus [X] • R. meningeus (N. vagus [X]) • N. accessorius [XI]
Canaliculus mastoideus	• R. auricularis nervi vagi (N. vagus [X])
Canalis nervi hypoglossi	• N. hypoglossus [XII] • Plexus venosus canalis nervi hypoglossi
Canalis condylaris	• V. emissaria condylaris
Foramen magnum	• Meninges • Plexus venosus vertebralis internus (Sinus marginalis) • Aa. vertebrales (Aa. subclaviae) • A. spinalis anterior (Aa. vertebrales) • Medulla oblongata/Medulla spinalis • Radices spinales (N. accessorius [XI])

Durchtrittsstellen der inneren Schädelbasis

Foramina der inneren Schädelbasis und deren Inhalt	
Foramen	**Inhalt**
Lamina cribrosa	• Nn. olfactorii [I] • A. ethmoidalis anterior (A. ophthalmica)
Canalis opticus	• N. opticus [II] • A. ophthalmica (A. carotis interna) • Meninges; Vaginae nervi optici
Fissura orbitalis superior	medialer Bereich: • N. nasociliaris (N. ophthalmicus [V/1]) • N. oculomotorius [III] • N. abducens [VI] lateraler Bereich: • N. trochlearis [IV] gemeinsamer Stamm von: – N. frontalis (N. ophthalmicus [V/1]) – N. lacrimalis (N. ophthalmicus [V/1]) • R. orbitalis (A. meningea media) • V. ophthalmica superior
Foramen rotundum	• N. maxillaris [V/2]
Foramen ovale	• N. mandibularis [V/3] • Plexus venosus foraminis ovalis
Foramen spinosum	• R. meningeus (N. mandibularis [V/3]) • A. meningea media (A. maxillaris)
Fissura spheno-petrosa, Foramen lacerum	• N. petrosus minor (N. glossopharyngeus [IX]) • N. petrosus major (N. facialis [VII]) • N. petrosus profundus (Plexus caroticus internus)
Apertura interna canalis carotici und Canalis caroticus	• A. carotis interna, Pars petrosa • Plexus venosus caroticus internus • Plexus caroticus internus (Truncus sympathicus, Ganglion cervicale superius)
Porus und Meatus acusticus internus	• N. facialis [VII] • N. vestibulocochlearis [VIII] • A. labyrinthi (A. basilaris) • Vv. labyrinthi
Foramen jugulare	vorderer Bereich: • Sinus petrosus inferior • N. glossopharyngeus [IX] hinterer Bereich: • A. meningea posterior (A. pharyngea ascendens) • Sinus sigmoideus (Bulbus superior venae jugularis) • N. vagus [X] • N. accessorius [XI] • R. meningeus (N. vagus [X])
Canalis nervi hypoglossi	• N. hypoglossus [XII] • Plexus venosus canalis nervi hypoglossi
Canalis condylaris	• V. emissaria condylaris
Foramen magnum	• Meninges • Plexus venosus vertebralis internus (Sinus marginalis) • Aa. vertebrales (Aa. subclaviae) • A. spinalis anterior (Aa. vertebrales) • Medulla oblongata/Medulla spinalis • Radices spinales (N. accessorius [XI])

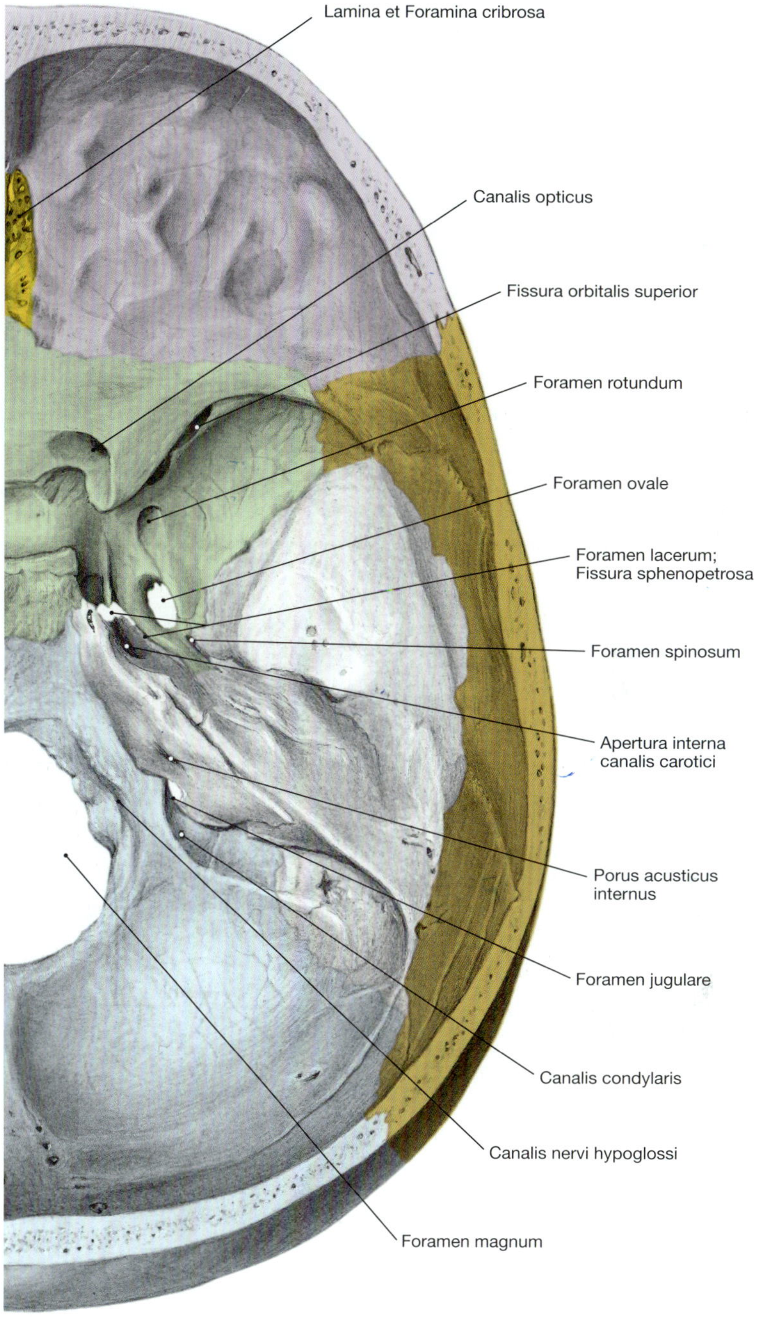

Abb. 8.17 Innere Schädelbasis, Basis cranii interna, mit Foramina; Ansicht von oben; Farbtafel → Hinweise zur Benutzung.

Entwicklung des Schädels

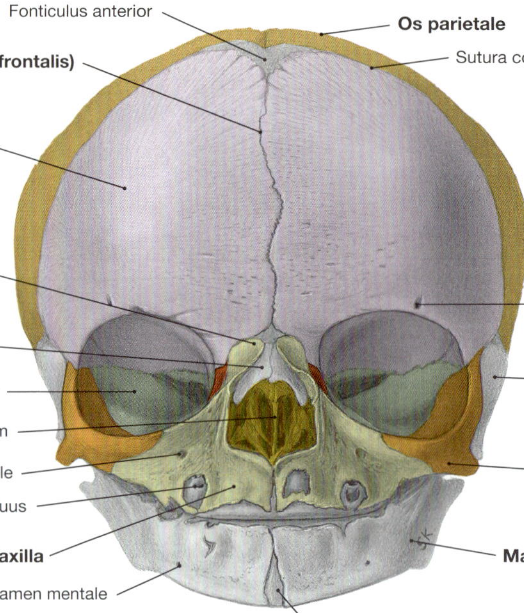

8.18

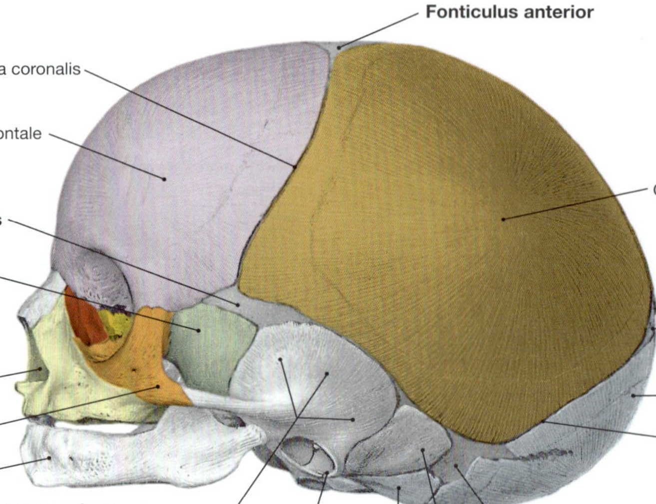

8.19

Abb. 8.18 und Abb. 8.19 Schädel, Cranium, eines Neugeborenen; Ansicht von vorne (→ Abb. 8.18) und von lateral (→ Abb. 8.19); Farbtafel → Hinweise zur Benutzung.

Bei der Geburt besitzt das Neugeborene sechs Fontanellen, zwei unpaare (Fonticuli anterior und posterior) und zwei paarige (Fonticuli sphenoidales und mastoidei). Unter der **Geburt** dienen Schädelnähte und Fontanellen als Orientierungsstrukturen bei der Beurteilung von Lage und Stand des kindlichen Kopfs. Der Fonticulus posterior ist führender Teil des Kopfs bei der normalen Hinterhauptlage.

Gemeinsam mit den Schädelnähten (Suturen) ermöglichen die Fontanellen dem Schädel, sich in begrenztem Maße während des Geburtsvorgangs zu verformen. Das rasche Wachstum nach der Geburt führt zu einer schnellen Verkleinerung der Fontanellen, die sich bis zum Ende des 3. Lebensjahres vollständig verschließen.

Entwicklung des Schädels

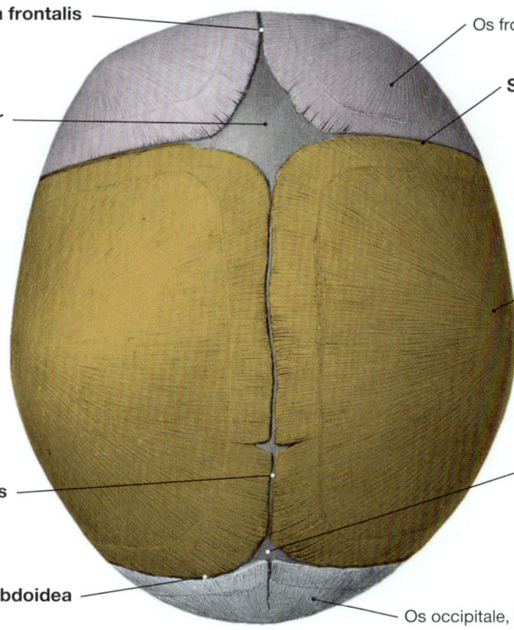

Abb. 8.20 Schädel, Cranium, eines Neugeborenen; Ansicht von oben; Farbtafel → Hinweise zur Benutzung.
Bei der Geburt sind die Deckknochen des Schädeldachs (Calvaria) in den Schädelnähten (Suturae) noch durch Bindegewebe voneinander getrennt. In Bereichen, in denen mehr als zwei Knochen aufeinandertreffen, sind die Suturen zu Fontanellen (Fonticuli) erweitert. Im Laufe des Lebens verknöchern die meisten Suturen, Fonticuli und Synchondrosen. Wichtige Suturen sind die Suturae lambdoidea **(Lambdanaht),** frontalis **(Stirnnaht),** sagittalis **(Pfeilnaht)** und coronalis **(Kranznaht),** die sich bis zum 50. Lebensjahr verschließen (die Stirnnaht bereits zwischen dem 1. und 2. Lebensjahr).

Fontanellen

Fontanelle	Anzahl	Verschluss [Lebensmonat]
Fonticulus anterior (große Fontanelle)	1	ca. 36.
Fonticulus posterior (kleine Fontanelle)	1	ca. 3.
Fonticulus sphenoidalis (vordere Seitenfontanelle)	paarig	ca. 6.
Fonticulus mastoideus (hintere Seitenfontanelle)	paarig	ca. 18.

Entwicklung des Schädels

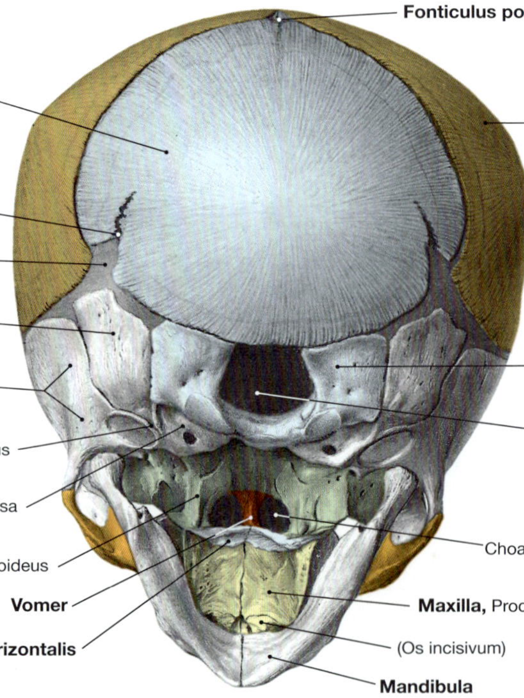

Abb. 8.21 Schädel, Cranium, eines Neugeborenen; Ansicht von hinten unten; Farbtafel → Hinweise zur Benutzung.
Die Schädelentwicklung folgt teilweise einem desmalen, teilweise einem chondralen Osteogenesemodus (→ Tabelle). Als Anlagematerial dient das Kopfmesenchym, das aus dem paraxialen Kopfmesenchym, dem prächordalen Mesoderm, den okzipitalen Somiten und der Neuralleiste stammt. Zwischen manchen Schädelknochen bestehen zur Zeit der Geburt Knorpelgelenke (Articulationes cartilagineae; Synchondroses cranii).

Verknöcherungsmodus der Schädelknochen

	Viscerocranium	**Neurocranium**	**Gehörknöchelchen**
desmal	Mandibula bis auf Proc. condylaris, Maxilla, Os zygomaticum, Os palatinum, Os nasale, Vomer, Os lacrimale	Lamina medialis des Proc. pterygoideus des Os sphenoidale, Pars squamosa des Os temporale, Squama occipitalis, Os frontale, Os parietale	
chondral	Proc. condylaris der Mandibula, Os ethmoidale, Concha nasalis inferior	Os sphenoidale bis auf die Lamina medialis des Proc. pterygoideus, Pars petrosa und Pars tympanica des Os temporale, Pars lateralis und Pars basilaris des Os occipitale	
MECKEL-Knorpel			Malleus, Incus
REICHERT-Knorpel		Proc. styloideus des Os temporale	Stapes

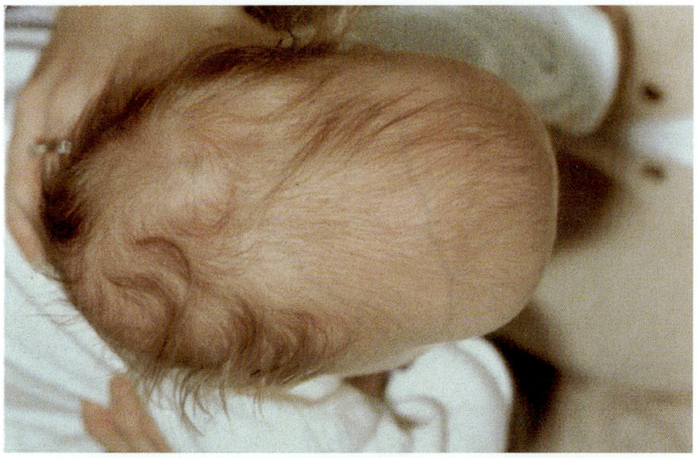

a

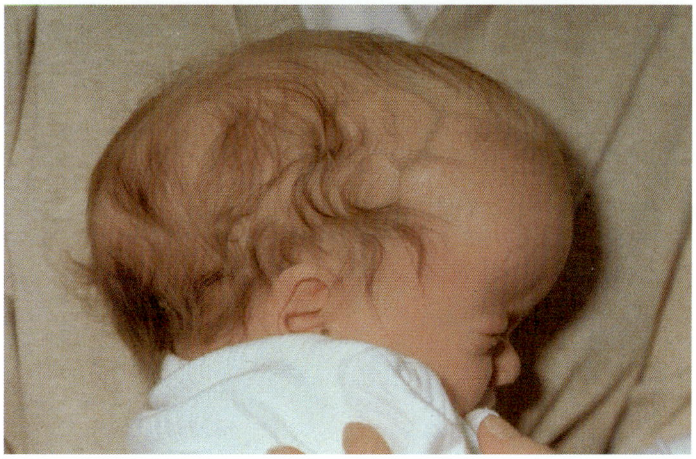

b

Abb. 8. 22a und b Kraniostenosen; Kind mit Skaphozephalus. [20]
Dieses Krankheitsbild entsteht bei vorzeitigem Verschluss der Sagittalnaht. Die Schädelkalotte ist übermäßig lang.
a Ansicht von oben
b Ansicht von rechts

Klinik

Störungen des Knochenwachstums werden als Dysostosen bezeichnet. **Kraniosynostosen** sind Fehlbildungen, bei denen es zum vorzeitigen Schluss einer oder mehrerer Suturen kommt. Der vorzeitige Schluss der Sutura sagittalis führt zur Ausdehnung des Schädels in der Frontal- und in der Okzipitalregion. Der Schädel verlängert und verschmälert sich **(Skaphozephalie).** Der vorzeitige Schluss der Kranznaht führt zur Ausbildung eines Turmschädels **(Akrozephalie).** Schließen sich Suturae coronalis und lambdoidea nur auf einer Seite vorzeitig, resultiert eine asymmetrische Kraniosynostose **(Plagiozephalie).** Bei einer **Mikrozephalie** bleibt das Hirnwachstum aus. Da sich das Schädelwachstum dem Hirnwachstum anpasst, bleibt das gesamte Neurocranium klein. Kinder mit Mikrozephalie bleiben in ihrer geistigen Entwicklung zurück.

Stirnbein und Siebbein

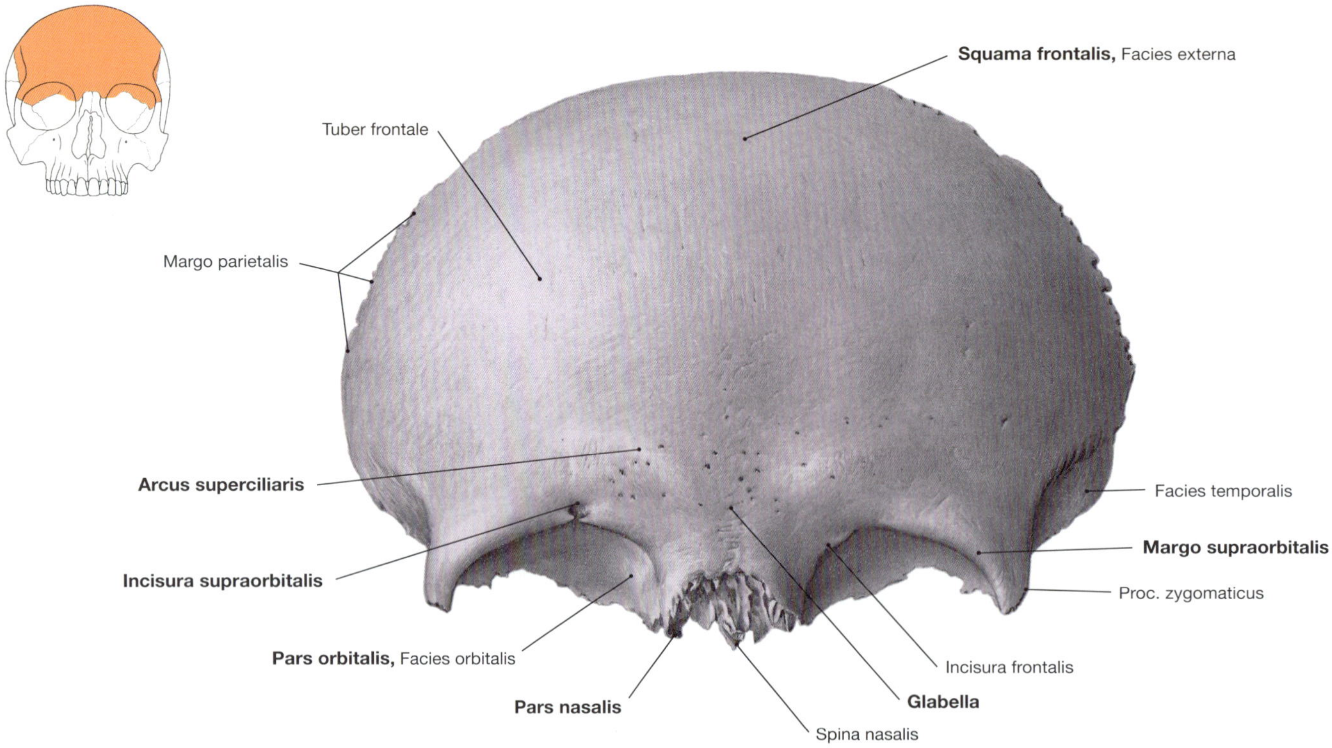

Abb. 8.23 Stirnbein, Os frontale; Ansicht von vorne; Farbtafel → Hinweise zur Benutzung.

Das Stirnbein ist der vorderste Knochen des Schädeldachs. Er bildet Teile der Wände von Augen- und Nasenhöhle. Man unterscheidet am unpaaren Os frontale **vier Anteile:**

- die unpaare Schuppe (Squama frontalis)
- die paarigen Partes orbitales und
- die unpaare Pars nasalis

Oberhalb des Orbitarands (Margo supraorbitalis) wölbt sich beidseits ein prominenter Arcus superciliaris vor, der bei Männern meist stärker als bei Frauen ausgeprägt ist. Zwischen den beiden Arcus ist der Knochen in der Mittellinie abgeflacht und bildet die Glabella (Bereich zwischen den Augenbrauen). Am medialen Orbitaoberand ist meist ein Foramen supraorbitale, seltener eine Incisura frontalis ausgebildet.

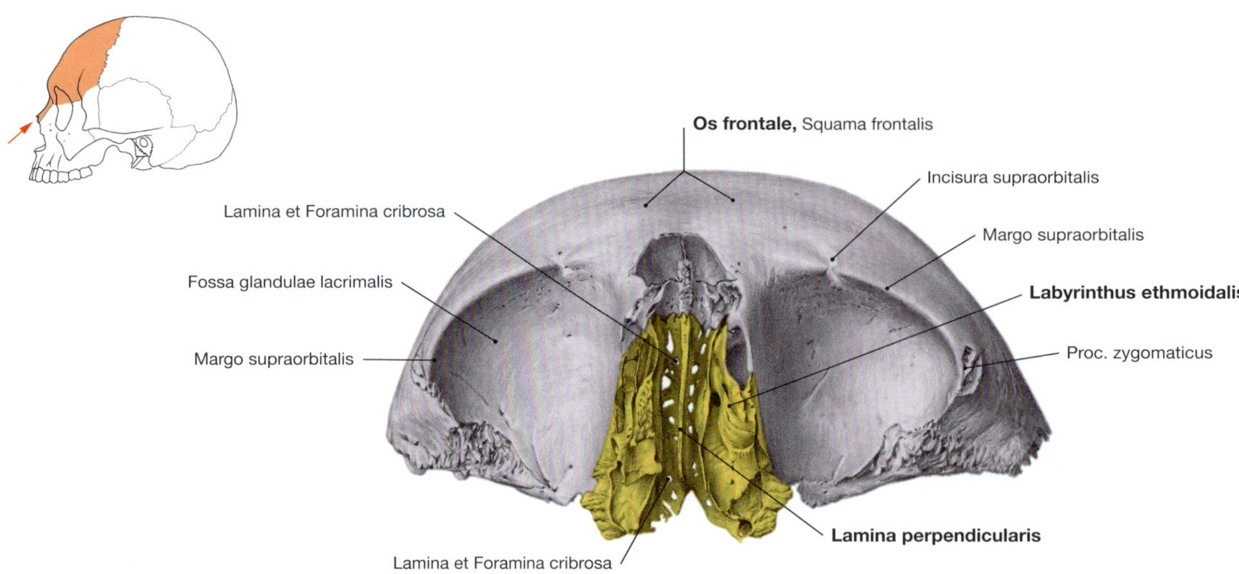

Abb. 8.24 Stirnbein, Os frontale, Siebbein, Os ethmoidale, und Nasenbeine, Ossa nasalia; Ansicht von unten; Farbtafel → Hinweise zur Benutzung.

Medial vorne und unten bilden die mit dem Os frontale in Verbindung stehenden Os ethmoidale und Ossa nasalia Teile des Nasenskeletts. Im Stirnbein liegt der Sinus frontalis.

Oberkiefer und Gaumenbein

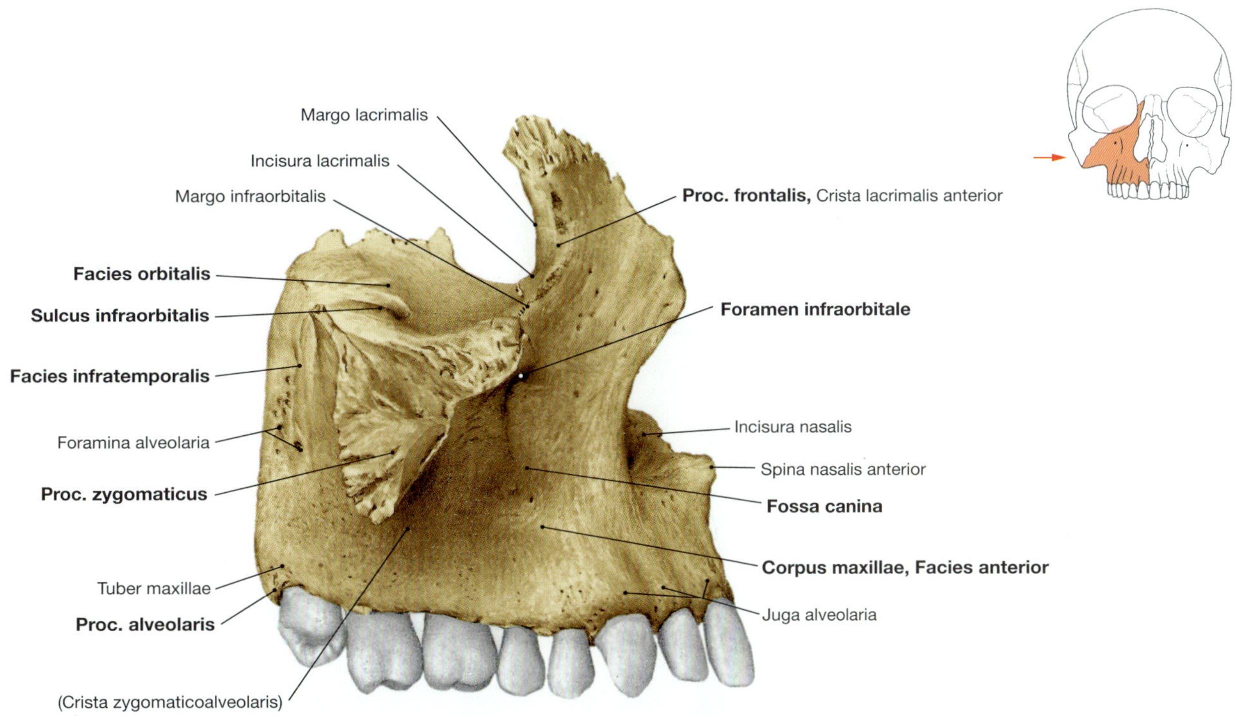

Abb. 8.25 Oberkiefer, Maxilla, rechts; Ansicht von lateral.
Der Oberkiefer lässt sich in Oberkieferkörper (Corpus maxillae) sowie Stirnfortsatz (Proc. frontalis, steht mit dem Os frontale in Verbindung), Jochfortsatz (Proc. zygomaticus, bildet mit Os zygomaticum den Jochbogen), Gaumenfortsatz (Proc. palatinus, vorderer Anteil des knöchernen Gaumens, → Abb. 8.26) und Alveolarfortsatz (Proc. alveolaris) unterteilen. Letzterer bildet den Oberkieferunterrand und enthält die Zahnfächer (Alveoli dentales), die die Zahnwurzeln beinhalten. Die vorgewölbten vorderen Ränder der Zahnfächer werden als Juga alveolaria bezeichnet. Im Corpus maxillae liegt knapp unterhalb des unteren Orbitarands das Foramen infraorbitale.

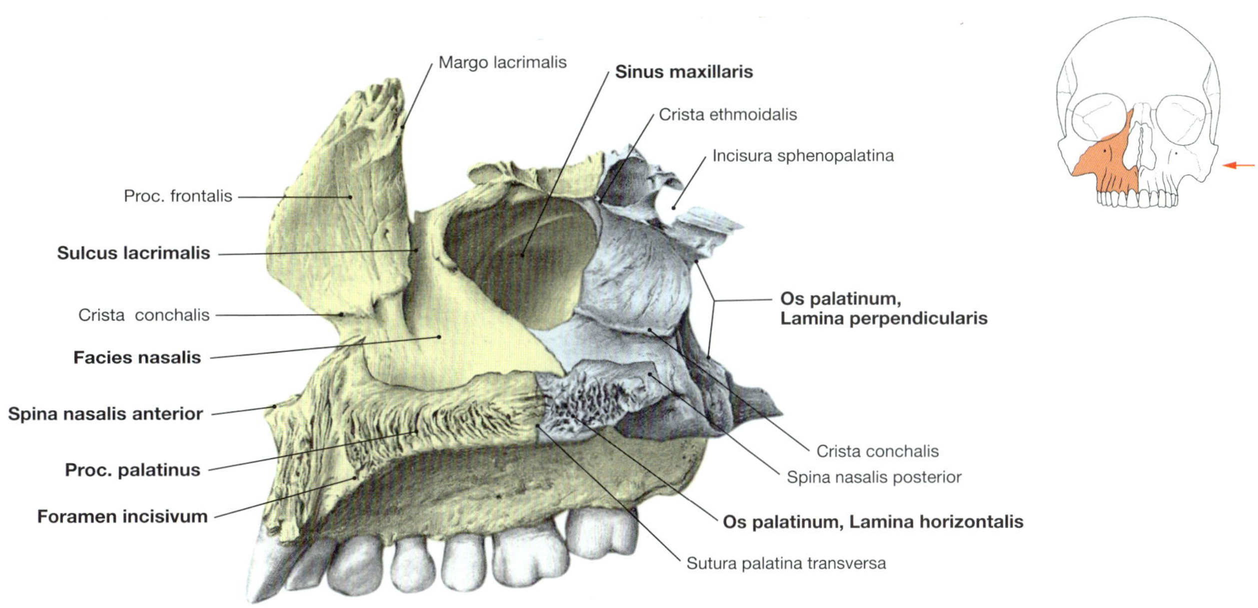

Abb. 8.26 Oberkiefer, Maxilla, und Gaumenbein, Os palatinum, rechts; Ansicht von medial mit Blick in den Sinus maxillaris; Farbtafel → Hinweise zur Benutzung.
Dem Oberkiefer folgt nach hinten das Gaumenbein, das sich aus zwei Platten zusammensetzt: Die **Lamina horizontalis** bildet den hinteren Anteil des knöchernen Gaumens (Palatum osseum), die **Lamina perpendicularis** verläuft vertikal nach oben und begrenzt den Sinus maxillaris hinten medial.

Nasenhöhle

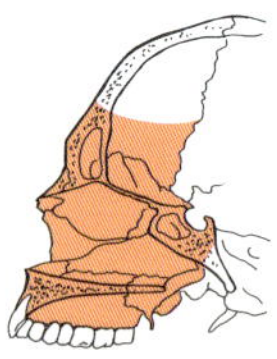

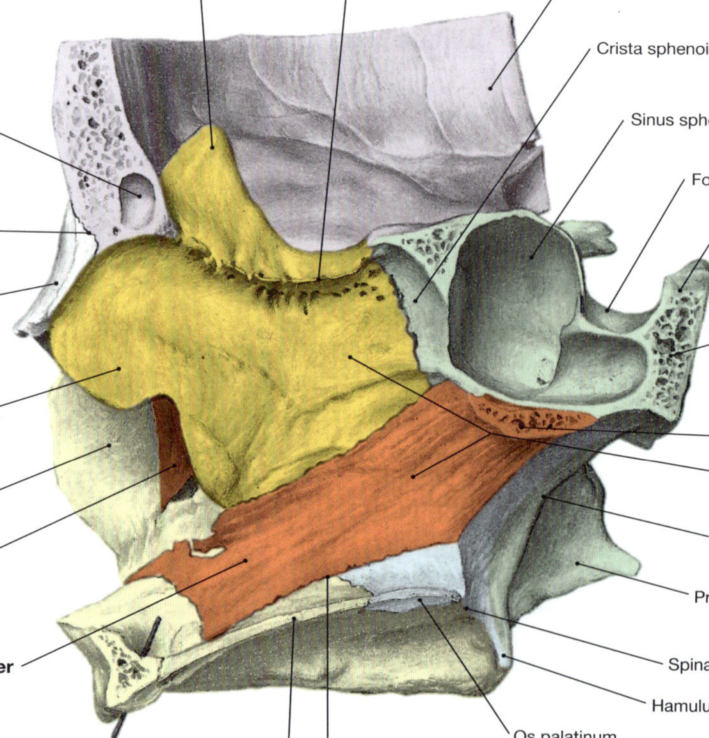

Abb. 8.27 Knöcherne Nasenscheidewand, Septum nasi osseum; Ansicht von lateral; Farbtafel → Hinweise zur Benutzung.
Das knöcherne Nasenseptum wird von der Lamina perpendicularis des Siebbeins (Os ethmoidale) und vom Pflugscharbein (Vomer) gebildet.
Das **Os ethmoidale** sitzt zwischen Os frontale und Maxilla und steht außerdem mit den Ossa nasalia, lacrimalia, sphenoidale und palatina in Verbindung. Oben bildet es die Crista galli. Die von zahlreichen Löchern durchsetzte Lamina cribrosa bildet das Dach der Nasenhöhle und einen Teil des Bodens der vorderen Schädelhöhle. Unten schließt sich an die Crista galli die Lamina perpendicularis des Os ethmoidale an, die das knöcherne Labyrinth des Siebbeins in eine rechte und eine linke Hälfte teilt und den oberen Anteil des knöchernen Nasenseptums bildet.
Der **Vomer** bildet den größten Teil des knöchernen Nasenscheidewandskeletts. Der platte, trapezförmige Knochen steht oben mit der Lamina perpendicularis des Os ethmoidale und hinten über die Ala vomeris mit dem Os sphenoidale in Kontakt, unten grenzt er mit der Pars cuneiformis vomeris an den Proc. palatinus der Maxilla sowie an die Lamina horizontalis des Os palatinum.

Klinik

Eine Nasenscheidewandverkrümmung **(Septumdeviation)** kann traumatisch bedingt sein durch Schläge oder Stürze auf die Nase oder durch ein Fehlwachstum der Mittelgesichtsknochen entstehen. Mehr als 60% der Bevölkerung weisen zumindest eine leichte Verkrümmung des Nasenseptums auf. Nasenscheidewandverkrümmungen behindern in erster Linie die Nasenatmung. Ist dies der Fall, kann die eingeatmete Luft nicht gewärmt, gereinigt und befeuchtet werden. Die Nasenatmungsbehinderung führt zu vermehrter Mundatmung mit Schnarchen und/oder gesteigerter Entzündungsneigung. Die Nasennebenhöhlen werden nicht mehr ausreichend belüftet, was zu Nasennebenhöhlenentzündungen mit postnasalem Sekretfluss und zu Entzündungen des Kehlkopfs und der Bronchien führen kann. Im höheren Lebensalter können durch den Sauerstoffmangel Herz-Kreislauf-Erkrankungen entstehen.

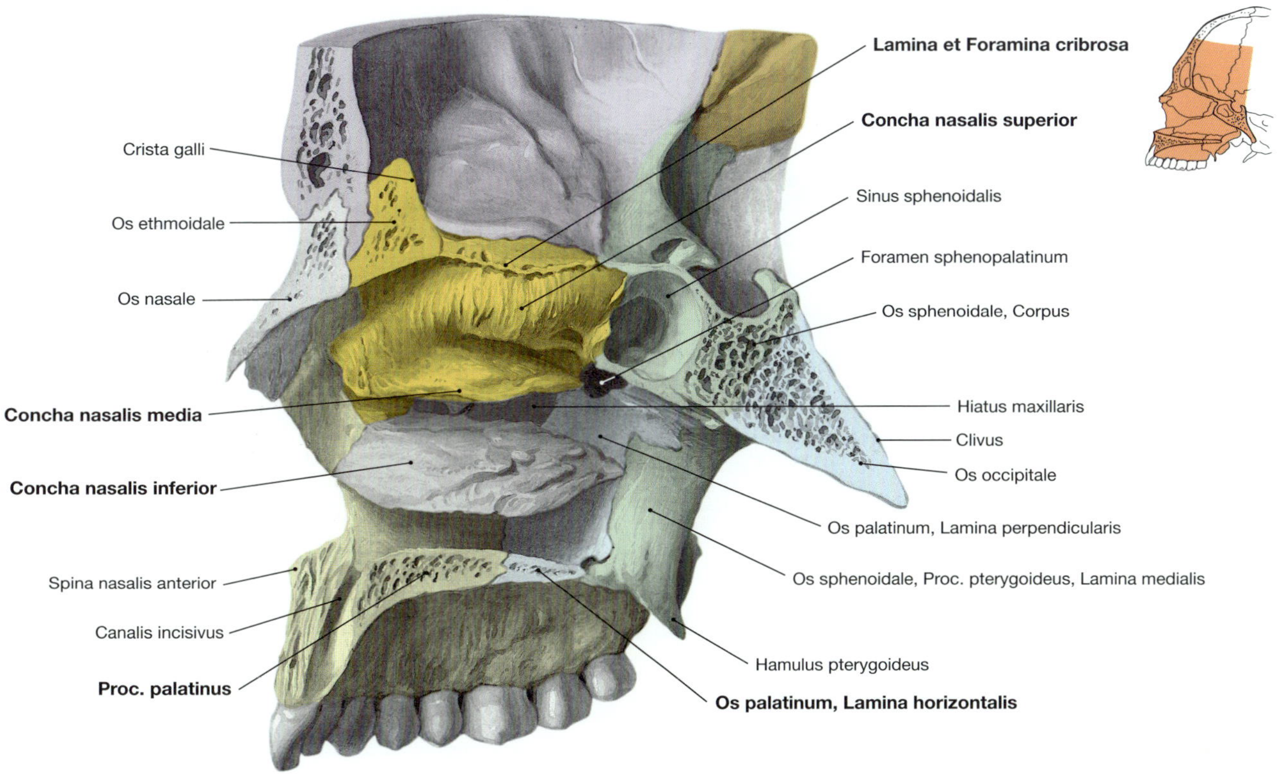

Abb. 8.28 Laterale Wand der Nasenhöhle, Cavitas nasi; rechts; Ansicht von links; Farbtafel → Hinweise zur Benutzung.
Der Blick auf die laterale Nasenwand zeigt oben als Dach die Lamina cribrosa des Siebbeins (Os ethmoidale), das auch die obere (Concha nasalis superior) und die mittlere Nasenmuschel (Concha nasalis media) bildet. Zwischen den beiden Muscheln verläuft der obere Nasengang (Meatus nasi superior). Darunter sitzt die untere Nasenmuschel (Concha nasalis inferior) als eigenständiger Knochen.

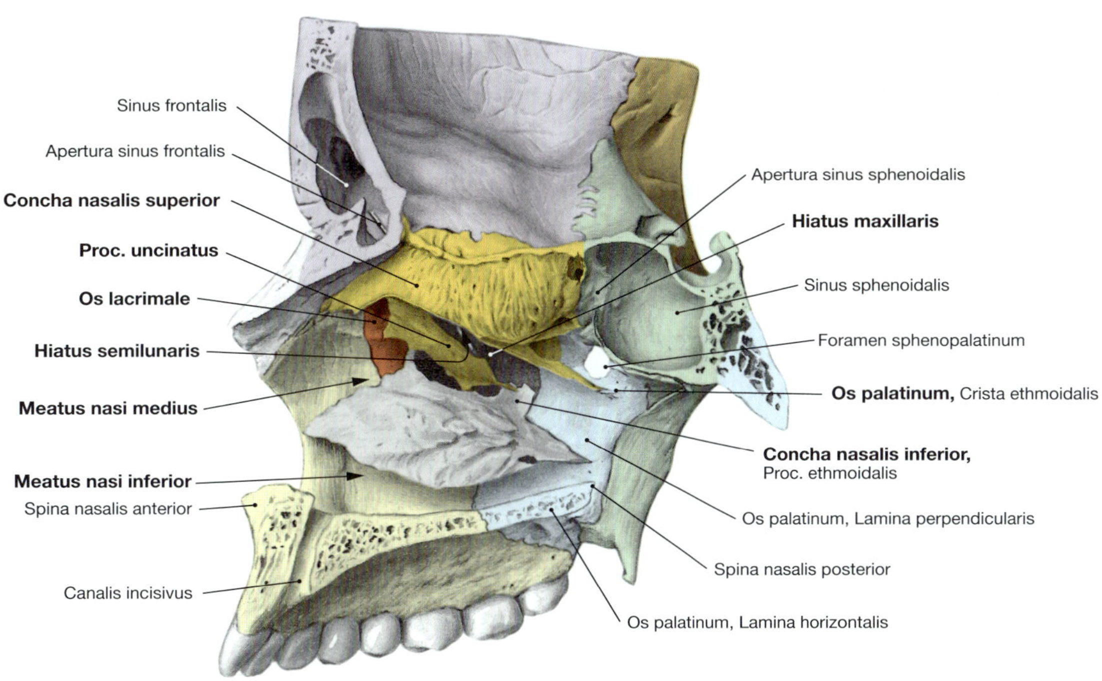

Abb. 8.29 Laterale Wand der Nasenhöhle, Cavitas nasi; rechts; Ansicht von links nach Abtragung der mittleren Nasenmuschel; Farbtafel → Hinweise zur Benutzung.
Unterhalb der mittleren Nasenmuschel gehört eine dünne Knochenlamelle, der **Proc. uncinatus,** zum Siebbein. Dieser verschließt die mediale Kieferhöhlenwand nur unvollständig. Es verbleiben zahlreiche Öffnungen über und unter dem Proc. uncinatus. Eine davon ist der Hiatus maxillaris.
Der Boden und Teile der Seitenwand werden von der **Maxilla** und dem **Os palatinum** (Boden: Lamina horizontalis; Seitenwand: Lamina perpendicularis) gebildet. In der Seitenwand sitzt ferner das **Os lacrimale,** das einen Teil der vorderen Begrenzung der Kieferhöhle bildet. Die Concha nasalis inferior ist an den drei letztgenannten Knochen befestigt und teilt die laterale Nasenwand in einen über ihr liegenden mittleren Nasengang (Meatus nasi medius) und einen unter ihr liegenden unteren Nasengang (Meatus nasi inferius).

Harter Gaumen

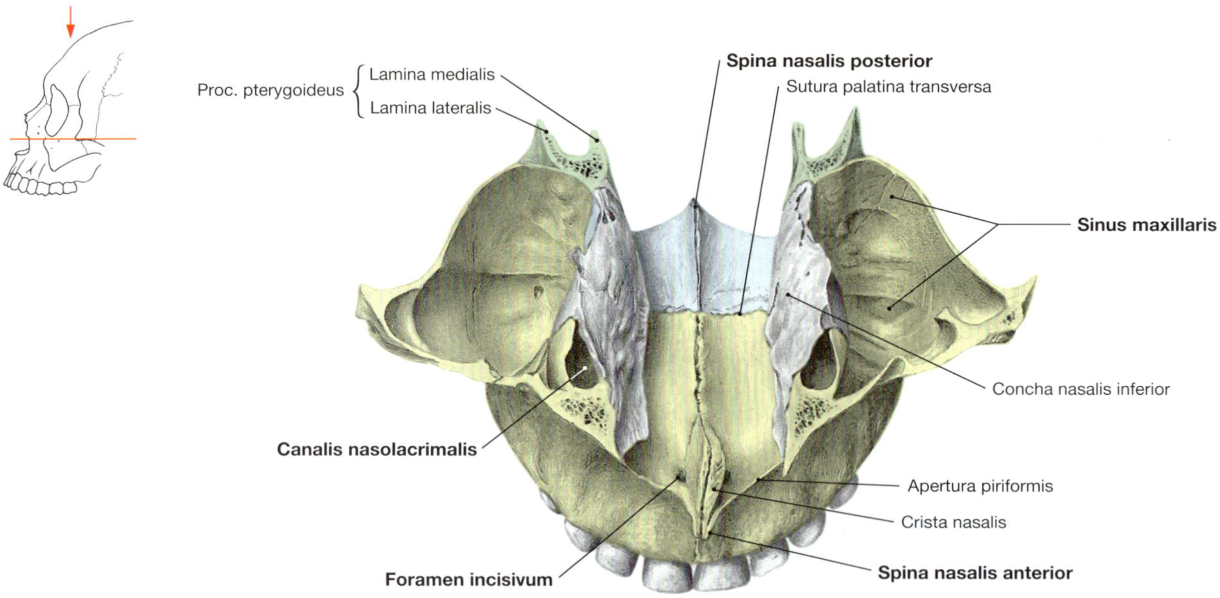

Abb. 8.30 Harter Gaumen, Palatum durum; Kieferhöhle, Sinus maxillaris, und untere Nasenmuschel, Concha nasalis inferior; Ansicht von oben; Farbtafel → Hinweise zur Benutzung.
Der harte Gaumen ist eine horizontale Knochenplatte, die von der Maxilla und vom Os palatinum gebildet wird. Er trennt Mund- und Nasenhöhle voneinander. Eine Verbindung besteht über die Foramina incisiva. In der dargestellten Ansicht blickt man auf den Boden der Nasenhöhle. Seitlich liegen die Sinus maxillares.

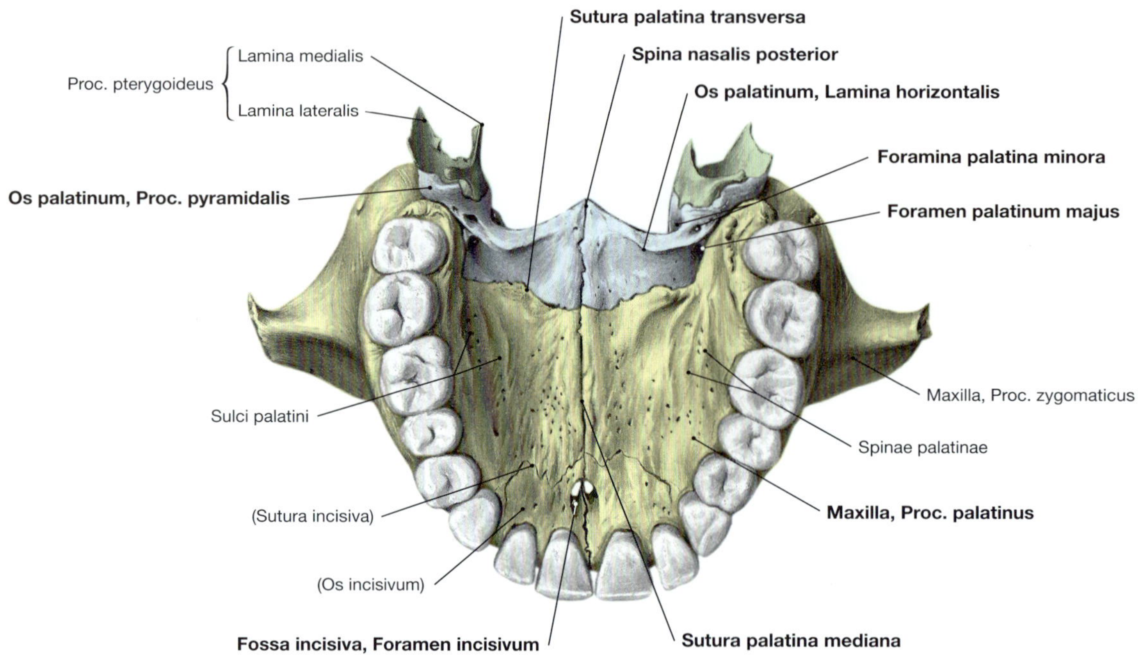

Abb. 8.31 Harter Gaumen, Palatum durum; Ansicht von unten; Farbtafel → Hinweise zur Benutzung.
Der harte Gaumen gehört zur **vorderen Schädelbasis.** Die Zähne sind in den beiden Alveolarbögen der Maxilla befestigt. Die Bögen umschließen den harten Gaumen vorne und seitlich. Er besteht rostral aus den Procc. palatini der beiden Maxillae und hinten aus den Laminae horizontales der Ossa palatina. Die **Procc. palatini** stehen in der Mittellinie über die Sutura palatina mediana in Verbindung, dorsal grenzen sie über die Sutura palatina transversa an die beiden Ossa palatina. Die **Laminae horizontales** der Ossa palatina haben in der Mittellinie über die Sutura interpalatina (Fortsetzung der Sutura palatina mediana) Kontakt zueinander.
Vorne hinter den Schneidezähnen befindet sich in der Mittellinie die **Fossa incisiva,** die in das Foramen incisivum und die Canales incisivi übergeht. Nahe dem lateralen Hinterrand des harten Gaumens liegen auf beiden Seiten je ein **Foramen palatinum majus,** das in den Canalis palatinus majus übergeht sowie die **Foramina palatina minora.** Sie liegen im Proc. pyramidalis des Os palatinum und gehen in die Canales palatini minores über. In der Mittellinie wölbt sich die **Spina nasalis posterior** als spitzer Fortsatz des harten Gaumens nach hinten vor.

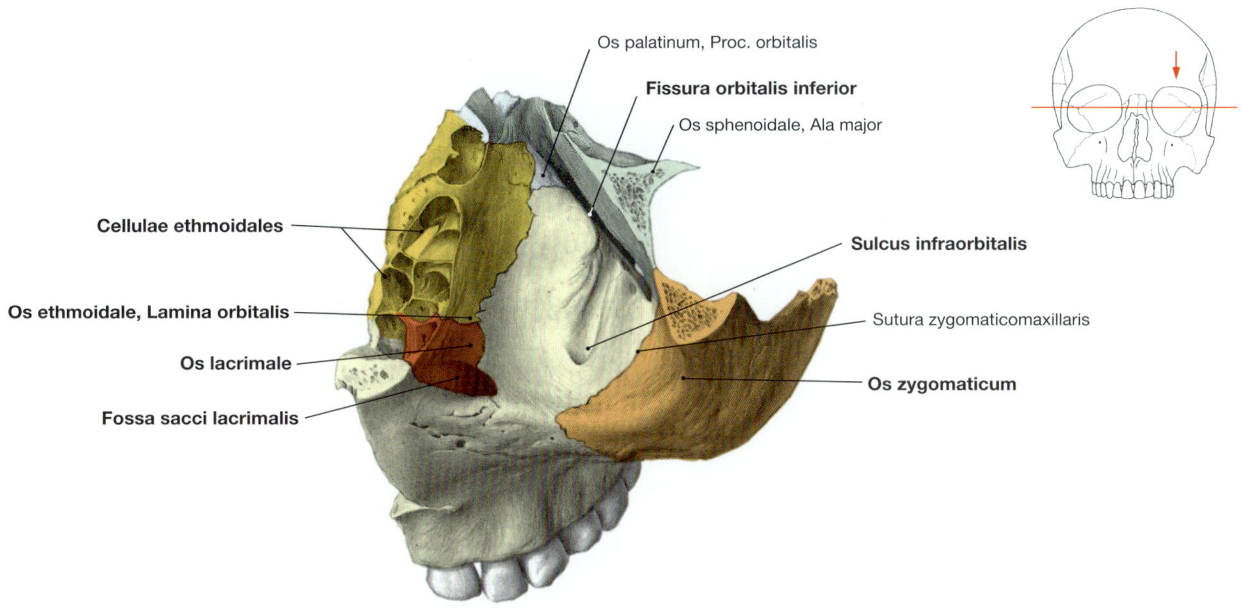

Abb. 8.32 Boden der Augenhöhle, Paries inferior orbitae, links; Ansicht von oben; Farbtafel → Hinweise zur Benutzung.
Der Orbitaboden bildet das Dach der Kieferhöhle. In ihm liegt der Sulcus infraorbitalis, der vorne in einen knöchernen Kanal unterhalb des Orbitabodens übergeht und am Foramen infraorbitale mündet. Hier verlaufen der N. infraorbitalis und die gleichnamigen Gefäße. Lateral wird der Orbitaboden vom Os zygomaticum gebildet, medial beteiligen sich der Proc. orbitalis des Os palatinum, die Lamina orbitalis des Os ethmoidale und das Os lacrimale. Letzteres bildet gemeinsam mit der Maxilla die Fossa sacci lacrimalis, in der der Tränensack liegt. Zur Augenhöhle → Abbildung 9.9 bis 9.13

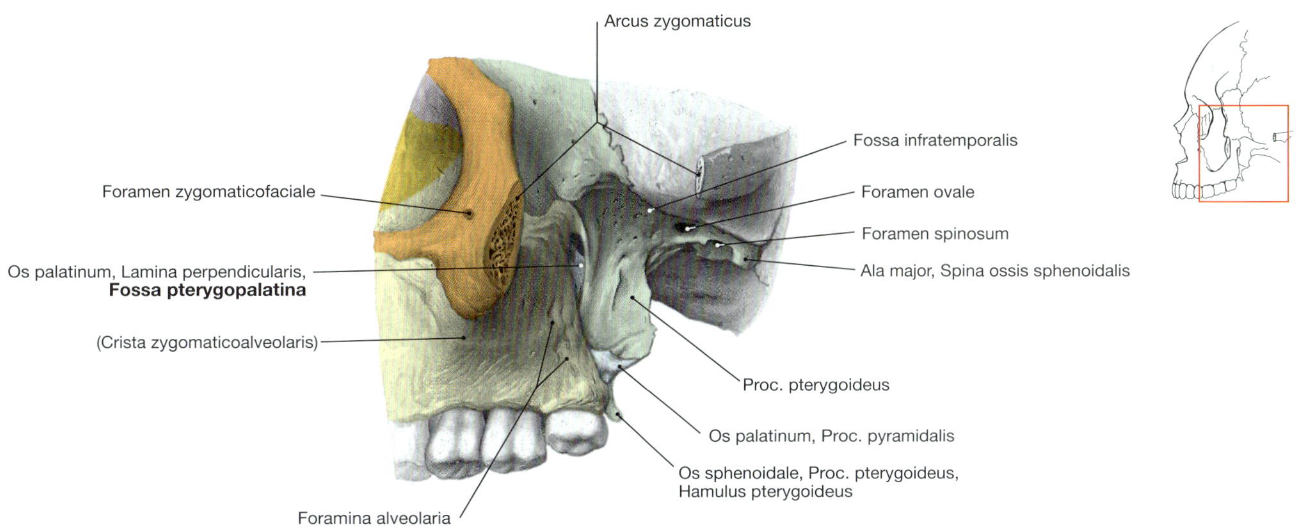

Abb. 8.33 Flügelgaumengrube, Fossa pterygopalatina, links; Ansicht von lateral; Farbtafel → Hinweise zur Benutzung.
Die Fossa pterygopalatina liegt in medialer Fortsetzung der Fossa infratemporalis. Sie wird von Maxilla, Os palatinum und Os sphenoidale begrenzt. Die Grube bildet eine **Schaltstelle** zwischen mittlerer Schädelgrube sowie Augenhöhle und Nase. Durch sie ziehen zahlreiche Nerven und Gefäße zu den in diesen Räumen liegenden Strukturen (→ S. 78 und 79).
Der **Zugang von lateral zur Flügelgaumengrube** stellt einen gängigen Weg im Rahmen von Tumoroperationen dieser Region dar, z. B. bei einem Nasen-Rachen-Fibrom.

Augenhöhle

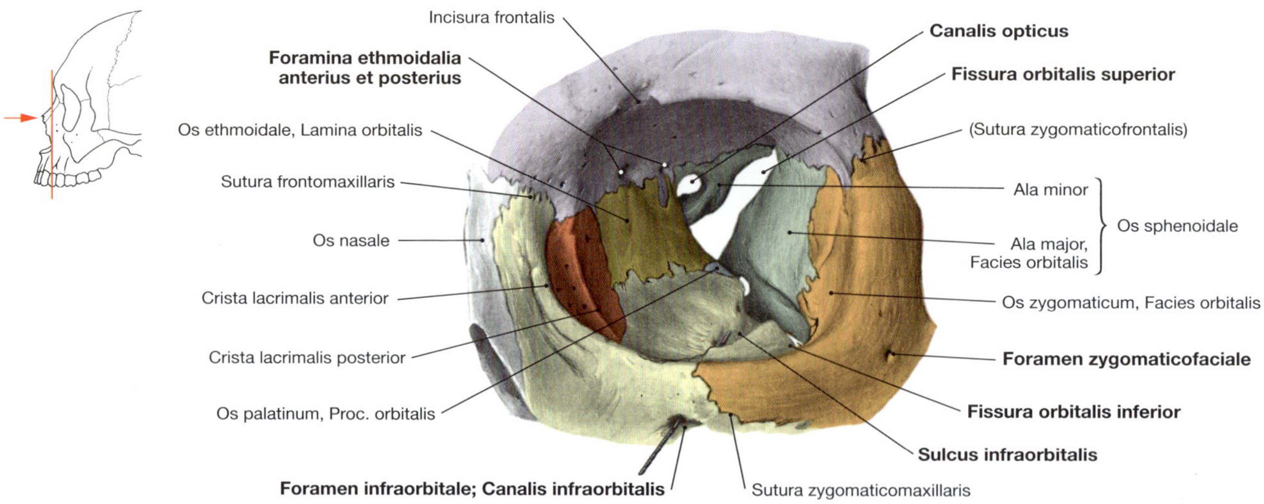

Abb. 8.34 Augenhöhle, Orbita, links; Ansicht von vorne; Sonde im Canalis infraorbitalis; Farbtafel → Hinweise zur Benutzung.
Die Orbita wird von den Ossa frontale, ethmoidale, lacrimale, palatinum, sphenoidale, zygomaticum und der Maxilla begrenzt. Öffnungen zur Orbita gibt es über die Fissurae orbitales superior und inferior, den Canalis opticus sowie die Foramina ethmoidalia anterius und posterius. Im Boden der Orbita liegt im hinteren Teil der Sulcus infraorbitalis, der sich vorne in den Canalis infraorbitalis fortsetzt und unterhalb des unteren Orbitarands als Foramen infraorbitale mündet. Lateral kommt im Os zygomaticum regelmäßig ein Foramen zygomaticofaciale vor. Zur Augenhöhle → Abbildung 9.9 bis 9.13.

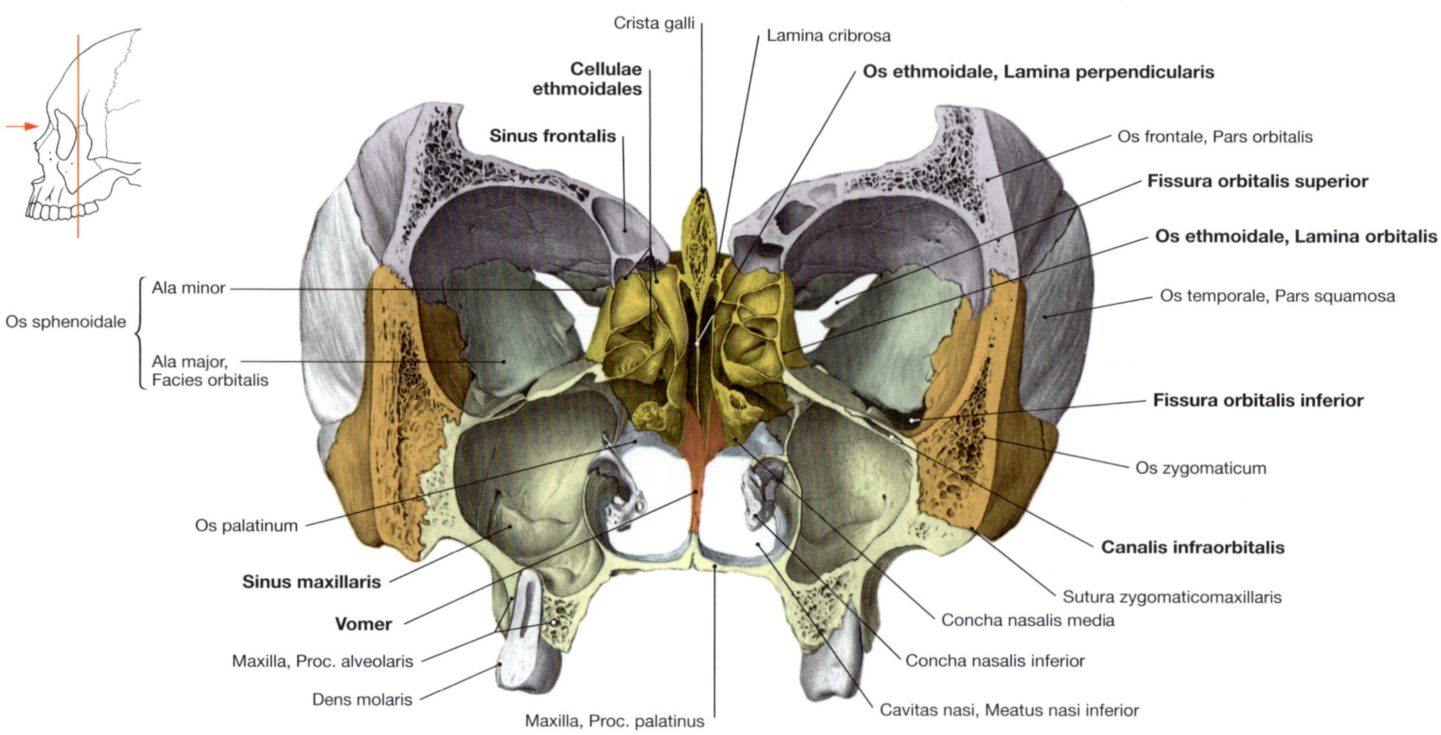

Abb. 8.35 Gesichtsschädel, Viscerocranium; frontaler Sägeschnitt auf Höhe der beiden Orbitae; Ansicht von vorne; Farbtafel → Hinweise zur Benutzung.
Das unpaare Siebbein (Os ethmoidale) beherbergt die vorderen und hinteren Siebbeinzellen **(Cellulae ethmoidales).** Direkt unterhalb der Crista galli schließt sich die Lamina perpendicularis des Os ethmoidale an, die das knöcherne Labyrinth des Siebbeins in eine rechte und eine linke Hälfte teilt und den oberen Anteil des knöchernen Nasenseptums bildet. Hinten schließt sich der Vomer an. Die lateralen Wände der Cellulae ethmoidales werden von der dünnen **Lamina orbitalis** gebildet, die einen Großteil der medialen Orbitawand bildet und als **Lamina papyracea** bezeichnet wird. Direkt unterhalb der Orbita liegt der Sinus maxillaris. In seinem Dach, der gleichzeitig Boden der Orbita ist, liegt der Canalis infraorbitalis. Das Niveau der Lamina cribrosa liegt deutlich unterhalb des Orbitadachs. Zur Augenhöhle → Abbildung 9.9 bis 9.13.

Klinik

Aufgrund der papierdünnen Lamina orbitalis (papyracea) des Os ethmoidale zwischen Orbita und Siebbeinzellen können **Entzündungen der Siebbeinzellen** leicht auf die Orbita übergreifen und zu einer Orbitaphlegmone führen. In Abbildung 8.35 ist die besonders nahe Beziehung der Molarenzahnwurzel zum Sinus maxillaris zu sehen. Entzündungen des zweiten Prämolaren oder des ersten Molaren können zu einer odontogenen Kieferhöhlenentzündung (Sinusitis maxillaris) führen.

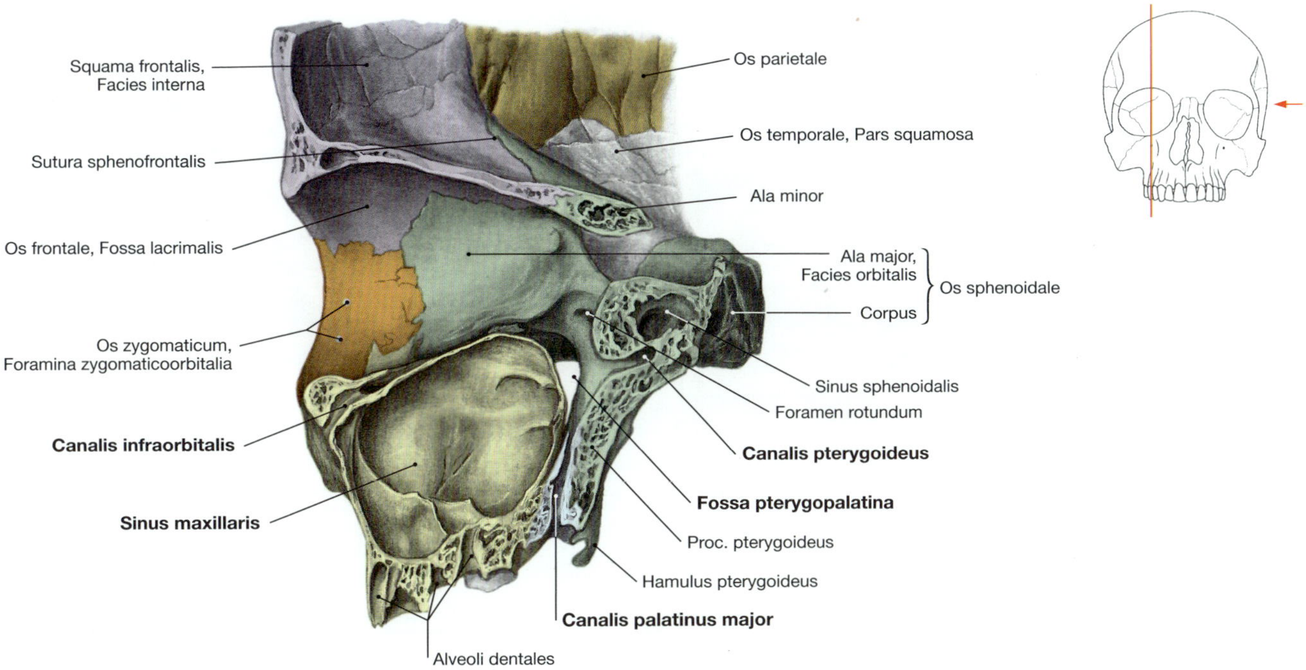

Abb. 8.36 Laterale Wand der Augenhöhle, Paries lateralis orbitae, rechts; Ansicht von medial; Farbtafel → Hinweise zur Benutzung.
Die laterale Orbitawand wird von den Ossa zygomaticum, frontale, sphenoidale und der Maxilla gebildet. Man erkennt im Schnitt sehr gut den Canalis infraorbitalis im vorderen Drittel des Orbitabodens sowie die sehr dünne Knochendecke zum Sinus maxillaris. Hinten schließt sich an den Sinus maxillaris die Fossa pterygopalatina an, die lateral Verbindung zur Fossa infratemporalis hat, oben zur Orbita und unten über den Canalis palatinus major mit der Mundhöhle in Verbindung steht. Hinten oben mündet der Canalis pterygoideus in die Fossa pterygopalatina.

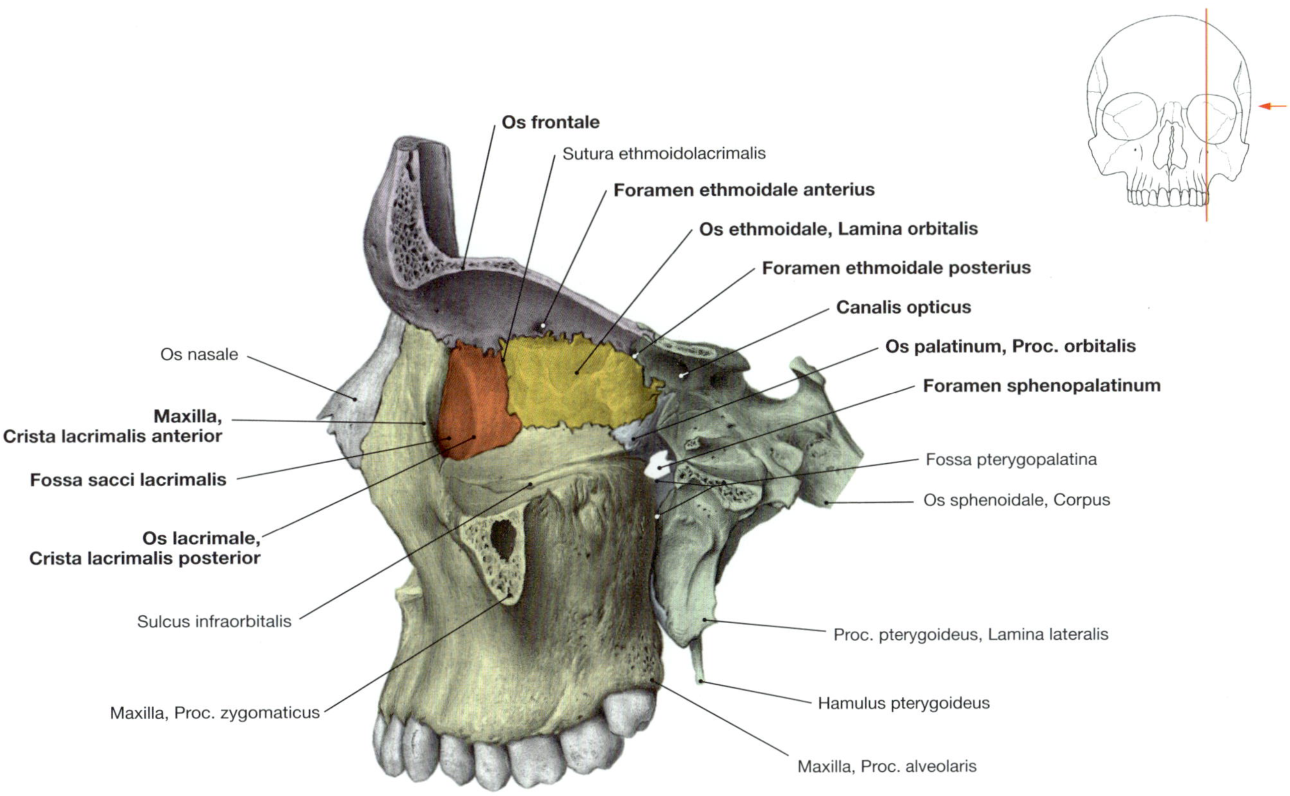

Abb. 8.37 Mediale Wand der Augenhöhle, Paries medialis orbitae, links; Ansicht von lateral; Farbtafel → Hinweise zur Benutzung.
Die mediale Orbitawand wird vorne vom Os lacrimale, von der Maxilla und dem Os frontale gebildet, hinten befinden sich zwischen dem Os frontale und der Maxilla die Lamina orbitalis des Os ethmoidale (Lamina papyracea), der Proc. orbitalis des Os palatinum sowie das Os sphenoidale. Die Crista lacrimalis anterior der Maxilla und die Crista lacrimalis posterior des Os lacrimale begrenzen gemeinsam eine Vertiefung (Fossa sacci lacrimalis) für den Tränensack. In der medialen Orbitawand liegen die Foramina ethmoidalia anterius und posterius und der Canalis opticus. Knapp oberhalb der Fossa pterygopalatina befindet sich das Foramen sphenopalatinum.

Keilbein

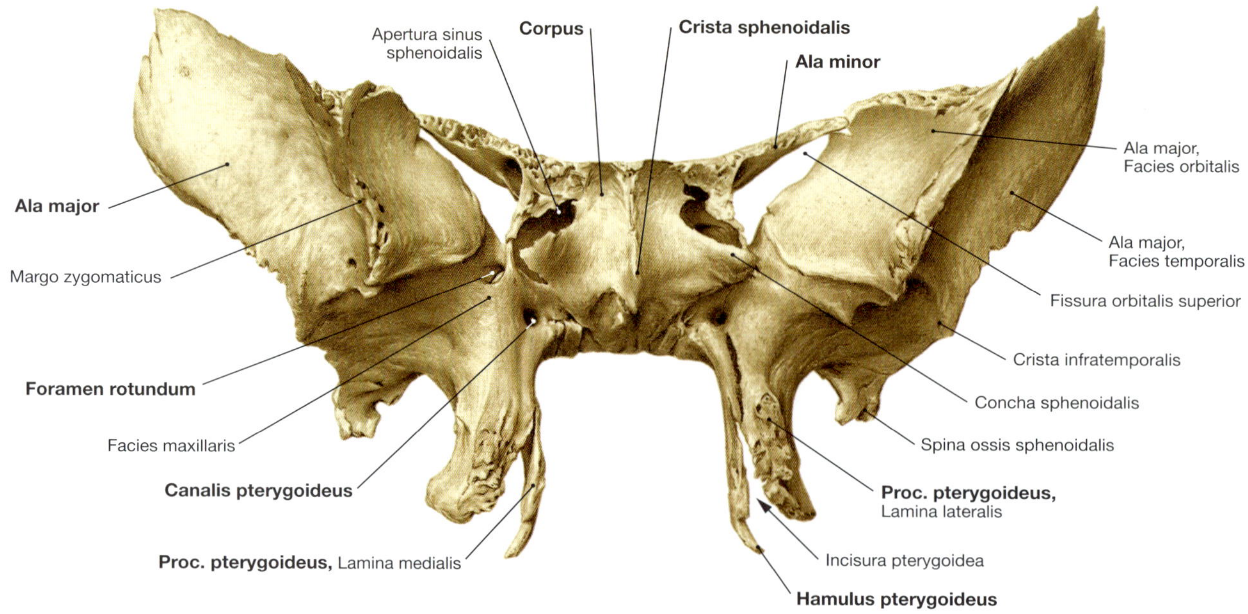

Abb. 8.38 Keilbein, Os sphenoidale; Ansicht von vorne.
Das unpaare Os sphenoidale ist ein Verbindungsknochen zwischen Viscerocranium und Neurocranium. Vom Keilbeinkörper (Corpus) gehen seitlich zwei Flügelpaare (Alae) ab. Oben liegen die **Alae minores,** unten die **Alae majores.** Nach unten schließen sich die Flügelgaumenfortsätze **(Proc. pterygoidei)** an. Im Zentrum des Keilbeins liegen die Keilbeinhöhlen **(Sinus sphenoidales).** Die vordere Fläche des Corpus wird durch eine Crista sphenoidalis in zwei Hälften geteilt.

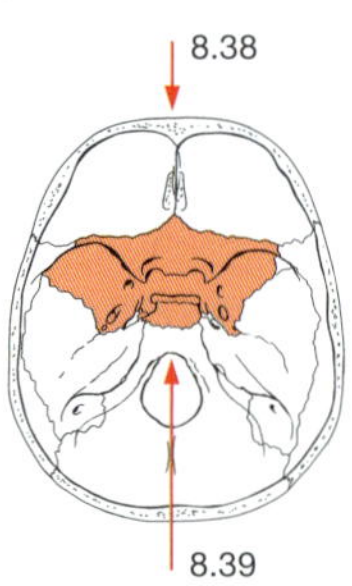

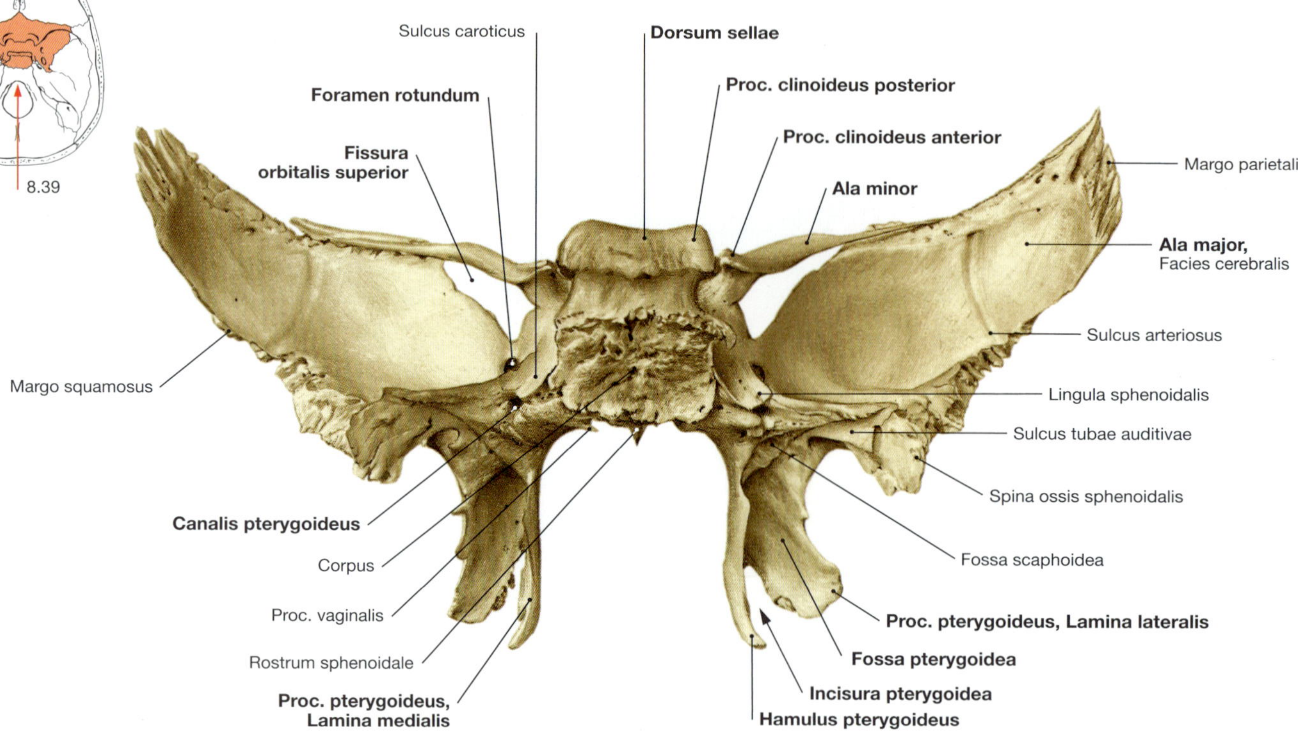

Abb. 8.39 Keilbein, Os sphenoidale; Ansicht von hinten.
Ala minor und Ala major des Os sphenoidale begrenzen die **Fissura orbitalis superior.** Der Proc. pterygoideus teilt sich auf jeder Seite in eine kleinere Lamina medialis und eine größere Lamina lateralis auf, die zwischen sich die Fossa pterygoidea einschließen und durch die **Incisura (Fissura) pterygoidea** getrennt sind. Die Lamina medialis geht am kaudalen Ende in den **Hamulus pterygoideus** über. An ihrer Basis durchbohrt der Canalis pterygoideus das Os sphenoidale und mündet in die Fossa pterygopalatina.

Keilbein und Hinterhauptsbein

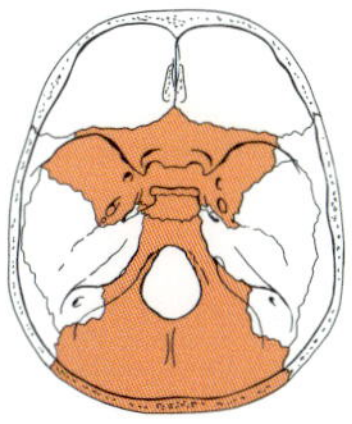

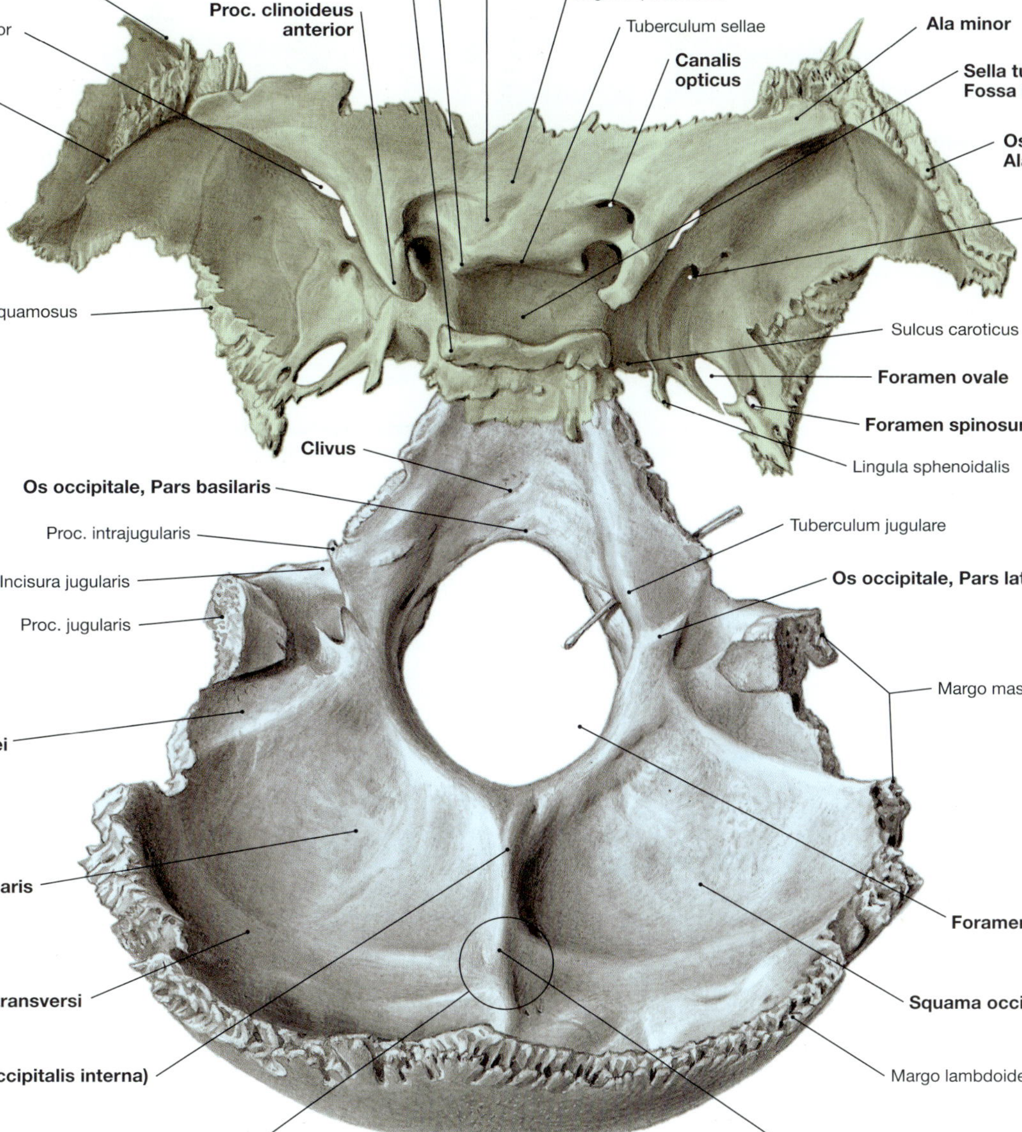

Abb. 8.40 Keilbein, Os sphenoidale, und Hinterhauptsbein, Os occipitale; Ansicht von oben; Farbtafel → Hinweise zur Benutzung.
Das Zentrum des **Os sphenoidale** bildet der Türkensattel **(Sella turcica)** mit der Fossa hypophysialis. Das Tuberculum sellae, das sich seitlich jeweils in den Proc. clinoideus medius fortsetzt, bildet den Vorderrand der Fossa hypophysialis. Vor dem Tuberculum sellae liegen der Sulcus prechiasmaticus sowie das Jugum sphenoidale. Der Clivus bildet den hinteren Sattelanteil, dessen Oberkante sich lateral jeweils zum Proc. clinoideus posterior erhebt. Die Ala minor wird im Bereich der Sella turcica an ihrem Vorderrand vom Canalis opticus durchbohrt. In die Ala major sind auf beiden Seiten von vorne oben nach hinten unten die Foramina rotundum, ovale und spinosum eingelassen.
Das unpaare **Os occipitale** besteht aus der Squama occipitalis, zwei Partes laterales und einer Pars basilaris. Die vier Anteile begrenzen das **Foramen magnum.** An der Innenfläche der Squama occipitalis treffen sich der Sulcus sinus sagittalis superioris und die Sulci der Sinus transversi an der Protuberantia occipitalis interna. Ferner erkennt man an der Innenfläche rechts und links den Sulcus sinus sigmoidei sowie den Sulcus sinus occipitalis. Die Squama occipitalis ist auf der Innenseite oberhalb der Protuberantia occipitalis interna zur Fossa cerebralis, unterhalb davon zur Fossa cerebellaris vertieft. Gemeinsam mit dem Corpus des Os sphenoidale bildet die Pars basilaris des Os occipitale den Clivus.

Schläfenbein

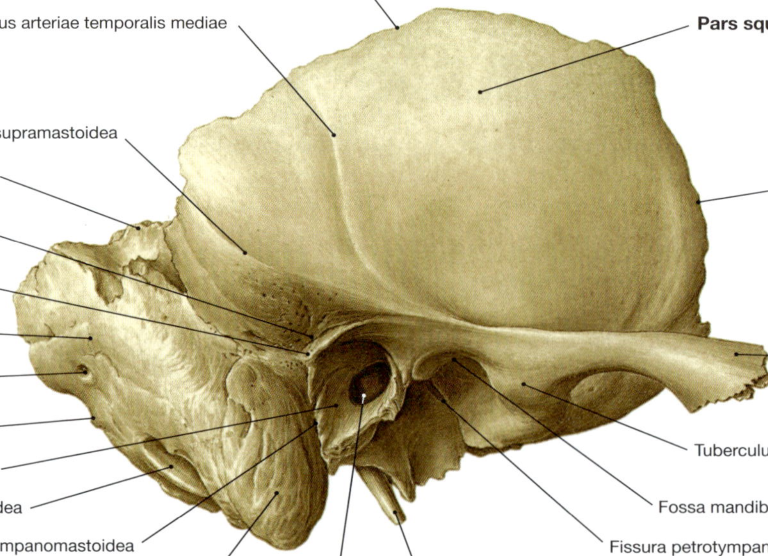

Abb. 8.41 Schläfenbein, Os temporale, rechts; Ansicht von lateral.
Das paarige Os temporale gehört sowohl dem Gesichts- als auch dem Hirnschädel an. Es ist an der Bildung der Schädelseitenwand und der Schädelbasis beteiligt. Man unterscheidet die Pars squamosa, die Pars tympanica und die Pars petrosa (Felsenbein).
Die als Schuppe ausgebildete **Pars squamosa** grenzt über den Margo parietalis an das Os parietale. Vorne und oberhalb vom Meatus wölbt sich der Proc. zygomaticus vor und zieht nach vorne.
Die **Pars petrosa** grenzt hinten an die Ossa parietale und occipitale. Zentrale äußere Öffnung ist der Meatus acusticus externus. Nach hinten unten schließt sich der Proc. mastoideus an. In der Pars petrosa liegen Mittelohr und Innenohr (nicht sichtbar). Als Zugänge dienen der innere Gehörgang (Meatus acusticus internus , → S. 17), das Foramen stylomastoideum (→ S. 16) und der Canalis musculotubarius (→ Abb. 10.30 und 10.37).
Die **Pars tympanica** bildet die knöcherne Wand des äußeren Gehörgangs. Sie liegt ringförmig an den Partes squamosa und petrosa. Sie begrenzt den Meatus acusticus externus (knöcherner Gehörgang) von vorne, unten und hinten und reicht bis zum Trommelfell (→ Abb. 10.15 und 10.25).

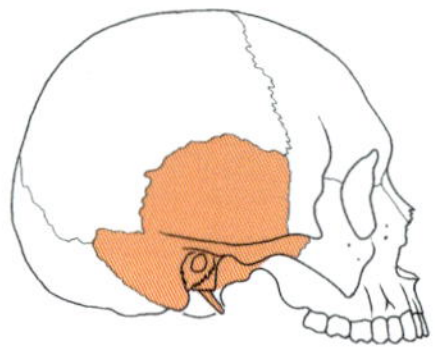
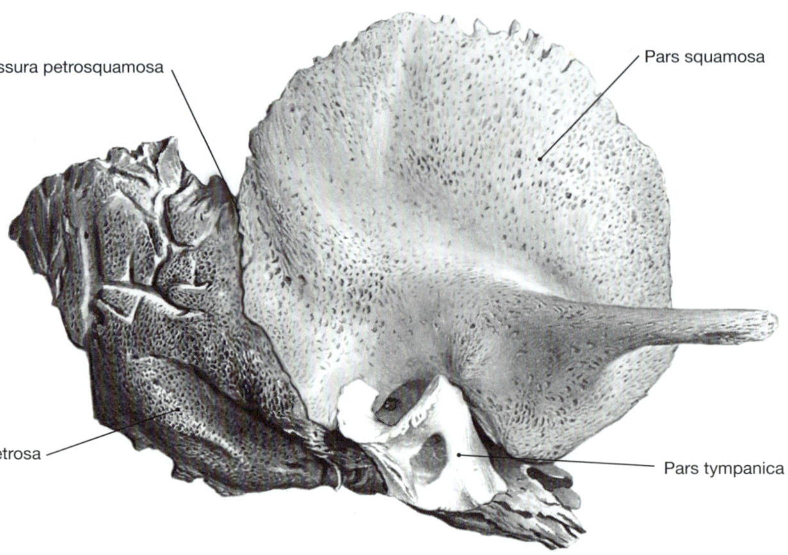

Abb. 8.42 Schläfenbein, Os temporale, eines Neugeborenen, rechts; Ansicht von lateral; schematische Darstellung;
Farbtafel s. Seite V.

Die Darstellung zeigt die verschiedenen Anteile des Schläfenbeins: Pars squamosa, Pars petrosa und Pars tympanica.

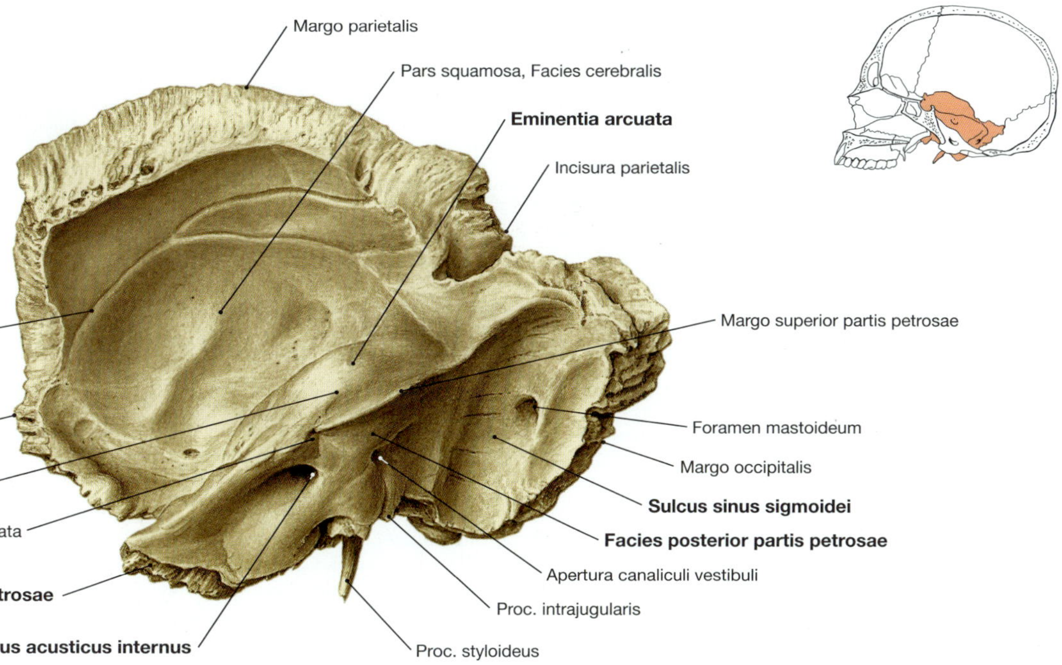

Abb. 8.43 Schläfenbein, Os temporale, rechts; Ansicht von innen. Die Pars petrosa hat die Form einer Pyramide, deren Spitze (Apex partis petrosae) nach vorne medial ausgerichtet ist und deren Basis auf den Proc. mastoideus zeigt. Die zur mittleren Schädelgrube gerichtete Facies anterior wölbt sich zur Eminentia arcuata vor; in der Facies posterior liegt der **Porus acusticus internus** als Eingang in den Meatus acusticus internus. Die Hinterfläche der Pars petrosa wird durch den Sulcus sinus sigmoidei vertieft. Hier befindet sich auch das **Foramen mastoideum.** Auf der Innenseite (Facies cerebralis) der Pars squamosa sieht man die Sulci arteriosi der A. meningea media.

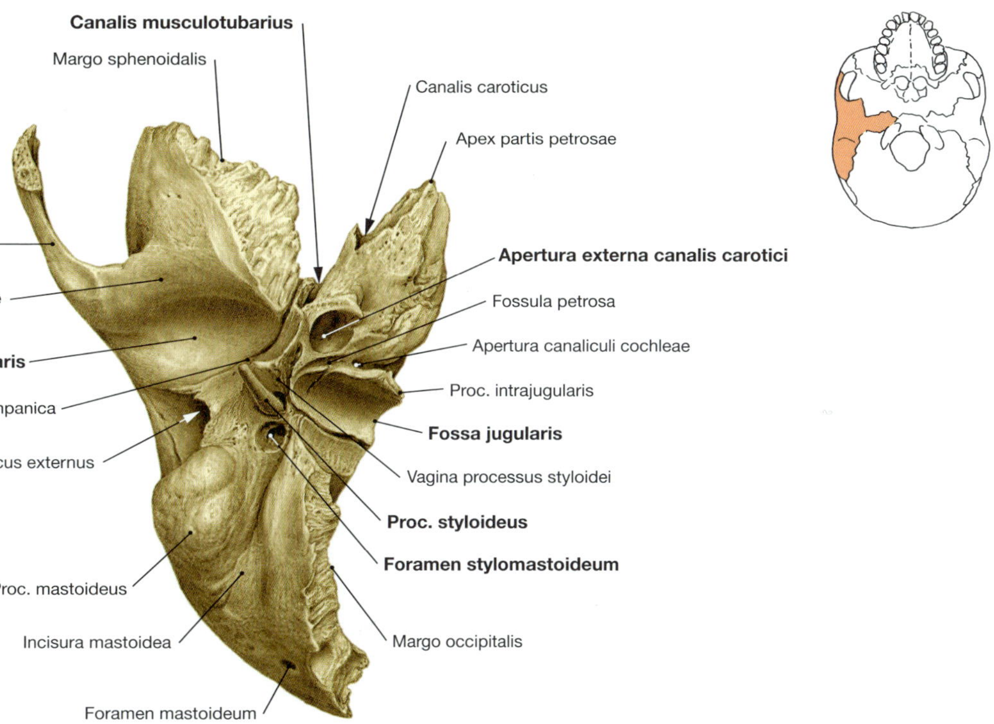

Abb. 8.44 Schläfenbein, Os temporale, rechts; Ansicht von unten. Die Facies inferior des Os temporale vertieft sich zur **Fossa jugularis,** die das Foramen jugulare gemeinsam mit dem Os occipitale begrenzt. Am Einschnitt zwischen Pars squamosa und Pars petrosa beginnt der Canalis musculotubarius. Außerdem sieht man die Apertura externa canalis carotici und den Proc. styloideus. Seitlich hinten öffnet sich das **Foramen stylomastoideum.** Direkt vor dem äußeren Gehörgang bildet die Pars squamosa die **Fossa mandibularis,** die rostral vom Tuberculum articulare umrandet wird.

Unterkiefer

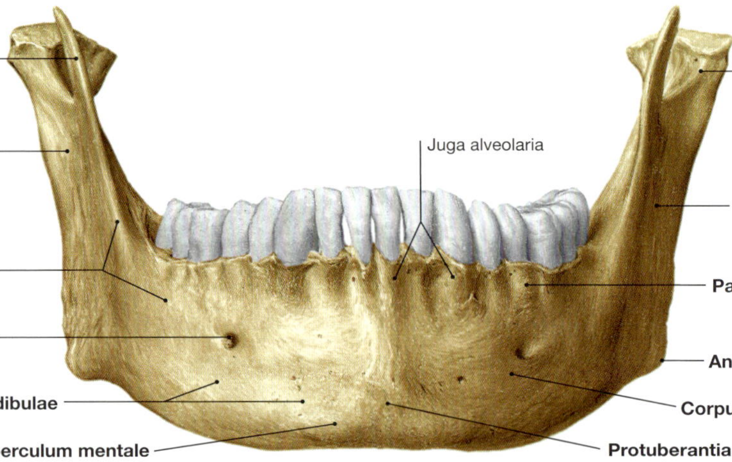

Abb. 8.45 Unterkiefer, Mandibula; Ansicht von vorne.
Die unpaare Mandibula besteht aus einem Körper (Corpus mandibulae) und zwei Ästen (Rami mandibulae). Jeder Ramus teilt sich in einen **Proc. coronoideus** und einen **Proc. condylaris.** Das Corpus besteht aus Basis und Pars alveolaris, die durch die schräg nach vorne vom Proc. coronoideus absteigende Linea obliqua getrennt sind. Vorne sitzt an der Pars alveolaris das Kinn (Mentum) mit der Protuberantia mentalis, den Kinnhöckern (Tubercula mentalia) und den Foramina mentalia.

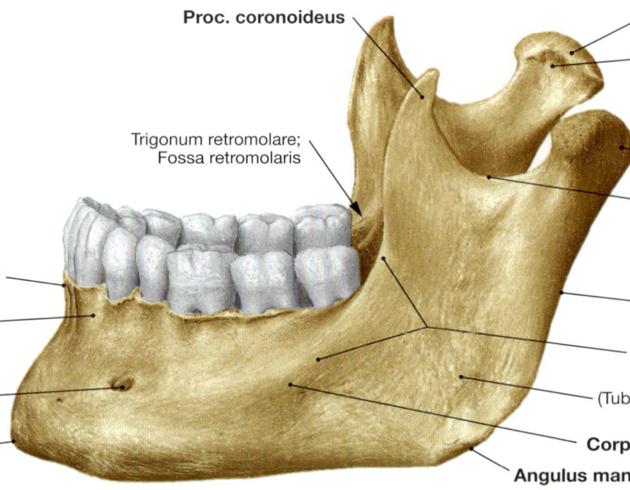

Abb. 8.46 Unterkiefer; Mandibula; Ansicht von lateral. Corpus mandibulae und Ramus mandibulae gehen am **Angulus** ineinander über.
Der Proc. condylaris trägt das **Caput mandibulare.**

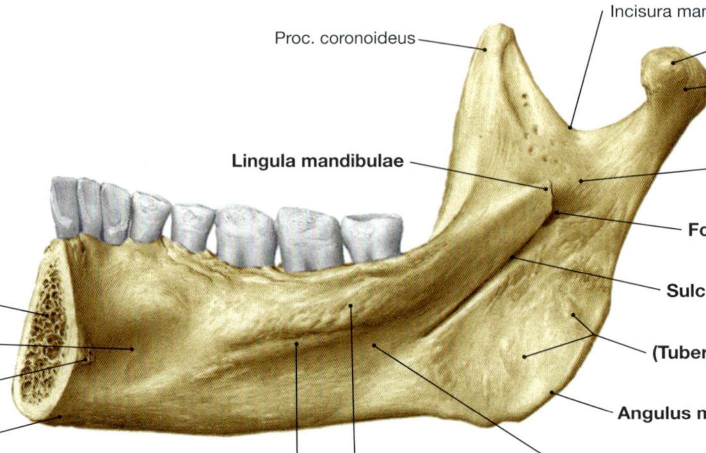

Abb. 8.47 Unterkiefer, Mandibula; Ansicht der Innenseite eines Mandibularbogens.
Auf der Innenseite des Ramus mandibulae befindet sich das **Foramen mandibulae.** Davor bildet die **Linea mylohyoidea** eine stufenförmige Leiste, die dem Ansatz des M. mylohyoideus dient und die Ebene des Mundbodens markiert.

Unterkiefer

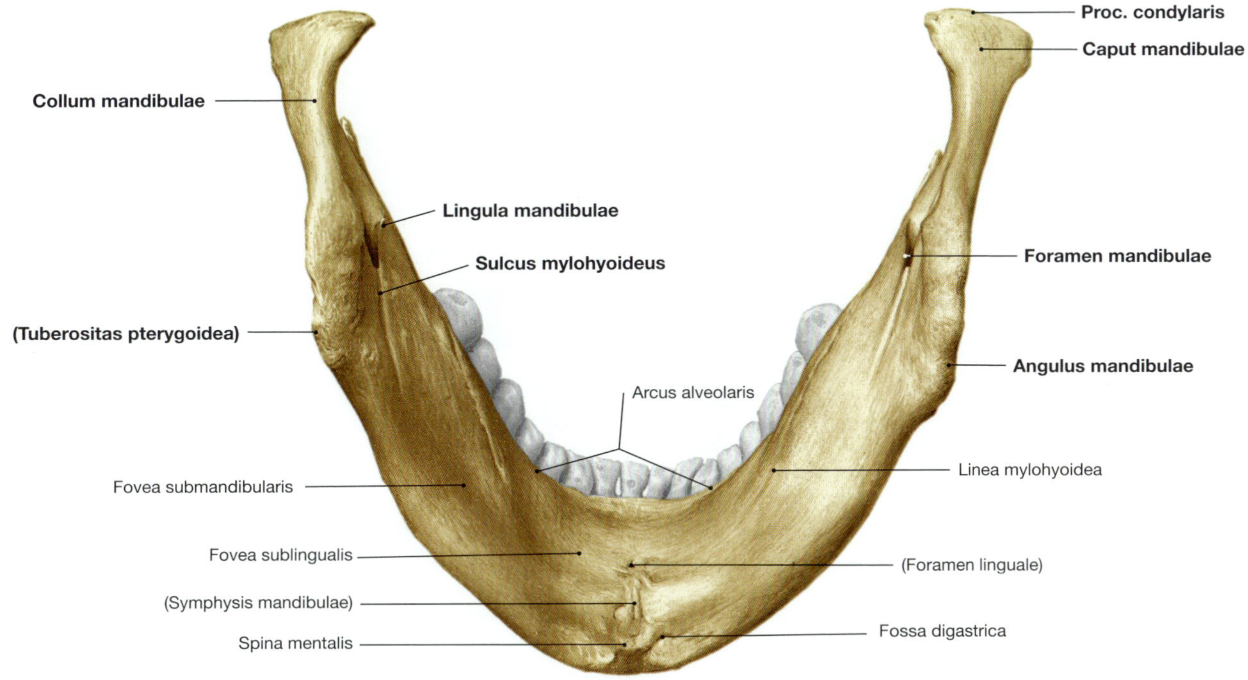

Abb. 8.48 Unterkiefer, Mandibula; Ansicht von unten.
Auf der Innenseite der Mandibula befindet sich nahe der Mittellinie die Spina mentalis. Lateral und unterhalb davon vertieft sich der Knochen jeweils zur Fossa digastrica, oberhalb der Spina mentalis zur Fovea sublingualis und zur Fovea submandibularis. Auf der Innenseite des Angulus mandibulae befindet sich die **Tuberositas pterygoidea.**

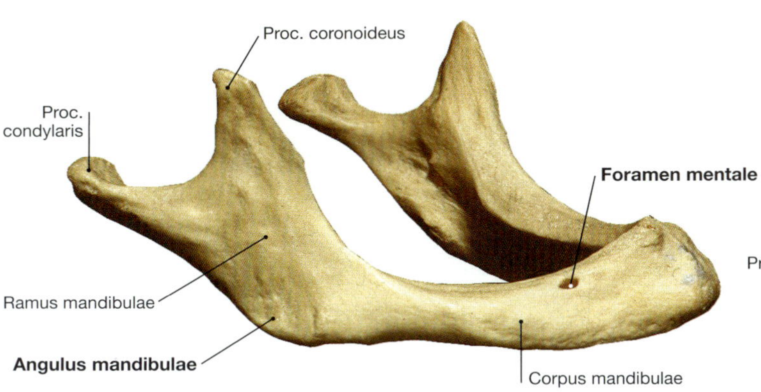

Abb. 8.49 Unterkiefer, Mandibula, eines Greises.
Zahnverlust – besonders im fortgeschrittenen Lebensalter – führt zur **Rückbildung der Pars alveolaris** der Mandibula. Diese kann so weit fortschreiten, dass das Foramen mentale beim zahnlosen Unterkiefer frei an dessen Oberrand liegt. Der **Angulus mandibulae** weist einen wesentlich größeren Winkel als beim bezahnten Unterkiefer auf.

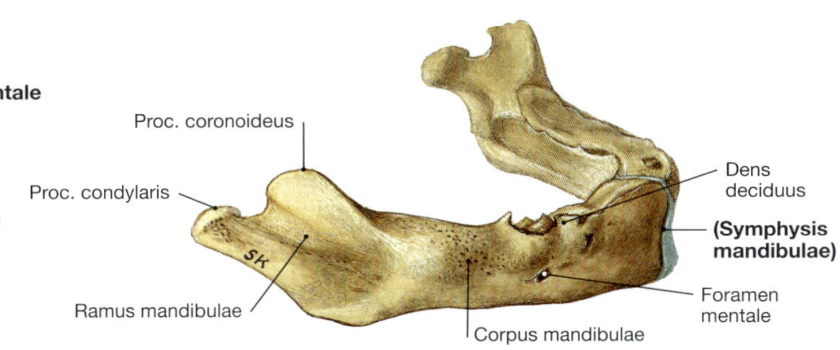

Abb. 8.50 Unterkiefer, Mandibula, eines Neugeborenen.
Beim Neugeborenen stehen die beiden Unterkiefersegmente noch über die **Symphysis mandibulae** in Verbindung. Der Winkel zwischen Corpus und Ramus mandibulae ist noch sehr groß.

Klinik

Frakturen der Mandibula treten nach Nasenbeinfrakturen aufgrund ihrer exponierten Lage häufig auf. Die u-förmige Gestalt erklärt die sehr verschiedenen Frakturen, besonders im Schneidezahnbereich und auf Höhe des dritten Molaren. Aus der Mandibula austretendes Blut sammelt sich im lockeren Gewebe des Mundbodens, führt zu einer kleinflächigen, fleckförmigen Blutung der Haut (Ekchymose) und ist für eine Fraktur kennzeichnend. Wenn kein Zahnersatz geschaffen wird, führt **Zahnverlust** zur Rückbildung der Pars alveolaris mandibulae im Bereich der fehlenden Zähne. Die Anpassung einer Zahnprothese ist bei stark rückgebildeter Pars alveolaris sehr schwierig und gelingt oft erst nach rekonstruktivem Knochenaufbau.

Kiefergelenk

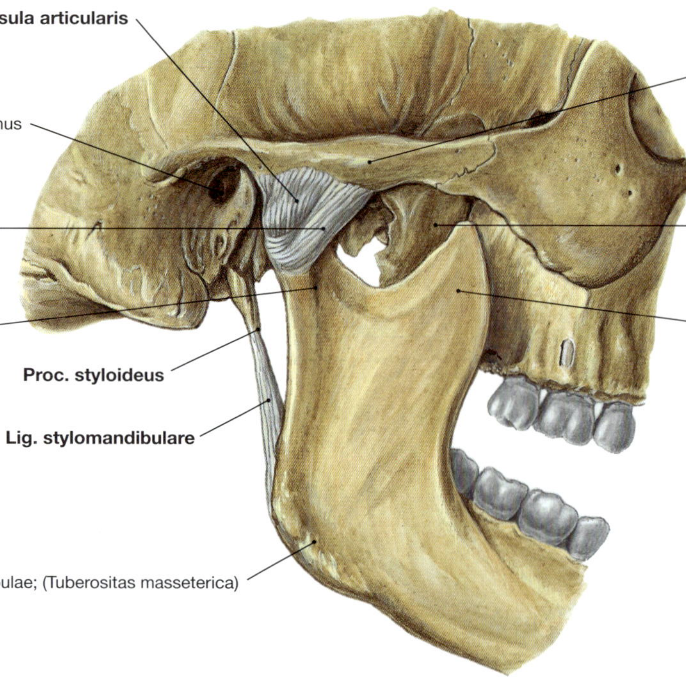

Abb. 8.51 Kiefergelenk, Articulatio temporomandibularis, rechts; Ansicht von lateral.
Das Kiefergelenk wird von einer weiten Gelenkkapsel (Capsula articularis) umschlossen, die vom Schläfenbein trichterförmig zum Proc. condylaris zieht. Lateral und vorne wird die Gelenkkapsel durch das Lig. laterale verstärkt, das vom Jochbogen schräg nach hinten unten zum Collum mandibulae zieht. Variabel ist auf der Gelenkinnenseite (nicht dargestellt) das als Lig. mediale bezeichnete Bindegewebe ausgebildet. Lig. laterale und Lig. mediale (sofern ausgebildet) sind an der Gelenkführung beteiligt und hemmen Randbewegungen vor allem nach hinten. Das Lig. laterale stabilisiert außerdem den Kondylus auf der Arbeitsseite. Vom Proc. styloideus zieht das **Lig. stylomandibulare** zum Hinterrand des Ramus mandibulae. Es ist meist nur schwach ausgebildet und wirkt gemeinsam mit dem **Lig. sphenomandibulare** bei der Hemmung der Mundöffnungsbewegung nahe der Endstellung mit (→ Abb. 8.52).

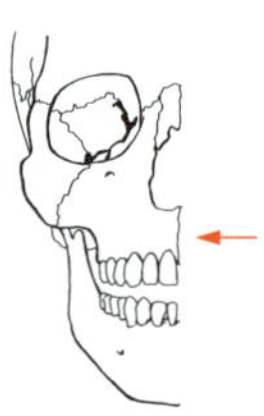

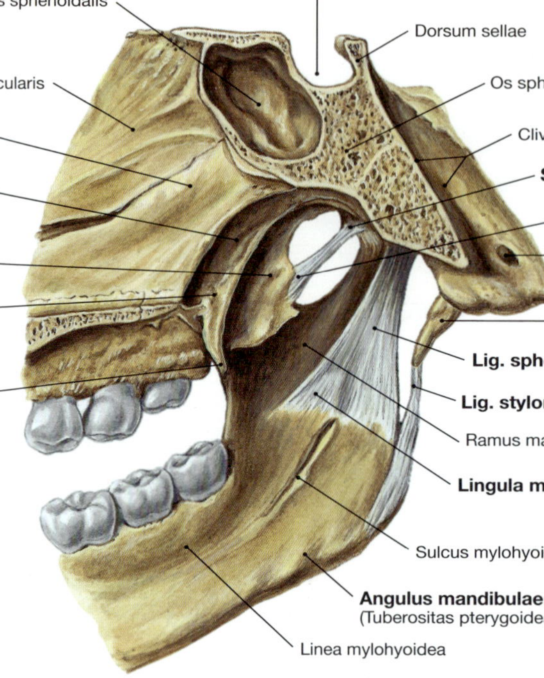

Abb. 8.52 Lig. stylomandibulare und Lig. sphenomandibulare, rechts; Ansicht von medial.
Die beiden Bänder haben Einfluss auf die **Kinematik** des Kiefergelenks, haben aber keine Beziehung zur Gelenkkapsel.
Das kräftige **Lig. sphenomandibulare** entspringt an der Spina ossis sphenoidalis und zieht zwischen Mm. pterygoidei lateralis und medialis zur Lingula mandibulae. Hier inseriert es fächerförmig über dem Foramen mandibulae. Das vom Proc. styloideus kommende **Lig. stylomandibulare** zieht zum Angulus mandibulae. Gemeinsam hemmen beide Bänder die **Mundöffnungsbewegung** nahe der Endstellung.
Ohne Beziehung zum Kiefergelenk und ohne Einfluss auf dessen Kinematik verläuft das **Lig. pterygospinale** von der Spina ossis sphenoidalis zur Lamina lateralis des Proc. pterygoideus. Das Band hat eine **stabilisierende** Funktion.

Kiefergelenk

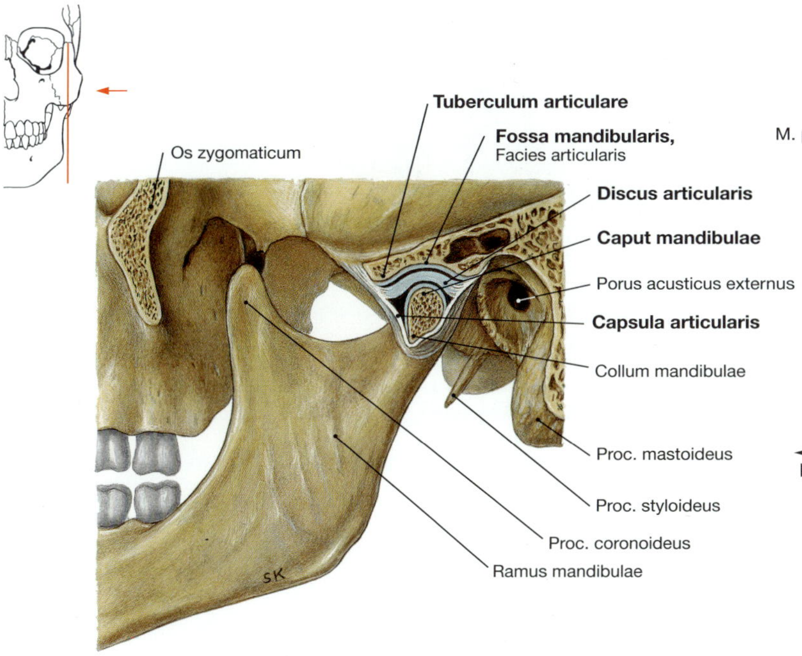

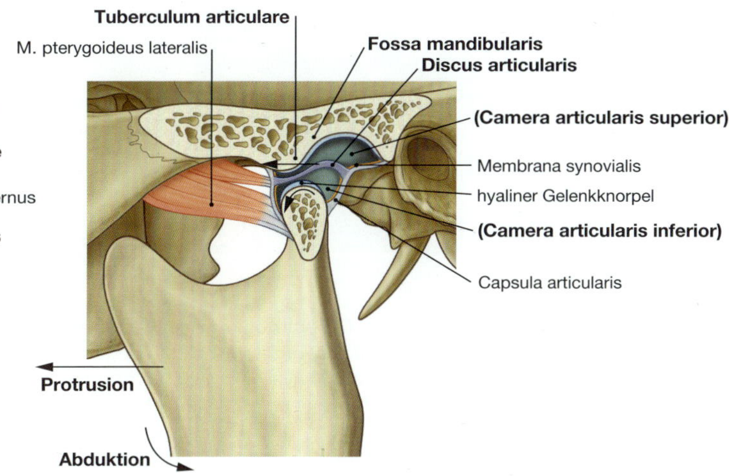

Abb. 8.53 Kiefergelenk, Articulatio temporomandibularis, links; Sagittalschnitt; Ansicht von lateral; Mund fast geschlossen.
Im Kiefergelenk artikulieren Caput mandibulae sowie Fossa mandibularis und Tuberculum articulare des Schläfenbeins miteinander. Die beiden Gelenkkörper werden durch eine Gelenkscheibe (Discus articularis) getrennt. Das Kiefergelenk liegt vor dem knöchernen Anteil des äußeren Gehörgangs (Porus acusticus externus).

Abb. 8.54 Kiefergelenk, Articulatio temporomandibularis, links; Sagittalschnitt; Ansicht von lateral; Mund geöffnet. [8]
Das Kiefergelenk wird von einem Discus articularis vollständig in zwei Kammern getrennt **(dithalamisches Gelenk):**

- Die untere Kammer lässt **schanierähnliche** Öffnungs- und Schließbewegungen der Mandibula zu.
- Die obere Kammer ermöglicht dem Caput mandibulae, vorwärts auf das Tuberculum articulare **(Protrusion)** zu gleiten. Dabei ist besonders der M. pterygoideus lateralis aktiv. Die Rückbewegung in die Fossa mandibularis wird als Retraktion **(Retrusion)** bezeichnet.

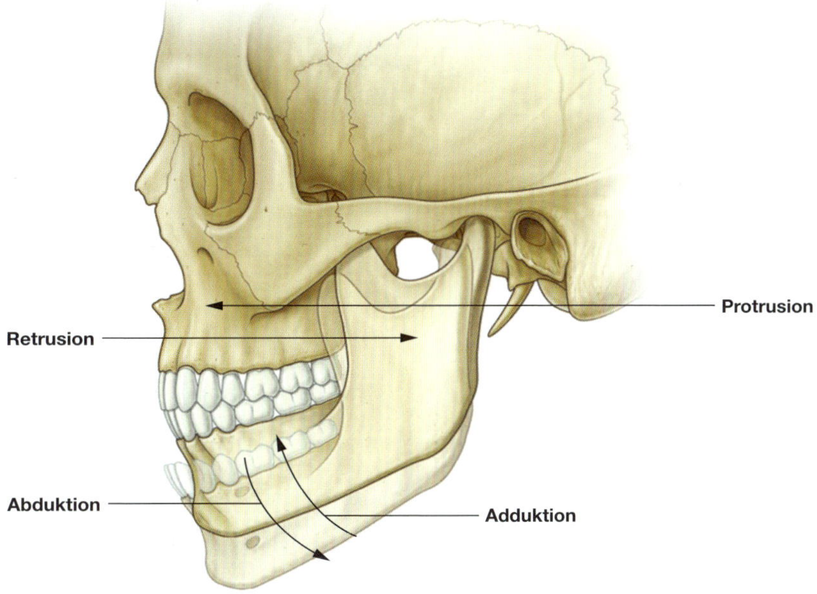

Abb. 8.55 Bewegungen des Kiefergelenks, Articulatio temporomandibularis, links; Ansicht von lateral. [8]
Eigenständige Bewegungen in einem Kiefergelenk sind nicht möglich, da beide Kiefergelenke durch den knöchernden Bogen der Mandibula mechanisch gekoppelt sind. Die Kiefergelenke erlauben beim Kauen zwei Hauptfunktionen: Heben **(Adduktion)** und Senken **(Abduktion)** des Unterkiefers sowie Mahlbewegungen. Außer Ab- und Adduktion gehören das Vorschieben **(Protrusion),** das Zurückschieben **(Retrusion)** sowie Zermahlen (Seitwärtsschieben – **Laterotrusion** und **Mediotrusion**) zum Bewegungsmuster des Kiefergelenks. An den Bewegungen sind die Kaumuskeln unterschiedlich beteiligt.

Kiefergelenk

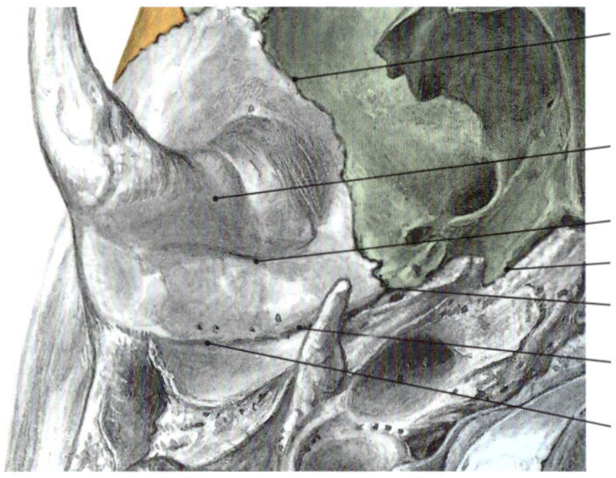

Abb. 8.56 Gelenkgrube und Gelenkhöcker des Kiefergelenks, Articulatio temporomandibularis, rechts; Ansicht von unten.
Man blickt in die normalerweise von hyalinem Gelenkknorpel überzogene Facies articularis der Fossa mandibularis. Vorne liegt das ebenfalls von hyalinem Knorpel überzogene Tuberculum articulare (Tuberculumabhang). Im hinteren Drittel der Fossa mandibularis verbindet sich die Pars squamosa mit der Pars petrosa des Os temporale, medial liegt das Os temporale an dieser Stelle dem Os sphenoidale an. Dadurch existieren in diesem Bereich **drei Fissuren:**

- Lateral außen erkennt man die Fissura tympanosquamosa.
- In der Mitte liegt die Fissura petrotympanica (* GLASER-Spalte).
- Medial verläuft die Fissura sphenopetrosa, durch die die Chorda tympani die Schädelbasis verlässt.

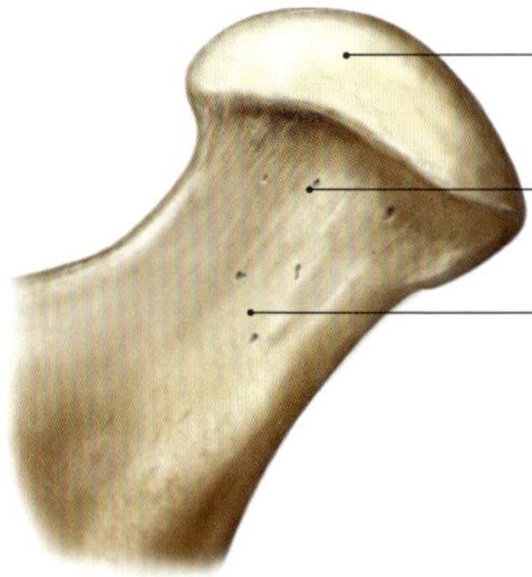

Abb. 8.57 Gelenkfortsatz, Proc. condylaris, des Unterkiefers, rechts; Ansicht von vorne.
Der Proc. condylaris besteht aus Caput und Collum mandibulae. An der Vorderseite ist er zur Fovea pterygoidea vertieft. Hier setzt der M. pterygoideus lateralis mit seinem Caput inferius an.

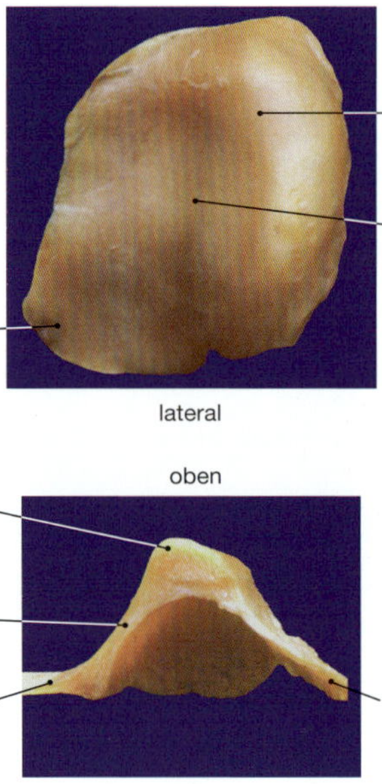

Abb. 8.58a und b Gelenkscheibe, Discus articularis, des Kiefergelenks, Articulatio temporomandibularis.
a Ansicht von oben
b Ansicht von lateral
Der Discus articularis besteht von vorne nach hinten aus einem vorderen Band (Bindegewebe), einer Intermediärzone (Faserknorpel), einem hinteren Band (Bindegewebe) und einer bilaminären Zone (Bindegewebe). Die Intermediärzone ist besonders im lateralen Anteil dünn.

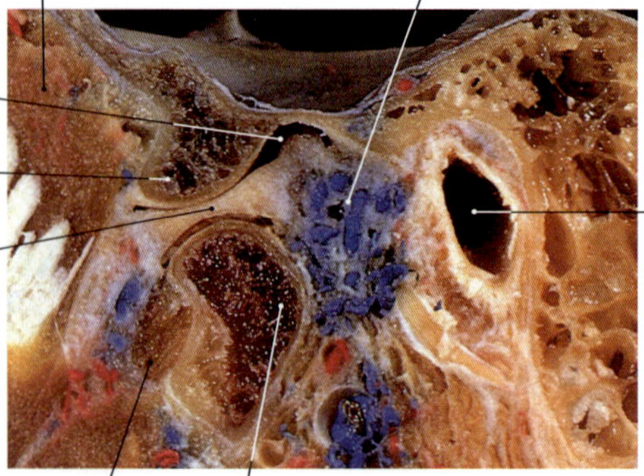

Abb. 8.59 Kiefergelenk, Articulatio temporomandibularis; Sagittalschnitt durch die Kiefergelenkgegend mit injizierten Venen; Ansicht von lateral. [1]
Man erkennt die bilaminäre Zone zwischen Tuberculum articulare und Caput mandibulae. Der Knochen zwischen mittlerer Schädelgrube und Fossa mandibularis ist dünn. Zwischen den Bindegewebezügen der bilaminären Zone liegt ein ausgeprägtes **retroartikuläres Venenpolster.** Zum äußeren Gehörgang (Meatus acusticus externus) besteht eine enge Beziehung.

Klinik

Stärkere Gewalteinwirkungen auf die Mandibula führen nicht selten zu Frakturen des Collum mandibulae **(Kollumfraktur).** Sie können intra- oder extrakapsulär liegen und mit oder ohne Dislokation auftreten. Daneben können Blutungen aus dem retroartikulären Venenpolster (→ Abb. 8.59) auftreten und zu einer Schmerzsymptomatik im äußeren Gehörgang beitragen.

Da das Kiefergelenk eine Diarthrose ist, können alle Erkrankungen vorkommen, die auch in den großen Extremitätengelenken auftreten, wie z.B. Arthrose oder rheumatoide Arthritis. Im Rahmen einer **Arthrose des Kiefergelenks** kommt es bevorzugt im lateralen Teil des Discus articularis zu Defekten.

Kiefergelenk, Röntgen

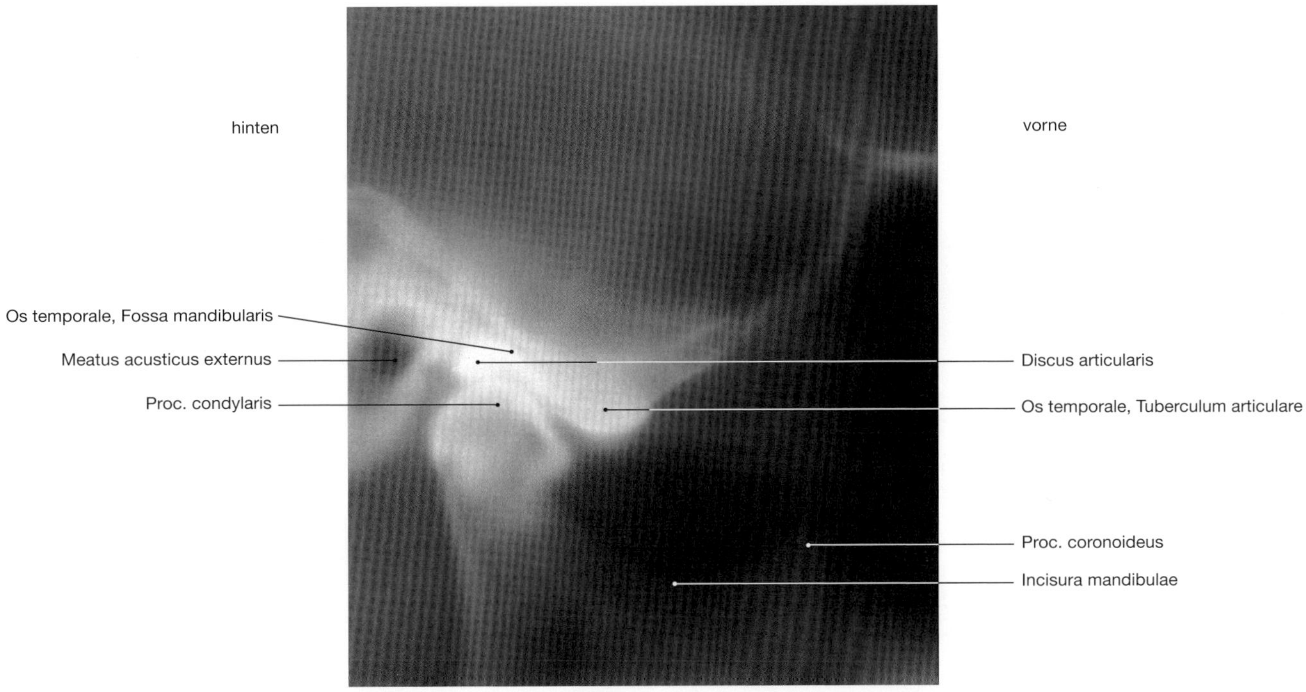

Abb. 8.60 Kiefergelenk, Articulatio temporomandibularis; Röntgenschichtbild im lateralen Strahlengang; Mund geschlossen.

Bei geschlossenem Mund und entspannter Kaumuskulatur liegt der Proc. condylaris in der Fossa mandibularis.

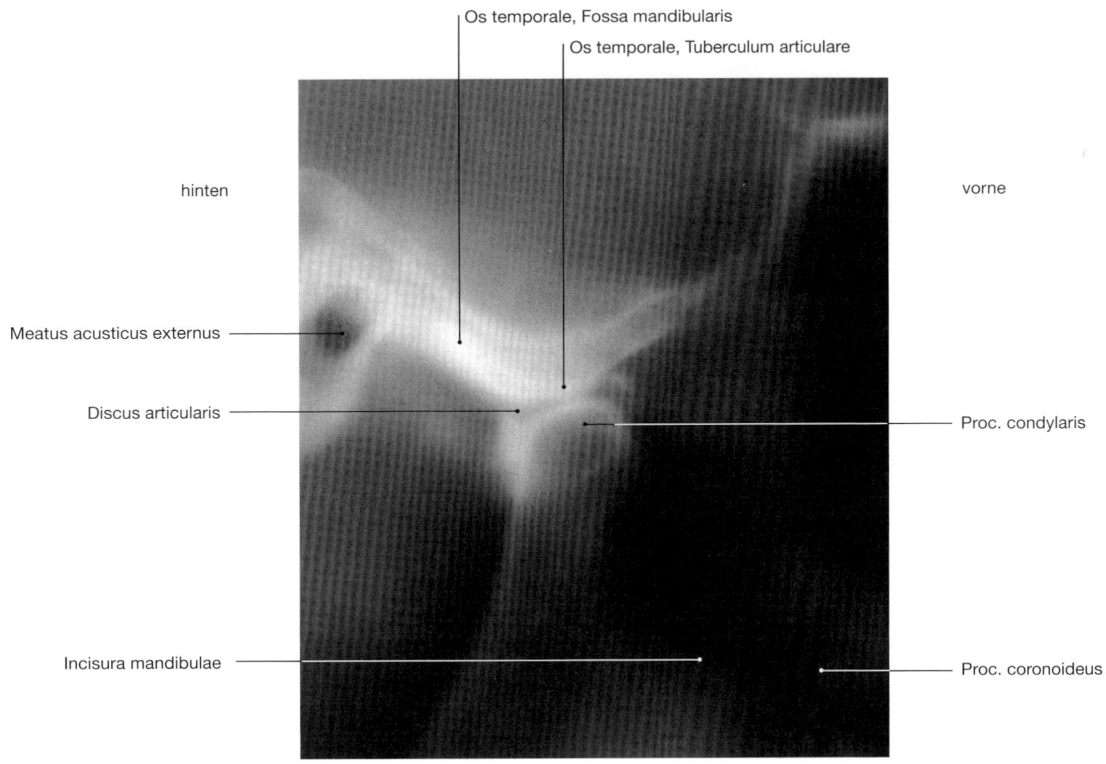

Abb. 8.61 Kiefergelenk, Articulatio temporomandibularis; Röntgenschichtbild im lateralen Strahlengang; Mund geöffnet.

Bei geöffnetem Mund verschieben sich der Discus articularis und der Proc. condylaris nach vorne auf das Tuberculum articulare.

Gesichtsmuskeln

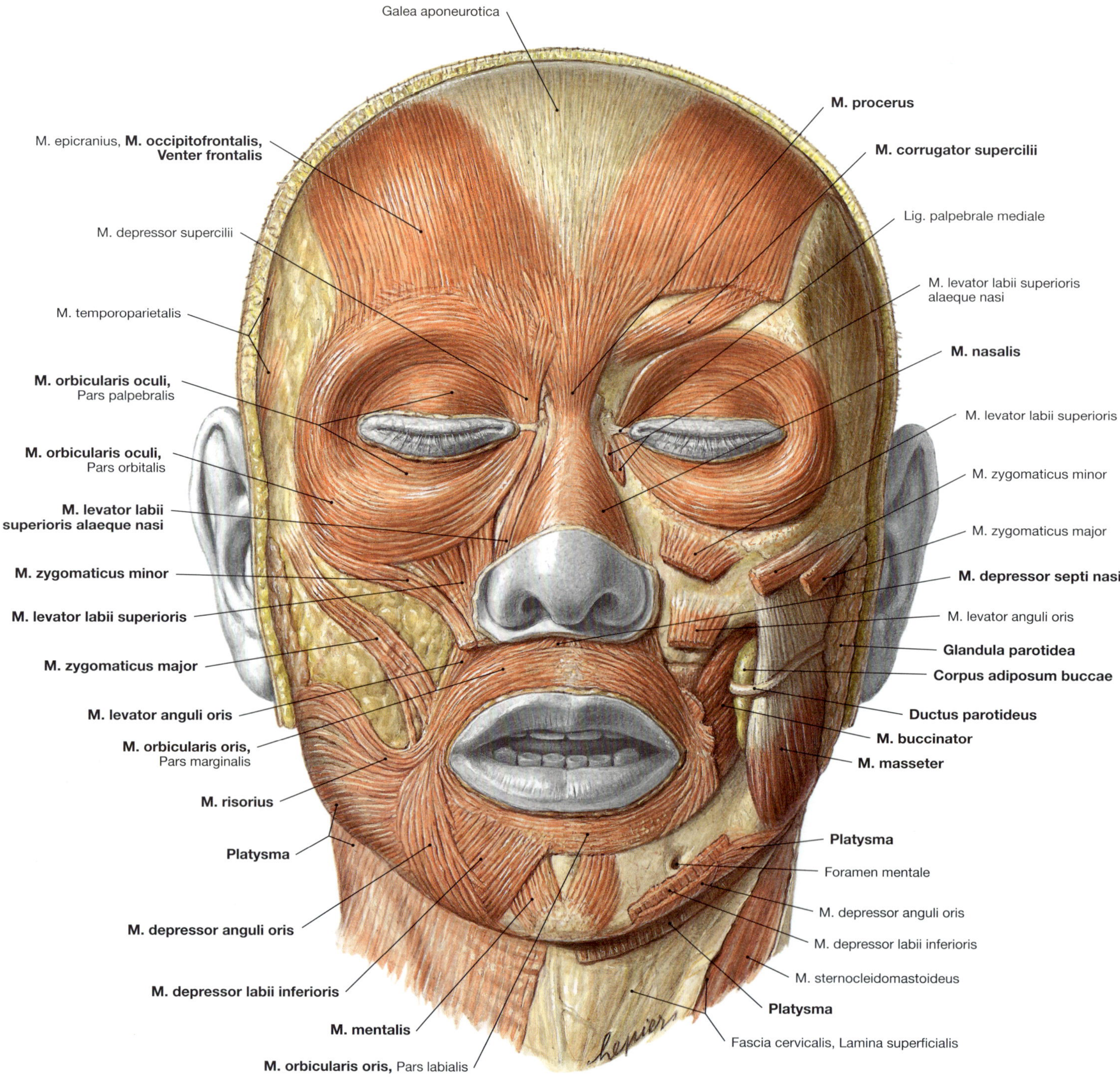

Abb. 8.62 Gesichtsmuskeln, Mm. faciei, und Kaumuskeln, Mm. masticatorii; Ansicht von vorne.

Die mimischen Muskeln sind, wie der Name sagt, für die Mimik des Gesichts sowie den individuellen Gesichtsausdruck des Menschen (Physiognomie) verantwortlich. Die Muskeln um das Auge haben wichtige Schutzfunktionen, die Muskeln im Bereich des Mundes stehen im Dienst der Nahrungsaufnahme und der Artikulation.

Man sieht auf jeder Seite den Venter frontalis des M. occipitofrontalis (M. epicranius), die Partes orbitalis und palpebralis des M. orbicularis oculi (Pars lacrimalis → Abb. 9.19), den M. corrugator supercilii, den M. procerus, die Mm. nasalis, depressor septi nasi, levator labii superioris alaeque nasi, den M. orbicularis oris mit Pars labialis und Pars marginalis, den M. buccinator, die Mm. zygomatici major und minor, die Mm. risorius, levator labii superioris, levator anguli oris, depressor anguli oris, depressor labii inferioris und mentalis sowie das in den Hals ausstrahlende Platysma.

Von den Kaumuskeln sieht man in der linken Gesichtshälfte nur den M. masseter, über den der Ductus parotideus (STENON-Gang) von der Glandula parotidea nach vorne zieht und an dessen Vorderrand nahezu rechtwinklig umbiegt, um in den M. buccinator einzutreten.

Zwischen M. masseter und M. buccinator liegt der Wangenfettkörper (Corpus adiposum buccae, BICHAT-Fettpfropf), der an der Konturbildung der Wangenregion beteiligt ist. Mit Ausnahme des M. buccinator besitzen die mimischen Muskeln keine Faszie. Die Faszien auf dem M. buccinator, dem M. masseter und der Glandula parotidea sind entfernt.

→ T 1a, c–f, 4

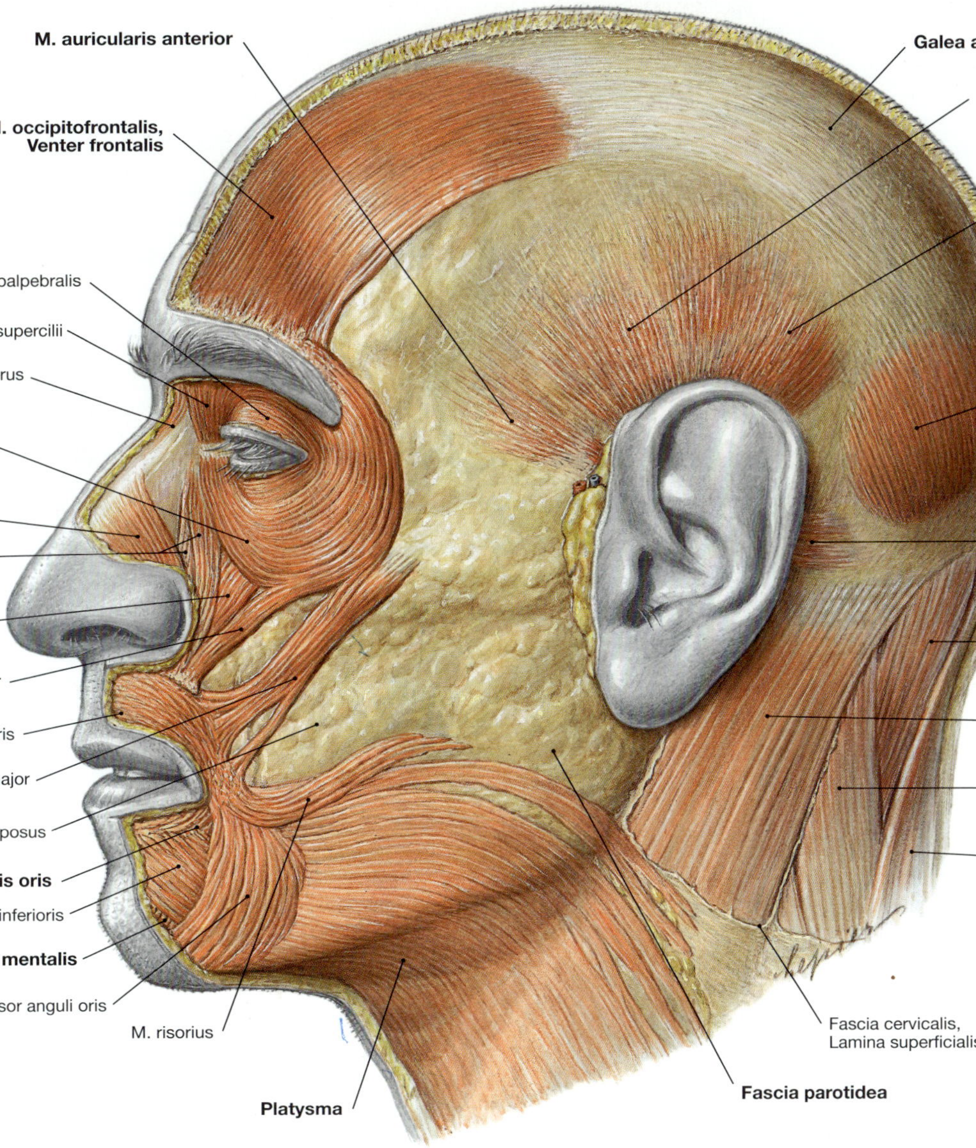

Abb. 8.63 Gesichtsmuskeln, Mm. faciei, links; Ansicht von lateral. Der Blick von der Seite zeigt außer den in → Abbildung 8.62 erwähnten Muskeln zusätzlich den Venter occipitalis des M. occipitofrontalis (M. epicranius) mit der sich zwischen Venter frontalis und Venter occipitalis ausspannenden **Galea aponeurotica.** Über dem Ohr sitzt der ebenfalls in die Galea aponeurotica einstrahlende M. temporoparietalis (ebenfalls Teil des M. epicranius), der von der Fascia temporalis entspringt. Außerdem sieht man als weitere mimische Muskeln die Mm. auriculares anterior, superior und posterior. Im Nackenbereich sind Anteile des M. sternocleidomastoideus, des M. trapezius und einige autochthone Muskeln sichtbar.

→ T 1

Klinik

Lähmungen des M. orbicularis oculi im Rahmen einer Parese des N. facialis [VII] (Fazialisparese) führen dazu, dass das Augenlid nicht mehr aktiv geschlossen werden kann und auch im Schlaf offen steht (paralytischer **Lagophthalmus**). Das Unterlid besitzt keine Spannung und hängt schlaff herab **(Ektropion paralyticum).** Die Tränenflüssigkeit kann nicht mehr über den Canaliculus inferior abgeführt werden und fließt über den ektropionierten Lidunterrand ab (Tränenträufeln, **Epiphora**). Der fehlende Lidschlag führt zur Austrocknung der Hornhaut mit Hornhautentzündung **(Keratitis)** und Hornhauttrübung. Eine altersbedingte Erschlaffung des Unterlids wird als **Ektropium senile** bezeichnet.
Lähmungen des M. orbicularis oris (ebenfalls im Rahmen einer Fazialisparese) gehen mit Artikulationsstörungen beim Sprechen einher. Der Mundwinkel hängt herab, so dass unwillkürlich Speichel aus dem Mund fließt.

Gesichts- und Kaumuskeln

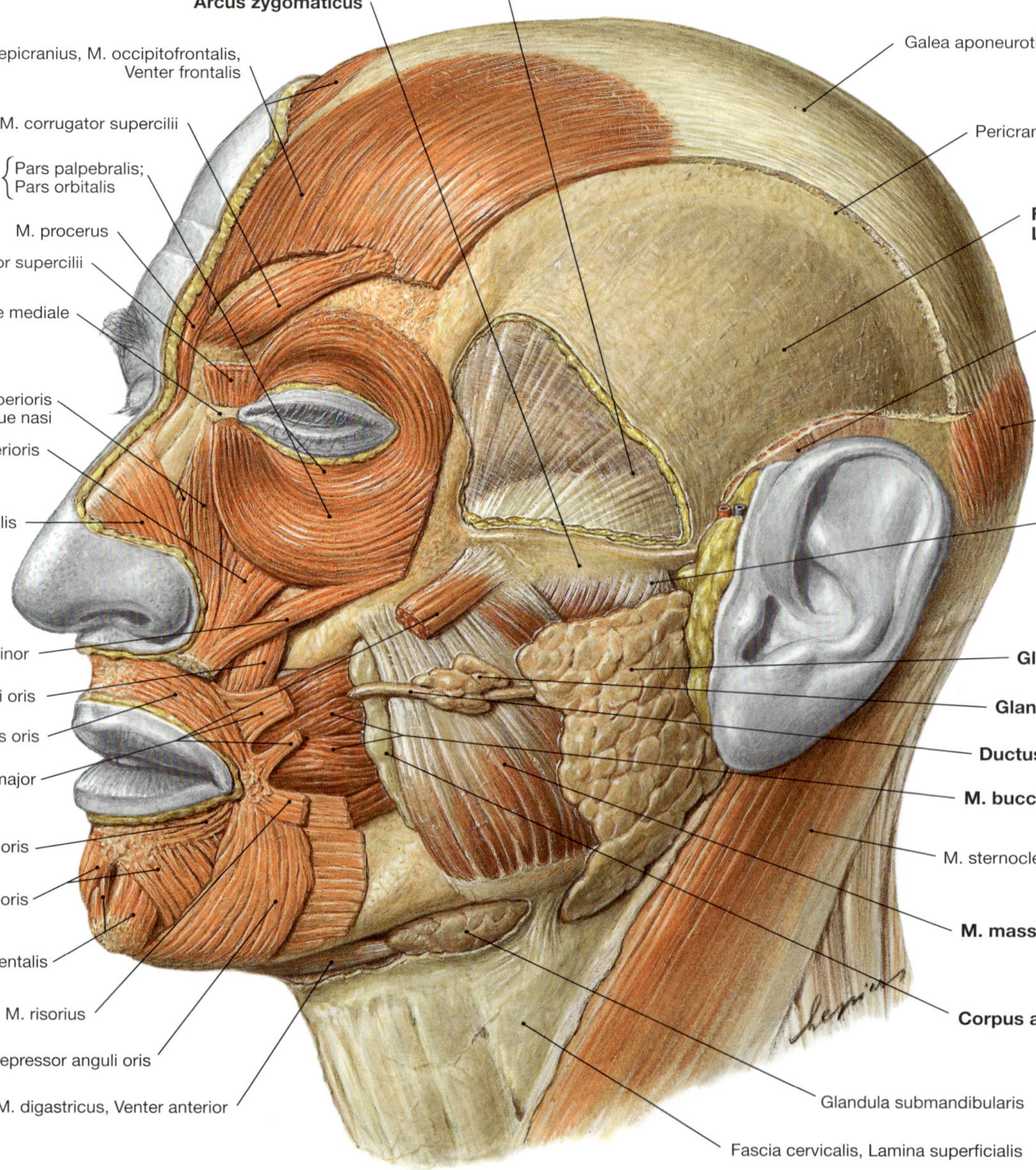

Abb. 8.64 Gesichtsmuskeln, Mm. faciei, und Kaumuskeln, Mm. masticatorii; Ansicht von schräg lateral.
Die Faszien auf dem M. buccinator und dem M. masseter sowie die Fascia parotidea und teilweise das oberflächliche Blatt der Halsfaszie sind entfernt. Dadurch sieht man die entsprechenden Muskeln, die Glandula parotidea, die bis zum Hals reicht, sowie die Glandula submandibularis.
Der Hauptausführungsgang der Glandula parotidea, Ductus parotideus (STENON-Gang), tritt am vorderen Pol aus der Drüse aus, verläuft horizontal von hinten über den **M. masseter** nach vorne und biegt dann nahezu rechtwinkelig am Vorderrand des M. masseter nach innen, um den **M. buccinator** zu penetrieren. Zwischen M. buccinator und M. masseter liegt das Corpus adiposum buccae (BICHAT-Fettpfropf). Am Ductus parotideus sitzt akzessorisches Drüsengewebe (Glandula parotidea accessoria).
Im Schläfenbereich wurde der M. parietoparietalis des M. epicranius entfernt. Dadurch wird der Blick auf das oberflächliche Blatt (Lamina superficialis) der Fascia temporalis frei.
Oberhalb des Jochbogens (Arcus zygomaticus) ist ein Teil der Lamina superficialis gemeinsam mit dem darunterliegenden Schläfenfettkörper (Corpus adiposum temporalis) entfernt, so dass man das tiefe Blatt (Lamina profunda) der Fascia temporalis mit dem darunter durchschimmernden M. temporalis sehen kann.

→ T 1, 4

Klinik

Schwellungen der Glandula parotidea (z. B. im Rahmen einer Parotitis epidemica [Mumps, Ziegenpeter], → S. 90) sind bei Kaubewegungen aufgrund der engen Nachbarschaft zu den Kaumuskeln und wegen des gemeinsamen Faszienblatts (Fascia parotideomasseterica) mit dem M. masseter oft sehr schmerzhaft. Die Schmerzen werden oft in den äußeren Gehörgang fortgeleitet (Tragusdruckschmerz).

Bei starker Abmagerung, z. B. im Endstadium von bösartigen Tumorerkrankungen **(Tumorkachexie)** oder in einem fortgeschrittenen Stadium einer HIV-Infektion, wird der der Wange ihre Kontur gebende BICHAT-Wangenfettkörper abgebaut; der Patient hat dann eingefallene Wangen.

Gesichts- und Kaumuskeln

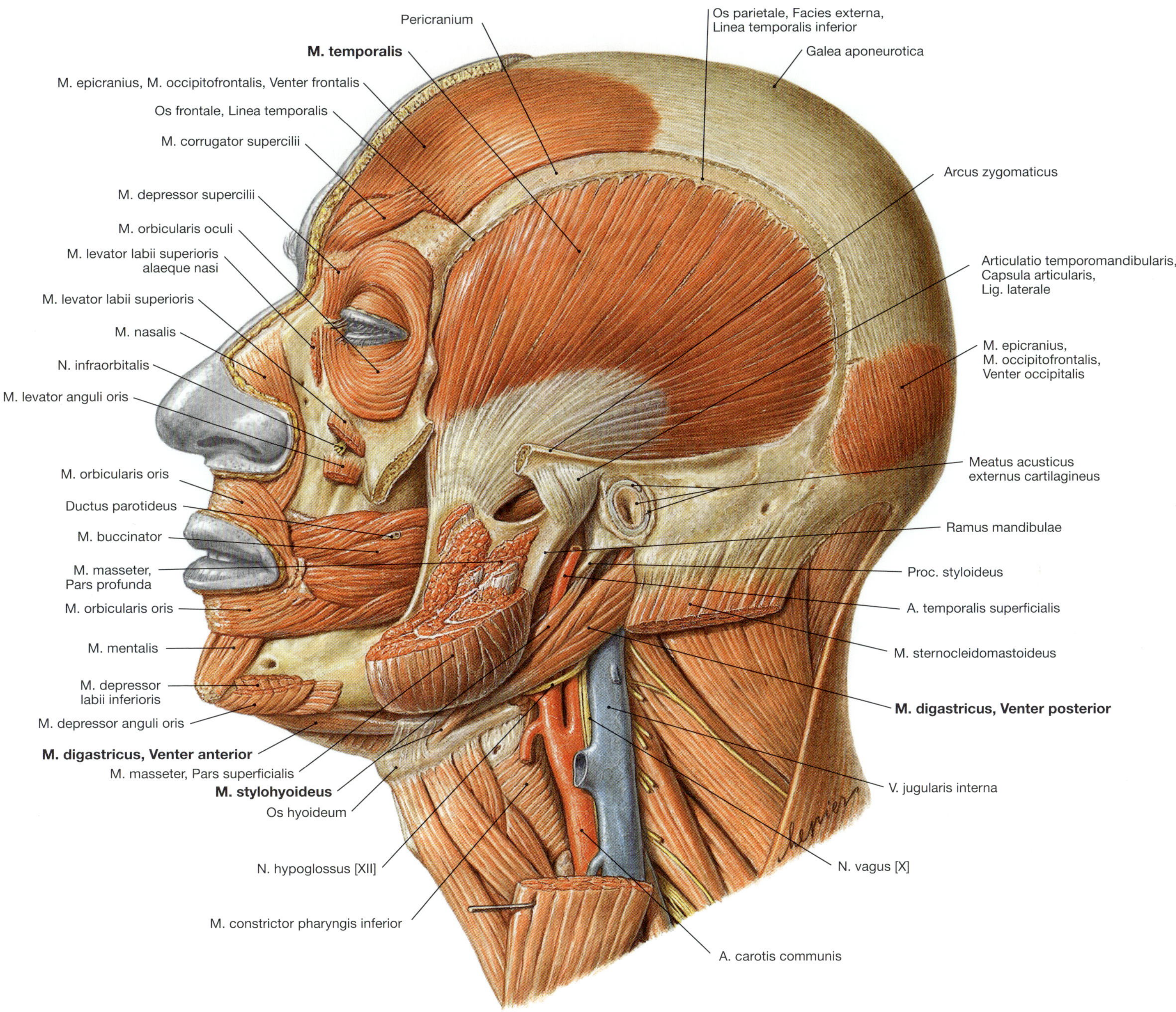

Abb. 8.65 Gesichtsmuskeln, Mm. faciei, und Kaumuskeln, Mm. masticatorii, links; Ansicht von lateral.
Nach Entfernung des oberflächlichen und des tiefen Blatts der Temporalisfaszie sowie nach teilweiser Entfernung des Jochbogens mit Anteilen des M. masseter wird der Blick auf den **M. temporalis** frei.
Dargestellt ist der Ursprungsbereich des M. temporalis entlang der Linea temporalis inferior der Facies externa des Os parietale und der Linea temporalis des Os frontale. Die konvergierenden Muskelfasern gehen in eine platte Sehne über, die hinter dem Jochbogen in der Fossa infratemporalis verschwindet und bis zum Proc. coronoideus zieht.

Ursprünge des M. temporalis:
- Linea temporalis inferior der Facies externa des Os parietale
- Facies temporalis des Os frontale
- Facies temporalis, Pars squamosa des Os temporale
- Facies temporalis des Os zygomaticum
- Facies temporalis des Os sphenoidale bis zur Crista infratemporalis

Die Abbildung zeigt ferner einige suprahyale Muskeln (M. digastricus mit Venter anterior und Venter posterior, M. stylohyoideus).

→ T 1, 4

Kaumuskeln

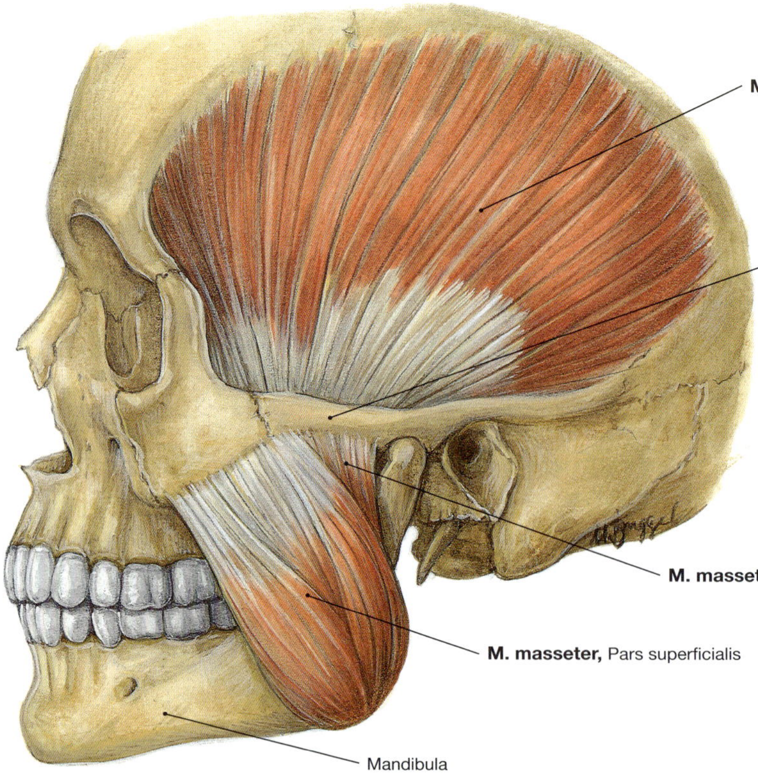

Abb. 8.66 M. masseter und M. temporalis, links; Ansicht von lateral. Der **M. masseter** besteht aus einer Pars superficialis und einer Pars profunda.

→ T 4

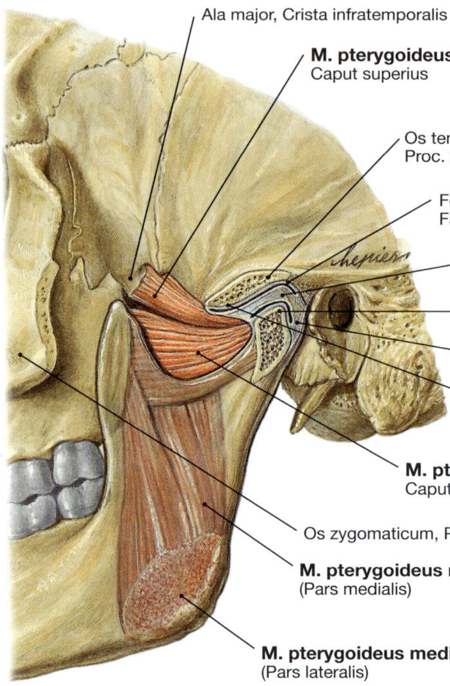

Abb. 8.67 Kiefergelenk, Articulatio temporomandibularis, M. pterygoideus medialis und M. pterygoideus lateralis, links; Ansicht von lateral.

Der M. pterygoideus medialis besitzt eine Pars medialis und eine Pars lateralis.

→ T 4

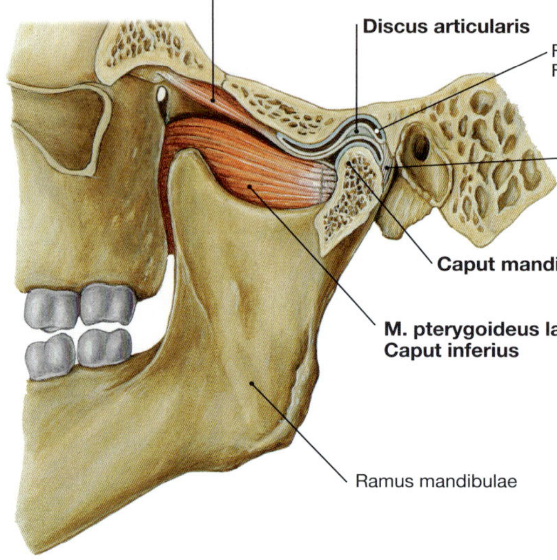

Abb. 8.68 Kiefergelenk, Articulatio temporomandibularis, und Beziehung zum M. pterygoideus lateralis, links; Ansicht von lateral. Der M. pterygoideus lateralis besitzt ein Caput superius und ein Caput inferius (→ Abb. 8.67).

Kaumuskeln

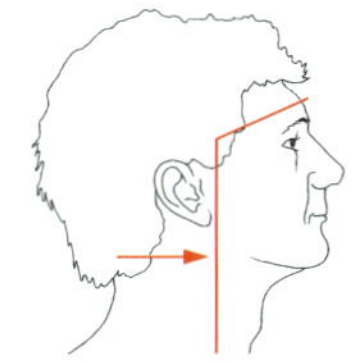

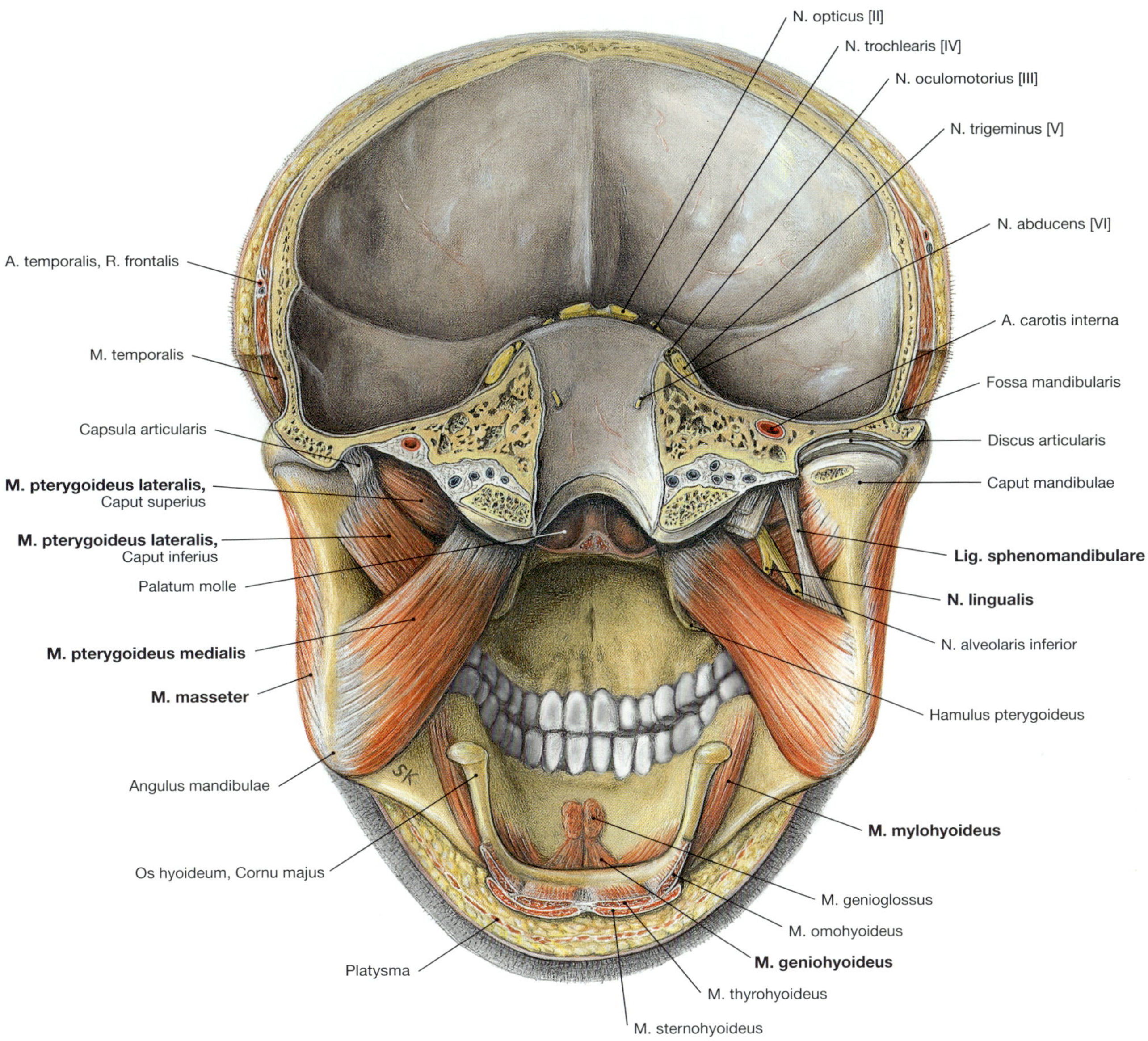

Abb. 8.69 Kaumuskulatur, Mm. masticatorii; Frontalschnitt im Bereich des Kiefergelenks und Horizontalschnitt des Schädeldachs; Ansicht von hinten.
Man sieht die Insertionen der Mm. masseter und pterygoideus medialis jeweils auf beiden Seiten des Angulus mandibulae. Die Mandibula ist zwischen den Muskeln wie eine Schaukel aufgehängt. Auf der rechten Seite erkennt man ferner das Lig. sphenomandibulare zwischen M. pterygoideus lateralis und M. pterygoideus medialis sowie u. a. den N. lingualis.

→T 4

Klinik

Eine **Kieferklemme** äußert sich als Unvermögen, den Mund zu öffnen. Sie wird durch Abszesse in den Faszienlogen der Kaumuskeln verursacht. Von der Kieferklemme wird die **Kiefersperre** abgegrenzt (Unvermögen, den Mund zu schließen), die meist zufällig durch sehr starkes Gähnen oder eine extreme Mundöffnung ausgelöst wird, aber auch Folge eines Unfalls sein kann.

Gefäße und Nerven von Kopf und Hals

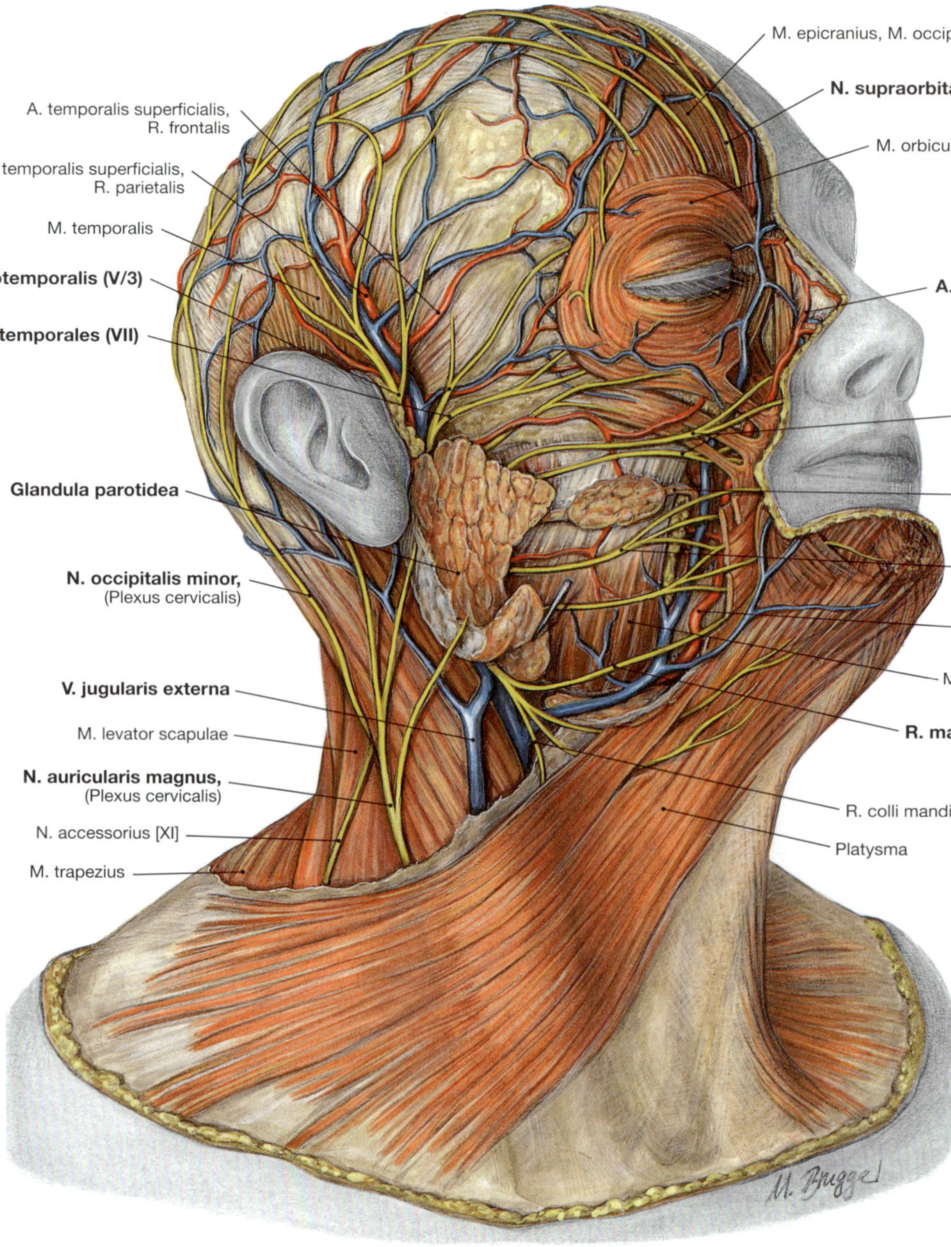

Abb. 8.70 Gefäße und Nerven von Kopf und Hals, seitliche oberflächliche Regionen, rechts; Ansicht von lateral.
Im Gesichtsbereich sind oberflächliche Arterien die **A. facialis** und ihre Äste, in der seitlichen Kopfregion die aus der A. carotis externa hervorgehende **A. temporalis superficialis** mit einem R. parietalis und einem R. frontalis. Das Blut fließt über gleichnamige Venen ab, die in die **V. jugularis externa** drainieren.
Oberflächliche Nerven sind die Endäste des **N. facialis [VII],** die aus dem in der Glandula parotidea liegenden Plexus intraparotideus hervorgehen (Rr. temporales, Rr. zygomatici, Rr. buccales, Rr. marginalis mandibulae, R. colli mandibulae). Vor der Ohrmuschel steigt der aus dem N. trigeminus [V] hervorgehende **N. auriculotemporalis** auf. Aus der Orbita kommt der den M. orbicularis oculi penetrierende **N. supraorbitalis,** der ebenfalls ein Ast des N. trigeminus [V] ist.
Der Hals und das Hinterhaupt werden von Ästen des **Plexus cervicalis** sensorisch innerviert, die größtenteils aus dem Punctum nervosum (ERB-Punkt) auf der Rückseite des M. sternocleidomastoideus hervorgehen: N. transversus colli, N. auricularis magnus, N. occipitalis minor und Nn. supraclaviculares.

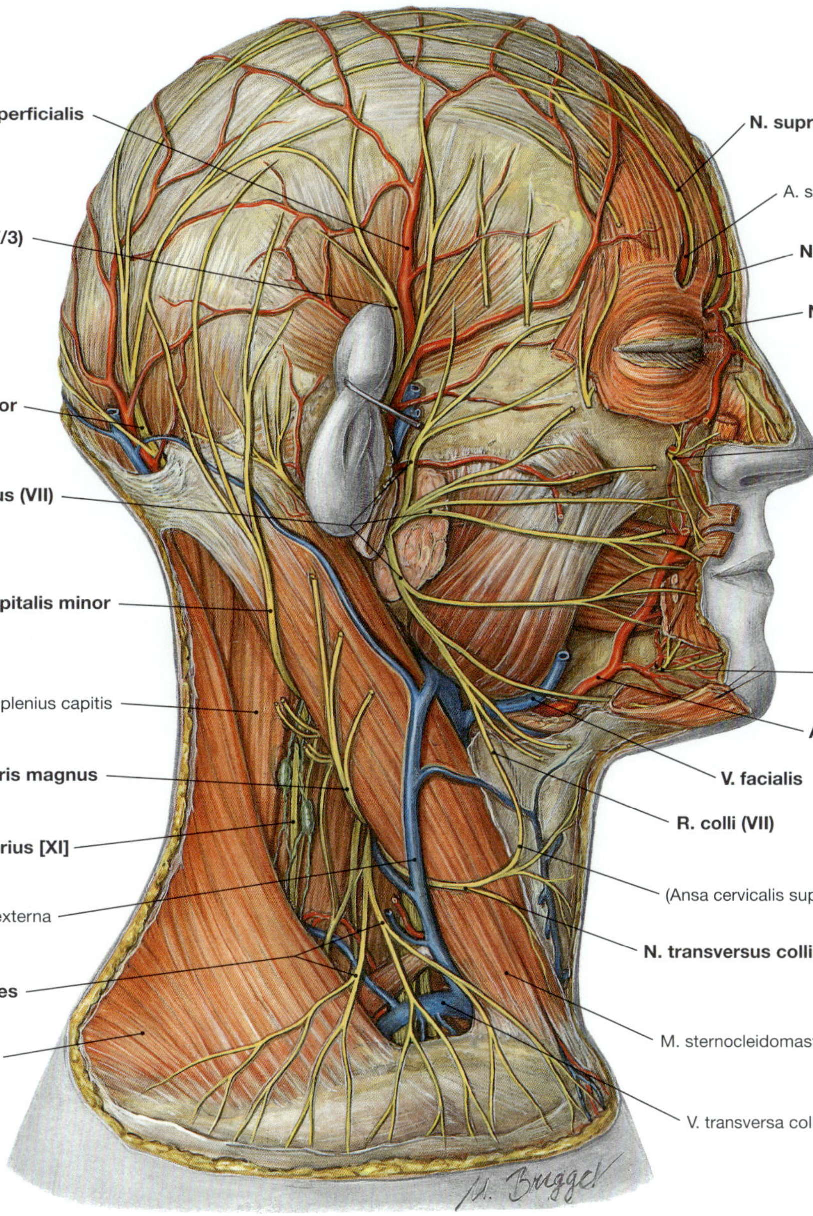

Abb. 8.71 Gefäße und Nerven von Kopf und Hals, seitliche tiefe Regionen, rechts; Ansicht von lateral.

Nach teilweiser Entfernung der mimischen Muskeln und des oberflächlichen Anteils der Glandula parotidea werden der Gefäßverlauf der **A. facialis** sowie der Ursprung der Fazialisendäste, die aus dem **Plexus intraparotideus** hervorgehen, deutlich. Ferner erkennt man die **sensorischen Endäste des N. trigeminus [V],** die jeweils aus seinen drei Anteilen hervorgehen:

- Nn. supraorbitalis und supratrochlearis (aus N. ophthalmicus [V/1])
- N. infraorbitalis (aus N. maxillaris [V/2])
- N. mentalis (aus N. mandibularis [V/3])

Im lateralen Halsdreieck sind auf der Rückseite des M. sternocleidomastoideus die **vier** am ERB-Punkt austretenden **Halsäste** zu erkennen:

- N. transversus colli
- N. auricularis magnus
- N. occipitalis minor
- Nn. supraclaviculares

Der N. transversus colli erhält aus dem R. colli des N. facialis [VII] motorische Fasern für entferntere Anteile des Platysmas. Im lateralen Halsdreieck verläuft außerdem der **N. accessorius [XI]** vom Hinterrand des M. sternocleidomastoideus zum Vorderrand des M. trapezius. Das Hinterhaupt wird sensorisch vom **N. occipitalis major** (Ast des Plexus cervicalis) innerviert und über **A.** und **V. occipitalis** mit Blut gespeist.

Klinik

Lymphknotenexstirpationen im seitlichen Halsdreieck können zu einer **Verletzung des N. accessorius [XI]** mit Teillähmung des M. trapezius (der M. trapezius wird fast immer zusätzlich aus dem Plexus cervicalis innerviert – in 6,4% der Fälle sogar ausschließlich) und daraus resultierenden Schulterfunktionsstörungen führen.

Gefäße und Nerven der seitlichen Gesichtsregion

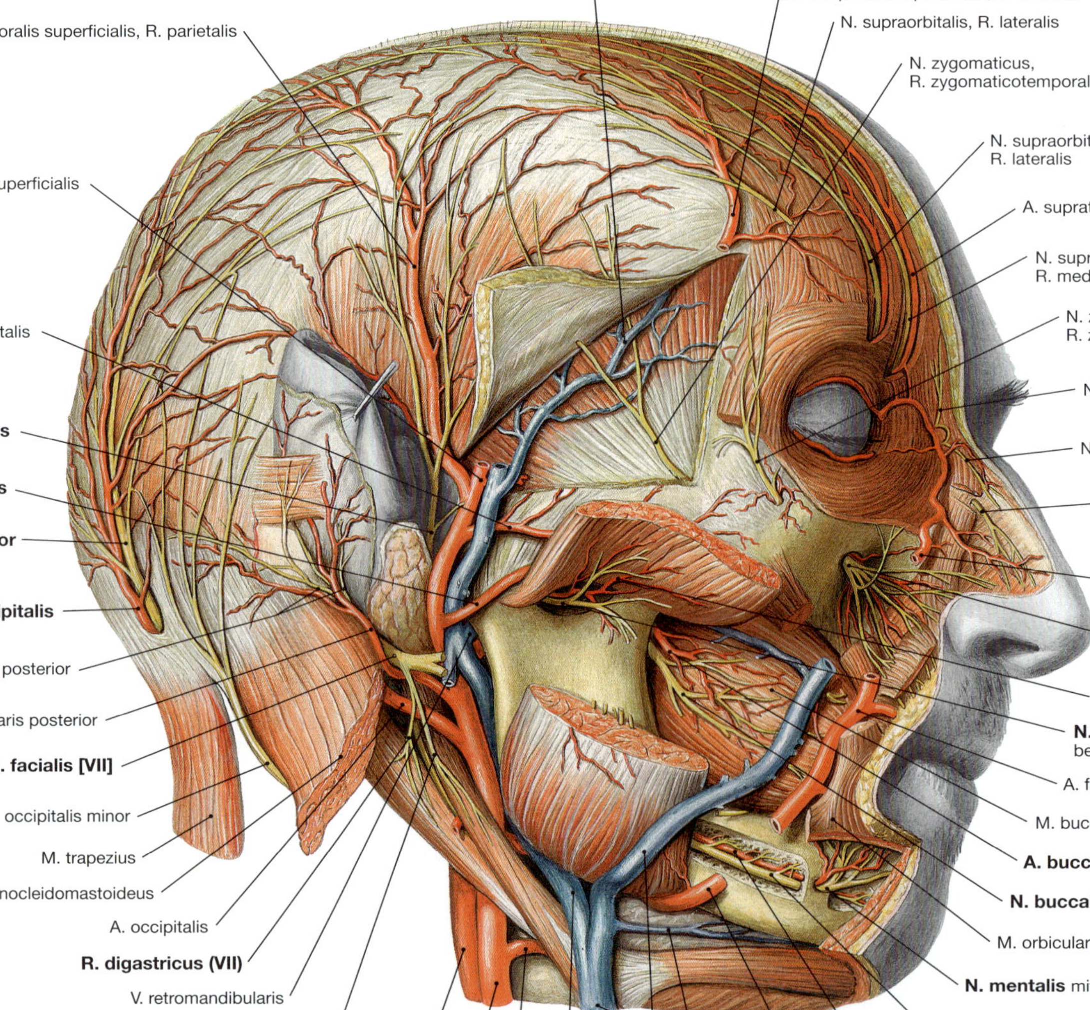

Abb. 8.72 Gefäße und Nerven des Kopfs, seitliche tiefe Regionen, rechts; Ansicht von lateral.

Nach Entfernung des größten Teils der Glandula parotidea zeigt der Blick in die tiefe seitliche Kopfregion die Strukturen in der **Fossa retromandibularis.**

Der **N. facialis [VII]** ist unterhalb der Ohrmuschel noch als Nervenstamm erkennbar. Er gibt kurz nach seinem Austritt aus dem Foramen stylomastoideum Äste zum M. digastricus, Venter posterior (R. digastricus) und zum M. stylohyoideus (R. stylohyoideus) sowie zu den mimischen Ohrmuskeln (N. auricularis posterior) ab.

Unter den Mm. digastricus und stylohyoideus steigen Aa. carotides interna und externa auf. Die **A. carotis externa** verläuft gemeinsam mit der V. retromandibularis und dem N. auriculotemporalis in der Fossa retromandibularis und verzweigt sich in Aa. occipitalis, auricularis posterior, maxillaris und temporalis superficialis sowie zahlreiche kleine Äste. Der durchtrennte und hochgeklappte M. masseter gibt auf seiner Rückseite den Blick auf die ihn versorgenden Strukturen (N. massetericus – Ast des N. mandibularis [V/3]; A. masseterica – Ast aus der A. maxillaris) frei. Die Strukturen erreichen den Muskel durch die Incisura mandibulae.

Im unteren Gesichtsbereich sind alle mimischen Muskeln auf der Mandibula entfernt, der Canalis mandibularis, der intraossär vom Foramen mandibulae zum Foramen mentale verläuft, ist eröffnet und zeigt den darin verlaufenden **N. alveolaris inferior** und die gleichnamige Arterie. Am Foramen mentale wird der Nerv zum **N. mentalis.**

Unterhalb der Orbita ist ein Teil der A. facialis entfernt. Sie setzt sich knapp unterhalb des Auges in die A. angularis fort, die mit den Ästen der A. ophthalmica in der Orbita anastomosiert. Auf dem M. buccinator ist der sensorische **N. buccalis** sichtbar, ein Ast des N. mandibularis [V/3].

A. maxillaris

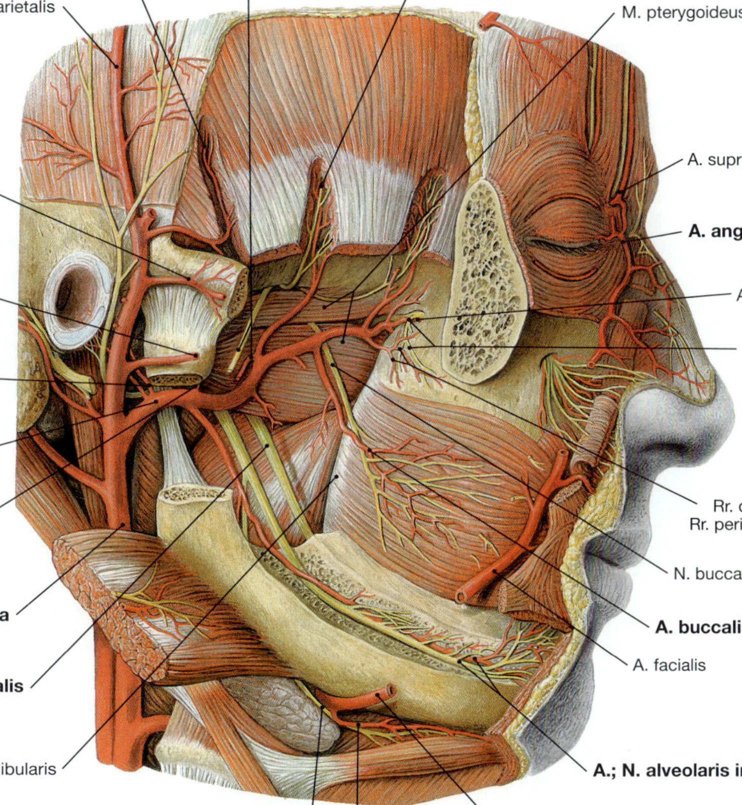

Abb. 8.73 Arterien und Nerven des Kopfs, seitliche tiefere Regionen, rechts; Ansicht von lateral.
Die **A. maxillaris** verläuft in den meisten Fällen hinter dem Ramus mandibulae und nur selten lateral davon. Sie zieht weiter zwischen den Kaumuskeln, versorgt sie mit Blut, gibt Äste zum M. buccinator und zur Mandibula ab und erreicht mit ihren Endästen Orbita, Nase, Maxilla und Gaumen. Die **A. carotis externa** verläuft mit den aus ihr hervorgehenden Ästen durch die Fossa retromandibularis. Die A. facialis ist über dem eröffneten Corpus mandibulae entfernt. An der Stelle, wo sie um die Kante der Mandibula biegt, kann normalerweise ihr Puls getastet werden.

Äste der A. maxillaris	
Pars retromandibularis	• A. auricularis profunda • A. tympanica anterior • A. alveolaris inferior – Rr. dentales – Rr. peridentales – R. mentalis – R. mylohyoideus • A. meningea media • A. pterygomeningea
Pars intermuscularis	• A. masseterica • A. temporalis profunda anterior • A. temporalis profunda posterior • Rr. pterygoidei • A. buccalis

Pars sphenopalatina	• A. alveolaris superior posterior
	– Rr. dentales
	– Rr. peridentales
	• A. infraorbitalis
	– Aa. alveolares superiores anteriores
	  – Rr. dentales
	  – Rr. peridentales
	• A. canalis pterygoidei
	• A. palatina descendens
	• A. sphenopalatina

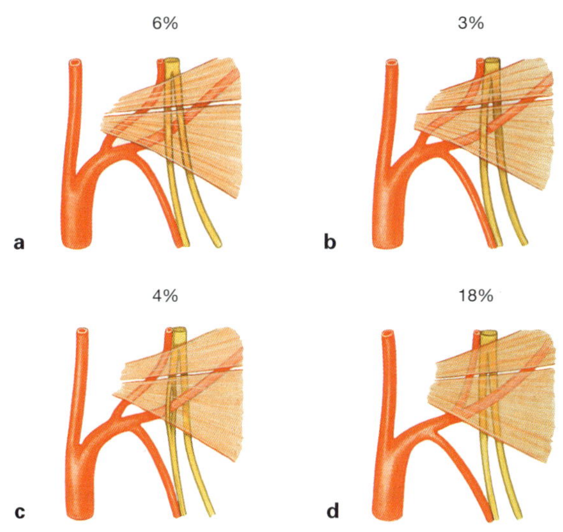

Abb. 8.74a bis d Varianten des Verlaufs der A. maxillaris.
a Verlauf der A. maxillaris medial des M. pterygoideus lateralis und medial von N. lingualis und N. alveolaris inferior
b Verlauf der A. maxillaris zwischen N. lingualis und N. alveolaris inferior
c Verlauf der A. maxillaris durch eine Schlinge des N. alveolaris inferior
d Abzweigung der A. meningea media distal des Abgangs der A. alveolaris inferior

Plexus pterygoideus

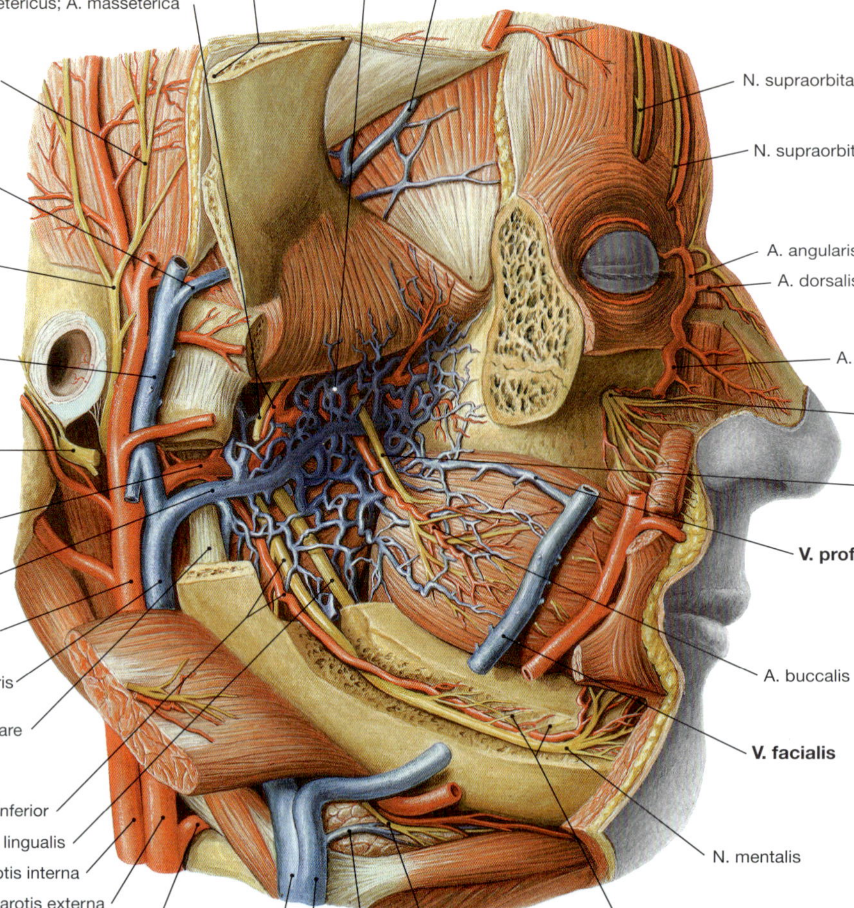

Abb. 8.75 Gefäße und Nerven des Kopfs, seitliche tiefere Regionen, rechts; Ansicht von lateral.
Venöses Blut im Bereich der Kaumuskeln wird über den **Plexus pterygoideus** drainiert und größtenteils in die V. maxillaris geleitet. Der Plexus pterygoideus steht ferner über die V. profunda faciei mit der V. facialis in Verbindung sowie über die V. ophthalmica inferior mit dem Sinus cavernosus.

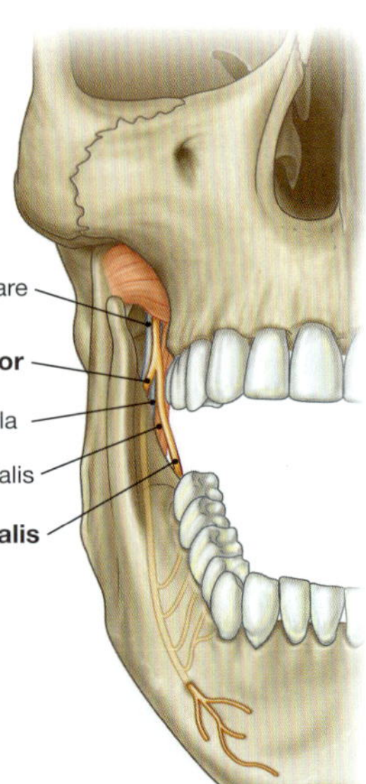

Abb. 8.76 Aufzweigung des N. mandibularis [V/3], rechts; Ansicht von vorne. [9]
Die Aufzweigung des N. mandibularis [V/3] in **N. lingualis** und **N. alveolaris inferior** erfolgt normalerweise zwischen dem Lig. sphenomandibulare und dem M. pterygoideus medialis, Pars medialis. Der N. alveolaris inferior verläuft dann nach lateral und tritt lateral vom Lig. sphenomandibulare in den Canalis mandibulae ein.

N. mandibularis [V/3]

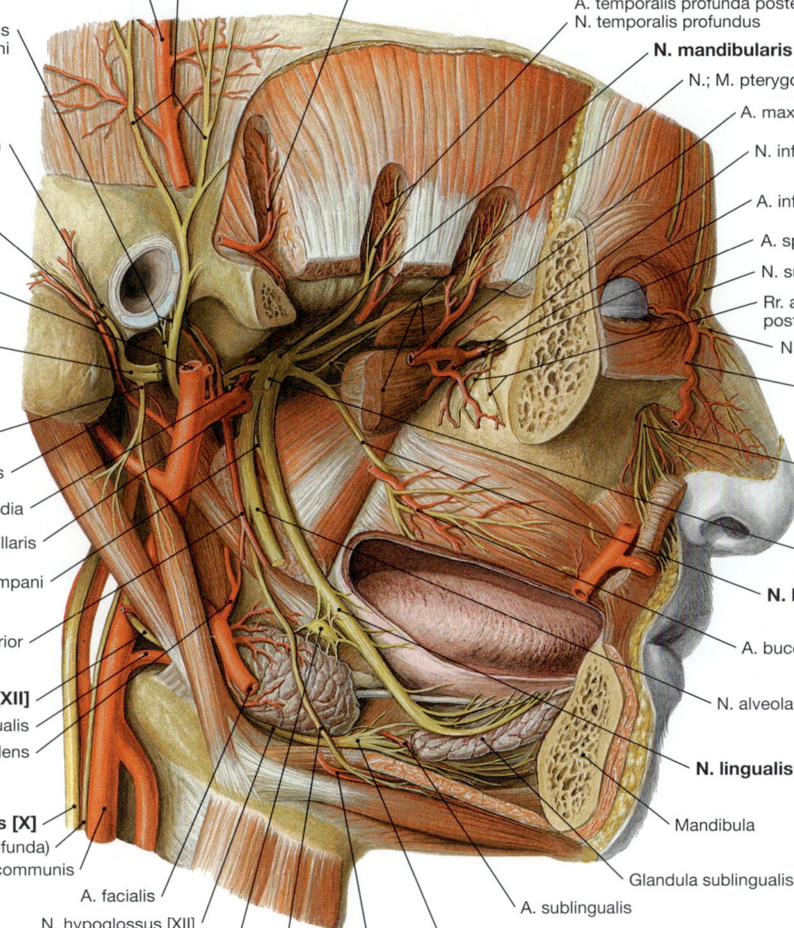

Abb. 8.77 Arterien und Nerven des Kopfs, seitliche tiefste Regionen, rechts; Ansicht von lateral.

Der N. mandibularis [V/3] teilt sich nach Durchtritt durch das Foramen ovale in **N. lingualis, N. alveolaris inferior,** N. buccalis und N. auriculotemporalis auf und sendet Äste zu den Kaumuskeln.

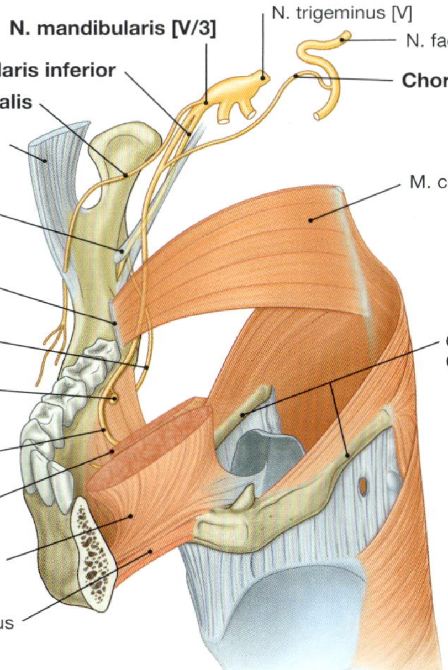

Abb. 8.78 Aufzweigung des N. mandibularis [V/3], rechts; Ansicht von vorne links. [9]

Der aus dem N. mandibularis [V/3] abzweigende **N. lingualis** gelangt von lateral zur Zunge. Kurz nach seinem Abgang aus dem N. mandibularis [V/3] legt sich ihm die Chorda tympani an, die im Canalis facialis aus dem N. facialis [VII] abzweigt und parasympathische Fasern zum Ganglion submandibulare sowie gustatorische Fasern von den vorderen zwei Dritteln der Zunge führt.

Arterien des Kopfs

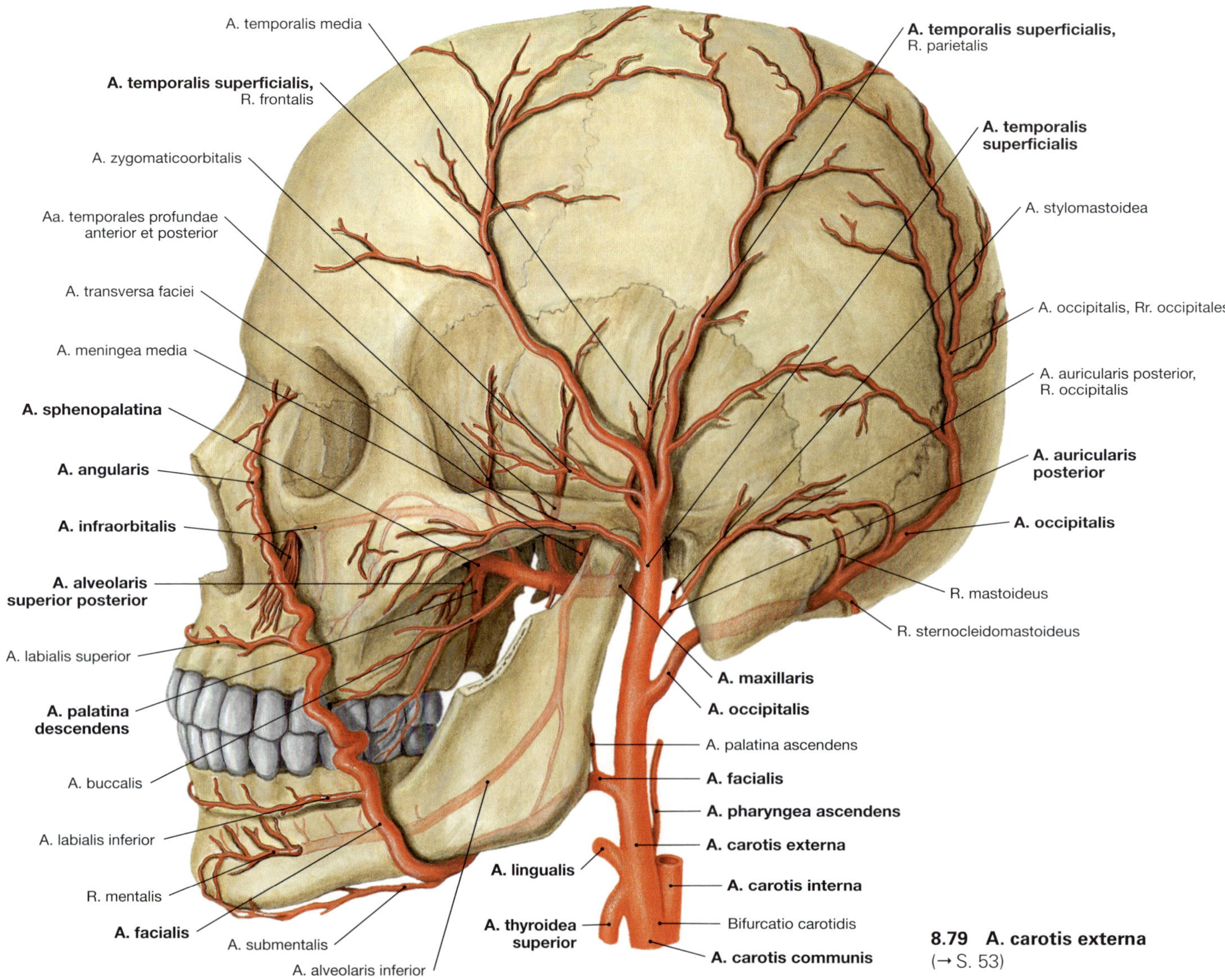

8.79 A. carotis externa
(→ S. 53)

Äste der A. carotis externa			

1. A. thyroidea superior
– R. infrahyoideus
– A. laryngea superior
– R. cricothyroideus
– R. sternocleidomastoideus
– Rr. glandulares
	4. A. facialis
	– A. palatina ascendens
	– R. tonsillaris
	– A. submentalis
	– Rr. glandulares
	– A. labialis inferior
	– A. labialis superior
	  – R. septi nasi
	– R. lateralis nasi
	– A. angularis
		7. A. temporalis superficialis
		– R. parotideus
		– A. transversa faciei
		– Rr. auriculares anteriores
		– A. zygomaticoorbitalis
		– A. temporalis media
		– R. frontalis
		– R. parietalis
			8. A. maxillaris *(Fortsetzung)*
			Pars pterygopalatina:
			– A. alveolaris superior posterior
			  – Rr. dentales
			  – Rr. peridentales
			– A. infraorbitalis
			  – Aa. alveolares superiores anteriores
			– A. palatina descendens
			  – A. palatina major
			  – Aa. palatinae minores
			    – R. pharyngeus
			– A. sphenopalatina
			  – Aa. nasales posteriores laterales
			  – Rr. septales posteriores
			  – A. nasopalatina

2. A. pharyngea ascendens
– Rr. pharyngeales
– A. tympanica inferior
– A. meningea posterior
	5. A. occipitalis
	– R. mastoideus
	– R. auricularis
	– Rr. sternocleidomastoidei
	– Rr. occipitales
	– R. meningeus (Var.)
	– R. descendens
		8. A. maxillaris
		Pars mandibularis:
		– A. alveolaris inferior
		  – R. mentalis
		– A. meningea media
		  – A. tympanica superior
		  – A. auricularis profunda
		  – A. tympanica anterior
		Pars pterygoidea:
		– A. masseterica
		– Aa. temporales profundae posterior et anterior
		– Rr. pterygoidei
		– A. buccalis
			Die Endäste der A. maxillaris sind A. infraorbitalis, A. sphenopalatina, A. alveolaris superior posterior und A. palatina descendens.

3. A. lingualis – Rr. dorsales linguae – A. sublingualis – A. profunda linguae	**6. A. auricularis posterior** – A. stylomastoidea – A. tympanica posterior – R. auricularis – R. occipitalis – R. parotideus		

Venen des Kopfs

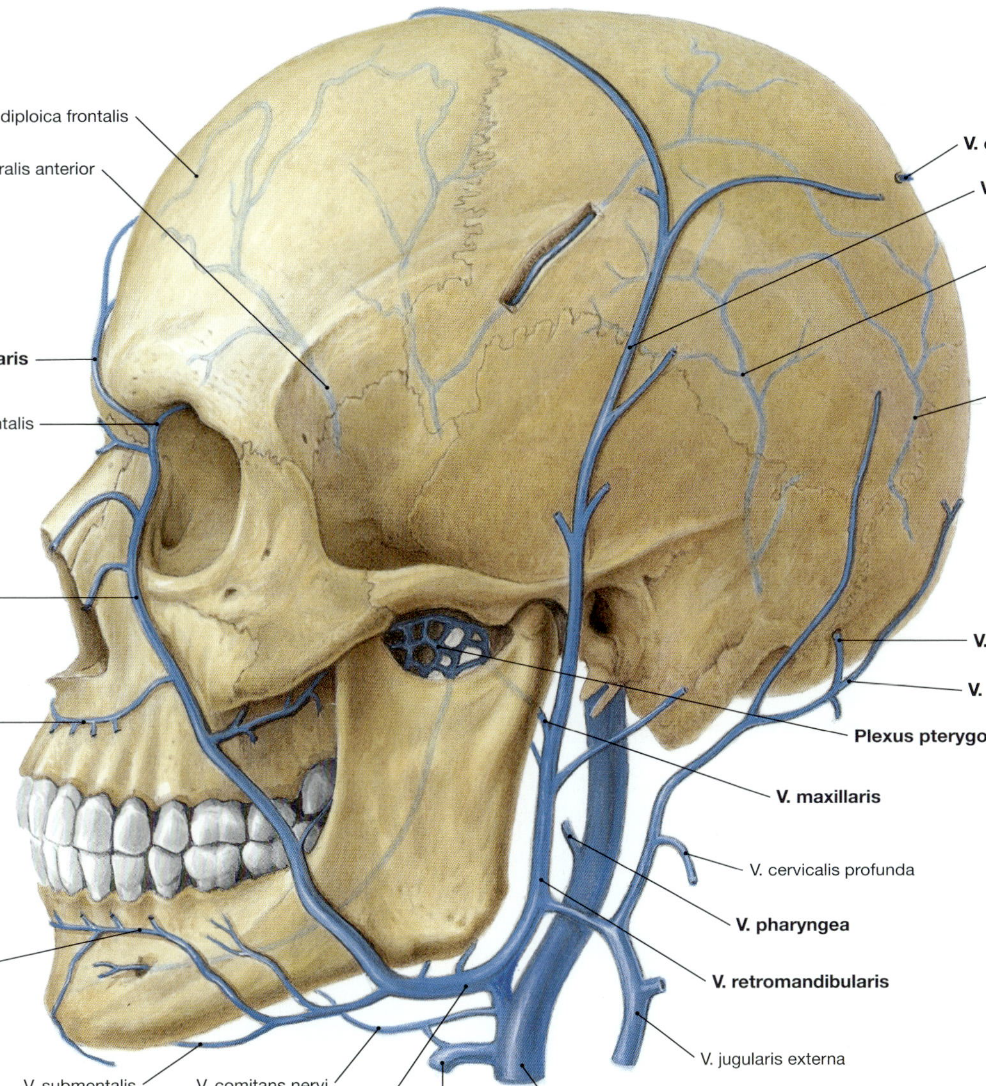

Abb. 8.79 Äußere Halsschlagader, A. carotis externa, links; Ansicht von lateral (→ S. 52).
Die A. carotis externa gibt nach ihrem Abgang aus der A. carotis communis **Äste** entsprechend der in der Tabelle (→ S. 52) erwähnten Reihenfolge ab.

Abb. 8.80 Innere Drosselvene, V. jugularis interna, links; Ansicht von lateral.
Die V. jugularis interna beginnt als erweiterte Fortsetzung des Sinus sigmoideus an der Schädelbasis. Sie drainiert das Blut aus Schädel, Gehirn, Gesichtsregion und Bereichen des Halses. Zuflüsse erhält sie aus der äußeren Kopfregion über Vv. facialis, lingualis, pharyngea, occipitalis, thyroidea superior, thyroidea media und über Vv. emissariae.

Klinik

Der Puls der V. jugularis **(Jugularis-Puls)** gibt Hinweise auf den venösen Blutdruck und lässt auf die Funktion des rechten Herzens schließen. Die Wellenform des Jugularis-Pulses gibt ferner Anhaltspunkte auf die Funktion des rechten Herzens.

Entzündungen im Gesichtsbereich können in seltenen Fällen über die klappenlose V. angularis zu intraorbitalen Venen (V. ophthalmica superior) und weiter bis zum Sinus cavernosus fortgeleitet werden. Hier können sie eine lebensbedrohliche Sinusphlebitis bis hin zur Sinusthrombose auslösen.

N. facialis [VII]

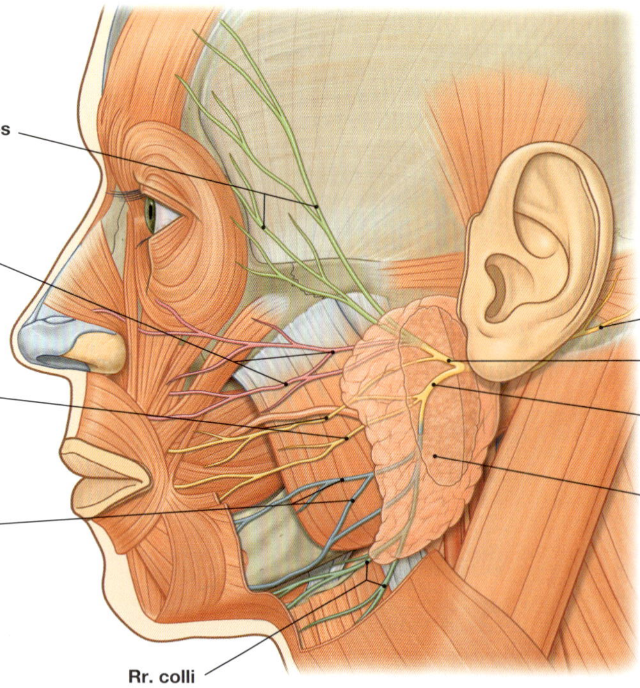

Abb. 8.81 Endäste des N. facialis [VII] im Gesicht, links; Ansicht von lateral. [8]
Innerhalb der Glandula parotidea bildet der N. facialis [VII] den Plexus intraparotideus, der aus praktisch klinischen Gründen in einen R. temporofacialis (Pars temporofacialis) und einen R. cervicofacialis (Pars cervicofacialis) aufgegliedert wird. Aus den beiden Anteilen gehen die Endäste des N. facialis [VII] hervor: Rr. temporales, zygomatici, buccales, marginales mandibulae und colli. Dorsalwärts hinter die Ohrmuschel zieht der ebenfalls als Endast aus dem N. facialis [VII] abgehende N. auricularis posterior.

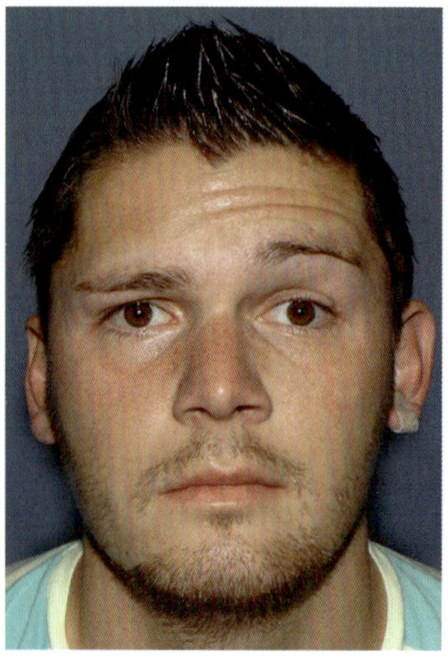
a

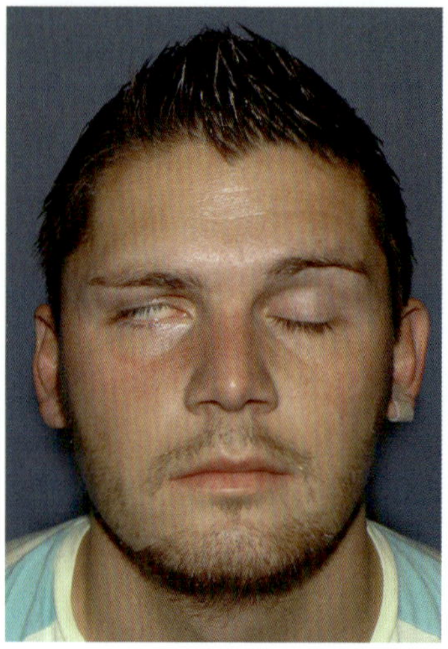
b

Abb. 8.82a und b Periphere Parese des N. facialis [VII], links.
a Nach Aufforderung, die Augenbrauen hochzuziehen, legt sich nur die linke Stirnseite in Falten (Ausfall des M. occipitofrontalis, Hinweis auf eine periphere Fazialisparese).
b Nach Aufforderung, beide Augen fest zu verschließen, gelingt dies auf der geschädigten Seite nicht (Lagophthalmus). Der Augenbulbus dreht sich beim Schluss der Augen automatisch nach oben. Da das Augenlid nicht mehr schließt, sieht man die weiße Sclera auf der betroffenen Seite (BELL-Phänomen).

Klinik

Bei einer **peripheren Fazialisparese** ist das motorische 2. Neuron dieser Nervenbahn betroffen; der Ort der Schädigung kann überall zwischen Nucleus nervi facialis und seinen peripheren Ästen liegen. Ursachen können insbesondere virale Entzündungen sein oder Verletzungen der Nerven bei Parotisoperationen. Die sog. zentrale (supranukleäre) Schädigung des N. facialis [VII] **(zentrale Fazialisparese)** beruht auf einer Schädigung des motorischen 1. Neurons. Ursächlich sind meist Blutungen oder Infarkte im Bereich des Tractus corticonuclearis der inneren Kapsel der kontralateralen Seite. Da das Kerngebiet für die Rr. temporales des N. facialis [VII] sowohl kontra- als auch ipsilaterale Zuflüsse erhält, können die Stirnmuskeln und der M. orbicularis oculi im Oberlidbereich weiterhin beidseits kontrahiert werden. Auf der kontralateralen Seite fallen jedoch die von den Rr. zygomatici, buccales, marginales mandibulae und colli innervierten Muskeln aus (sog. untere Fazialisparese).

Hautinnervation

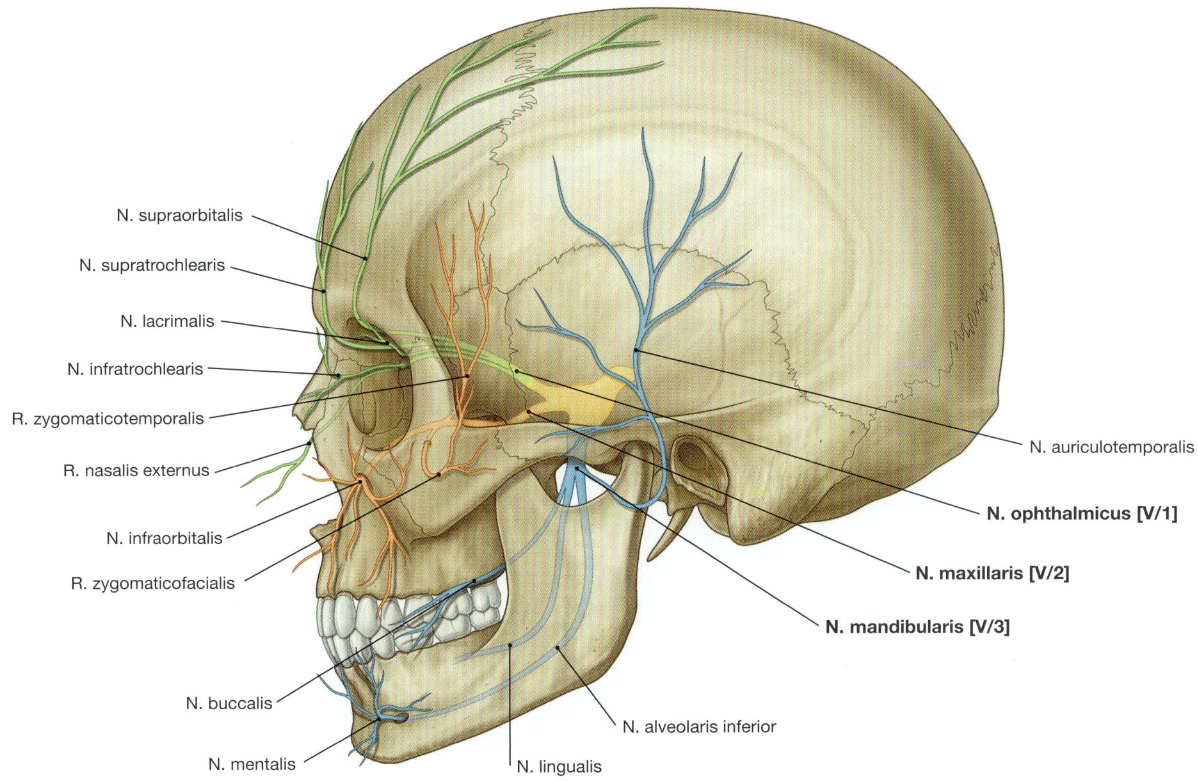

Abb. 8.83 Äste des N. trigeminus [V], links; Ansicht von lateral. [8]
Die drei großen, aus dem N. trigeminus [V] hervorgehenden Äste, N. ophthalmicus [V/1], N. maxillaris [V/2] und N. mandibularis [V/3], zweigen sich nach Austritt aus dem Schädel topographisch gegliedert in weitere Äste auf. Sichtbare Äste des **N. ophthalmicus [V/1]** sind die Nn. supraorbitalis, supratrochlearis, lacrimalis, infratrochlearis und R. nasalis externus. Vom **N. maxillaris [V/2]** gehen als sichtbare Äste in der Abbildung die Nn. infraorbitalis und zygomaticus mit seinen Rr. zygomaticotemporalis und zygomaticofacialis hervor und vom **N. mandibularis [V/3]** spalten sich die Nn. buccalis, lingualis, alveolaris inferior und auriculotemporalis ab. Endast des N. alveolaris inferior ist nach Verlassen des Canalis mandibulae der N. mentalis.

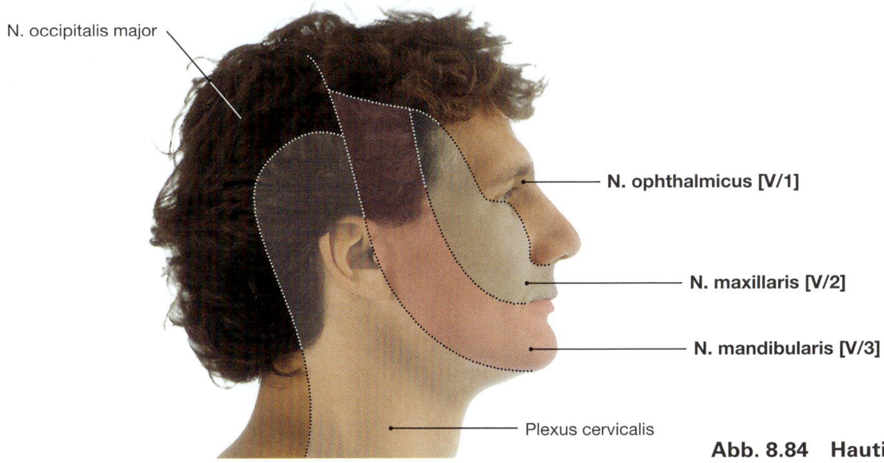

Abb. 8.84 Hautinnervation von Kopf und Hals, rechts; Ansicht von lateral.

Klinik

Im Rahmen einer klinischen Untersuchung der Hirnnerven wird der N. trigeminus [V] durch manuellen Druck auf seine drei Austrittsstellen **(Trigeminusdruckpunkte)** überprüft, die normalerweise nicht druckschmerzhaft sein sollen: an Foramen supraorbitale/Incisura supraorbitalis, Foramen infraorbitale und Foramen mentale.

Eine **Trigeminusneuralgie** (Tic douloureux) ist eine komplexe sensorische Störung der sensorischen Trigeminuswurzel mit ausgeprägter Schmerzsymptomatik. Typischerweise tritt der Schmerz im Innervationsgebiet von N. mandibularis [V/3] und N. maxillaris [V/2] plötzlich auf und kann extrem stark ausgeprägt sein. Oft wird er bereits durch Berührung der entsprechenden Hautareale im Gesicht ausgelöst.

Lymphgefäße und Lymphknoten des Kopfs

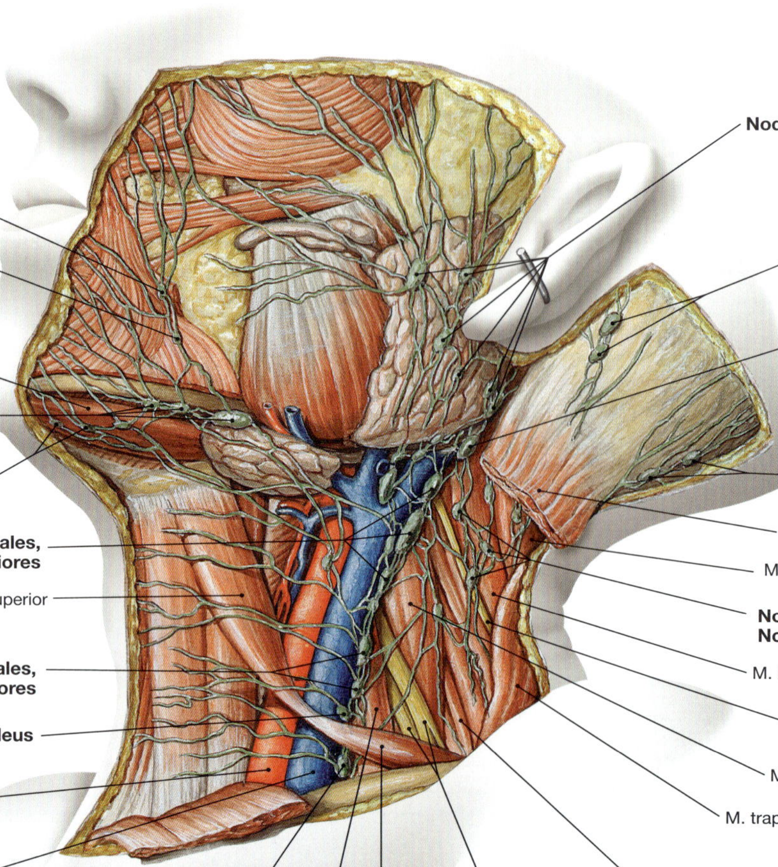

Abb. 8.85 Oberflächliche Lymphgefäße, Vasa lymphatica superficialia, und Lymphknoten, Nodi lymphoidei, von Kopf und Hals eines Kindes, links; Ansicht von lateral.

Die Lymphe von Gesicht, Kopfschwarte und Hinterhaupt wird **regional** zu den Nodi lymphoidei submentales, submandibulares, parotidei, mastoidei und occipitales drainiert. Von hier erfolgt der weitere Lymphabstrom in die oberflächlichen **(Nodi lymphoidei cervicales laterales superficiales)** und in die tiefen Halslymphknoten (**Nodi lymphoidei cervicales laterales profundi superiores und inferiores**).

Ein wichtiger tiefer Halslymphknoten ist der Nodus lymphoideus jugulodigastricus zwischen Vorderrand des M. sternocleidomastoideus und Kieferwinkel am Unterrand der Glandula parotidea.

Die Nodi lymphoidei parotidei werden in oberflächliche **(Nodi lymphoidei parotidei superficiales)** und tiefe Lymphknoten **(Nodi lymphoidei parotidei profundi)** gegliedert. Letztere umfassen die Nodi lymphoidei preauriculares, infraauriculares und intraglandulares. Ferner kommen einzelne Gesichtslymphknoten **(Nodi lymphoidei faciales)** vor (Nodi lymphoidei buccinatorius, nasolabialis, mandibularis, malaris) sowie Lymphknoten an der Zunge (Nodi lymphoidei linguales).

Lymphknoten des Kopfs (Nodi lymphoidei capitis)
• Nodi lymphoidei occipitales
• Nodi lymphoidei mastoidei
• Nodi lymphoidei parotidei superficiales
• Nodi lymphoidei parotidei profundi – Nodi lymphoidei preauriculares – Nodi lymphoidei infraauriculares – Nodi lymphoidei intraglandulares
• Nodi lymphoidei faciales – Nodus lymphoideus buccinatorius – Nodus lymphoideus nasolabialis – Nodus lymphoideus malaris – Nodus lymphoideus mandibularis
• Nodi lymphoidei submentales
• Nodi lymphoidei submandibulares
• Nodi lymphoidei linguales

Tiefe Lymphgefäße des Halses

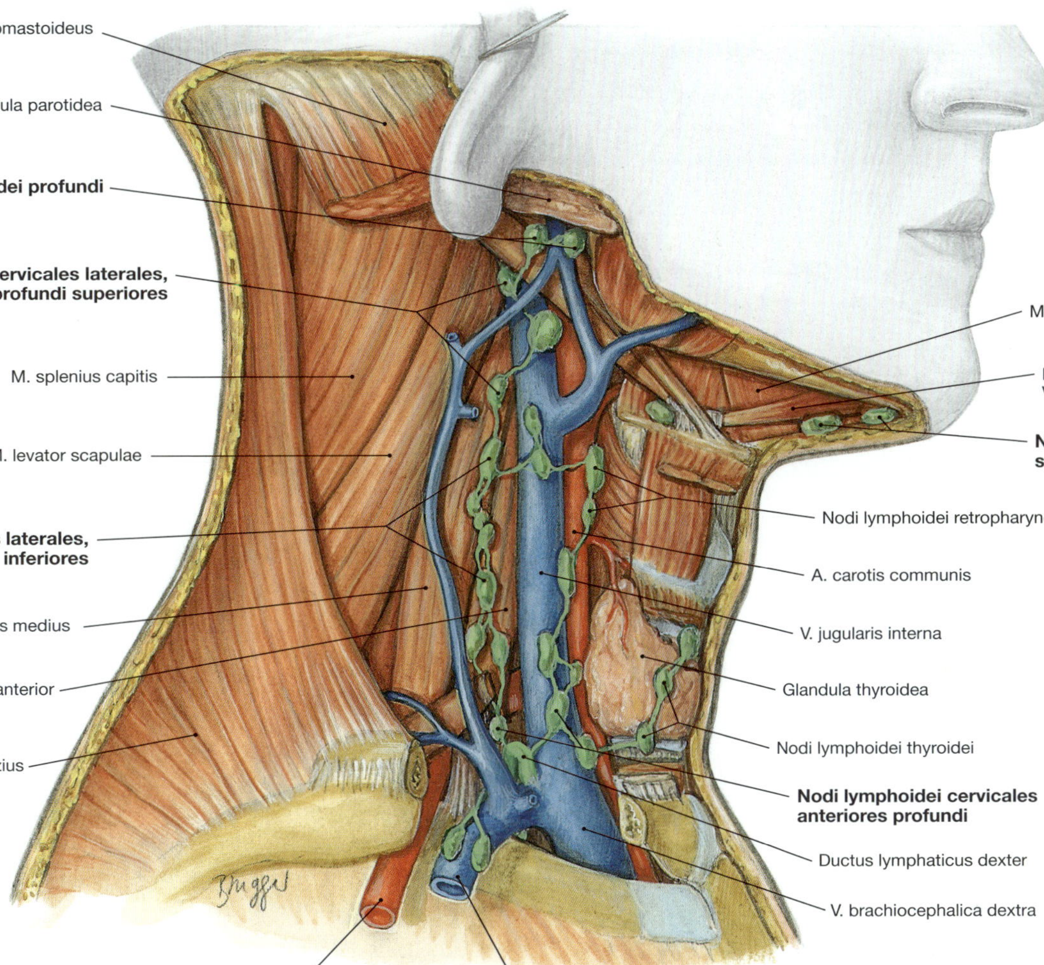

Abb. 8.86 Tiefe Lymphknoten des Halses, Nodi lymphoidei cervicales profundi, rechts; Ansicht von lateral.
Sowohl die vorne liegenden Halslymphknoten (Nodi lymphoidei cervicales anteriores) als auch die seitlich liegenden Halslymphknoten (Nodi lymphoidei cervicales laterales) gliedern sich in oberflächliche und tiefe Lymphknoten.
Zu den **vorderen** tiefen Halslymphknoten (Nodi lymphoidei cervicales anteriores profundi) gehören die Nodi lymphoidei infrahyoidei mit Nodi lymphoidei prelaryngei, die Nodi lymphoidei thyreoidei, Nodi lymphoidei pretracheales, Nodi lymphoidei paratracheales und Nodi lymphoidei retropharyngeales.
Zu den **seitlichen** tiefen Halslymphknoten (Nodi lymphoidei cervicales laterales profundi) zählen eine **obere Gruppe** (Nodi lymphoidei profundi superiores), bestehend aus Nodus lymphoideus jugulodigastricus, Nodus lymphoideus lateralis und Nodus lymphoideus anterior, sowie eine **untere Gruppe** (Nodi lymphoidei profundi inferiores), bestehend aus Nodus lymphoideus juguloomohyoideus, Nodus lymphoideus lateralis und Nodi lymphoidei anteriores. Ferner gibt es Nodi lymphoidei supraclaviculares und Nodi lymphoidei accessorii (am N. accessorius [XI]) mit Nodi lymphoidei retropharyngeales.

Nasenskelett

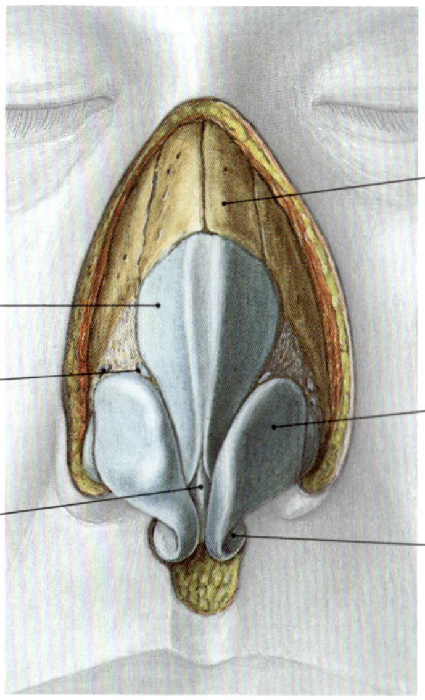

Abb. 8.87 Nasenskelett; Ansicht von vorne.
Das Nasenskelett setzt sich aus einem knöchernen und einem knorpeligen Anteil zusammen. Der knorpelige Anteil ist an der Apertura piriformis, bestehend aus Os nasale und Maxilla, befestigt und über Bindegewebe mit ihr verbunden. Die einzelnen Elemente bestehen aus hyalinem Knorpelgewebe und sind auch untereinander durch Bindegewebe verbunden. Das Dach bildet der **Seiten- oder Dreiecksknorpel** (Cartilago nasi lateralis, Cartilago triangularis); der Nasenflügel wird vom **Nasenspitzen- oder großen Flügelknorpel** (Cartilago alaris major) mit einem Crus laterale und einem Crus mediale gebildet. Daneben gibt es auf jeder Seite meist zwei kleinere **Flügelknorpel** (Cartilagines alares minores). Unten und zentral wird das Nasenskelett vom knorpeligen Anteil des Nasenseptums (Cartilago septi nasi) gestützt.

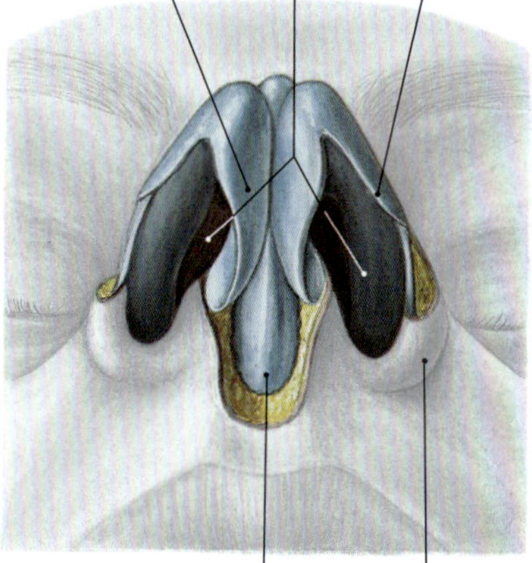

Abb. 8.88 Knorpel der Nase, Cartilagines nasi; Ansicht von unten.
Der Blick von unten zeigt die Nasenlöcher (Nares), die von den beiden Schenkeln des großen Flügelknorpels (Crus mediale und Crus laterale der Cartilago alaris major) begrenzt werden. Zentral unten sieht man das knorpelige Nasenseptum (Cartilago septi nasi).

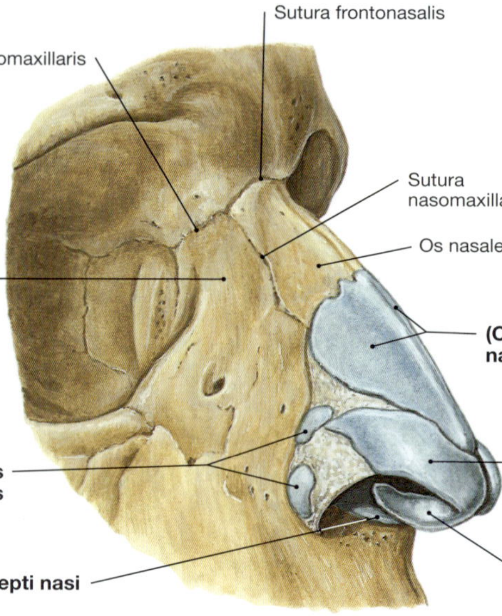

Abb. 8.89 Nasenskelett; Ansicht von vorne rechts.
Das knorpelige Nasenskelett ist über Bindegewebe an der Apertura piriformis fixiert. Man sieht die Cartilagines nasi laterales, alares majores, alares minores und die Cartilago septi nasi. In knorpelfreien Bereichen befindet sich Bindegewebe.

Klinik

Im klinischen Sprachgebrauch sind gängige Ausdrücke: die **Kolumella** (vorderer Abschnitt des Septums zwischen Nasenspitze und Philtrum), die **„keystone area"** (Überlappung der Seitenknorpel durch das Os nasale), das **weiche Dreieck** (ein Hautareal am Oberrand des Nasenlochs, in dessen Nähe das Crus mediale in das Crus laterale umbiegt; **knorpelfreies Feld,** besteht nur aus einer Hauptduplikatur), die **„supratip area"** (Nasenrücken knapp oberhalb der Nasenspitze), **schwaches Dreieck** (entspricht der „supratip area", da hier der Nasenrücken knapp oberhalb der Nasenspitze nur durch das Septum gebildet wird). Diese Bereiche gelten in der plastischen Chirurgie als Gefahrenpunkte.
Bei einem **Septumhämatom** (z. B. nach Nasenfraktur) ist eine sofortige Entlastung durch Punktion sowie ggf. Inzision und Nasentamponade erforderlich, da sonst der Septumknorpel unterzugehen droht.

Nasenscheidewand

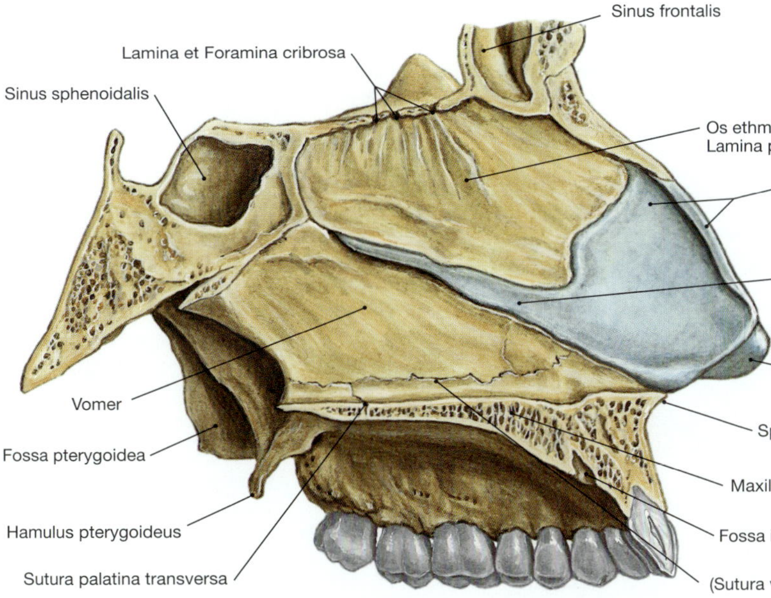

Abb. 8.90 Nasenscheidewand, Septum nasi; Ansicht von rechts.
Das Nasenseptum wird vorne von der Cartilago septi nasi gebildet, die sich mit einem langen Proc. posterior zwischen dem knöchernen Nasenseptum (oben), bestehend aus der Lamina perpendicularis des Os ethmoidale, und Vomer (unten) erstreckt.

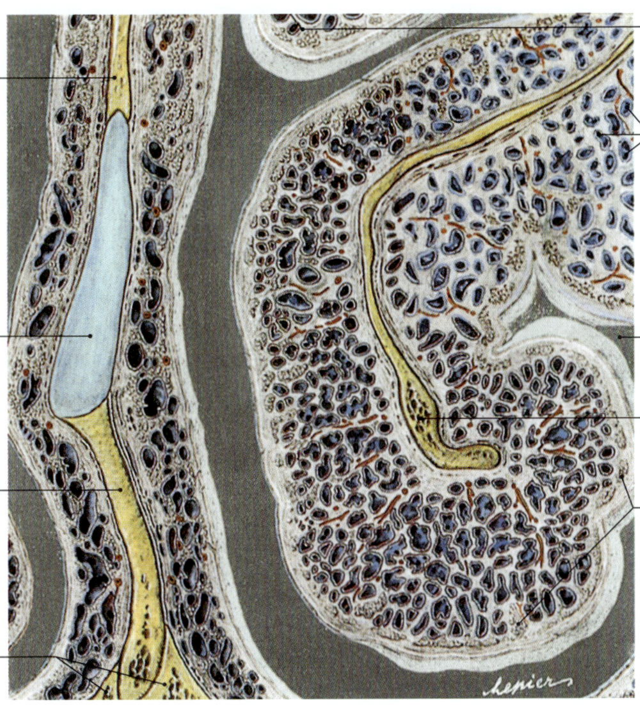

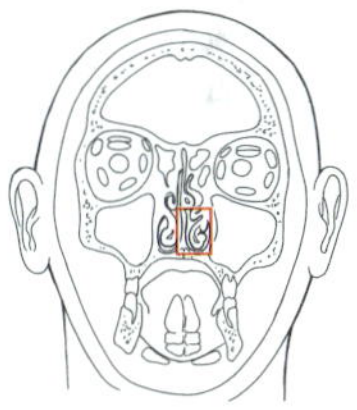

Abb. 8.91 Untere Nasenmuschel, Concha nasalis inferior, links; Frontalschnitt auf Höhe des Anfangsteils des Proc. posterior der Cartilago septi nasi; Ansicht von vorne.
Der Schnitt zeigt das dünne knöcherne Skelett der unteren Nasenmuschel (Concha nasalis inferior), das von Schwellkörpergewebe (Plexus cavernosus), einem Geflecht aus spezialisierten Arterien und Venen, überzogen ist. An der Oberfläche der Nasenmuschel befindet sich Flimmerepithel mit darunter eingelagerten serösen Drüsen (Glandulae nasales).

Klinik

Charakteristikum der Nasenschleimhaut ist der ausgeprägte Plexus venöser Kapazitätsgefäße. Abhängig vom Schwellungszustand bestehen ca. 35% des nasalen Schleimhautvolumens aus vaskulären Plexus. Das Schwellkörpergewebe ist an der unteren und der mittleren Nasenmuschel sowie auf dem Nasenseptum am Locus KIESSELBACHI am stärksten ausgeprägt.

Bei ca. 80% aller Menschen ist ein sog. **Nasenzyklus** nachweisbar: Es kommt zu einem wechselseitigen An- und Abschwellen der Nasenschleimhaut beider Nasenseiten für 2–7 Stunden mit alternierendem Verhältnis des Nasenwiderstandes bei der Atmung im Verhältnis 1 : 3 bei jedoch gleichbleibendem Gesamtwiderstand.

Nasenhöhle

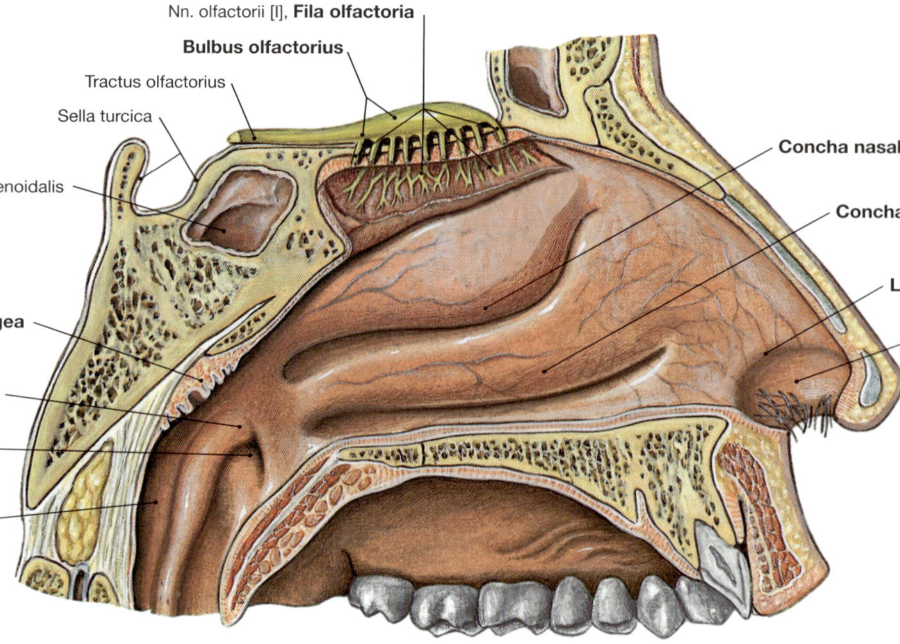

Abb. 8.92 Laterale Wand der Nasenhöhle, Cavitas nasi, links; Ansicht von rechts.
Die laterale Nasenwand wird größtenteils von der unteren **(Concha nasalis inferior)** und der mittleren **(Concha nasalis media)** Nasenmuschel eingenommen. Die obere Nasenmuschel (Concha nasalis superior) ist klein. Sie hat Beziehung zum Riechfeld am Nasendach. Hier treten die Fila olfactoria vom Bulbus olfactorius durch die Lamina cribrosa und ziehen bis in die benachbarte Schleimhaut, auch die der oberen Nasenmuschel.
Das **Vestibulum nasi** ist von verhorntem Plattenepithel ausgekleidet, das am Limen nasi über unverhorntes Plattenepithel in Flimmerepithel übergeht. Die Verlängerung der unteren Nasenmuschel führt auf das Ostium pharyngeum der Tuba auditiva zu. Oberhalb davon sitzt am Rachendach die Tonsilla pharyngea.

Zugänge zu:
1 Sinus frontalis
2 Ductus nasolacrimalis
3 Cellulae ethmoidales anteriores
4 Sinus maxillaris
5 Cellulae ethmoidales posteriores
6 Sinus sphenoidalis

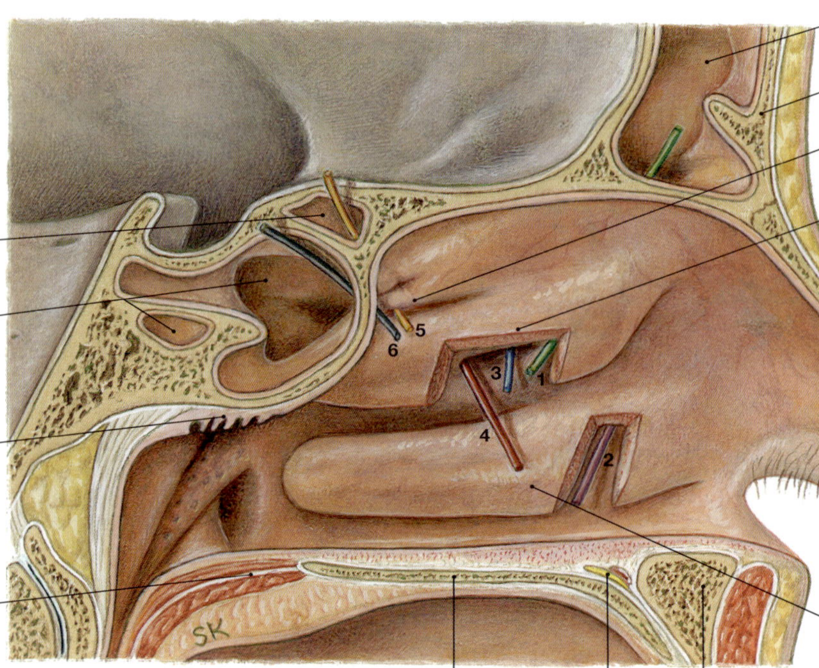

Abb. 8.93 Nasenhöhle, Cavitas nasi, und Zugänge zu den Nasennebenhöhlen, Sinus paranasales, links; Ansicht von rechts.
Unter dem vorderen Drittel der unteren Nasenmuschel mündet der Ductus nasolacrimalis in den unteren Nasengang (violette Sonde). Unter der mittleren Nasenmuschel befinden sich die Einmündungen des **Sinus frontalis** (grüne Sonde), des **Sinus maxillaris** (rote Sonde) und der **Cellulae ethmoidales anteriores** (blaue Sonde). Unter und hinter der oberen Nasenmuschel münden die **Cellulae ethmoidales posteriores** (gelbe Sonde) und der **Sinus sphenoidalis** (dunkelblaue Sonde) in die Nasenhöhle ein.

Nasennebenhöhlen

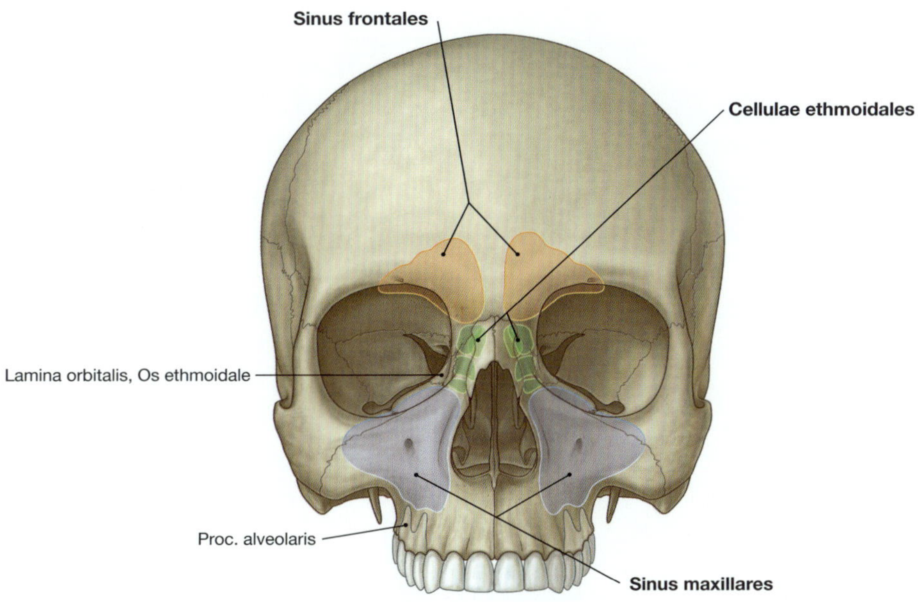

Abb. 8.94 Projektion der Nasennebenhöhlen auf den Schädel; Ansicht von vorne. [8]
Man sieht die Projektion der Sinus frontales und maxillares sowie der Cellulae ethmoidales.

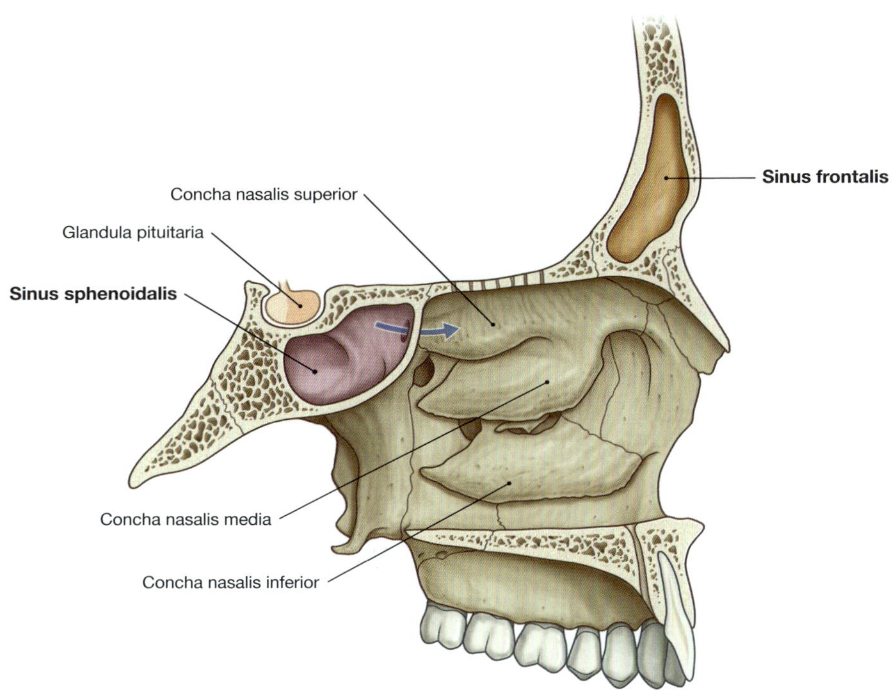

Abb. 8.95 Lage von Sinus frontalis und Sinus sphenoidalis im Schädel, rechts; Ansicht von links. [8]
Der Sinus sphenoidalis hat eine enge topographische Beziehung zur Hypophyse (Glandula pituitaria).

Klinik

Der **Sinus sphenoidalis** kann sich in große Teile des Keilbeins ausbreiten. Bei operativen Eingriffen im Sinus sphenodalis sind bei ausgedehnter Pneumatisation die A. carotis interna (Tuberculum arteriae carotidis internae) und der N. opticus [II] (Tuberculum nervi optici) aufgrund der engen Beziehung zur seitlichen Sinuswand gefährdet.

Nasennebenhöhlen, Röntgen

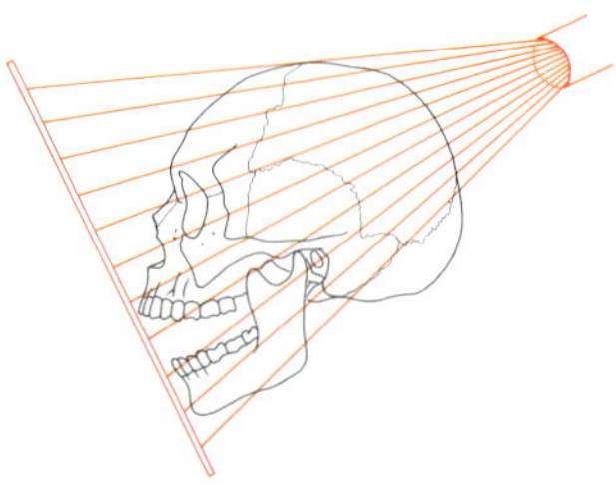

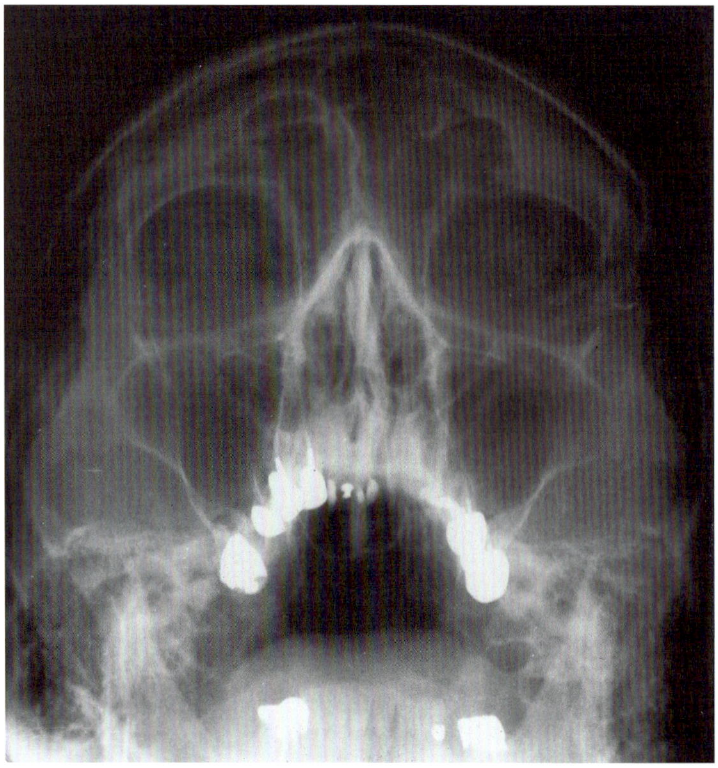

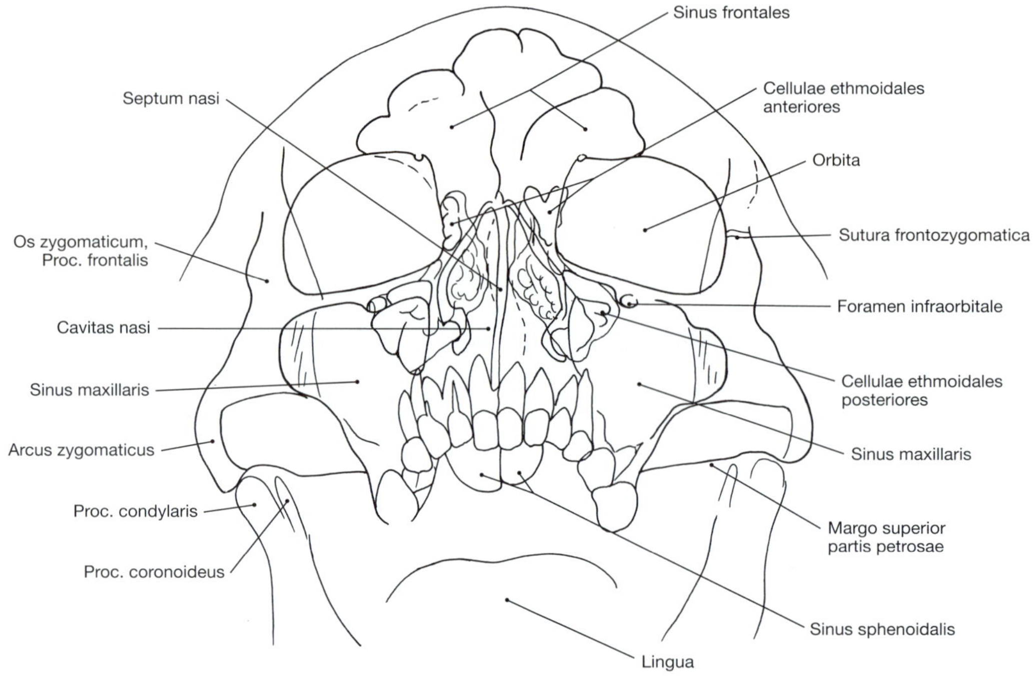

Abb. 8.96 Nasennebenhöhlen, Sinus paranasales; Röntgenbild des Schädels im postero-anterioren (pa) Strahlengang bei geöffnetem Mund.

Klinik

Konventionelle Röntgenaufnahmen sind zur raschen Orientierung über das Nasennebenhöhlensystem sinnvoll, werden aber zunehmend seltener durchgeführt. Zur Stellung einer Operationsindikation sind sie von der Computer- und Magnetresonanztomographie abgelöst worden.

Sinusitiden sind eine häufige Erkrankung. Beim Kind kommt es besonders oft zur Entzündung der Siebbeinzellen, beim Erwachsenen ist die Kieferhöhle am häufigsten betroffen. Entzündungen der Siebbeinzellen können durch die dünne Lamina orbitalis (papyracea) des Os ethmoidale in die Orbita durchbrechen oder im hinteren Bereich der Siebbeinzellen oder der Keilbeinhöhle auf den Canalis opticus übergreifen und zur Schädigung des Sehnervs führen.

Nasennebenhöhlen

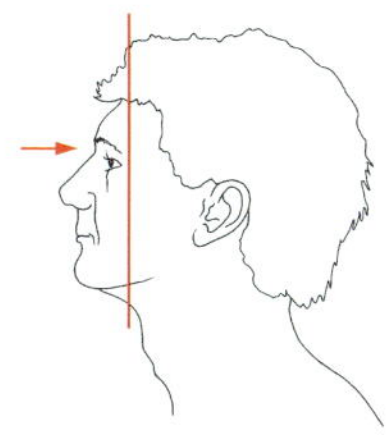

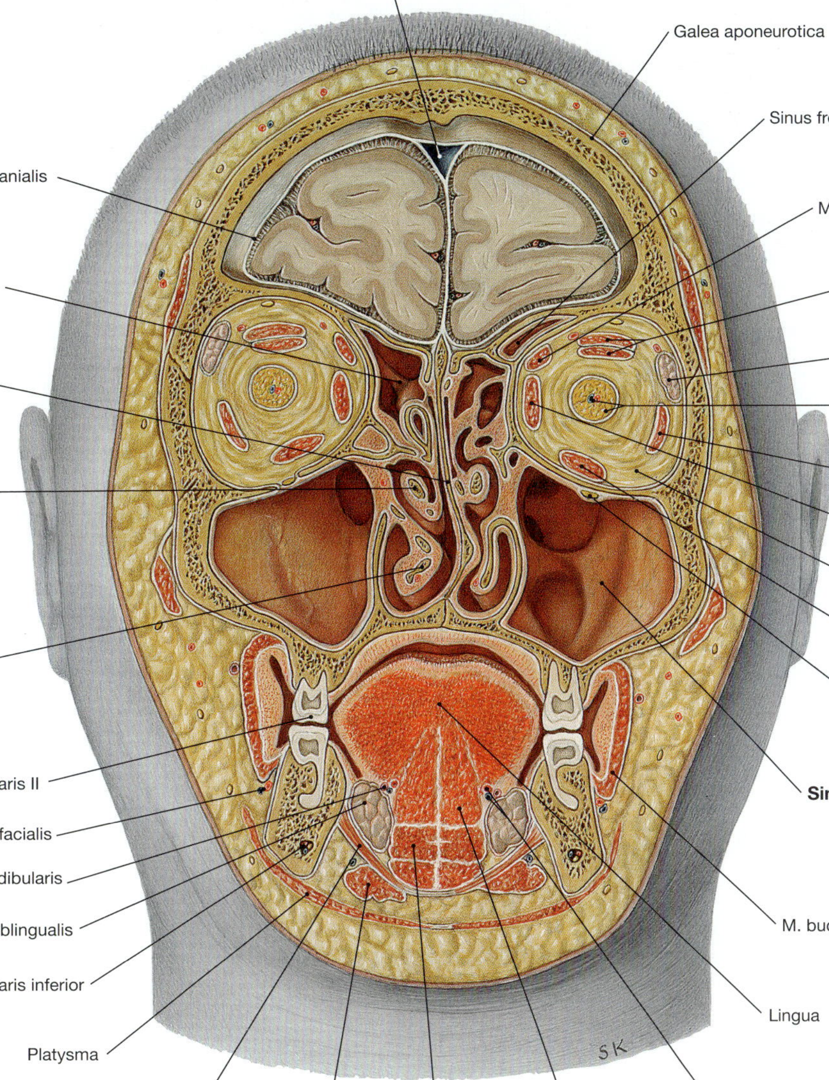

Abb. 8.97 Frontalschnitt durch den Kopf auf Höhe des zweiten oberen Mahlzahns; Ansicht von vorne.
Der Schnitt zeigt die individuellen seitendifferenten Ausprägungen der angeschnittenen Nasennebenhöhlen. Die Sinus maxillares beider Seiten sind unterschiedlich ausgeprägt und variabel gekammert. Das Nasenseptum ist nach links verlagert (Septumdeviation). Dadurch sind untere und mittlere Nasenmuschel rechts kräftiger ausgebildet als links. Die Siebbeinzellen zeigen rechts und links eine unterschiedliche Ausbildung. Auf der linken Seite erkennt man supraorbital noch einen Anschnitt des Sinus frontalis.

Klinik

Bei **Septumdeviation** kann die Nasenatmung so stark behindert sein, dass es zu Kopfschmerzen, Hyposmie oder sogar Anosmie kommt. Die Ausbildung der Nasennebenhöhlen ist äußerst variabel. Dies betrifft interindividuelle und Seitenunterschiede bis hin zu einer Nichtanlage einzelner Höhlen **(Aplasie).**
Allerdings können einzelne Höhlen auch sehr stark ausgebildet sein. Ist der Sinus frontalis nach okzipital über das Orbitadach weit ausgebildet **(Recessus supraorbitalis),** spricht der Kliniker von einer gefährlichen Stirnhöhle. Im Rahmen einer Stirnhöhlenentzündung kann es über die dünne knöcherne Wand in der vorderen Schädelgrube zu Meningitiden, Epiduralabszessen oder sogar zu Hirnabszessen kommen.

Entwicklung und Klinik der Nasennebenhöhlen

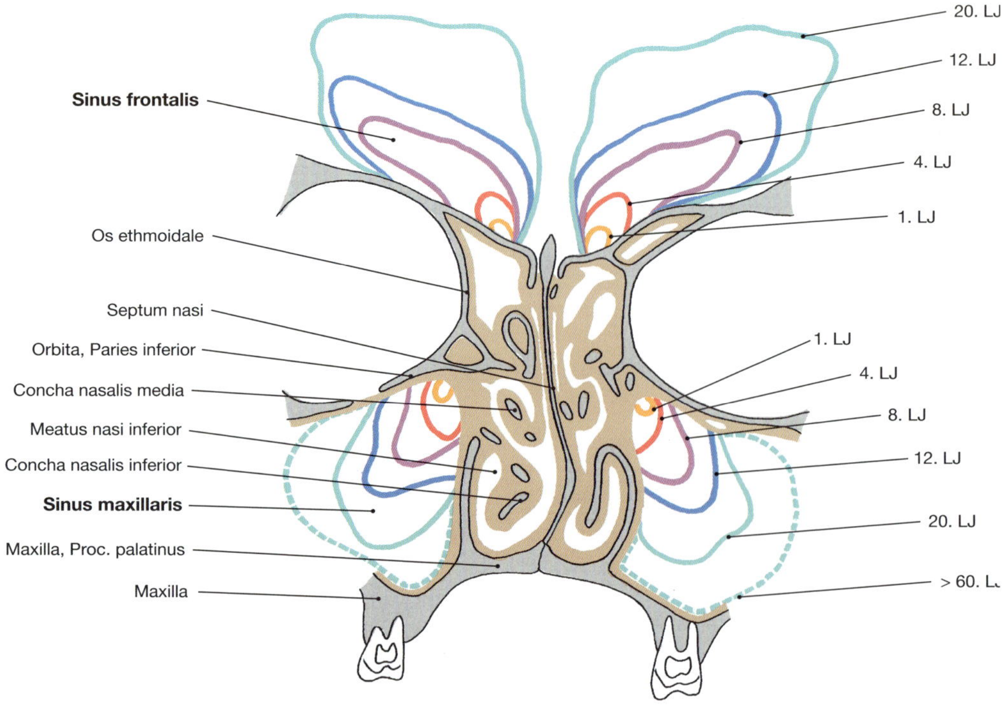

Abb. 8.98 Entwicklung der Kiefer- und der Stirnhöhle.
LJ: Lebensjahr.
Die Ausbildung der Stirnhöhle erreicht etwa um das 5. Lebensjahr den Orbitaoberrand.

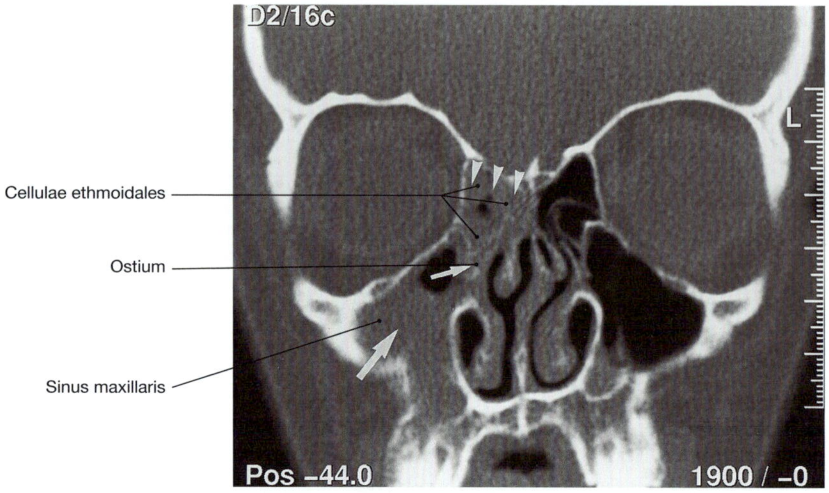

Abb. 8.99 Chronische Sinusitis; koronale Computertomographie (CT) der Nasennebenhöhlen; entzündliche Schleimhautschwellung der rechten Kieferhöhle und des Ostiums durch weiße Pfeile, die Schwellung der Siebbeinzellen durch weiße Pfeilspitzen gekennzeichnet. [17]

Klinik

In der endonasalen Nasennebenhöhlenchirurgie ist der mittlere Nasengang der Zugangsweg für die Behandlung chronischer Sinusitiden von Stirnhöhle, Kieferhöhle und vorderen Siebbeinzellen. Einseitige **Kieferhöhlenentzündungen** sind häufig odontogen bedingt (odontogene Sinusitis maxillaris). Meist geht die Entzündung vom zweiten Prämolaren oder vom ersten Molaren aus (→ Abb. 8.35).

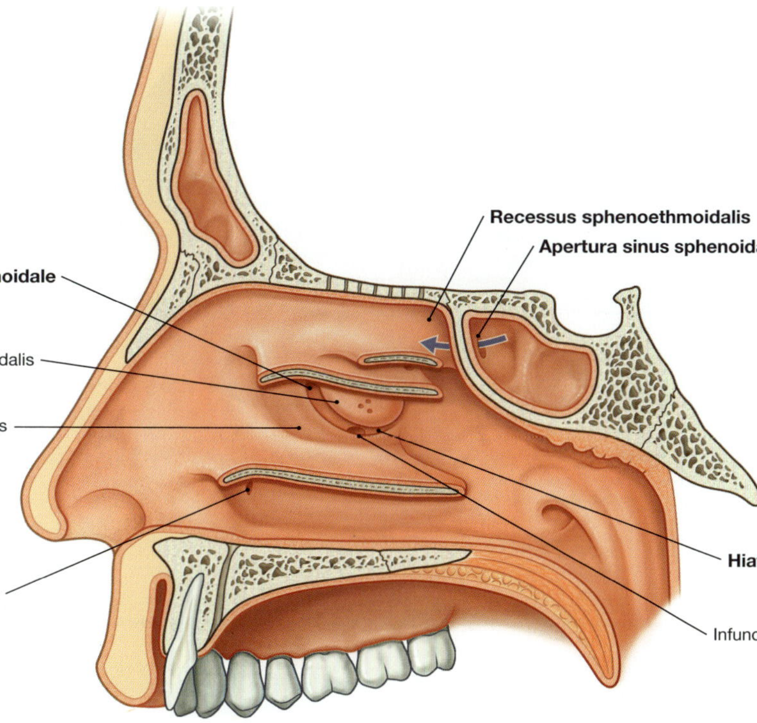

Abb. 8.100 Laterale Nasenwand, rechts; Ansicht von links; Nasenmuscheln am Ansatz der Wand abgetrennt. [8]
Der Ductus nasolacrimalis öffnet sich über die Plica lacrimalis (HASNER-Klappe) in den unteren Nasengang. Unterhalb der mittleren Nasenmuschel sieht man den Hiatus semilunaris. Darüber liegt die Bulla ethmoidalis, darunter der Proc. uncinatus. Hinter der oberen Nasenmuschel liegt der Recessus sphenoethmoidalis mit der Mündung des Sinus sphenoidalis (Apertura sinus sphenoidalis, blauer Pfeil).

* HASNER-Klappe

Nasennebenhöhlen – in der Klinik gebräuchliche Begriffe	
Agger nasi	eine vordere Siebbeinzelle vor und oberhalb des Ansatzes der mittleren Nasenmuschel
Hiatus semilunaris	ein sichelförmiger, bis zu 3 mm breiter Spalt zwischen Bulla ethmoidalis und dem oberen, freien Rand des Proc. uncinatus; über den Hiatus semilunaris gelangt man in das Infundibulum ethmoidale
Infundibulum ethmoidale	Raum, der vom Proc. uncinatus, von der Lamina papyracea und der Bulla ethmoidalis begrenzt wird
Bulla ethmoidalis	vordere Siebbeinzelle oberhalb des Hiatus semilunaris, die sehr regelmäßig ausgebildet ist, aber auch fehlen kann
Proc. uncinatus	eine dünne Knochenlamelle des Os ethmoidale, die einen Teil der medialen Wand des Sinus maxillaris bildet und den Hiatus semilunaris von vorne unten begrenzt
Grundlamellen	Lamellen, die als embryologische Residuen das Siebbein durchziehen. Es werden **vier Grundlamellen** (GL) unterschieden: • 1. GL: Proc. uncinatus • 2. GL: Bulla ethmoidalis • 3. GL: Concha nasalis media • 4. GL: Concha nasalis superior
Fontanelle	akzessorische Öffnung in der medialen Kieferhöhlenwand
osteomeataler Komplex	ein Oberbegriff für die komplizierte Anatomie am Hiatus semilunaris und seine Umgebung
Recessus frontalis	ein Spaltraum, der die Verbindung zwischen Stirnhöhle und Nasenhaupthöhle herstellt (Ductus nasofrontalis, Canalis nasofrontalis)
HALLER-Zelle	eine Siebbeinzelle, die die untere Orbitawand pneumatisiert (Infraorbitalzelle)
ÓNODI-GRÜNWALD-Zelle	eine hintere Siebbeinzelle, die sich über den Sinus sphenoidalis nach hinten vorwölbt

Arterien der Nasenhöhle

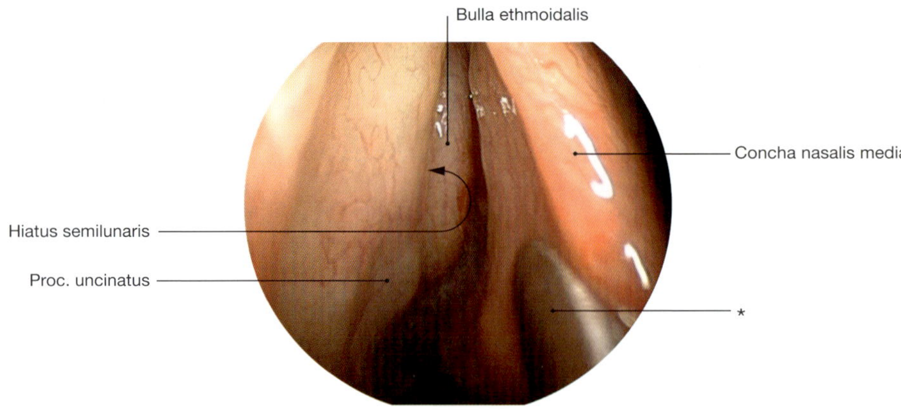

Abb. 8.101 Nasenhöhle, Cavitas nasi, links; transnasale Lupenendoskopie mit einer 30°-Optik.

Der Untersucher blickt direkt auf den Kopf der mittleren Nasenmuschel (Concha nasalis media).

* Antriumlöffel

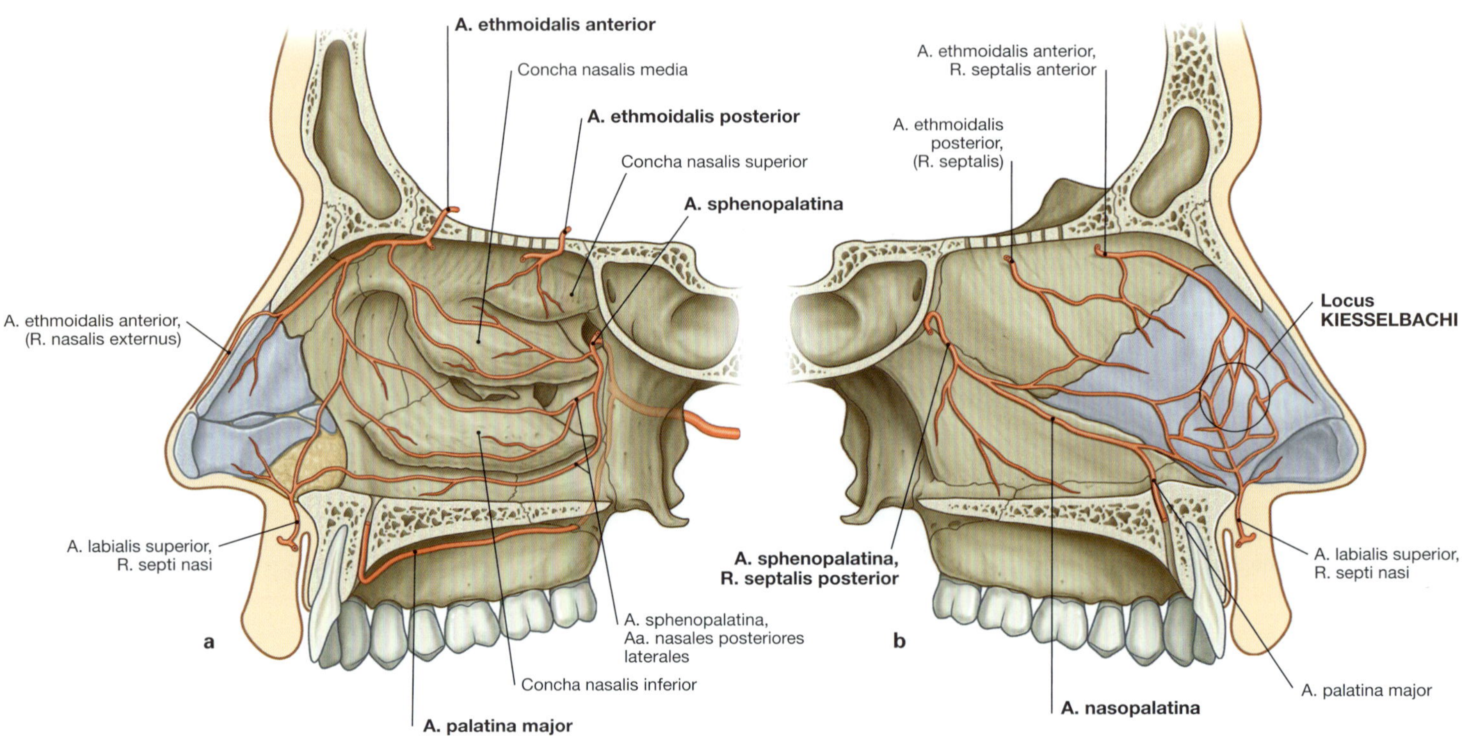

Abb. 8.102a und b Arterien der Nasenhöhle. [8]
a laterale Wand der rechten Nasenhöhle
b Nasenseptum der rechten Nasenhöhle
Die arterielle Versorgung der Nase erfolgt über Äste der A. carotis externa. Aus der A. ophthalmica verlaufen die **Aa. ethmoidales anterior** und **posterior** durch vorderes und hinteres Siebbein und erreichen die laterale Nasenwand und das Nasenseptum. Als Endast der A. maxillaris erreicht die **A. sphenopalatina** die Nasenhöhle über das Foramen sphenopalatinum. Anastomosen bestehen über die Blutgefäße der Lippe zur A. facialis. Am Nasenseptum geht aus der A. sphenopalatina die **A. nasopalatina** hervor, die durch den Canalis incisivus die Mundhöhle erreicht und hier mit der A. palatina major anastomosiert. Die A. nasopalatina speist gemeinsam mit den Aa. ethmoidales anterior und posterior den Locus KIESSELBACHI, ein arteriovenöses Gefäßgeflecht.

Klinik

Häufigster Ort von **Nasenbluten** (Epistaxis) ist der Locus KIESSELBACHI am Nasenseptum.
Schädelbasisfrakturen im Bereich der Lamina cribrosa können zu Zerreißungen der Aa. ethmoidales anterior und/oder posterior mit konsekutivem Nasenbluten führen.
Wenn bei lebensbedrohlichen Blutungen eine Nasentamponade nicht zum Erfolg führt, muss die A. sphenopalatina unterbunden werden.

Venen und Nerven der Nasenhöhle

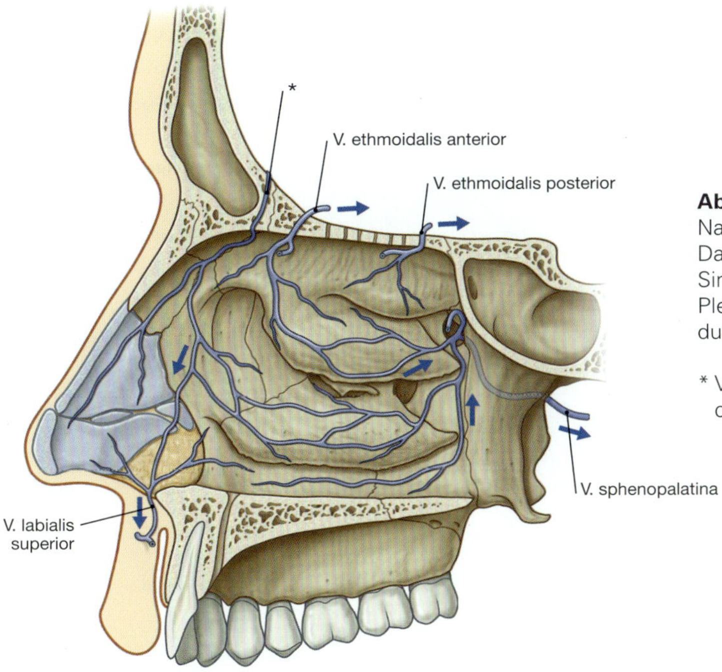

Abb. 8.103 Venen der Nasenhöhle, rechts; Aufsicht auf die laterale Nasenwand. [8]
Das Blut wird über die **Vv. ethmoidales anterior** und **posterior** zum Sinus cavernosus in der Schädelhöhle, über die **V. sphenopalatina** zum Plexus pterygoideus in der Fossa infratemporalis und über die Verbindung zu den **Vv. labiales** zur V. facialis drainiert.

* Verbindungsvene zum Sinus sagittalis superior über das Foramen caecum (nur im Kindesalter ausgeprägt)

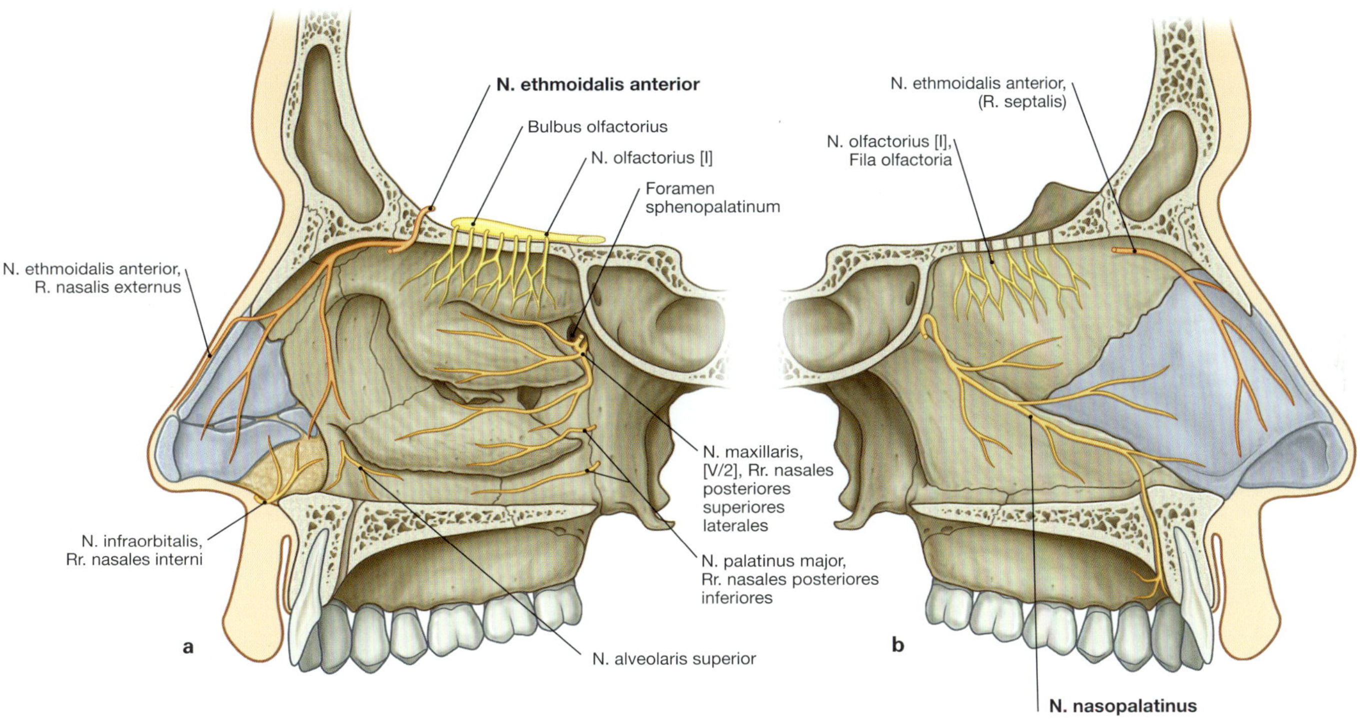

Abb. 8.104a und b Innervation der Nasenhöhle. [8]
a laterale Wand der rechten Nasenhöhle
b Nasenseptum der rechten Nasenhöhle
Die sensorische Innervation der Nasenschleimhaut erfolgt über Äste des N. trigeminus [V]: N. ophthalmicus [V/1] → N. ethmoidalis anterior und N. maxillaris [V/2] → Rr. nasales, N. nasopalatinus. Das Riechfeld wird vom **N. olfactorius [I]** innerviert. Am Nasenseptum verläuft der **N. nasopalatinus,** der durch den Canalis incisivus zieht und die Schleimhaut des harten Gaumens im Bereich der Rückseite der Schneidezähne bis zum Eckzahn innerviert.

Klinik

Die Nasenschleimhaut ist außerordentlich gut sensorisch innerviert. Jede Manipulation in der Nase kann daher äußerst schmerzhaft sein. Kommt es im Rahmen eines Schädel-Hirn-Traumas zum Abriss der Fila olfactoria, kann eine **Anosmie** (der Patient kann nicht mehr riechen) resultieren. Zerreißt die Dura mater, kann es zur **Rhinoliquorrhö** kommen. Dem Patienten tropft eine klare, durchsichtige Flüssigkeit (Liquor) aus der Nase. Die Diagnose erfolgt durch Nachweis von Glukose mittels Glukose-Teststreifen. Aufgrund der Infektionsgefahr ist eine operative Versorgung zwingend erforderlich.

Mundhöhle

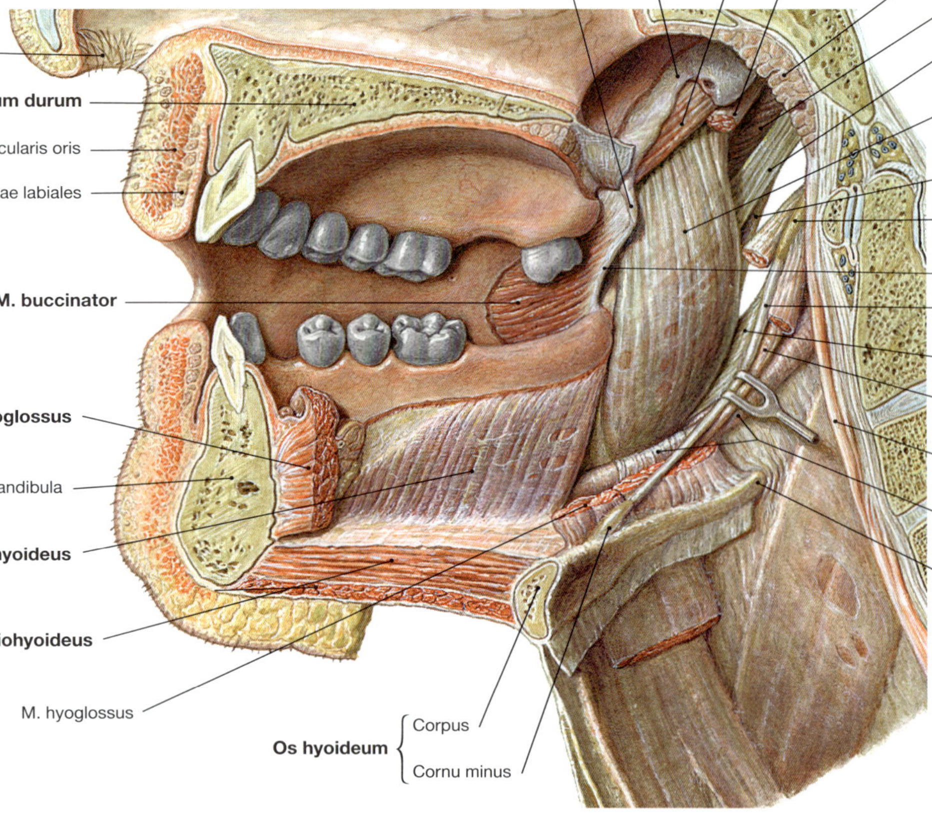

Abb. 8.105 Mundhöhle, Cavitas oris, rechts; Ansicht von links. Vorne wird die Mundhöhle von den Lippen, seitlich von den Wangen, unten durch den muskulären Mundboden und oben durch den Gaumen begrenzt.

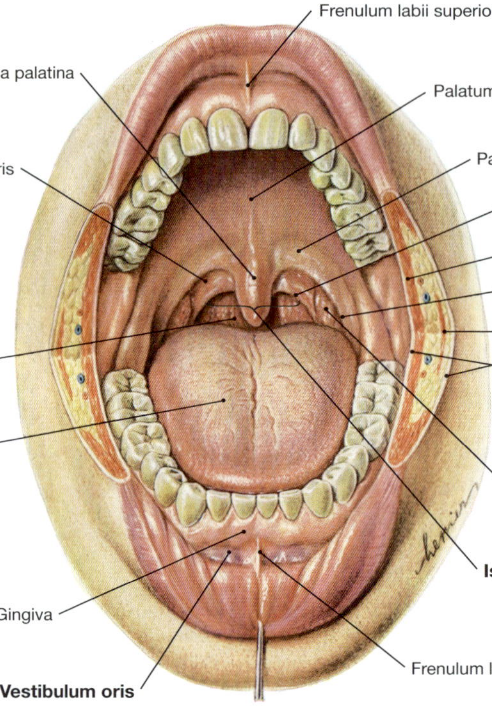

Abb. 8.106 Mundhöhle, Cavitas oris; Ansicht von vorne; Mund geöffnet.
Die Mundöffnung (Rima oris) bildet den Eingang in den Verdauungstrakt und in die Mundhöhle. Diese gliedert sich in den Mundvorhof (Vestibulum oris) und in die eigentliche Mundhöhle (Cavitas oris propria). Das **Vestibulum oris** wird außen von Lippen und Wangen und innen von Alveolarfortsätzen und Zähnen begrenzt. Bei geschlossener Zahnreihe besteht jeweils hinter dem letzten Zahn eine Verbindung zur Mundhöhle (Spatium retromolare). Im Bereich der Schlundenge **(Isthmus faucium)** geht die Mundhöhle in die Pars oralis des Pharynx (Oropharynx) über. In das Vestibulum oris und in die Cavitas oris propria münden die Ausführungsgänge zahlreicher kleiner und der drei paarigen großen Speicheldrüsen. Das Innere der Mundhöhle wird zum größten Teil vom Zungenkörper (Corpus linguae) ausgefüllt.

Zahnbögen

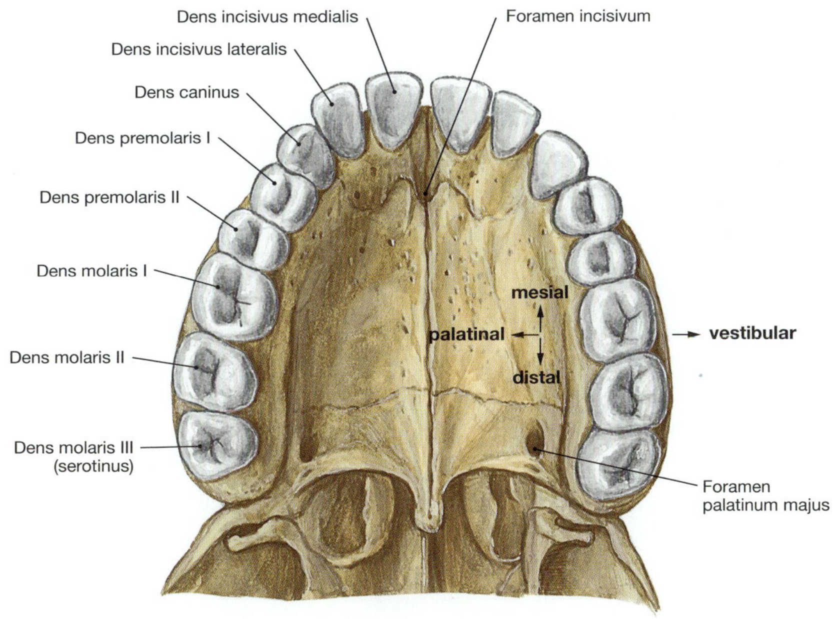

Abb. 8.107 Zahnbogen des Oberkiefers, Arcus dentalis maxillaris [superior].
Die Zähne (Dentes) sind in zwei Zahnreihen, dem oberen (Arcus dentalis maxillaris oder superior) und dem unteren Zahnbogen (Arcus dentalis mandibularis oder inferior), im Ober- und Unterkiefer verankert und bilden das Gebiss. Es ist beim Menschen **heterodont;** die Zähne sind als Schneide- (Incisivi), Eck- (Canini), Backen- (Premolares) und Mahlzähne (Molares) unverwechselbar unterschiedlich geformt.
Schneide- und Eckzähne werden auch als Frontzähne, Backen- und Mahlzähne als Seitenzähne bezeichnet.

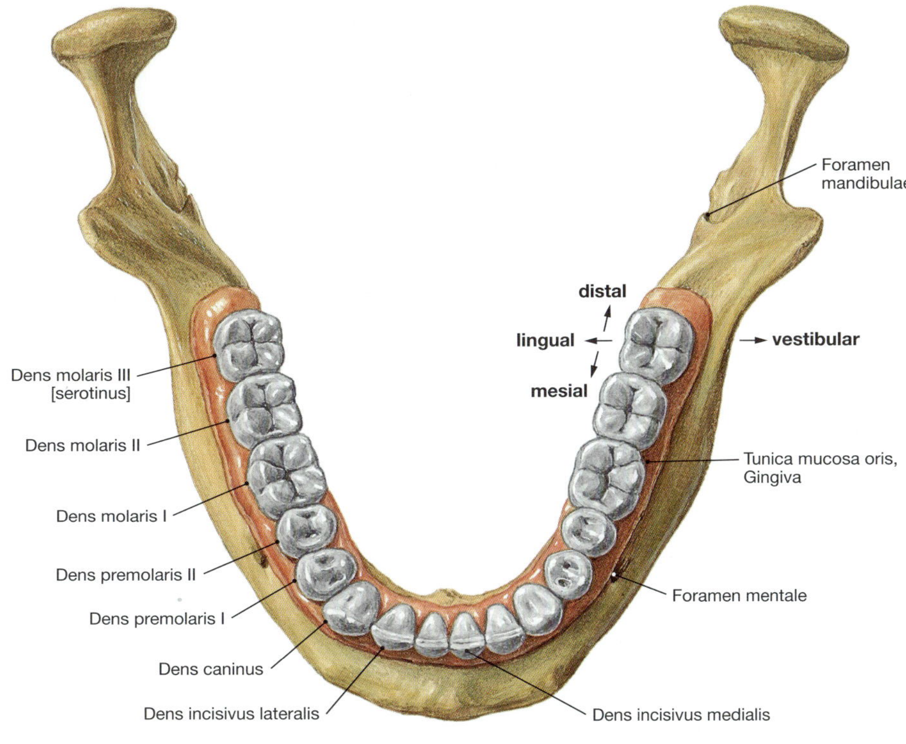

Abb. 8.108 Zahnbogen des Unterkiefers, Arcus dentalis mandibularis [inferior].
Die Lagebezeichnungen der Zähne am unteren Zahnbogen unterscheiden sich nur mit einer Ausnahme von denen des oberen Zahnbogens. Für die Lagebezeichnung „oral" wird im Oberkiefer „palatinal", im Unterkiefer „lingual" verwendet. Die **Gingiva** ist Teil der Mundschleimhaut, bedeckt die Alveolarfortsätze und überzieht den Alveolarknochen sowie die interdentalen Knochensepten. Ferner umschließt sie den Zahnhals und geht am Margo gingivalis in die Mundschleimhaut über. Sie trägt zur Verankerung der Zähne und zur Stabilisierung ihrer Position im Alveolarknochen bei (Pars fixa gingivae), als Bestandteil der Mundschleimhaut bildet sie das Saumepithel, das sich der Zahnoberfläche anheftet.

Zähne, Aufbau

Abb. 8.109 Schneidezahn, Dens incisivus. An jedem Zahn unterscheidet man Zahnkrone (Corona dentis), Zahnhals (Cervix dentis) und Zahnwurzel (Radix dentis). Die **Zahnkrone** ist der sichtbare Teil des Zahns. Sie überragt das Zahnfleisch (Gingiva) und wird von Schmelz (Enamelum) überzogen.
Die **Zahnwurzel** steckt in der Alveole (Alveolus dentalis), dem Wurzelfach, einer Vertiefung im Proc. alveolaris der Maxilla oder der Mandibula und ist von Zement (Cementum) überzogen. Über das Periodontium (Wurzelhaut, Desmodontium) ist sie im Alveolarknochen verankert. Der **Zahnhals** ist der Bereich, an dem Schmelz und Zement aneinandergrenzen. Hier ist die Gingiva am Zahn befestigt.
Der tiefste Punkt der Zahnwurzel ist die **Wurzelspitze** (Apex radicis dentis). Die Wurzelpapille (Papilla dentis) wird am Foramen apicis dentis vom Wurzelkanal (Canalis radicis dentis) durchbohrt, durch den Gefäße und Nerven in die Pulpahöhle (Cavitas dentis), bestehend aus Cavitas pulparis (Wurzelbereich) und Cavitas coronae (Kronenbereich), ein- und austreten. Innerhalb der Pulpahöhle liegen die **Zahnpulpa** (Pulpa dentis), ein Blutgefäß, Lymphgefäße und Nerven enthaltendes Bindegewebe, das den Zahn ernährt. Auch hier unterscheidet man zwischen Wurzelbereich (Pulpa radicularis) und Kronenbereich (Pulpa coronalis). Zement, Wurzelhaut, Alveolarknochen und Teile der Gingiva werden gemeinsam als Parodontium bezeichnet.

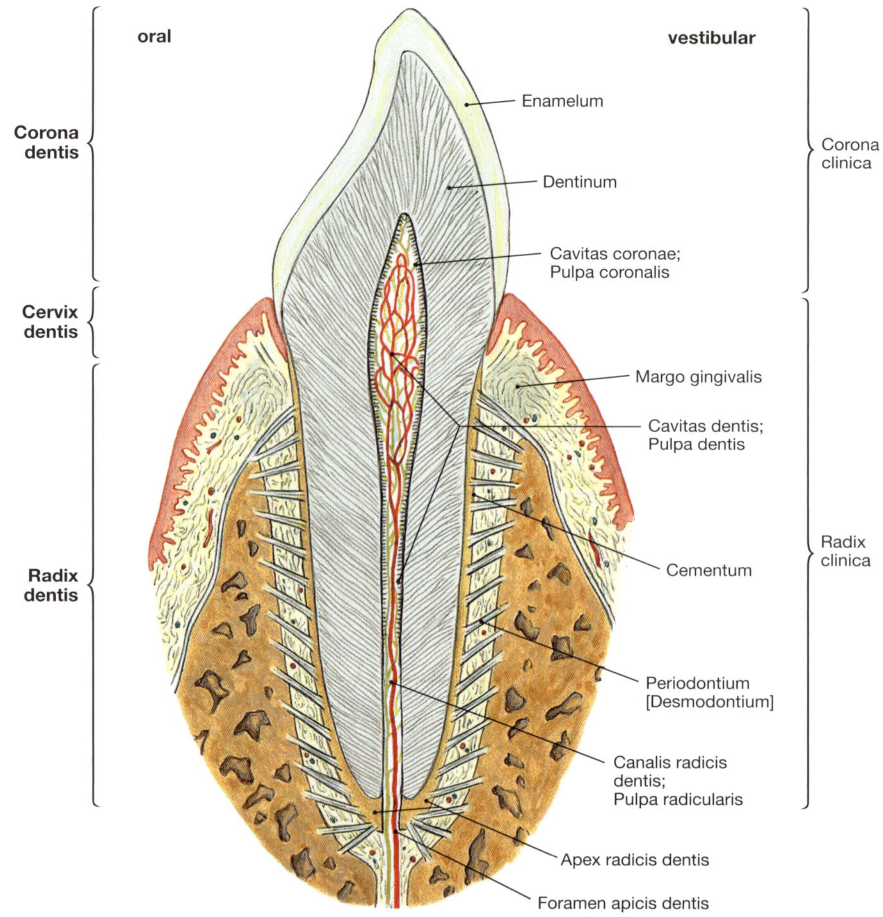

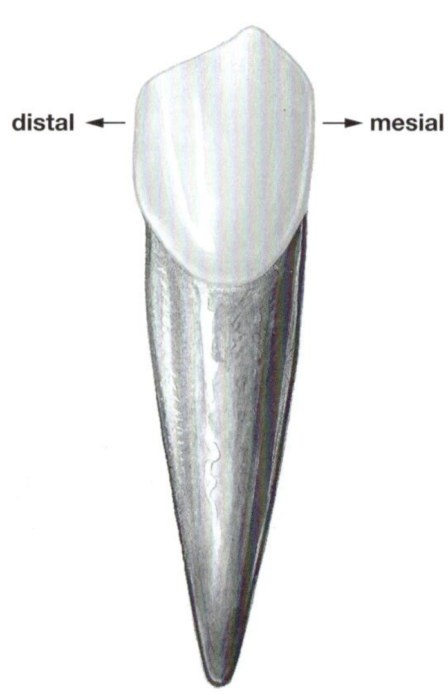

Abb. 8.110 Bleibender unterer Eckzahn, Dens caninus permanens;
Beispiel für einen einwurzeligen Zahn.

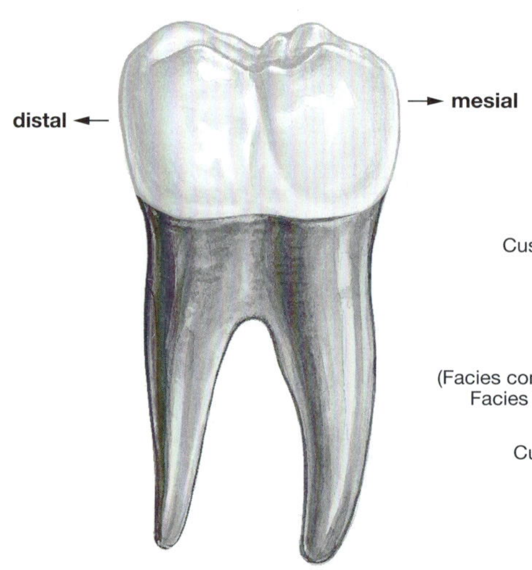

Abb. 8.111 Zweiter Milchmahlzahn, Dens molaris deciduus;
Beispiel für einen zweiwurzeligen Zahn.

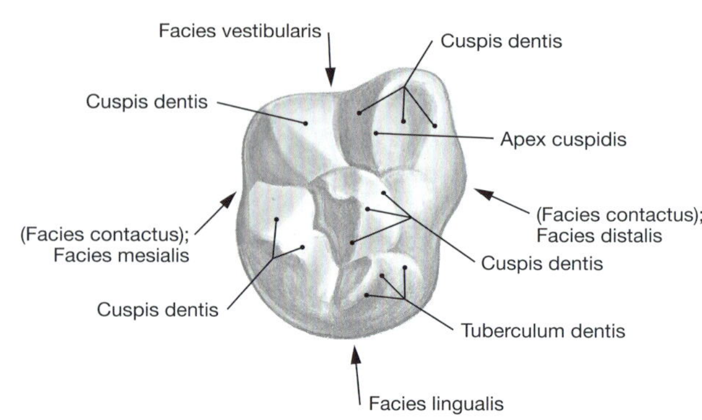

Abb. 8.112 Erster oberer bleibender Mahlzahn, Dens molaris primus;
Kaufläche eines Mahlzahns mit Bezeichnung der einzelnen Kauflächen.

Klinik

Form, Lagebezeichnungen und Orientierungsregeln
Bei der **Benennung der Oberflächen** des Zahns geht man von der Mittellinie aus. Der der Mittellinie näher gelegene Teil wird als mesial, der entfernter gelegene als distal bezeichnet. Die Beziehungen zur Nachbarschaft werden bei Zähnen als **Flächen,** Facies, dargestellt. Die Anzahl, Stärke und Form der Wurzeln (Radices) ist funktionell auf die Zahnkrone abgestimmt. Dabei ist die Morphologie der Wurzeln der einzelnen Zähne des Milchgebisses und des bleibenden Gebisses recht unterschiedlich und variabel. Einwurzelige Zähne sind die Incisivi, Canini und Prämolaren. Zweiwurzelige Zähne sind der erste obere Prämolar und die unteren Molaren. Dreiwurzelige Zähne sind die oberen Molaren.

Milchzähne

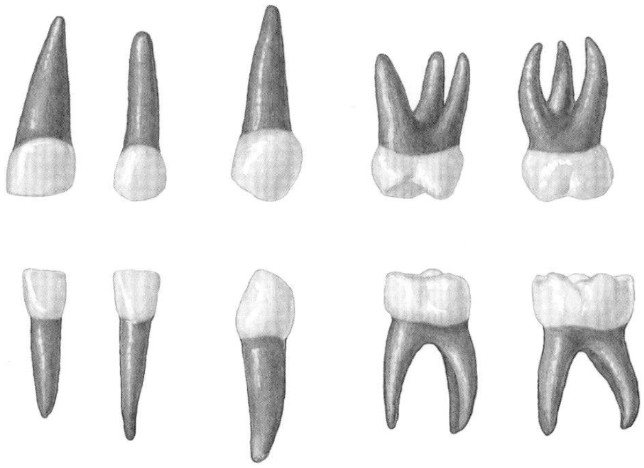

Abb. 8.113 Milchzähne, Dentes decidui, eines dreijährigen Kindes; Ansicht von vestibular.

Mit 30 Monaten ist das Milchgebiss normalerweise vollständig.

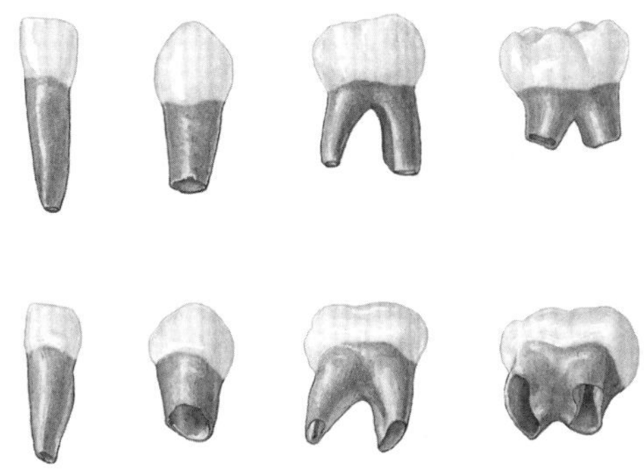

Abb. 8.114 Milchzähne, Dentes decidui, eines zweijährigen Kindes; obere Reihe Ansicht von vestibular, untere Reihe Ansicht von schräg unten.

Die medialen Schneidezähne sind nicht mit dargestellt. Man sieht an den Zähnen des zweijährigen Kindes, dass die Wurzelbildung bei vielen Zähnen noch nicht abgeschlossen ist. Diese erfolgt größtenteils erst nach dem Zahndurchbruch.

Klinik

Zahnformel

International wird in der zahnmedizinischen Praxis eine Zahnformel verwendet. Dabei werden die Kieferhälften **(Quadranten)** mit einer Zahl versehen. Die **Zähne** des bleibenden und des Milchgebisses werden, von der Mittellinie ausgehend, nach hinten fortlaufend von eins bis acht (bleibendes Gebiss) bzw. von eins bis fünf (Milchgebiss) durchnummeriert. Die Ziffer des Quadranten wird vorangesetzt, es folgt die Ziffer des Zahns. So bezeichnet z.B. die Angabe 11 (sprich: eins eins) den ersten Schneidezahn im rechten Oberkiefer des bleibenden Gebisses; die Ziffer 52 (sprich: fünf zwei) den zweiten Schneidezahn im rechten Oberkiefer des Milchgebisses.

Zahnformel des Erwachsenen

Oberkiefer

rechts	18	17	16	15	14	13	12	11	21	22	23	24	25	26	27	28	links
	48	47	46	45	44	43	42	41	31	32	33	34	35	36	37	38	

Unterkiefer

Zahnformel im Milchgebiss

Oberkiefer

rechts	55	54	53	52	51	61	62	63	64	65	links
	85	84	83	82	81	71	72	73	74	75	

Unterkiefer

Bleibende Zähne

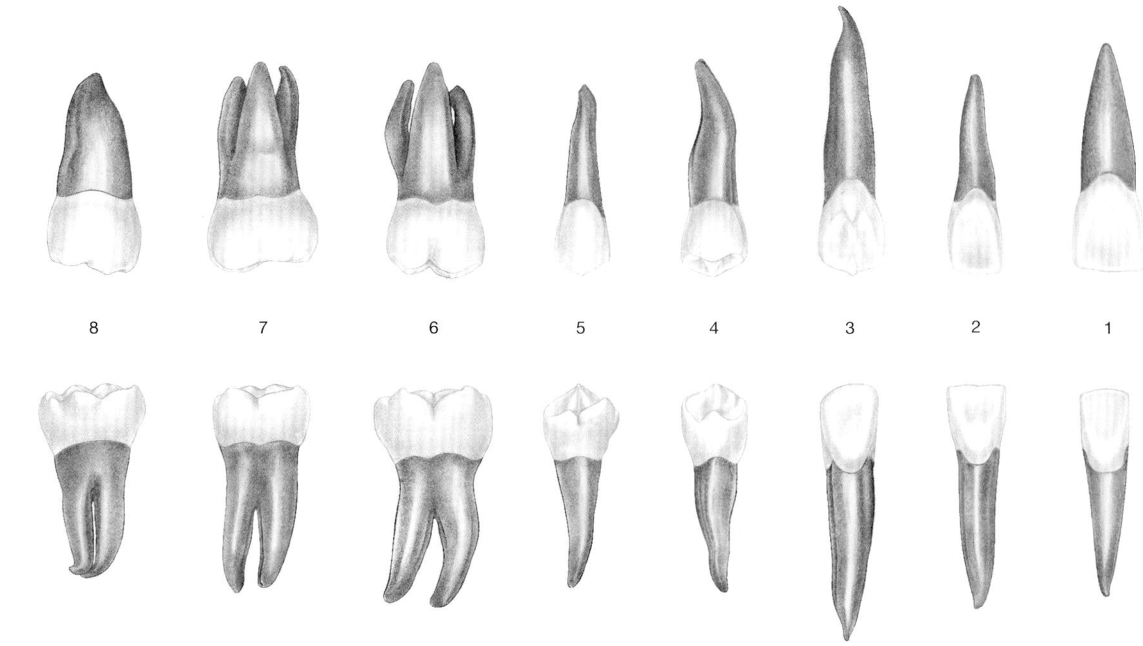

Abb. 8.115 Bleibende Zähne, Dentes permanentes; Ansicht von oral.

1 Dens incisivus I
2 Dens incisivus II
3 Dens caninus
4 Dens premolaris I
5 Dens premolaris II
6 Dens molaris I
7 Dens molaris II
8 Dens molaris III (serotinus)

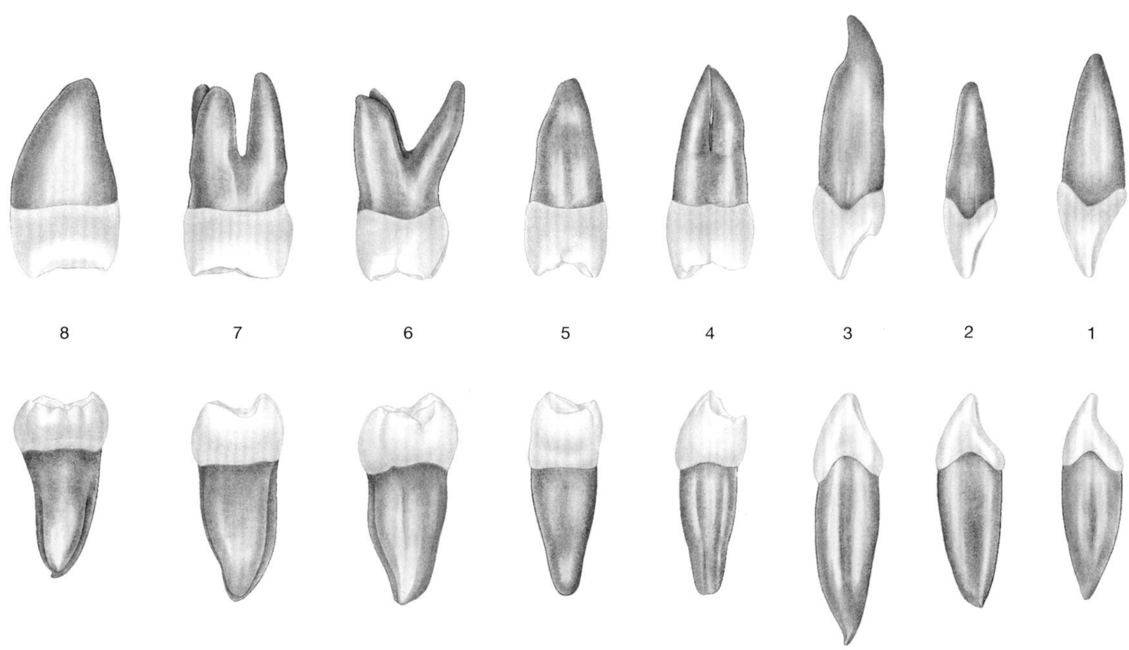

Abb. 8.116 Bleibende Zähne, Dentes permanentes; Ansicht von distal.

1 Dens incisivus I
2 Dens incisivus II
3 Dens caninus
4 Dens premolaris I
5 Dens premolaris II
6 Dens molaris I
7 Dens molaris II
8 Dens molaris III (serotinus)

Klinik

Die Backenzähne werden im klinischen Sprachgebrauch als Molaren und die Vor-Backenzähne als Prämolaren bezeichnet. Da die Zähne die widerstandsfähigsten Organe des Körpers und damit besonders dauerhaft sind, spielen sie in der **forensischen Medizin** bei der Identifikation von Opfern eine wichtige Rolle.

Bleibende Zähne

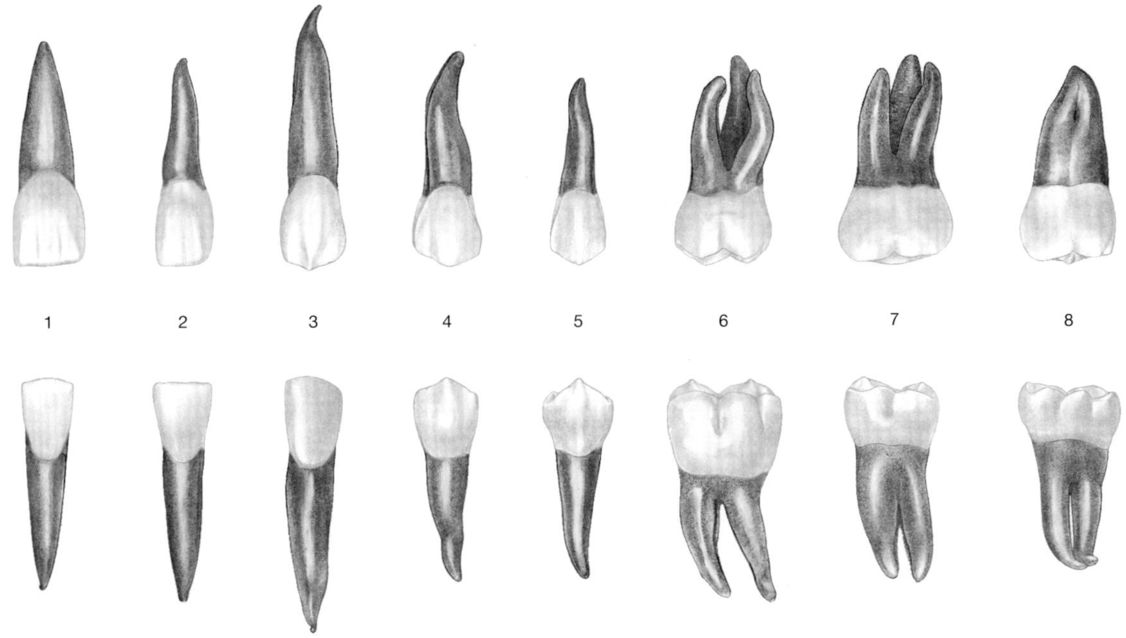

Abb. 8.117 Bleibende Zähne, Dentes permanentes; Ansicht von vestibular.

1 Dens incisivus I
2 Dens incisivus II
3 Dens caninus
4 Dens premolaris I
5 Dens premolaris II
6 Dens molaris I
7 Dens molaris II
8 Dens molaris III (serotinus)

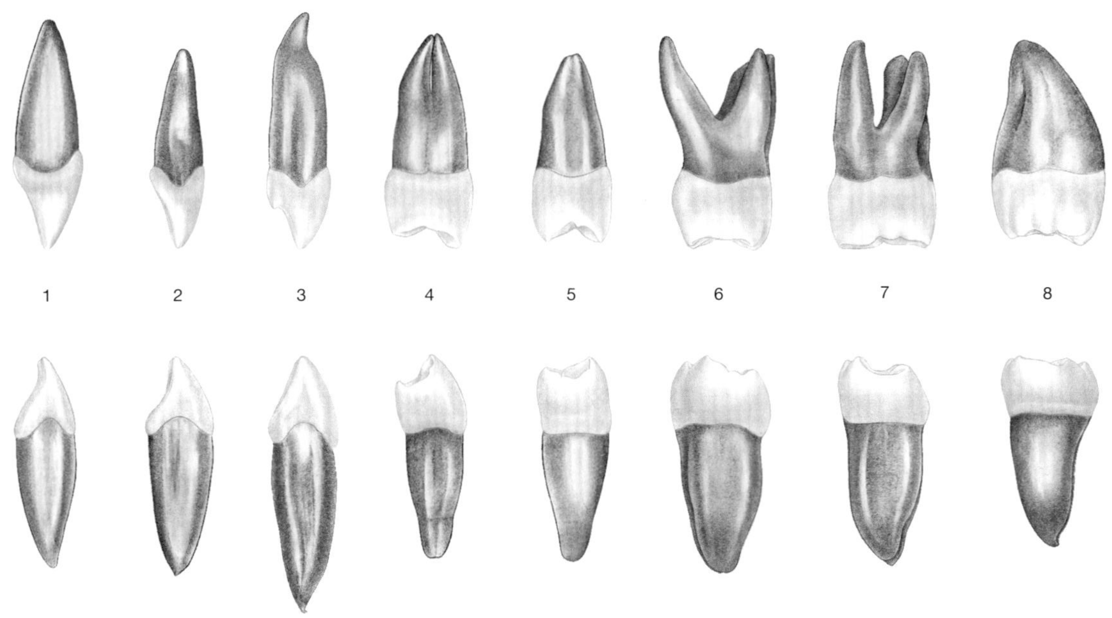

Abb. 8.118 Bleibende Zähne, Dentes permanentes; Ansicht von mesial.

1 Dens incisivus I
2 Dens incisivus II
3 Dens caninus
4 Dens premolaris I
5 Dens premolaris II
6 Dens molaris I
7 Dens molaris II
8 Dens molaris III (serotinus)

Klinik

- Umwelt- und genetische Faktoren können die **Zahnentwicklung** beeinflussen. Resultierende Zahnanomalien betreffen Größe, Form und Anzahl der Zähne.
- Die Verabreichung von **Tetrazyklinen** (Antibiotikafamilie) während der Zahnentwicklung kann zu Farbablagerungen und zu Schmelzdefekten führen.
- Von Bedeutung sind auch Schmelzverfärbungen und -defekte, die durch zu hohe Fluoridgaben in Form von Fluoridtabletten entstehen können **(Dentalfluorose).**
- Schmelzdefekte können auch durch Vitamin-D-Mangel **(Rachitis)** verursacht sein.
- Reste der Zahnleiste können als SERRE-Körper, Überbleibsel der epithelialen Wurzelscheide als MALASSEZ-Epithelreste erhalten bleiben, aus denen sich Zysten bilden können.

Durchbruchszeiten der Zähne

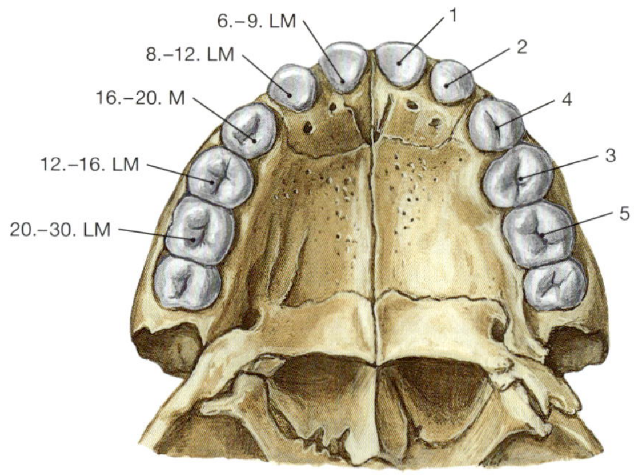

Abb. 8.119 Oberkiefer, Maxilla, mit Milchzähnen, Dentes decidui, und dem ersten bleibenden Zahn; links: mittlere Durchbruchszeit in Monaten (LM); rechts: Reihenfolge des Durchbruchs.
Bleibende Zähne (Ersatzzähne) und Milchzähne unterliegen den gleichen Entstehungsmechanismen, sie bilden sich nur in einem unterschiedlichen Zeitintervall. Dabei sind die Durchbruchszeiten und die Reihenfolge, in der die Milchzähne in der Mundhöhle erscheinen, individuell sehr verschieden. Mit 30 Monaten ist das Milchgebiss normalerweise vollständig.

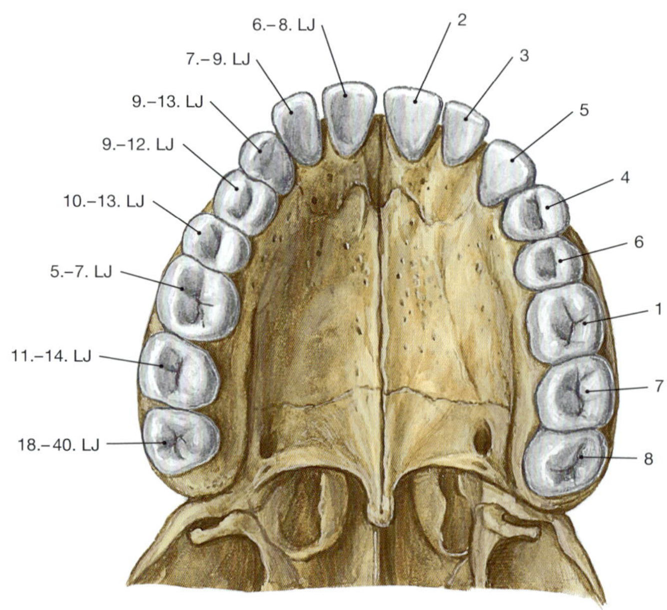

Abb. 8.120 Oberkiefer, Maxilla, mit bleibenden Zähnen, Dentes permanentes; links: mittlere Durchbruchszeit in Jahren (LJ); rechts: Reihenfolge des Durchbruchs.
Das Milchgebiss (erste Dentition mit 20 Zähnen) gleicht mit Ausnahme der Molaren dem Dauergebiss (zweite Dentition mit 32 Zähnen). Die bleibenden Molaren brechen stets in gleicher Reihenfolge durch; erste Molaren mit sechs **(6-Jahres-Molar),** zweite mit zwölf und dritte mit 18 Jahren oder später.

Klinik

Als **Parodontopathien** bezeichnet man Erkrankungen des Zahnhalteapparats. Eine chronisch degenerative Form, bei der es zu einem Schwund des Zahnhalteapparats mit Zahnlockerung und späterem Zahnverlust mit Atrophie des Alveolarfortsatzes kommt, ist dabei die **Parodontose.** Die systemische Gabe von Fluoridionen während der Hartsubstanzbildung der Ersatzzähne führt teilweise zur Bildung von **Fluorapatit** anstelle von Hydroxylapatit. Fluorapatit ist in Säuren schwerer löslich und erhöht dadurch die Kariesresistenz.

Entwicklung der Zähne

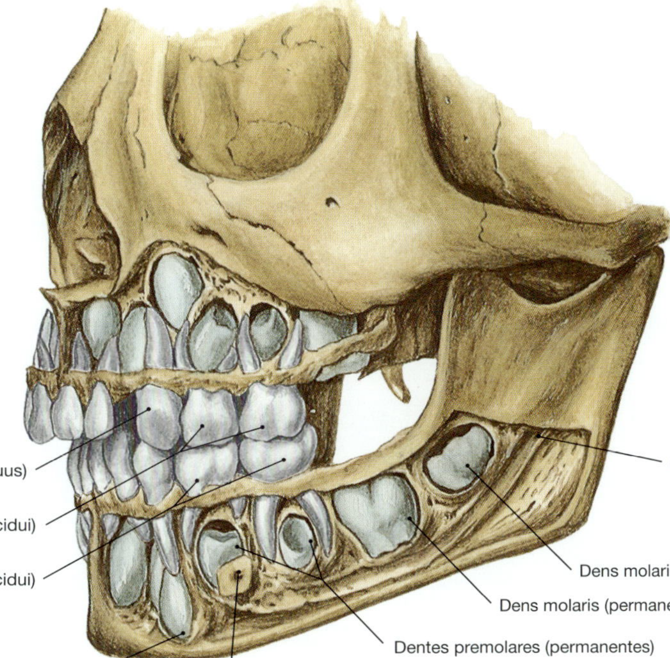

Abb. 8.121 Oberkiefer, Maxilla, und Unterkiefer, Mandibula, eines fünfjährigen Kindes; Milchzähne und Anlagen der bleibenden Zähne. Das Gebiss des Menschen ist diphydont; es tritt in zwei Dentitionen auf, als Milch- und als Dauergebiss. Zunächst entwickeln sich beim Kind 20 Milchzähne (Dentes decidui). Entwicklung und Durchbruch der ersten und zweiten Dentition sind zeitlich auf das Körperwachstum abgestimmt. Zu unterschiedlichen Zeitpunkten erfolgt die Resorption der Milchzahnwurzel.

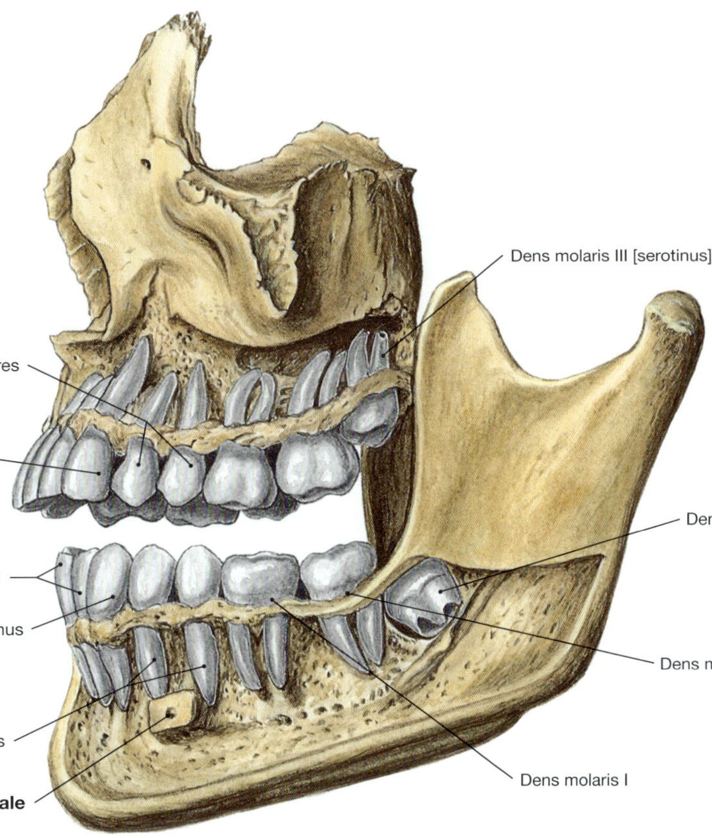

Abb. 8.122 Oberkiefer, Maxilla, und Unterkiefer, Mandibula, eines 20-Jährigen.
Nach dem Zahnwechsel besteht das Gebiss aus bis zu 32 bleibenden Zähnen (Dentes permanentes). Der dritte Molar (Dens molaris tertius, Weisheitszahn, Dens serotinus) ist im Unterkiefer noch nicht durchgebrochen. Er kann sich zurückbilden oder gar nicht angelegt sein (Aplasie). Die Mahlzähne erscheinen bei Mädchen durchschnittlich ca. sieben Monate früher als bei Jungen. Bei beiden Geschlechtern brechen die Molaren des Unterkiefers früher durch als die des Oberkiefers. Milchzahnwurzeln benötigen weitere 16 bis 26 Monate; die Wurzeln bleibender Zähne sind erst nach weiteren 1,7 bis 3,5 Jahren voll ausgebildet.

Oberkiefer, Röntgen und Gefäßversorgung der Zähne

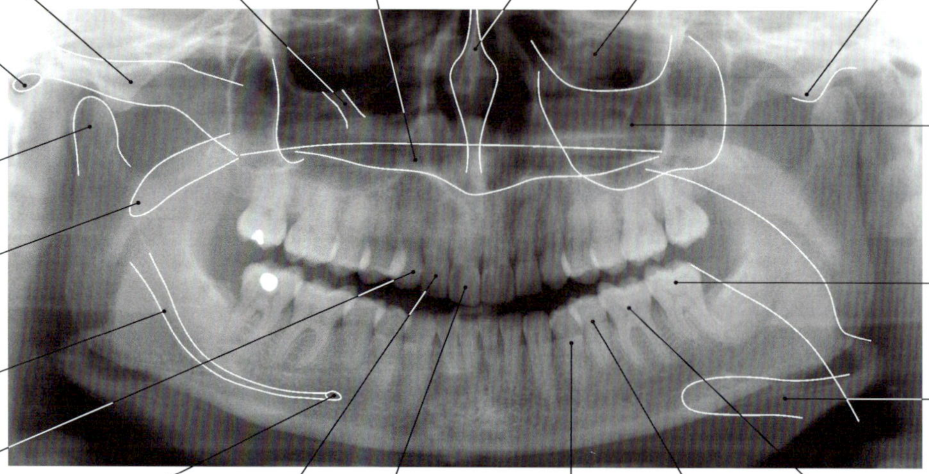

Abb. 8.123 Oberkiefer, Maxilla, und Unterkiefer, Mandibula, ohne Weisheitszähne; Panoramaröntgenaufnahme.

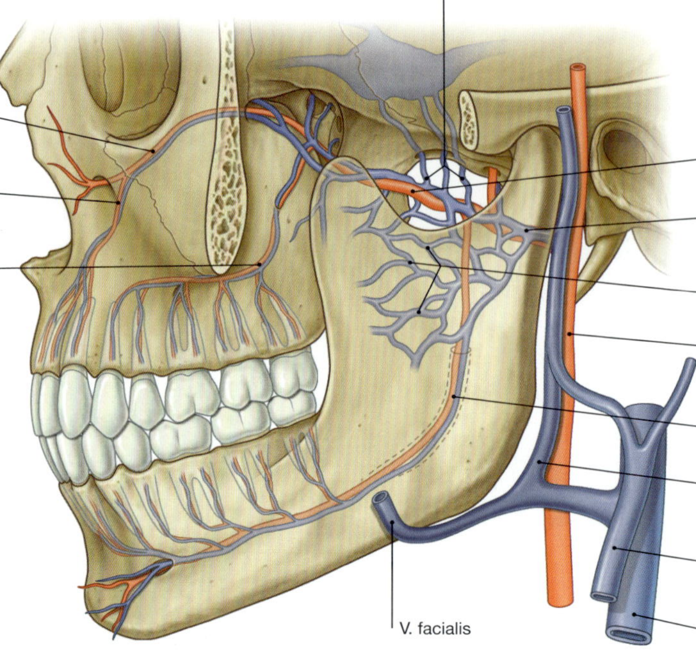

Abb. 8.124 Gefäßversorgung der Zähne. [8]
Die arterielle Versorgung der oberen Seitenzähne erfolgt aus der A. maxillaris über die **A. alveolaris superior posterior,** die der oberen Frontzähne über die **A. infraorbitalis.** Zähne und Gingiva des **Unterkiefers** werden von der **A. alveolaris inferior,** die im Canalis mandibulae verläuft, mit Blut versorgt. Die in Begleitung der Arterien verlaufenden Venen leiten das Blut in den **Plexus pterygoideus.**

Innervation der Zähne und Ganglion pterygopalatinum

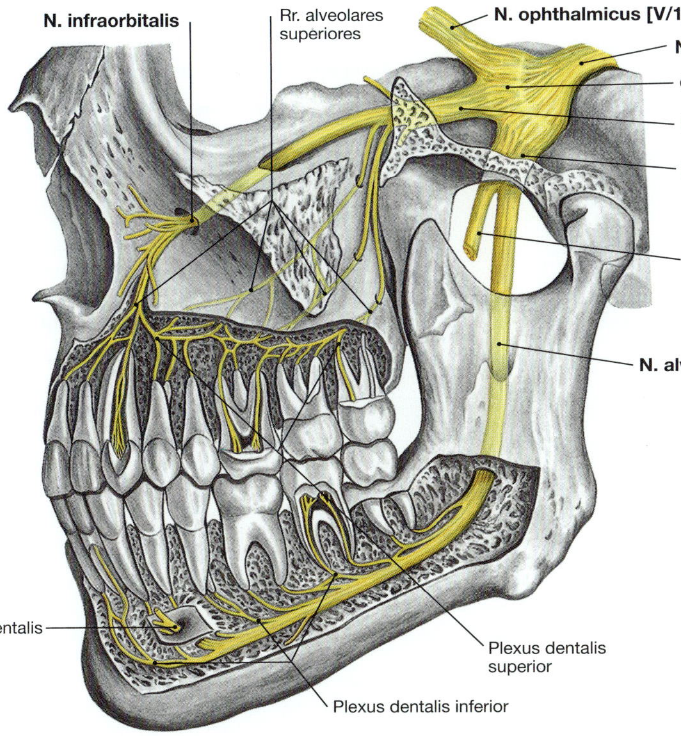

Abb. 8.125 Innervation der Zähne, links; Ansicht von lateral.
Die sensorische Innervation der Zähne erfolgt über den N. maxillaris [V/2] und den N. mandibularis [V/3] des N. trigeminus [V]. Die **Oberkieferzähne** werden vom Plexus dentalis superior sensorisch innerviert, der sich aus den Rr. alveolares superiores posteriores, medii und anteriores der Nn. alveolares superiores des N. infraorbitalis zusammensetzt. Die **Zähne des Unterkiefers** werden vom Plexus dentalis inferior innerviert, der aus dem N. alveolaris inferior gebildet wird und sich in Rr. dentales inferiores aufteilt. Zusätzlich wird das Frontzahngebiet am Unterkiefer vom N. mentalis erreicht. Die Innervation der Gingiva ist noch komplexer als die Innervation der Zähne. Hier ist für den Oberkiefer auch der N. ophthalmicus [V/1] beteiligt.

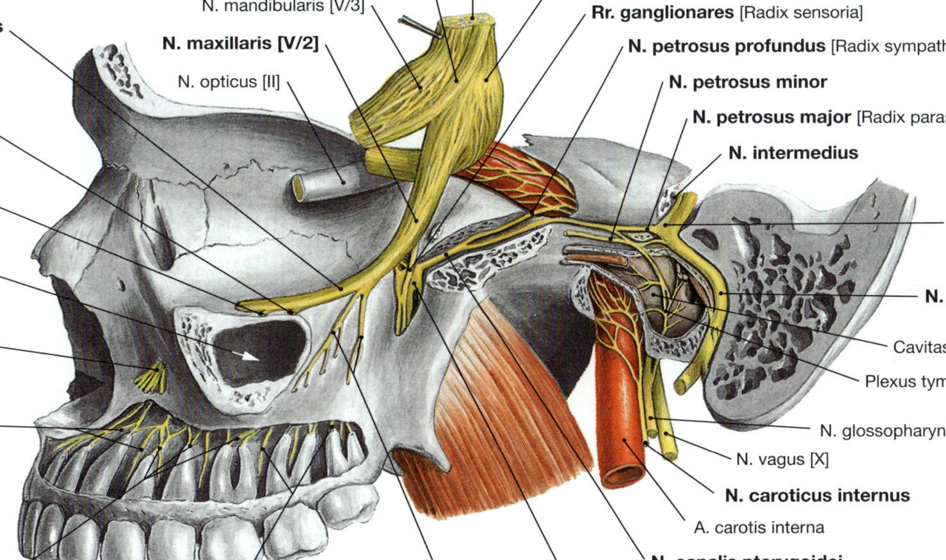

Abb. 8.126 Ganglion pterygopalatinum.
Über die Rr. ganglionares des N. maxillaris [V/2] verlaufen sensorische Nervenfasern durch das Ganglion pterygopalatinum zum weichen und zum harten Gaumen. Über den N. facialis [VII] (N. intermedius), den N. petrosus major und den N. canalis pterygoidei erreichen parasympathische Fasern aus dem Nucleus salivatorius superior das Ganglion pterygopalatinum und werden hier von prä- auf postganglionär umgeschaltet. Die postganglionären Fasern innervieren die Tränen-, Nasen- und Gaumendrüsen parasympathisch. Postganglionäre sympathische Fasern kommen vom N. caroticus internus (Plexus caroticus internus), formieren sich zum N. petrosus profundus und ziehen durch das Ganglion pterygopalatinum sowie zu Tränen-, Nasen- und Gaumendrüsen.

Klinik

Aufgrund der unterschiedlichen Innervation der Zähne und der Gingiva im Oberkiefer muss zur Lokalanästhesie der zu betäubende Zahn einzeln umspritzt werden **(Infiltrationsanästhesie).** Zur Betäubung der Zähne des Unterkiefers führt man eine **Leitungsanästhesie** durch. Dabei wird der N. alveolaris inferior kurz vor seinem Eintritt in den Canalis mandibulae betäubt. Durch Mitbetäubung des N. lingualis kommt es zu sensorischen Störungen im Bereich der jeweiligen Zungenhälfte mit Ausnahme der Zungenspitze. Auch der Endast des N. alveolaris inferior ist mit betroffen, so dass die Kinnregion und Teile der Unterlippe keine Sensorik mehr aufweisen.

Fossa pterygopalatina und Ganglion pterygopalatinum

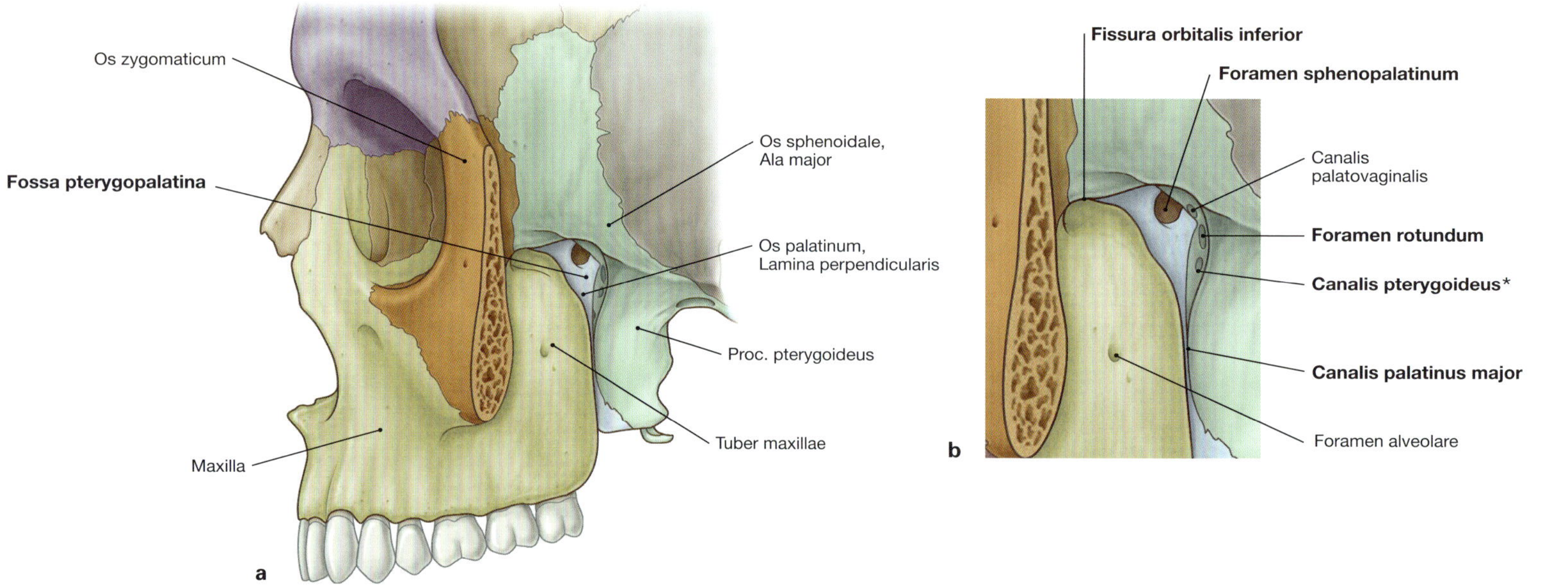

Abb. 8.127a und b Fossa pterygopalatina, links; Ansicht von lateral; Farbtafel → Hinweise zur Benutzung. [8]
a Übersicht
b Vergrößerung
Die Fossa pterygopalatina ist ein nervaler Schaltbereich zwischen mittlerer Schädelgrube, Augenhöhle und Nase. Maxilla, Os palatinum und Os sphenoidale beteiligen sich an der Begrenzung der Grube. Sie wird vorne vom Tuber maxillae, hinten vom Proc. pterygoideus, medial von der Lamina perpendicularis des Os palatinum und oben von der Ala major des Os sphenoidale begrenzt. Nach oben erfolgt der Übergang in die Fissura orbitalis inferior. Hinten öffnet sich die Grube in den Retropharyngealraum; lateral öffnet sie sich weit in die Fossa infratemporalis.

* VIDIANUS-Kanal

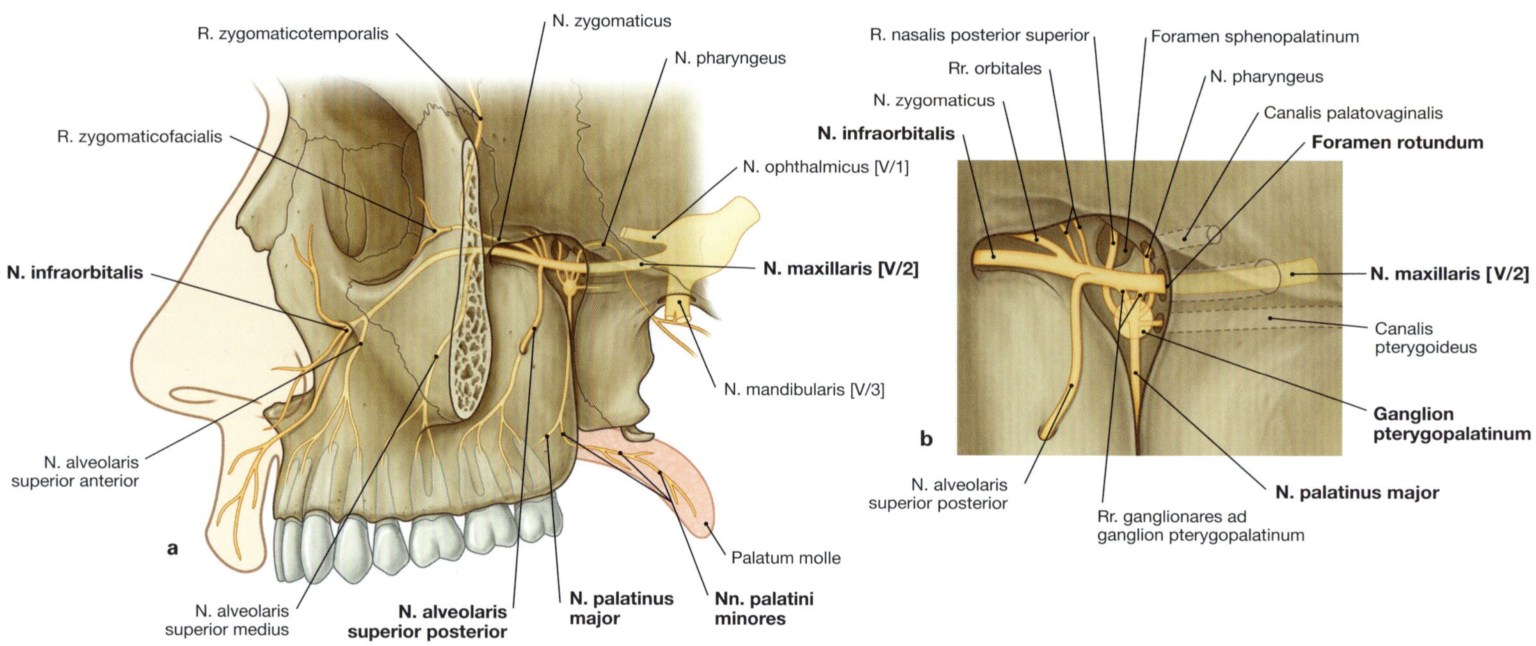

Abb. 8.128a und b N. maxillaris [V/2], links; Ansicht von lateral. [8]
a Endäste
b räumliche Beziehung zum Ganglion pterygopalatinum
Der N. maxillaris [V/2] tritt über das **Foramen rotundum** durch die Schädelbasis in die Fossa pterygopalatina ein und verlässt sie über die **Fissura infraorbitalis.** In der Fossa pterygopalatina gehen Rr. orbitales, der N. zygomaticus, der N. alveolaris superior posterior sowie Rr. ganglionares zum Ganglion pterygopalatinum ab.

Fossa pterygopalatina

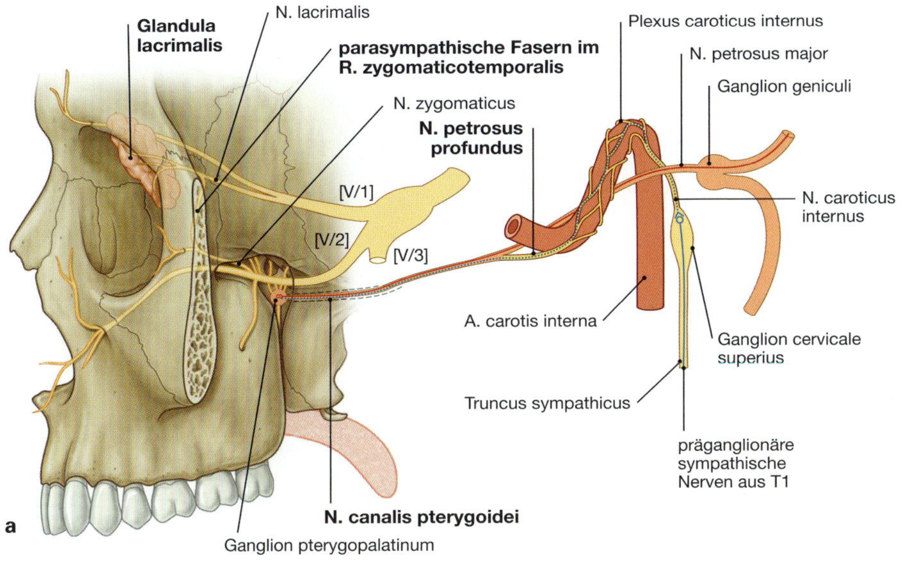

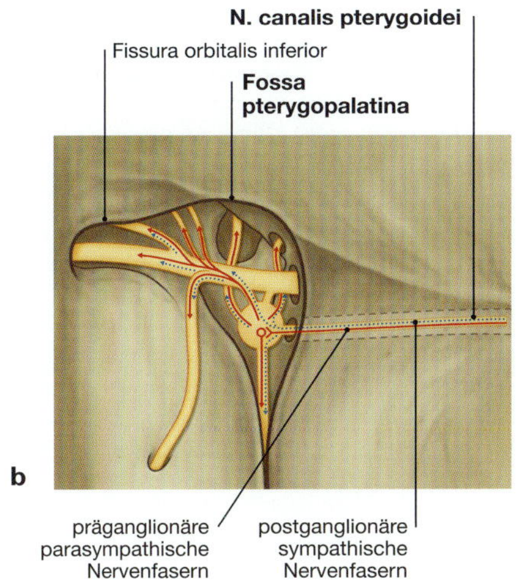

Abb. 8.129a und b N. canalis pterygoidei, links; Ansicht von lateral. [8]
a Übersicht
b Nerven in der Fossa pterygopalatina
Parasympathische Fasern des N. facialis [VII], die den N. petrosus major bilden, gelangen zum Ganglion pterygopalatinum, werden hier von prä- auf postganglionär umgeschaltet und ziehen dann weiter zu Tränen-, Nasen- und Gaumendrüsen. **Postganglionäre sympathische** Fasern kommen vom Plexus caroticus internus, lagern sich zum N. petrosus profundus zusammen und ziehen ohne Umschaltung durch das Ganglion pterygopalatinum. Sie gelangen ebenfalls zu Tränen-, Nasen- und Gaumendrüsen.

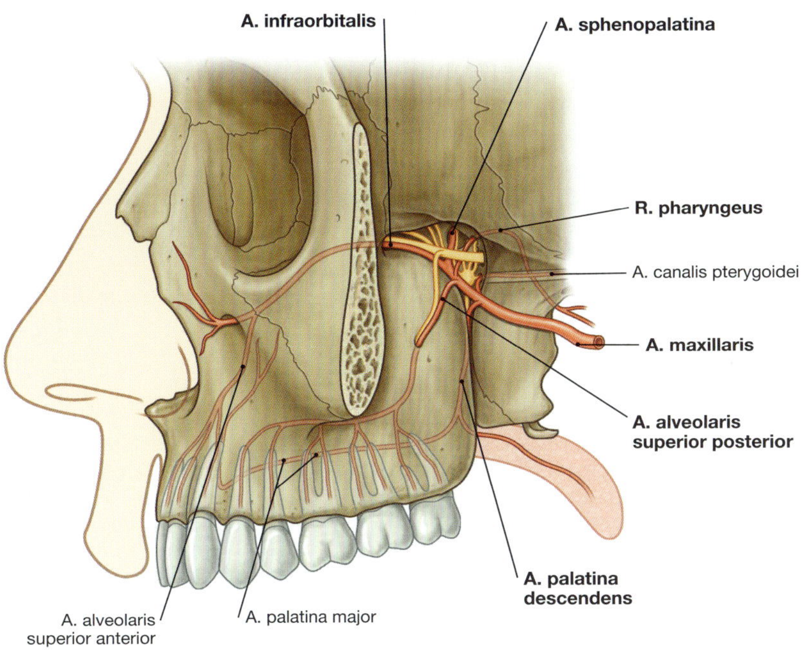

Abb. 8.130 A. maxillaris in der Fossa pterygopalatina, links; Ansicht von lateral. [8]
In der Fossa pterygopalatina zweigt sich die A. maxillaris in ihre **Endäste** auf: Aa. infraorbitalis, sphenopalatina, alveolaris superior posterior, palatina descendens und R. pharyngeus.

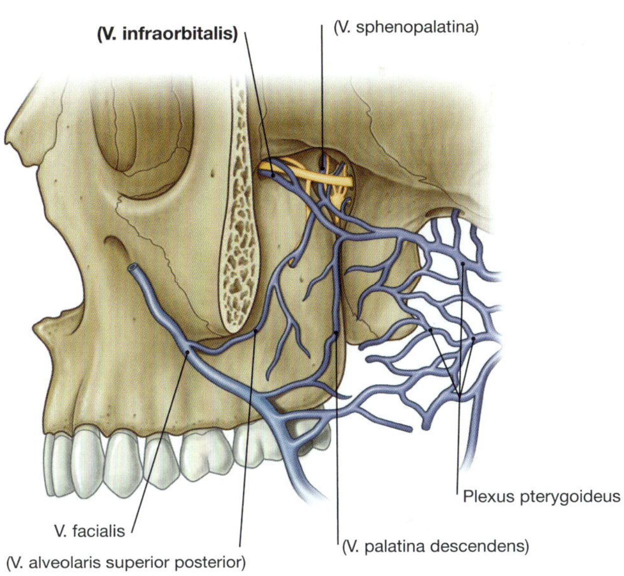

Abb. 8.131 Venen der Fossa pterygopalatina, links; Ansicht von lateral. [8]
Der venöse Abfluss aus Vv. infraorbitalis, sphenopalatina, alveolaris superior posterior, palatina descendens erfolgt in den **Plexus pterygoideus,** der in der Fossa infratemporalis liegt.

Klinik

Eine Läsion der parasympathischen Fasern, die das Gehirn als Teil des N. facialis [VII] verlassen und schließlich mit Ästen des N. ophthalmicus [V/I] zur Tränendrüse ziehen, kann zu einer verminderten Tränenflüssigkeitsproduktion der Tränendrüse und damit zu einem **trockenen Auge** führen.

Gaumen und Gaumenmuskeln

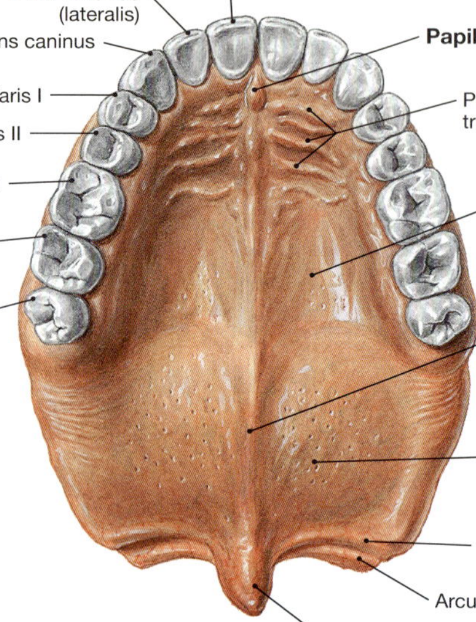

Abb. 8.132 Harter Gaumen, Palatum durum, und weicher Gaumen, Palatum molle; Ansicht von unten.
Der Gaumen (Palatum) bildet das Dach der Mundhöhle und den Boden der Nasenhöhle. Er grenzt damit Mundhöhle und Nasenhöhle voneinander ab. Vorne besteht er aus dem harten Gaumen (Palatum durum), hinten aus dem weichen Gaumen (Palatum molle).
Der **harte Gaumen** ist an der Lautbildung von Konsonanten beteiligt und dient der Zunge beim Zerquetschen von Nahrung als Widerlager. Hierzu befinden sich beidseits der Mittellinie mehrere flache Schleimhautquerleisten (Plicae palatinae transversae, Rugae palatinae). Sie dienen dem Zerreiben und dem Halten von Nahrung.
Der **weiche Gaumen** ist nachgiebig und trennt den Nasopharynx beim Schluckakt vom Speiseweg, indem er sich der Rachenhinterwand anlegt.

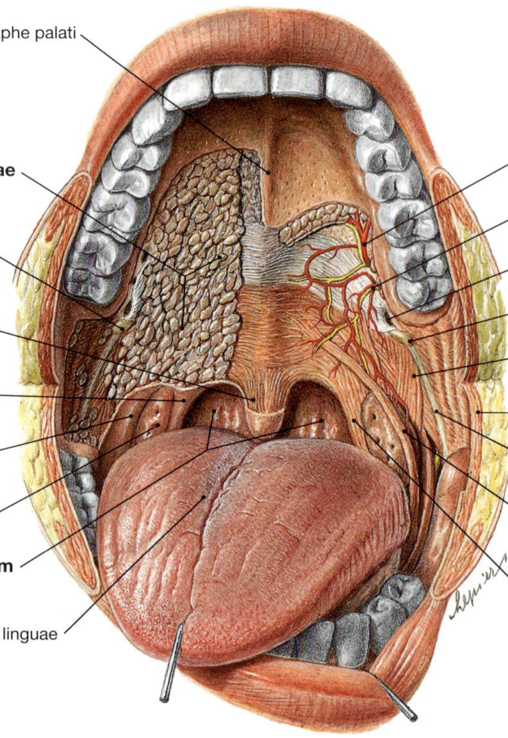

Abb. 8.133 Mundhöhle, Cavitas oris, und Gaumenmuskeln, Mm. palati; Ansicht von vorne.
Der Gaumen ist von einer dicken Schleimhaut überzogen, die unverschiebbar mit dem Periost verwachsen ist. Subepithelial liegen am Gaumen Pakete kleiner Speicheldrüsen (Glandulae palatinae). Der bewegliche weiche Gaumen schließt nach hinten an und geht an seinem Ende in das Zäpfchen (Uvula) über. Die Uvula besteht aus Muskulatur (M. uvulae) und Speicheldrüsen.
Lateral strahlen jeweils die **Gaumenbögen** (Arcus palatoglossus und Arcus palatopharyngeus), deren Grundlage gleichnamige Muskeln sind (Mm. palatoglossus und palatopharyngeus), in den weichen Gaumen und die Uvula ein. Die Gaumenbögen einer Seite umrahmen die Gaumenmandel (Tonsilla palatina). Durch die Gaumenbögen entsteht die **Rachenenge** (Isthmus faucium); sie ist der muskulär verschließbare Eingang zum Pharynx.

→ T 3

Klinik

Spaltbildungen von Gaumen, Kiefer und Gesicht können sehr unterschiedlich ausgeprägt sein. Sie gehen auf eine unzureichende Mesenchymproliferation und daraus resultierend auf die Nichtverschmelzung von Kiefer- und Nasenwülsten zurück. Die im Volksmund als „Hasenscharte" bekannte Form ist eine ein- oder beidseitige Spaltbildung der Oberlippe. Schwere Formen setzen sich als **Lippen-Kiefer-Gaumen-Spalte** weiter nach hinten fort, kommen mit einer Häufigkeit von 1:2500 Geburten vor und betreffen Mädchen öfter. **Isolierte Gaumenspalten** entstehen, wenn die beiden Hälften des sekundären Gaumens nicht miteinander oder nicht mit dem primären Gaumen verschmelzen. Die leichteste Form ist eine gespaltene Uvula **(Uvula bifida).** Diese Spalten sind nicht genetisch bedingt, sondern lassen sich auf einen Folsäuremangel in der Ernährung der Mutter während der Schwangerschaft zurückführen → Klinikkasten S. 84.

Entwicklung des Gaumens und Gaumenmuskeln

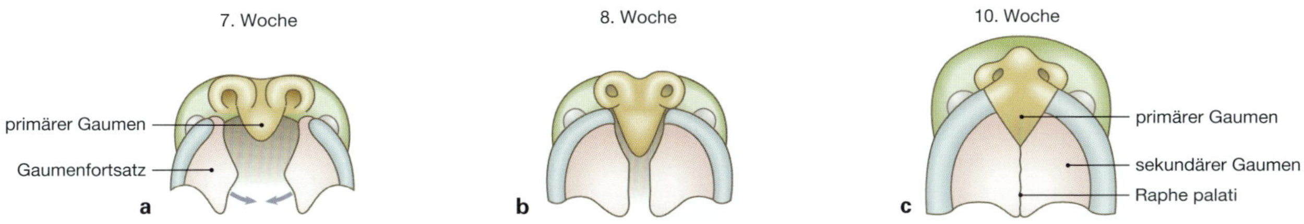

Abb. 8.134a bis c Entwicklung des Gaumens, Trennung von Nasen- und Rachenraum. [21]
Aus den medialen Nasenwülsten geht in der Tiefe das Zwischenkiefersegment hervor, aus dem das Philtrum der Oberlippe, ein Oberkieferanteil (mit den vier Schneidezähnen) und ein Gaumenanteil (bildet den primären Gaumen) hervorgehen. Der primäre Gaumen ragt von vorne in den Nasenrachenraum hinein. Der Hauptanteil des definitiven knöchernen Gaumens wird von den Gaumenfortsätzen, die sich aus den Oberkieferfortsätzen entwickeln, gebildet. In der 7. Woche verlagert sich die Zunge nach unten, die Gaumenfortsätze richten sich horizontal aus, wachsen zwischen Nasenhöhle und Mundhöhle aufeinander zu und vereinigen sich in der Mittellinie zum sekundären Gaumen. Vorne verschmelzen die Gaumenfortsätze mit dem primären Gaumen.

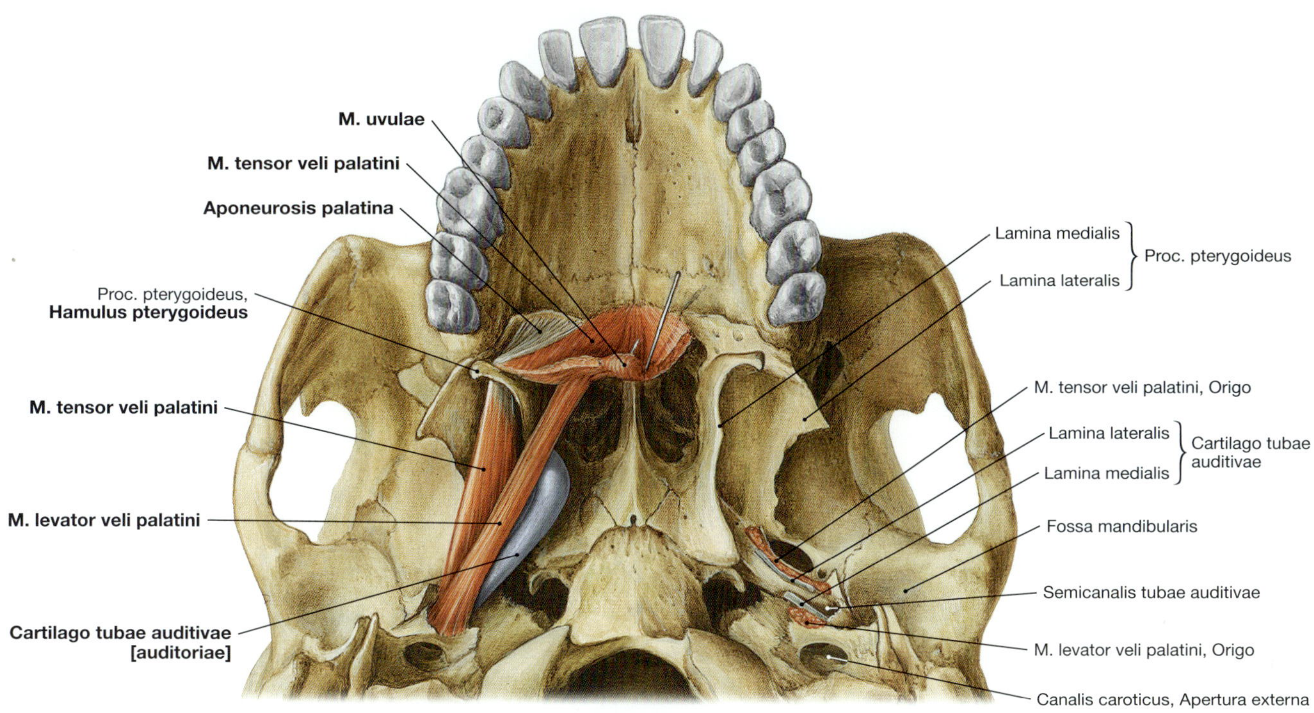

Abb. 8.135 M. levator veli palatini, M. tensor veli palatini und Tubenknorpel, Cartilago tubae auditivae; Ansicht von unten.
Außer den in → Abbildung 8.137 dargestellten Mm. palatoglossus und palatopharyngeus, die dem Senken/Herabziehen des weichen Gaumens dienen, sowie dem M. uvulae, der dem Auspressen der mukösen Speicheldrüsen der Uvula dient, strahlen der M. tensor veli palatini und der M. levator veli palatini in die **Aponeurosis palatina** ein. Beide Muskeln sind an der Schädelbasis befestigt. Der M. tensor veli palatini nutzt den Hamulus pterygoideus als Hypomochlion (Gleitlager). Die Muskeln ziehen den weichen Gaumen bei Kontraktion nach hinten oben und dienen im Rahmen des Schluckvorgangs dem **Verschluss zwischen Naso- und Oropharynx.** Außerdem sind sie an der Öffnung der Tuba auditiva [auditoria] beteiligt (→ S. 149 und 150).

→ T 3

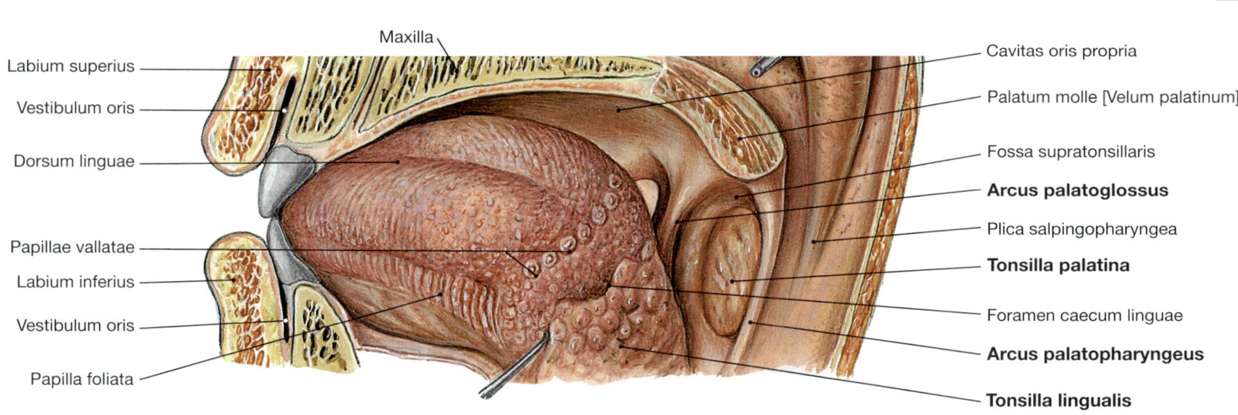

Abb. 8.136 Zunge, Lingua, in der Mundhöhle; Ansicht von hinten lateral.
Hinter dem Sulcus terminalis schließt sich die Zungenwurzel mit der Zungenmandel (Tonsilla lingualis) an. Die Tonsilla lingualis ist Teil des WALDEYER-Rachenrings zu dem auch die zwischen den beiden Gaumenbögen (Arcus palatoglossus und palatopharyngeus) sitzende Tonsilla palatina gehört.

Zunge

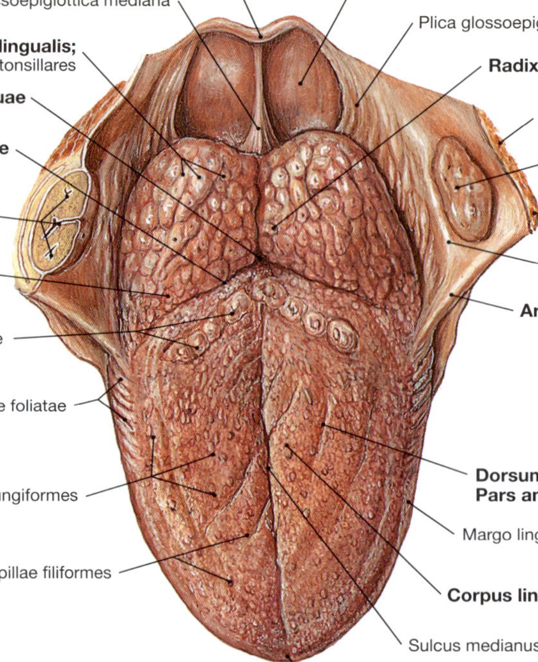

Abb. 8.137 Zunge, Lingua; Ansicht von oben.
Auf dem **Zungenrücken** (Dorsum linguae) trennt der Sulcus medianus linguae die Zunge in eine rechte und eine linke Zungenhälfte. Der Sulcus terminalis linguae (eine v-förmige Furche), bildet die Grenze zwischen Corpus linguae und Radix linguae und teilt die Zunge in eine Pars anterior sowie in eine Pars posterior. An der Spitze des Sulcus terminalis linguae senkt sich das Oberflächenepithel zum **Foramen caecum linguae** ein. Dieses Foramen kennzeichnet den Ort, an dem sich die Schilddrüse aus dem Mundboden-Ektoderm auf dem Weg in ihre endgültige Position vor dem Larynx abgesenkt hat (Abgangsstelle des Ductus thyroglossalis).
Die Schleimhaut der Pars anterior ist rau, da sie zahlreiche kleine, teils makroskopisch sichtbare Papillen (Papillae linguales, filiformes, foliatae, fungiformes und vallatae) trägt, die der Tast- und der Geschmacksempfindung dienen.
Die **Zungenwurzel** (Radix linguae) wird von der Tonsilla lingualis bedeckt, die seitlich von den beiden Gaumenbögen, Arcus palatoglossus und palatopharyngeus und hinten vom Kehldeckel (Epiglottis) umrahmt wird. Von der Zungenwurzel ziehen die unpaare Plica glossoepiglottica mediana und die paarigen Plicae glossoepiglotticae laterales zum Kehldeckel und begrenzen die Valleculae epiglotticae.

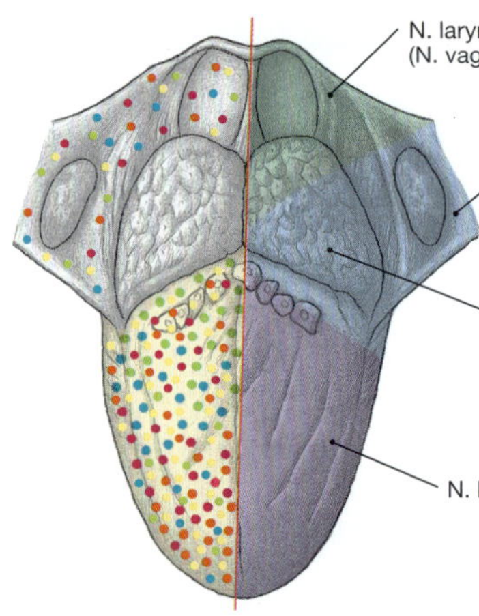

Abb. 8.138 Innervation und Geschmacksqualitäten des Zungenrückens.
Die sensorische Innervation erfolgt im vorderen Abschnitt über den N. lingualis, einen Ast des N. mandibularis [V/3], im Bereich des Sulcus terminalis linguae durch die Rr. linguales des N. glossopharyngeus [IX] und am Zungengrund durch den N. laryngeus superior, einen Ast des N. vagus [X].
Geschmackseindrücke der **vorderen zwei Drittel** der Zunge gelangen über Äste des N. facialis [VII] (Chorda tympani, N. intermedius) zum oberen Teil des Tractus solitarius im Hirnstamm; die Perikarya dieser Nervenfasern liegen im Ganglion geniculi. Geschmackseindrücke des **hinteren Drittels** der Zunge werden über den N. glossopharyngeus [IX] und N. vagus [X] zum unteren Teil des Tractus solitarius im Hirnstamm übermittelt. Die Perikarya dieser Nervenfasern liegen im Ganglion inferius des N. glossopharyngeus [IX] oder des N. vagus [X].
In allen Bereichen der vorderen zwei Drittel der Zunge können alle fünf Geschmacksqualitäten wahrgenommen werden, allerdings mit unterschiedlicher Intensität. So schmeckt man an der Zungenspitze mehr süß, am Zungengrund mehr bitter.

Zungenmuskeln

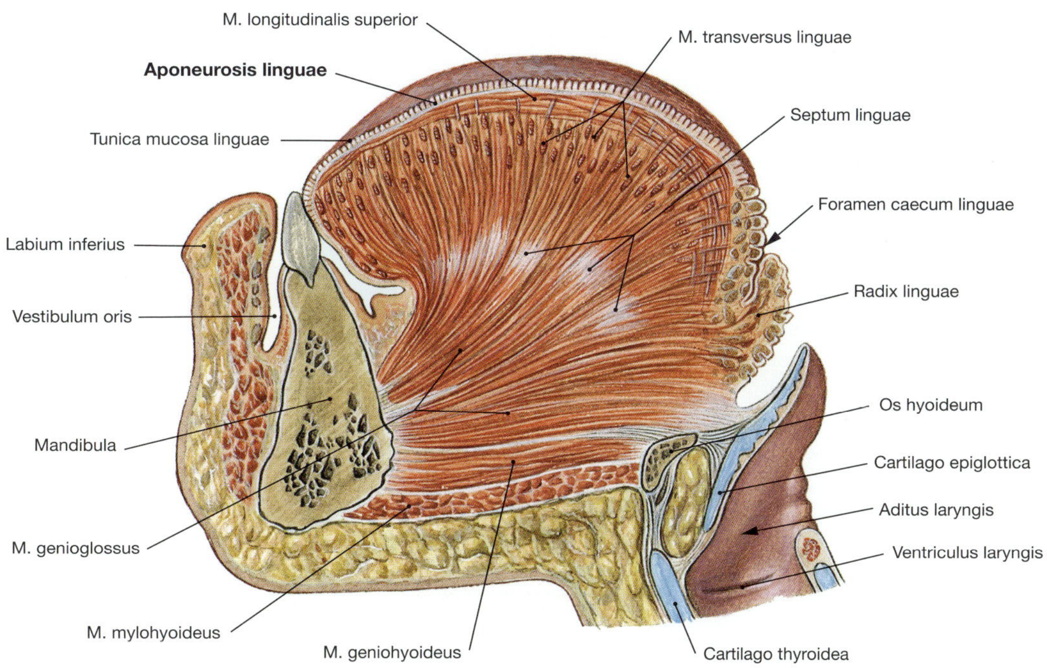

Abb. 8.139 Zunge, Lingua, und Zungenmuskeln, Mm. linguae; Medianschnitt.
Die Zunge ist ein Muskelkörper mit großer Verformbarkeit. Sie ist wesentlich am Kau- und am Schluckakt beteiligt und ermöglicht das Saugen und Sprechen. Außerdem ist sie wichtiges Tastinstrument und Sitz des Geschmacksorgans. Man unterscheidet Binnenmuskeln (Eigenmuskulatur) und Außenmuskeln, die am Skelett entspringen und in den Zungenkörper einstrahlen. Die äußeren Zungenmuskeln verändern die Lage der Zunge, die inneren Zungenmuskeln verändern ihre Form. Die Zungenmuskulatur inseriert zum größten Teil an der **Aponeurosis linguae,** einer derben Bindegewebsplatte unter der Schleimhaut des Zungenrückens.

→ T 2a

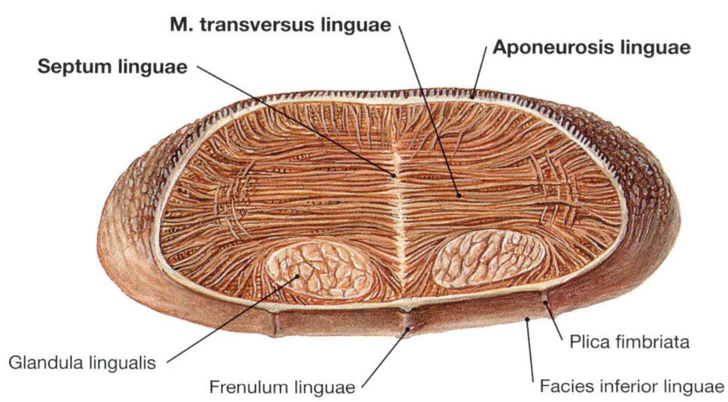

Abb. 8.140 Zunge, Lingua, und innere Zungenmuskeln, Mm. linguae interni; Querschnitt durch die Zungenspitze.
Die inneren Zungenmuskeln durchflechten sich in den Ebenen des Raums. In der Medianebene trennt das Septum linguae die Zunge unvollständig in zwei Hälften. Die Bewegungsvielfalt der Zunge entsteht durch agonistische und antagonistische Muskelkräfte. Im Bereich der Zungenspitze liegt beidseits eine Speicheldrüse (Glandula lingualis, BLANDIN-NUHN-Drüse).

→ T 2a

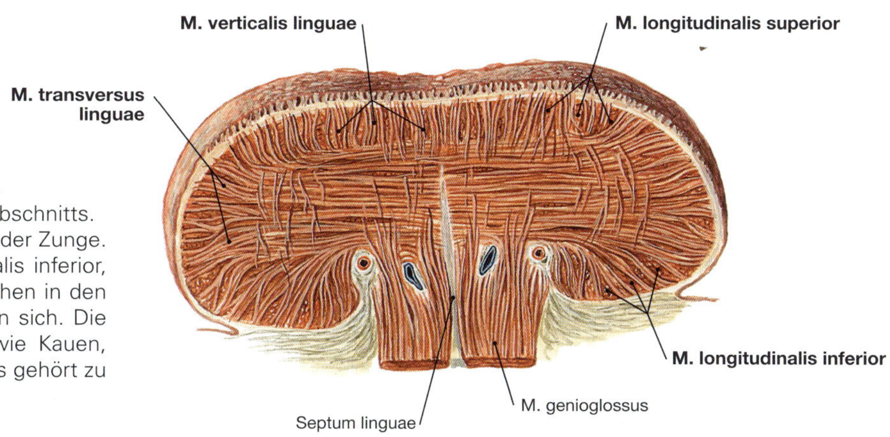

Abb. 8.141 Zunge, Lingua, und innere Zungenmuskeln, Mm. linguae interni; Querschnitt auf Höhe des mittleren Abschnitts.
Die inneren Zungenmuskeln haben Ursprung und Ansatz in der Zunge. Man unterscheidet Mm. longitudinalis superior, longitudinalis inferior, transversus linguae und verticalis linguae. Die Muskeln stehen in den drei Raumebenen senkrecht aufeinander und durchflechten sich. Die starke Verformbarkeit der Zunge ermöglicht Funktionen wie Kauen, Saugen, Singen, Sprechen und Pfeifen. Der M. genioglossus gehört zu den äußeren Zungenmuskeln.

→ T 2a

Zungenbein und Zungenbeinmuskulatur

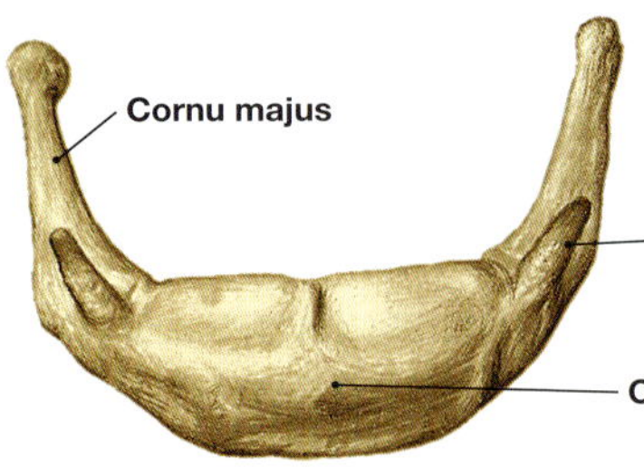

Abb. 8.142 Zungenbein, Os hyoideum; Ansicht von vorne oben.
Das hufeisenförmige Zungenbein besteht aus einem Körper (Corpus), der die paarigen großen und kleinen Hörner (Cornua majora und minora) trägt.

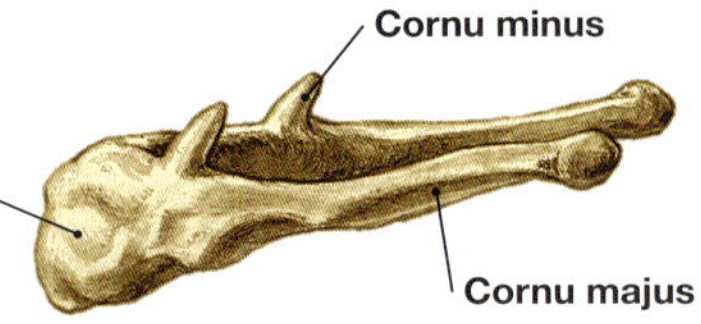

Abb. 8.143 Zungenbein, Os hyoideum; Ansicht von lateral.

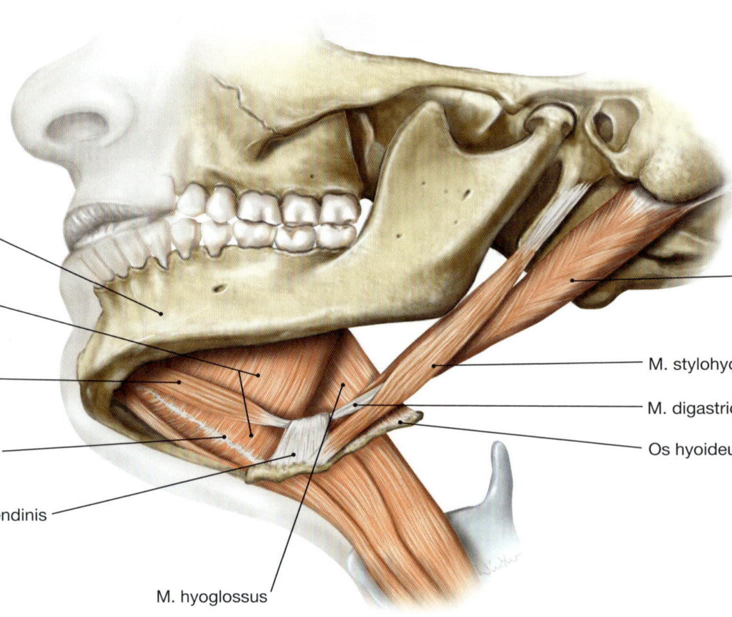

Abb. 8.144 Mundregion; Ansicht von seitlich unten.
Den Boden der Mundhöhle bildet das muskuläre **Diaphragma oris,** das aus den beiden Mm. mylohyoidei besteht. Außerdem beteiligen sich die Mm. geniohyoidei (nicht sichtbar) und digastrici am Aufbau des Mundbodens. Da alle Muskeln direkt oder indirekt mit dem Zungenbein in Verbindung stehen, werden sie gemeinsam mit den Mm. stylohyoidei als **Mm. suprahyoidei** (suprahyale Muskeln) bezeichnet. Funktionell stellt der Mundboden ein verstellbares Widerlager der Zunge dar.

→ T 2b, 9

Klinik

Berühren des Zungengrundes, der Gaumenbögen oder der Rachenhinterwand führt zum Auslösen des **Schluck-** oder des **Würgereflexes.** An den Reflexen ist die Muskulatur der Zunge, des Pharynx, des Larynx und des Ösophagus beteiligt.
Allergische Reaktionen können am weichen Gaumen zu lebensbedrohlichen Schwellungen der Schleimhaut führen.
Entzündungen der Gaumenschleimhaut, insbesondere am weichen Gaumen führen typischerweise zu starken Schluckbeschwerden.
Durchblutungsstörungen des Hirnstamms gehen häufig mit Lähmungen der Gaumenmuskulatur einher, in deren Folge es zu Schluck- und Tubenventilationsstörungen kommt. Bei den betroffenen Patienten kann eine Gaumensegelparese auftreten (Schädigung der Kerngebiete von N. glossopharyngeus [IX] und N. vagus [X]). Aufgrund der Lähmung des M. levator veli palatini hängt das Gaumensegel auf der betroffenen Seite herab. Die Uvula weicht zur gesunden Seite aus. Die Zunge ist oftmals erster Schädigungsort bei **Verätzungen und Verbrühungen.** Am Zungenrand treten potenzielle **Präkanzerosen** als Hyperkeratosen oder Leukoplakien auf.

Mundboden und Mundbodenmuskeln

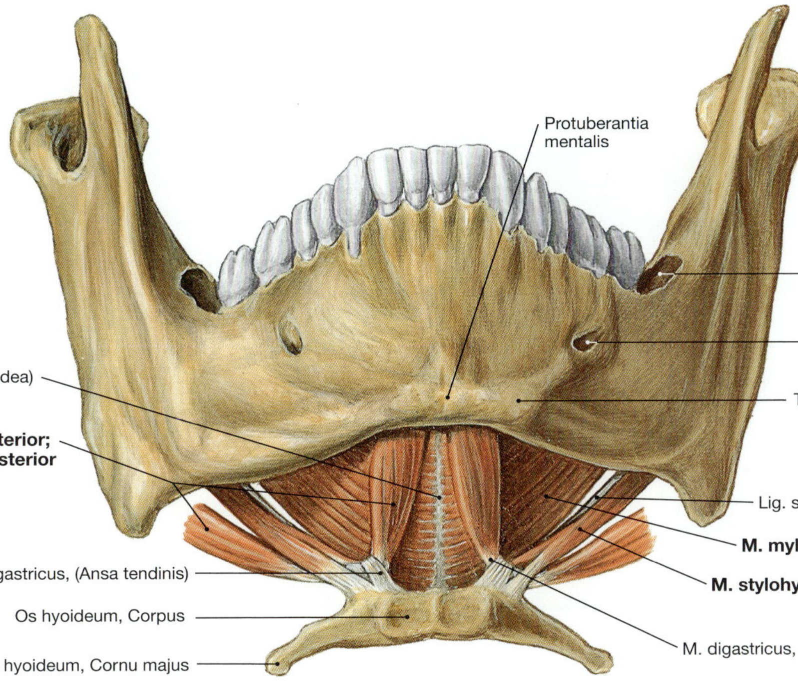

Abb. 8.145 Unterkiefer, Mandibula, und Mundbodenmuskeln, Mm. suprahyoidei; Ansicht von vorne.
Der Mundboden (Diaphragma oris) wird von Muskeln gebildet, die zur suprahyalen Muskulatur gehören. Zentraler Muskel des Mundbodens ist der **M. mylohyoideus,** der sich beidseits bis vorne zwischen den beiden Rami mandibulae ausspannt und in der Mittellinie über die Raphe mylohyoidea verbunden ist. Darunter liegt der paarige Venter anterior des **M. digastricus,** der über eine Zwischensehne mit dem Venter posterior des M. digastricus in Verbindung steht. Die Zwischensehne ist über eine Bindegewebeschlaufe am Zungenbein fixiert. Als dritten suprahyalen Muskel sieht man den vom Zungenbein kommenden **M. stylohyoideus.**

→T 9

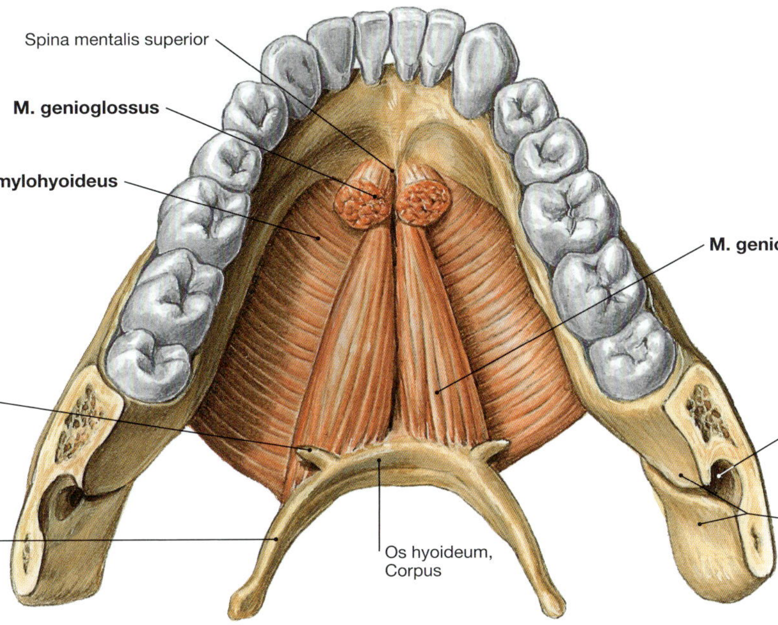

Abb. 8.146 Unterkiefer, Mandibula, Mundbodenmuskeln, Mm. suprahyoidei, und Zungenbein, Os hyoideum; Ansicht von oben.
Man sieht das von den beiden Mm. mylohyoidei gebildete Diaphragma oris, auf dem der zur suprahyalen Muskulatur gehörende paarige **M. geniohyoideus** von der Innenfläche der Mandibula zum Zungenbein verläuft. Der darauf liegende M. genioglossus, der zur äußeren Zungenmuskulatur gehört, ist knapp hinter seinem Ursprung an der Spina mentalis superior der Mandibula abgetrennt.

→T 9

Zungenmuskeln

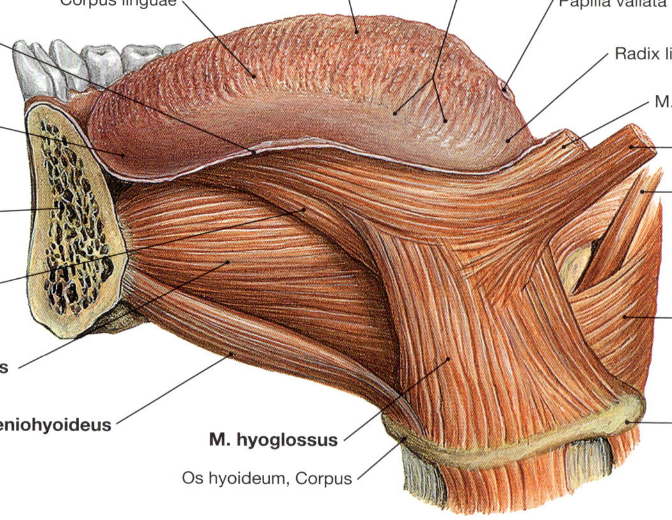

Abb. 8.147 Zunge, Lingua, und äußere Zungenmuskeln, Mm. linguae externi; Ansicht von links.
Die äußeren Zungenmuskeln strahlen in die Zunge ein. Man unterscheidet **Mm. genioglossus, hyoglossus und styloglossus.** Außerdem gehört der M. palatoglossus zu den äußeren Zungenmuskeln. Der M. hyoglossus kann funktionell von einem M. chondroglossus unterstützt werden, der vom kleinen Horn des Zungenbeins ausgeht (→ Abb. 8.148 und 8.149).

→T 2b

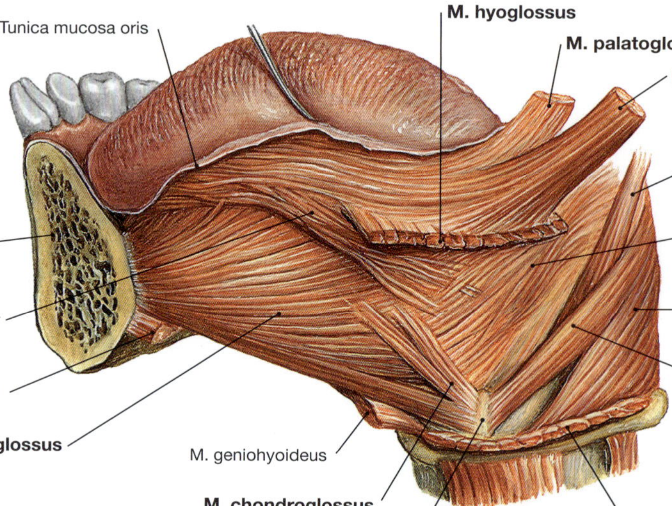

Abb. 8.148 Zunge, Lingua, und äußere Zungenmuskeln, Mm. linguae externi; Ansicht von links.
Unter dem entfernten M. hyoglossus sieht man den kleinen **M. chondroglossus,** der vom kleinen Horn des Zungenbeins ausgeht und funktionell den M. hyoglossus unterstützt. Hinten strahlen außer den äußeren Zungenmuskeln der M. palatoglossus und die Pars glossopharyngea des M. constrictor pharyngis superior in die Zunge ein.

→T 2b

Klinik

Die Zunge kann nur bei intaktem M. genioglossus herausgestreckt werden. Bei tiefer **Bewusstlosigkeit** erschlafft der M. genioglossus. In Rückenlage rutscht die Zunge dabei in den Pharynx und kann den Atemweg verlegen. Daher müssen Bewusstlose vorsichtshalber immer in eine stabile Seitenlage gebracht werden.

Zungen- und Rachenmuskeln

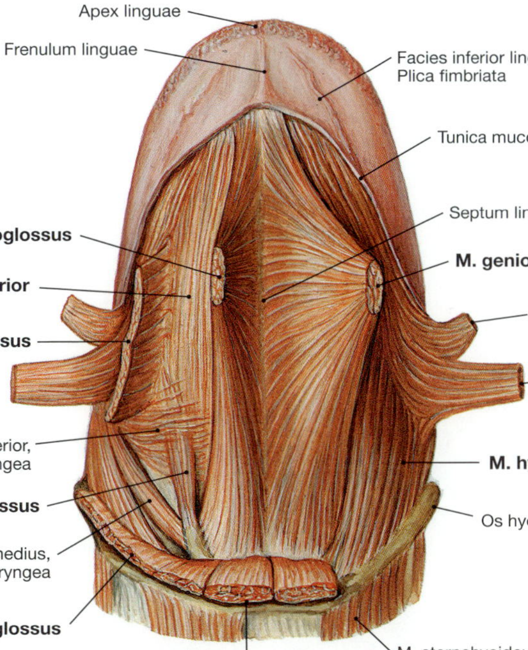

Abb. 8.149 Zungenmuskeln, Mm. linguae; Ansicht von unten.
Der M. genioglossus ist an seinem Ursprung von der Mandibula abgetrennt worden. Auch die Mm. styloglossus und palatoglossus sind abgetrennt. Seitlich sieht man an weiteren äußeren Zungenmuskeln die Mm. hyoglossus (an der rechten Zungenseite durchtrennt) und chondroglossus. Unten verläuft in der Zunge der M. longitudinalis inferior (Zungenbinnenmuskulatur).

→ T 2b

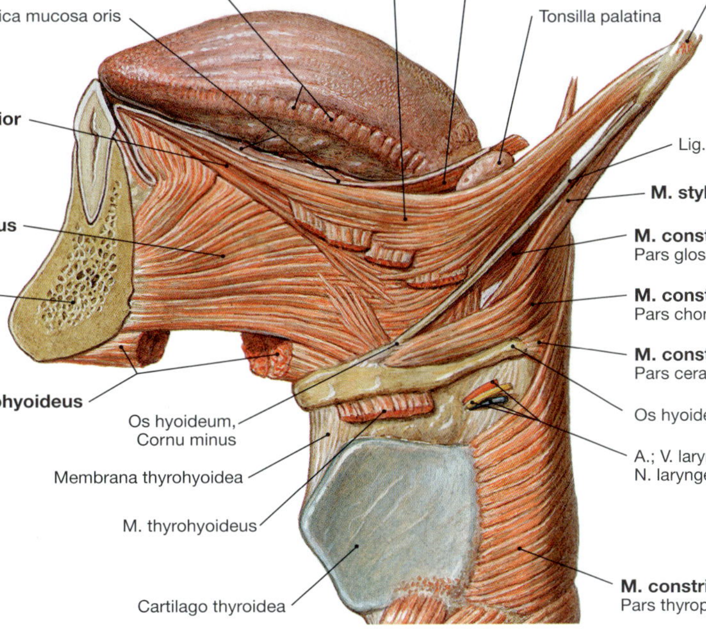

Abb. 8.150 Äußere Zungenmuskeln, Mm. linguae externi, und Schlundschnürer, Mm. constrictores pharyngis; Ansicht von lateral; Mandibularbogen entfernt.
Zwischen M. styloglossus und M. stylopharyngeus spannt sich das Lig. stylohyoideum aus. Unterhalb davon schließen sich die Rachenmuskeln an, der M. constrictor pharyngis superior mit der Pars glossopharyngea sowie der M. constrictor pharyngis medius mit den Partes chondropharyngea und ceratopharyngea. Unterhalb des Zungenbeins sitzt der M. constrictor pharyngis inferior mit der Pars thyropharyngea.

→ T 2b, 5

Gefäße und Nerven der Zunge

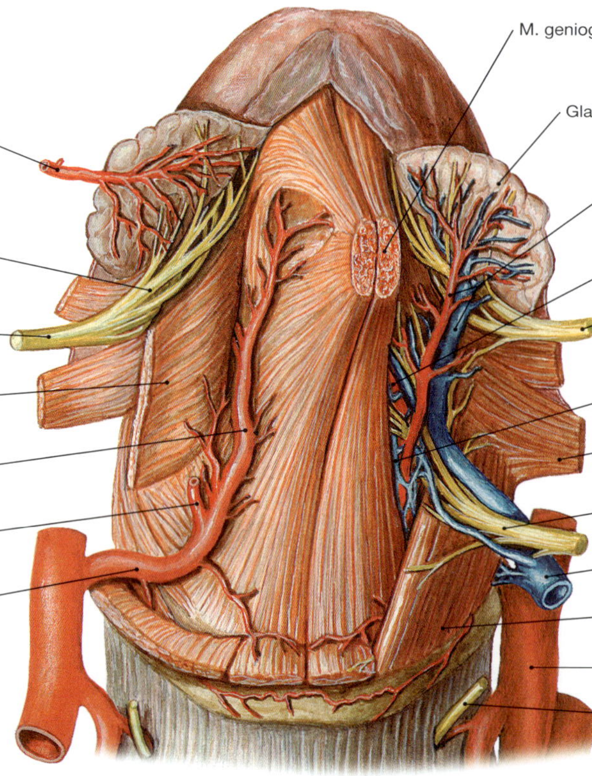

Abb. 8.151 Gefäße und Nerven der Zunge, Lingua; Ansicht von vorne unten.

Die **arterielle** Versorgung der Zunge erfolgt durch die A. lingualis aus der A. carotis externa. Als Äste zweigen die A. profunda linguae, die tief in die Muskulatur der Zunge eindringt und hauptsächlich den mittleren und vorderen Zungenabschnitt versorgt, und die A. sublingualis zur Unterzungenspeicheldrüse (Glandula sublingualis) und zum Mundboden ab. Die nach hinten abzweigenden Äste, Rr. dorsales linguae, können miteinander in Verbindung stehen, alle anderen Äste werden durch das Septum linguae voneinander getrennt und versorgen nur eine Zungenhälfte.

Der **venöse** Blutabfluss erfolgt über die V. lingualis. Sie liegt dem M. hyoglossus außen auf und leitet das Blut der Zunge in die V. jugularis interna. Die V. lingualis drainiert Blut aus den Vv. sublinguales, profunda linguae und dorsales linguae sowie aus der V. comitans nervi hypoglossi.

Die **motorische** Innervation der Zunge erfolgt mit Ausnahme des M. palatoglossus, der aus dem Plexus pharyngeus versorgt wird, über den N. hypoglossus [XII]. Die sensorische Innervation erfolgt in den vorderen zwei Dritteln, über den N. lingualis, einen Ast des N. mandibularis [V/3], im Bereich des Sulcus terminalis durch den N. glossopharyngeus [IX] und am Zungengrund durch den N. laryngeus superior (Ast des N. vagus [X]).

Äste der A. lingualis:

- (R. hyoideus)
- Rr. dorsales linguae
- R. suprahyoideus
- A. sublingualis
- A. profunda linguae

Klinik

In der Schleimhaut unter der Zunge befindet sich ein **subepitheliales Venennetz.** Daher werden sublingual verabreichte Medikamente schnell resorbiert.

Bei **Verletzungen des N. hypoglossus [XII]** einer Seite weicht die Zunge beim Herausstrecken zur betroffenen Seite ab; es kommt auf der gelähmten Seite zur Muskelatrophie.

Gefäße und Nerven der Zunge, Mandeln

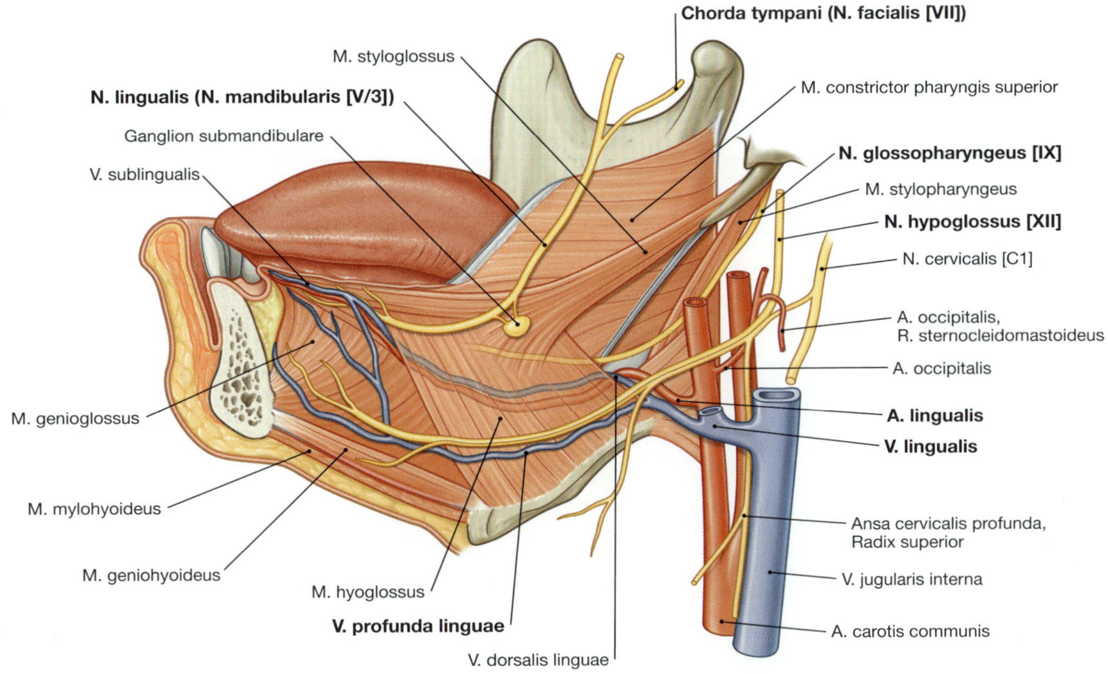

Abb. 8.152 Gefäße und Nerven der Zunge, Lingua;
Ansicht von lateral; Mandibularbogen entfernt. [10]

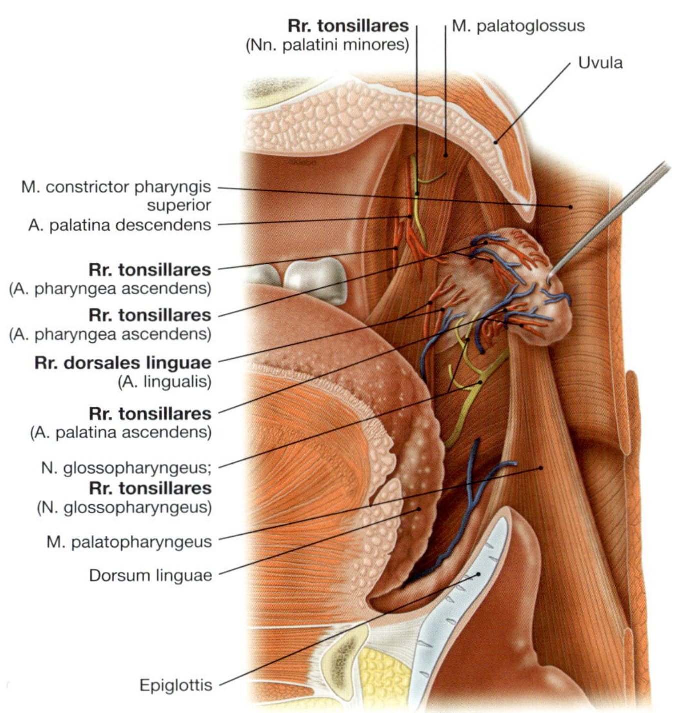

Lymphatischer Rachenring (WALDEYER-Rachenring)		
Definition	Es handelt sich um eine Gruppe lymphoepithelialer Gewebe, die am Übergang von Mund- und Nasenhöhle zum Rachen lokalisiert sind. Sie bilden in ihrer Gesamtheit einen Ring. Der lymphatische Rachenring steht im Dienst der Immunabwehr und gehört zum mukosa-assoziierten lymphatischen Gewebe (MALT).	
Bestandteile	• Rachenmandel (Tonsilla pharyngea)	→ S. 60, 68
	• Tubenmandeln (Tonsillae tubariae)	
	• Gaumenmandeln (Tonsillae palatinae)	→ S. 80, 82
	• Zungenmandel (Tonsilla lingualis)	→ S. 81, 82
	• sog. Seitenstränge	

Abb. 8.153 Blut- und Nervenversorgung der Gaumenmandel, Tonsilla palatina, rechts; Ansicht von medial.
An der Blutversorgung der Tonsilla palatina sind die **Rr. tonsillares** der A. palatina ascendens, der R. pharyngeus der A. palatina descendens und die Rr. pharyngeales der A. pharyngea ascendens sowie die Rr. dorsales linguae der A. lingualis beteiligt. Die Innervation des Tonsillenbetts erfolgt über die **Rr. tonsillares** der Nn. palatini minores und des N. glossopharyngeus [IX].

Klinik

Häufige rezidivierende Entzündungen der Gaumenmandeln sind eine Indikation zur chirurgischen Entfernung **(Tonsillektomie)**, einem der häufigsten operativen Eingriffe im HNO-Bereich. Nachblutungen im Anschluss an eine Tonsillektomie sind bis zu drei Wochen nach OP möglich (in seltenen Fällen sogar noch länger) und daher sehr gefürchtet.

Ohrspeicheldrüse

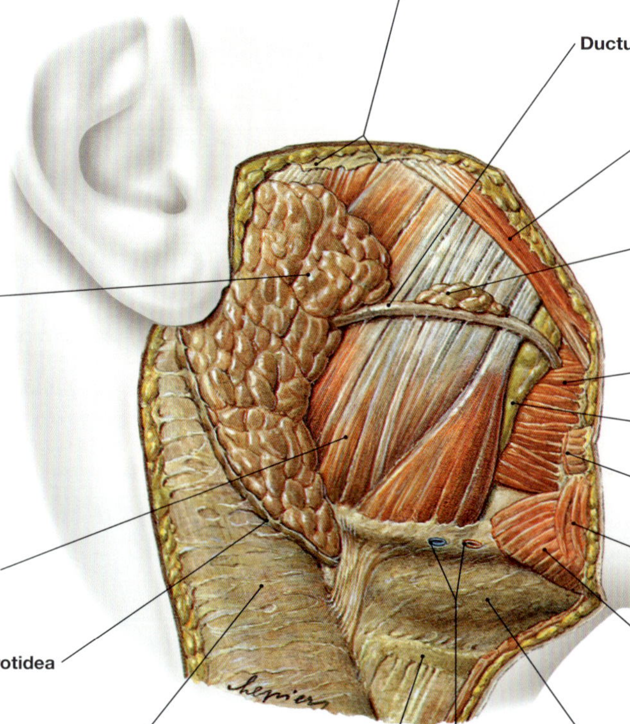

Abb. 8.154 Ohrspeicheldrüse, Glandula parotidea, rechts; Ansicht von lateral.
Die rein seröse Glandula parotidea ist die größte Mundspeicheldrüse. Größe und Ausdehnung sind sehr variabel. Der oberflächliche Drüsenteil liegt unmittelbar vor dem äußeren Ohr. Er ist von einer derben Bindegewebefaszie (Fascia parotidea) umgeben (Schnittränder dargestellt).

Die Fascia parotidea ist die Fortsetzung der Lamina superficialis der Fascia cervicalis. Der Ductus parotideus tritt am Vorderrand der Drüse aus, verläuft horizontal über die obere Hälfte des M. masseter hinweg nach vorne zum M. buccinator, durchbohrt den Muskel und mündet gegenüber dem zweiten oberen Molaren auf der Papilla ductus parotidei in das Vestibulum oris. Am Ausführungsgang sitzt häufig akzessorisches Drüsengewebe (Glandula parotidea accessoria).

Klinik

Operative Behandlungen von Parotistumoren können zum **gustatorischen Schwitzen (FREY-Syndrom)** führen. Im Rahmen der Operation werden sympathische und parasympathische Fasern im Drüsenparenchym durchtrennt. Bei der postoperativen Regeneration der Fasern finden parasympathische Fasern Anschluss an ehemals sympathisch innervierte Schweißdrüsen der Haut. Da der Neurotransmitter des Sympathikus zur Innervation der Schweißdrüsen Acetylcholin ist (ebenso wie beim Parasympathikus), werden nun ehemals sympathisch innervierte Schweißdrüsen parasympathisch innerviert. Bei einer Parasympathikusaktivierung (z. B. wenn die Person Hunger hat und etwas Leckeres zu essen sieht) kommt es zur Schweißdrüsenaktivierung. Es bilden sich Schweißperlen auf der Wange (daher gustatorisches Schwitzen).
Eine **Parotitis epidemica,** Mumps oder „Ziegenpeter", ist sehr schmerzhaft, da sich das Drüsengewebe bei Schwellung innerhalb der Organfaszie nicht ausdehnen kann.
Bösartige **Parotistumoren** können zur peripheren Fazialisschädigung führen; im Gegensatz hierzu zerstören gutartige Tumoren der Parotis den N. facialis [VII] üblicherweise nicht.

Ohrspeicheldrüse, Horizontalschnitt

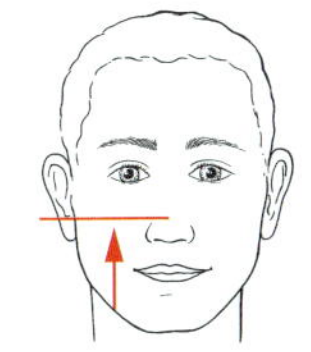

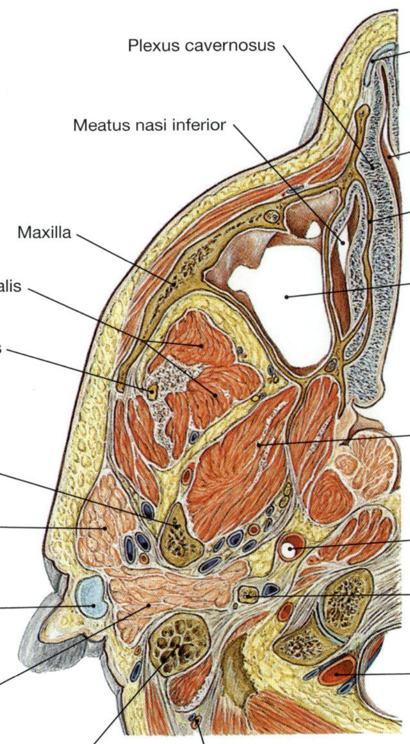

Abb. 8.155 Ohrspeicheldrüse, Glandula parotidea, und Kaumuskulatur, Mm. masticatorii; Horizontalschnitt; Ansicht von unten.
Die Glandula parotidea besteht aus zwei Anteilen. Der oberflächliche Teil **(Pars superficialis)** liegt unmittelbar vor dem äußeren Ohr. In der Tiefe setzt sich die Drüse mit dem größeren faszienlosen Teil **(Pars profunda)** in die Fossa retromandibularis fort. Im Anschnitt sieht man zwischen Glandula parotidea und Sinus maxillaris Teile der Mm. temporalis und pterygoideus lateralis.

Speicheldrüsen (Glandulae salivariae oris)		
In der Mundhöhle kommen beidseits je drei große Speicheldrüsen (Glandulae salivariae majores) und zahlreiche kleine Speicheldrüsen (Glandulae salivariae minores) vor		
große Speicheldrüsen	• Ohrspeicheldrüse (Glandula parotidea) • Unterkieferspeicheldrüse (Glandula submandibularis) • Unterzungenspeicheldrüse (Glandula sublingualis)	→ S. 40, 42, 46, 54, 90, 96 → S. 42, 92–96 → S. 63, 88, 93–96
kleine Speicheldrüsen	• Lippen (Glandulae labiales) • Wangen (Glandulae buccales) • Zunge (Glandulae linguales) • Gaumen (Glandulae palatinae) • um Molaren (Glandulae molares)	→ S. 68 → S. 83, 95, 96 → S. 80, 96

Mündungen der Speicheldrüsen

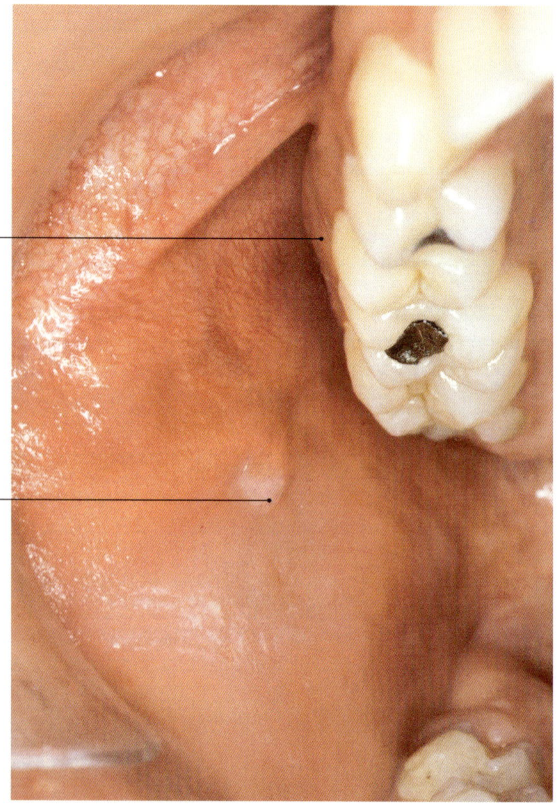

Abb. 8.156 Mündung des Ausführungsgangs der Ohrspeicheldrüse, Papilla ductus parotidei, rechts; Ansicht von schräg unten. Der Drüsenausführungsgang der Glandula parotidea (Ductus parotideus, STENON-Gang) mündet gegenüber dem zweiten oberen Molaren auf der Papilla ductus parotidei in das Vestibulum oris.

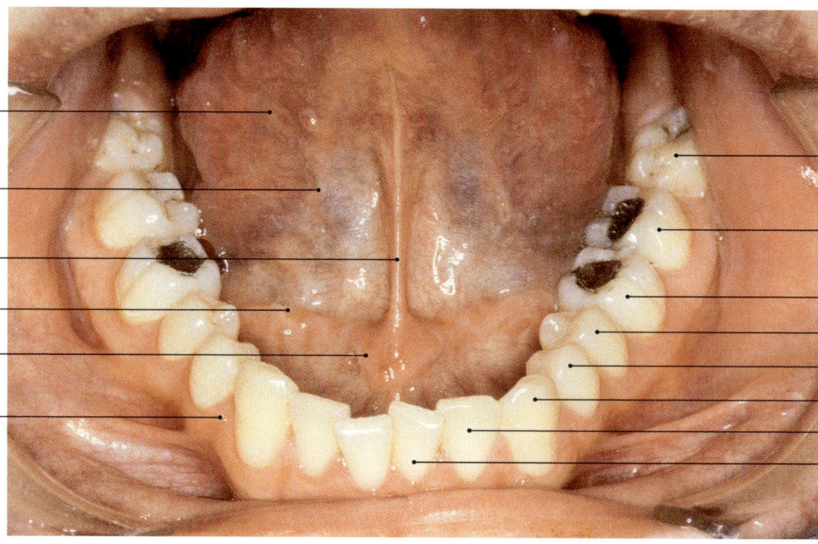

Abb. 8.157 Mündung des Ausführungsgangs der Unterkieferspeicheldrüse, Caruncula sublingualis; Ansicht von vorne oben. Der Drüsenausführungsgang der Glandula submandibularis (Ductus submandibularis, WHARTON-Gang) verläuft auf dem Mundboden (→ Abb. 8.160 und 8.161), vereinigt sich mit dem Hauptausführungsgang der Glandula sublingualis (Ductus sublingualis major) und mündet auf der Caruncula sublingualis neben dem Frenulum linguae und hinter den Schneidezähnen in die Cavitas oris propria.

Klinik

Fehlbildungen im Ausführungsgangsystem, besonders des Ductus submandibularis, können zum Bild der **Ranula** (mit Speichel gefüllte Retentionszyste) führen.
Bei Nierenerkrankungen können harnpflichtige Stoffe im Speichel ausgeschieden werden. Kalkabscheidungen aus dem Speichel können zur Bildung von Zahnstein, besonders an der lingualen Seite der unteren Schneidezähne, oder zu Speichelsteinen **(Sialolithen)** in den Ausführungsgängen der Speicheldrüsen mit Speichelsteinkolik, Obstruktion des Speichelgangs, Schwellung der Drüse als sog. Tumor salivaris führen.
Therapeutische Bestrahlung im Rahmen von Tumoren der Kopf-Hals-Region oder radioaktive Strahlung kann zum **Syndrom des „trockenen Mundes"** mit Schluck- und Sprachschwierigkeiten führen. **Entzündungen** der Speicheldrüsen können akut oder chronisch verlaufen.

Unterkieferspeicheldrüse

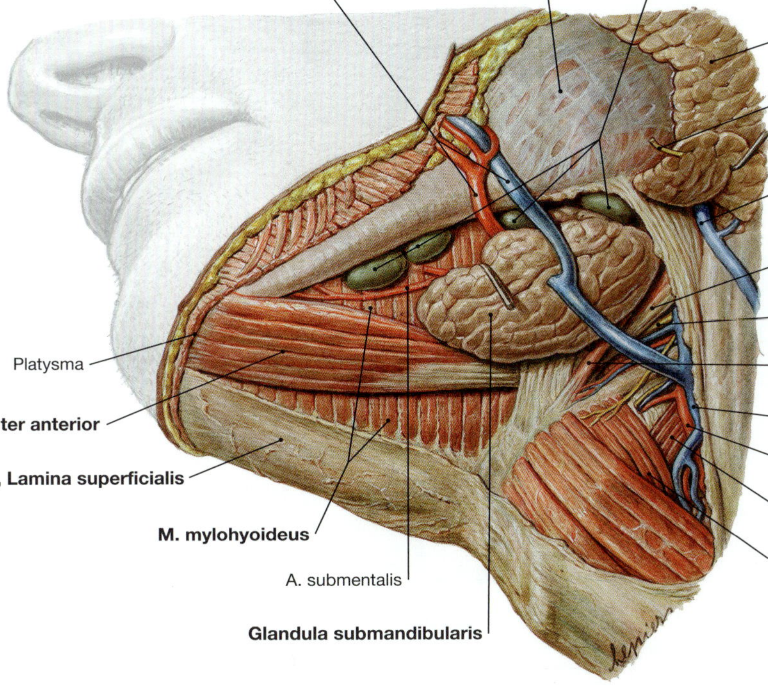

Abb. 8.158 Unterkieferspeicheldrüse, Glandula submandibularis, links; Ansicht von schräg lateral unten.
Die Glandula submandibularis liegt im Trigonum submandibulare. Sie besitzt eine eigene Faszie, die innerhalb der Loge der Lamina superficialis der Fascia cervicalis eingebettet ist. Die Drüse hat direkte topographische Beziehung zur A. und V. facialis.

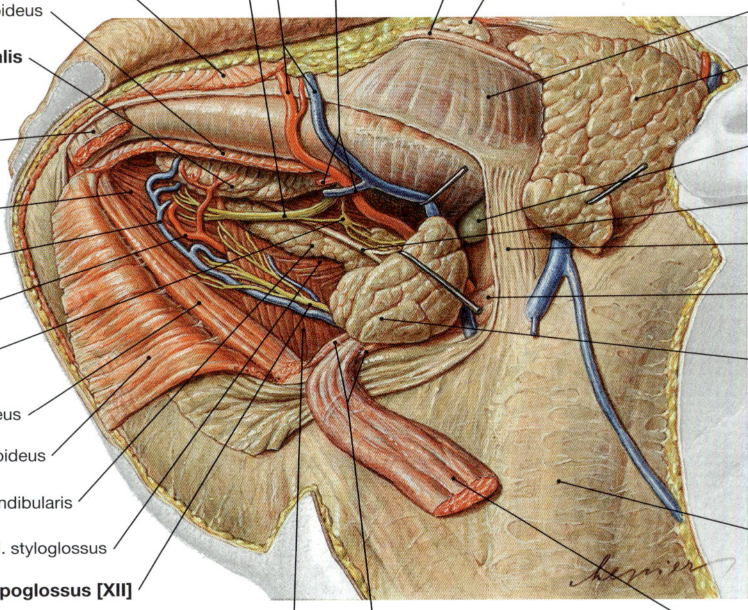

Abb. 8.159 Unterkieferspeicheldrüse, Glandula submandibularis, und Unterzungenspeicheldrüse, Glandula sublingualis, links; Ansicht von lateral unten.
Der oberflächliche Drüsenanteil der Glandula submandibularis ist nach hinten verlagert, der M. mylohyoideus ist an der Mandibula durchtrennt und nach medial geschlagen. Unter dem entfernten Muskel erkennt man den tiefen Drüsenanteil der Glandula submandibularis und die parallel zum Corpus mandibulae liegende Glandula sublingualis.

Die **arterielle** Versorgung der Drüsen erfolgt über die Aa. facialis, submentalis und lingualis. Das **venöse** Blut fließt über die V. sublingualis und die V. submentalis in die V. facialis oder direkt in die V. jugularis interna. **Regionale Lymphknoten** sind die Nodi lymphoidei submentales und submandibulares.

Unterkiefer- und Unterzungenspeicheldrüse

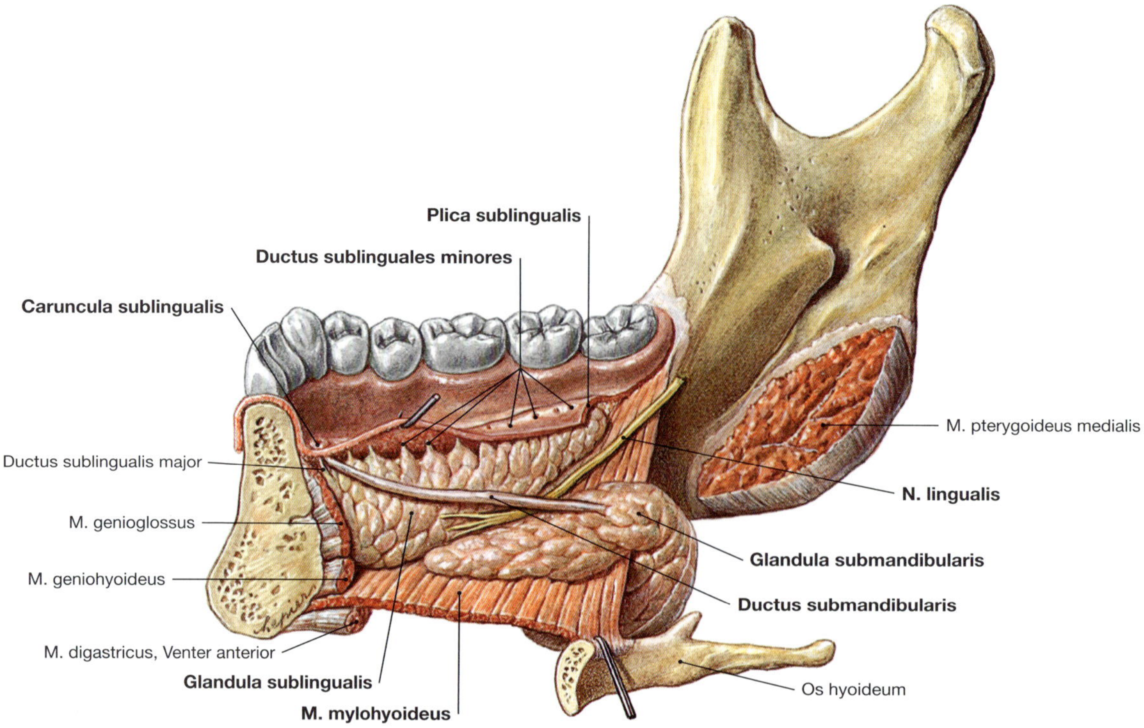

Abb. 8.160 Unterkieferspeicheldrüse, Glandula submandibularis, und Unterzungenspeicheldrüse, Glandula sublingualis, rechts; Ansicht von medial.
Die Glandula sublingualis liegt auf dem M. mylohyoideus lateral vom M. genioglossus. Sie durchbricht manchmal den Mundboden. Der Drüsenkörper wölbt die Mundbodenschleimhaut als Plica sublingualis vor, auf der zahlreiche kleinere Ausführungsgänge (Ductus sublinguales minores) des hinteren Drüsenabschnitts münden. Der untere Drüsenanteil der Glandula submandibularis umgreift hakenförmig den Hinterrand des M. mylohyoideus und setzt sich oberhalb des Muskels in den Ductus submandibularis fort. Der N. lingualis zieht zwischen Glandula submandibularis und Glandula sublingualis unterhalb des Ductus submandibularis zur Zunge.

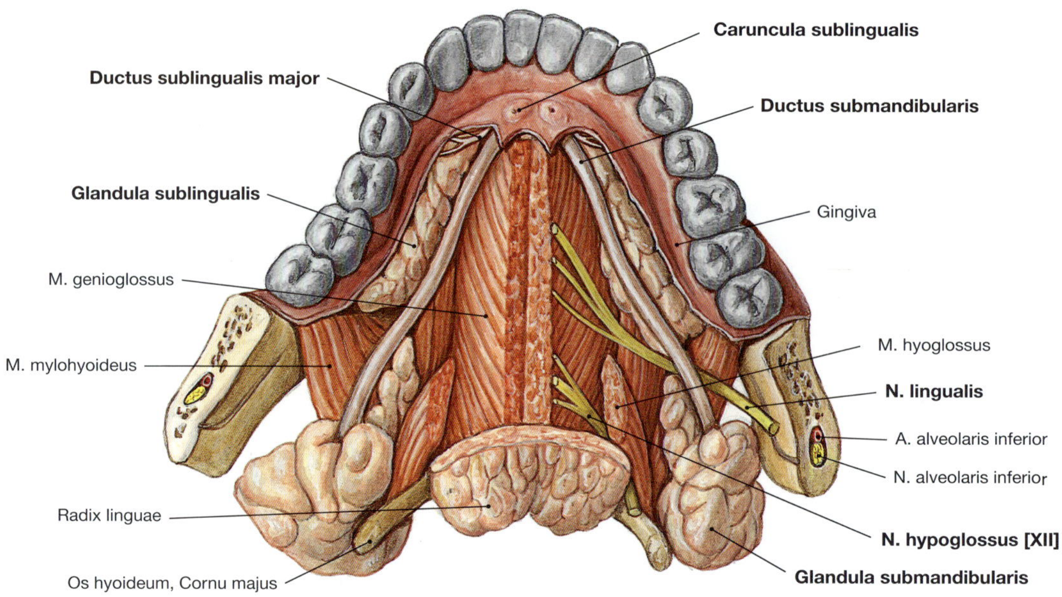

Abb. 8.161 Unterzungenspeicheldrüse, Glandula sublingualis, und Unterkieferspeicheldrüse, Glandula submandibularis; Ansicht von oben.
Der vordere Drüsenabschnitt der Glandula sublingualis besitzt einen einzelnen größeren Ausführungsgang **(Ductus sublingualis major),** der sich auf dem M. hyoglossus mit dem Ductus submandibularis vereinigt und gemeinsam auf der Caruncula sublingualis mündet. Der N. hypoglossus [XII] erreicht die Zunge zwischen M. hyoglossus und M. genioglossus.

Klinik

Das Ausführungsgangssystem der Glandula submandibularis ist am häufigsten von Speichelsteinen **(Sialolithen)** betroffen. Salze im eingedickten Speichel lagern sich dabei zu kristallinen Strukturen zusammen und können als Sialolith den Ausführungsgang der Speicheldrüse verlegen. Beim Essen schwillt die Drüse dann rasch an und schmerzt (→ S. 92).

Unterkiefer- und Unterzungenspeicheldrüse

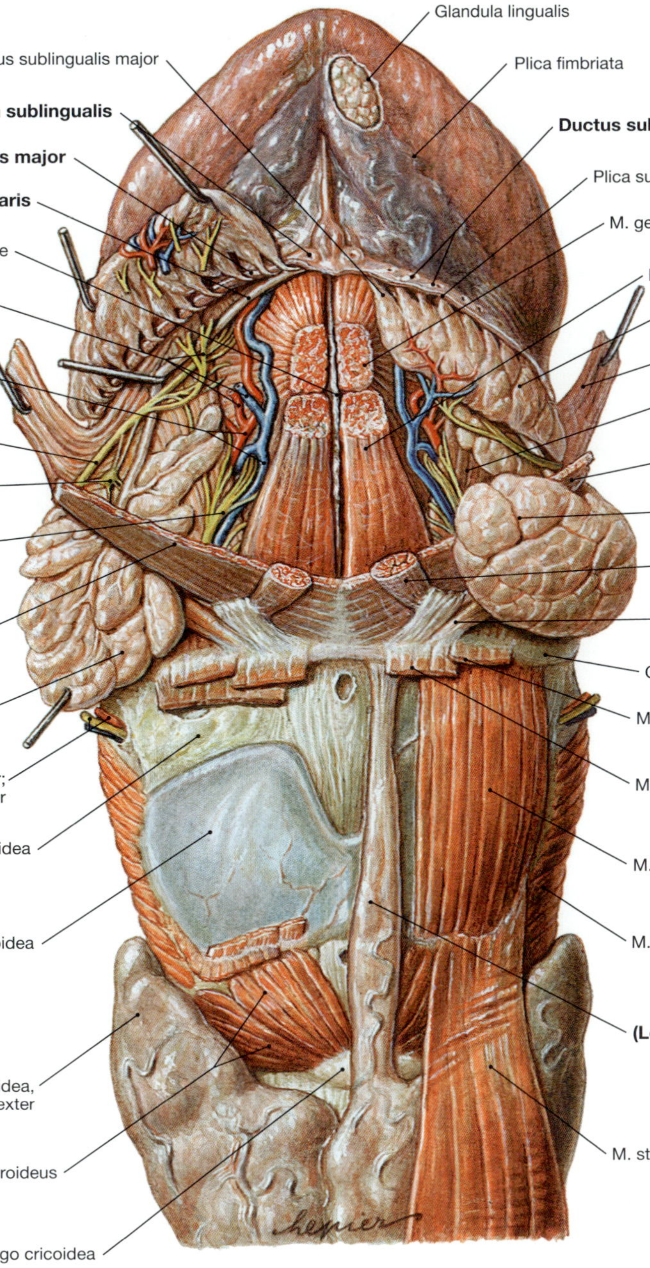

Abb. 8.162 Gefäße und Nerven der Zunge, Lingua, große Speicheldrüsen, Glandulae salivariae majores; Ansicht von vorne unten.
Der Blick von vorne auf die angehobene Zunge zeigt ein unter der Zunge liegendes subepitheliales Venennetz. Rechts ist die Glandula sublingualis hochgeschlagen und gibt den Blick auf den darunter verlaufenden N. lingualis und den Ductus submandibularis (WHARTON-Gang) frei. Der N. hypoglossus [XII] tritt etwas tiefer in die Zunge ein. Als häufiges Residuum der Schilddrüsenentwicklung ist vor dem Kehlkopf ein Lobus pyramidalis sichtbar, der bis zum Zungenbein reichen kann.

Parasympathische Innervation der Drüsen des Kopfes

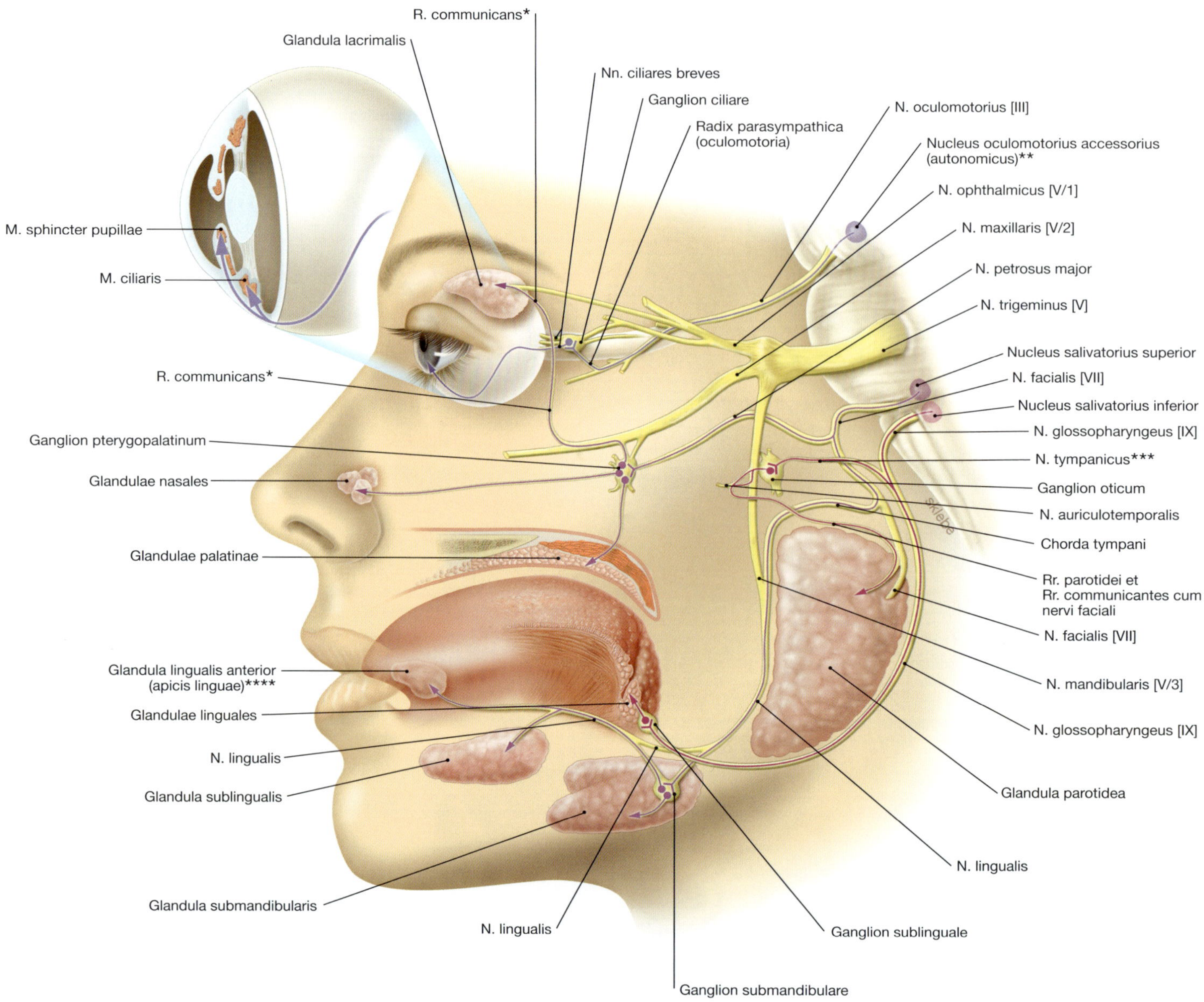

Abb. 8.163 Innervation der Drüsen des Kopfs mit vegetativen Kopfganglien; schematische Darstellung.
Parasympathische Fasern nehmen ihren Ausgang vom oberen und vom unteren Speicheldrüsenkern (Nucleus salivatorius superior und Nucleus salivatorius inferior). **Präganglionäre parasympathische** Fasern verlaufen mit verschiedenen Nerven zu den Kopfganglien (Ganglia oticum, submandibulare, sublinguale, pterygopalatinum, ciliare). Hier werden die Fasern auf postganglionär umgeschaltet und erreichen über kurze Anschlusswege ihre Zielstrukturen (Drüsen). **Präganglionäre sympathische** Fasern für den Kopf entstammen dem Seitenhorn des Rückenmarks und werden größtenteils im Ganglion cervicale superius (oberes Grenzstrangganglion) auf postganglionär umgeschaltet. Die **postganglionären** Fasern bilden um die Arterien (z. B. A. carotis interna) Plexus und erreichen mit den Blutgefäßen ihre Zielstrukturen oder sie schließen sich lokalen Nerven an.

* Tränendrüsenanastomose
** EDINGER-WESTPHAL-Kern
*** JACOBSON-Nerv
**** BLANDIN-NUHN-Drüse

Auge

Entwicklung 100

Skelett 102

Lider 104

Tränenapparat 108

Augenmuskulatur 112

Topographie 116

Augapfel 125

Sehbahn 131

9

Das Auge – Fenster zur Welt

Wenn die Anatomen vom Sehorgan (Organum visus) reden, meinen sie zum einen den Augapfel (Bulbus oculi) selbst und zum anderen die Hilfseinrichtungen in seiner unmittelbaren Umgebung (Structurae oculi accessoriae). Bis auf die Lider (Palpebrae) sind alle Hilfseinrichtungen – zusammen mit dem Augapfel – in der Augenhöhle (Orbita) untergebracht.

Augenhöhle

„Orbita" ist sicher eine der am wenigsten zutreffenden anatomischen Bezeichnungen. Das Wort leitet sich von „orbis" (der Kreis) ab, aber ein kurzer Blick auf einen Schädel zeigt sofort, dass die äußere Öffnung der Orbita (Aditus orbitalis) nicht ganz kreisrund, sondern eher oval bis rund ist. Am nasenseitigen Rand des Aditus orbitalis öffnet sich der knöcherne Kanal des Tränen-Nasengangs (Canalis nasolacrimalis) zur Orbita hin. Nach innen hin bilden die Wände der Orbita eine steile Pyramide, deren obere und untere Wände von zwei großen Schlitzen (Fissurae orbitales superior und inferior) für zahlreiche Nerven und Gefäße durchbrochen werden. Ganz an der Spitze der Pyramide liegt der Kanal des Sehnervs (Canalis nervi optici).

Augapfel

Der Bulbus oculi (lat. „bulbus": die Zwiebel) gleicht wirklich einer Zwiebel mehr als einem Apfel. Wie die Zwiebel auf der einen Seite austreibt, ihr auf der anderen Seite ein leicht erhabenes Wurzelfeld aufsitzt und sie insgesamt aus mehreren Schichten besteht, umgeben den Augapfel mehrere Schichten der Augenhaut, sitzt ihm auf der Vorderseite die uhrglasartig gewölbte, durchsichtige Hornhaut (Cornea) auf und kommt der Sehnerv (N. opticus [II]) auf der Rückseite aus ihm hervor.

Die **äußere Augenhaut** (Tunica fibrosa bulbi) setzt sich aus Sclera und Cornea zusammen und besteht aus straffem kollagenem Bindegewebe. Das, was man als „das Weiße im Auge" sieht, ist die Sclera, an ihr sind die äußeren Augenmuskeln (s.u.) verankert. Sie geht in die Hornhaut (Cornea) über, die gefäßfrei (avaskulär) und durchsichtig ist und ebenfalls überwiegend aus Kollagen besteht.

Die **mittlere Augenhaut** (Tunica vasculosa bulbi) besteht aus Gefäßhaut (Choroidea), Strahlenkörper (Corpus ciliare) und Regenbogenhaut (Iris), ist sehr gefäßreich (Äste der Aa. ciliares) und stark pigmentiert. Sie enthält zudem die nicht der Willkür unterworfenen inneren Augenmuskeln. Von außen ist die Iris, der vorderste Abschnitt der Tunica vasculosa, samt dem Sehloch (Pupilla), das sie umgibt, zu sehen. In der Iris liegen Muskeln, die die Pupille verengen und erweitern können (Adaptation). Entlang und hinter der Wurzel (des Außenrandes) der Iris ist die Tunica vasculosa zu einem ringförmigen Wulst, dem Ziliar- oder Strahlenkörper (Corpus ciliare) verdickt. In ihm liegt der M. ciliaris. Das Corpus ciliare verdankt seinen Namen den radiären Zonulafasern, die von ihm nach innen ausstrahlen und die Linse (Lens) in ihrer Position direkt hinter der Pupille befestigen. Die Linse ist normalerweise durchsichtig und elastisch. Wenn sie durch den Einfluss von Corpus ciliare und Zonulafasern verformt wird, ändert sich ihre Brechkraft; die Zonulafasern und das Corpus ciliare dienen also der Fokussierung des Auges (Akkommodation). Die eigentliche Gefäßhaut kleidet, zwischen Sclera und Retina liegend, die hintere Hälfte des Augapfels aus.

Die **innere Augenhaut** (Tunica interna bulbi, syn.: Retina, Netzhaut) besteht aus einem blinden (Pars caeca retinae) und einem sehenden Teil (Pars optica retinae). Die Pars caeca ist ein dünnes, sehr stark pigmentiertes Epithel, das die Rückseiten der Iris und des Corpus ciliare überzieht. Entlang des „gezackten Saums" (Ora serrata), gleich hinter dem Ziliarkörper, geht sie in die sehr viel dickere Pars optica über. Diese „sehende" Pars optica hat jedoch an einer Stelle einen blinden Fleck (Discus nervi optici) – dort, wo der Sehnerv die Retina verlässt und die Äste der A. centralis retinae in die Retina eindringen.

Alle Augenhäute und ihre Differenzierungen umgeben das gallertige, ganz und gar durchsichtige Augeninnere, den **Glaskörper** (Corpus vitreum). Er stabilisiert durch seinen Quellungsdruck („Augeninnendruck") die ganze häutige Konstruktion des Augapfels – etwa so, wie die Luftblase im Inneren eines Fußballs seine Lederhülle stabilisiert.

Hilfseinrichtungen

Die Hilfseinrichtungen des Auges bestehen aus den Lidern (Palpebrae), der Bindehaut (Tunica conjunctiva), dem Tränenapparat (Apparatus lacrimalis), den sechs äußeren Augenmuskeln und ihren drei motorischen (Hirn-)Nerven, zahlreichen Blutgefäßen und einem ansehnlichen Fettkörper (Corpus adiposum orbitae).

Die **Lider** (Palpebrae) schützen den Augapfel nicht nur, sondern verteilen beim steten Blinzeln auch den Tränenfilm auf der Augenoberfläche, ohne den sie austrocknen würde. In den Augenlidern liegen zahlreiche spezialisierte Talgdrüsen (MEIBOM-Drüsen, Glandulae tarsales), die ein fettiges Sekret zum Tränenfilm beisteuern.

Die **Bindehaut** (Tunica conjunctiva) ist ein dünnes durchsichtiges Epithel, das die Rückseite der Lider und den sichtbaren Teil der Sclera überzieht. Ihr schleimiges Sekret bildet einen Teil des Tränenfilms. Am Rande der Cornea (Limbus corneae) geht sie in das Hornhautepithel über.
Der wässrige Teil der Tränen (Lacrimae) wird von der im oberen, äußeren Winkel der Orbita liegenden **Tränendrüse** (Glandula lacrimalis) und zahlreichen ebenfalls in den Lidern sitzenden akzessorischen Tränendrüsen (Glandulae lacrimales accessoriae) produziert. Der Tränenfilm wird beim Lidschluss in Richtung des inneren, nasenwärtigen Lidwinkels gewischt. Dort liegt die Tränenkarunkel (Caruncula lacrimalis); über ihr sammeln sich die Tränen zum Tränensee (Lacus lacrimalis). Die Lidkanten tragen über und unter der Caruncula je eine Öffnung (Tränenpünktchen, Puncta lacrimalia), die mit zwei Tränenkanälchen in Verbindung stehen. Diese Canaliculi leiten die Tränen in den Tränensack (Saccus lacrimalis), der in den Tränen-Nasengang (Ductus nasolacrimalis) mündet. Über diesen Gang wird die „verbrauchte" Tränenflüssigkeit in die Nasenhöhle transportiert.

Die sechs äußeren, der Willkür unterworfenen **Augenmuskeln** inserieren alle am Bulbus oculi und bewegen ihn in verschiedene Richtungen. Sie entspringen an einem gemeinsamen Sehnenring (Anulus tendineus communis), der den N. opticus [II] bei seinem Eintritt in die Orbita umgibt. Ausnahme ist der untere schräge Augenmuskel, der am Boden der Orbita liegt: Er entspringt direkt lateral der Öffnung des Canalis nasolacrimalis. Die äußeren Augenmuskeln bilden einen hinter dem Augapfel gelegenen Muskelkegel, dessen Spitze zum Canalis nervi optici weist und in dessen Zentrum die A. ophthalmica und der N. opticus [II] zum rückwärtigen Pol des Augapfels gelangen. Die drei Nerven der Augenmuskeln und verschiedene Äste des N. ophthalmicus [V/1], zudem auch noch die Äste der V. ophthalmica, findet man in oder an diesem Kegel. Die verbleibenden Spalträume zwischen den Strukturen werden von Fettgewebe, dem **Corpus adiposum orbitae,** ausgefüllt.

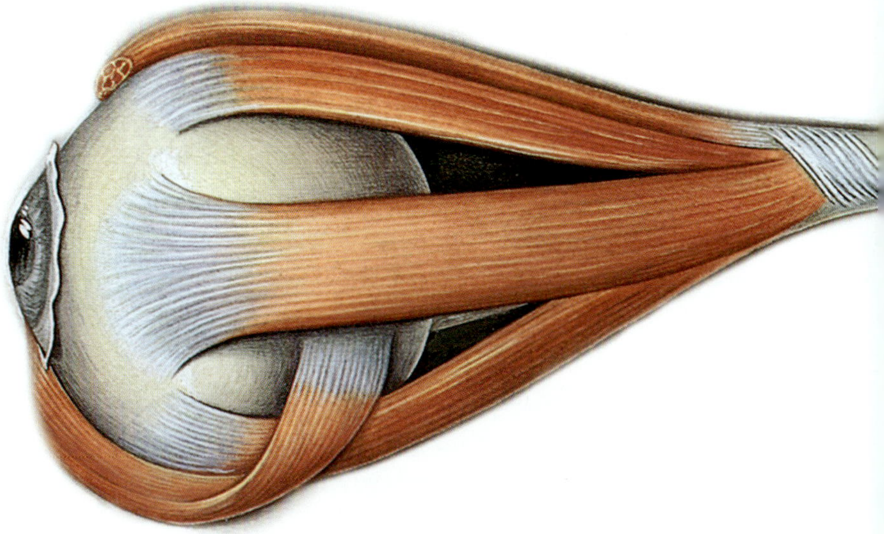

Klinik

Häufigste chronische Augenerkrankungen und Erblindungsursachen

Das **trockene Auge** (Keratoconjunctivitis sicca) ist eine der weltweit häufigsten chronischen Erkrankungen der Augenoberfläche (12 Mio. Betroffene allein in Deutschland). Jeder zweite Patient, der einen niedergelassenen Augenarzt in den westlichen Industrieländern aufsucht, leidet daran.

Häufigste Erblindungsursache in Deutschland ist die altersbedingte **Makuladegeneration** (AMD), gefolgt von der diabetischen Retinopathie und dem **Glaukom** (grüner Star). Allein in Deutschland leiden rund 4,5 Millionen Menschen unter einer AMD, sie ist bei 50% aller Neuerblindungen die Ursache. Während die AMD eine Erkrankung des fortgeschrittenen Alters ist, gilt die **diabetische Retinopathie** als häufigste Erblindungsursache im erwerbsfähigen Alter (ca. 2000 Neuerblindungen pro Jahr). Ähnliche Zahlen wie für die diabetische Retinopathie gelten auch für das **Glaukom**.

Obwohl der **graue Star** (Katarakt) in Deutschland ebenfalls sehr häufig ist (50% der 52- bis 64-Jährigen sowie 90% der 65- bis 75-Jährigen leiden an einem symptomlosen grauen Star), wird er bei Auftreten von Symptomen meist umgehend operiert und ist somit hierzulande eine eher seltene Erblindungsursache. Dagegen ist der graue Star weltweit bei den Erblindungsursachen führend. Laut WHO ist die Katarakt für 48% aller Erblindungen (ca. 17 Mio. Menschen) verantwortlich. Grund hierfür ist in erster Linie die schlechte Gesundheitsversorgung in großen Teilen der Welt.

Circa 84 Millionen Menschen in Afrika, Südostasien, Zentral- und Südamerika sowie im Mittleren Osten leiden unter einer Trachominfektion. 1,3 Millionen Menschen davon können nicht mehr geheilt werden (Behandlungskosten ca. 15 €/Person). Begünstigt wird die **Trachominfektion** u. a. durch schlechte hygienische Zustände und mangelhafte Trinkwasserversorgung, sie ist somit eine klassische Erkrankung der Entwicklungsländer. Ein weiterer Grund für Erblindung im Kindesalter in Entwicklungsländern ist ein **Vitamin-A-Mangel** (Therapiekosten ca. 1 € pro Kind).

→ ***präplink***

Zur **Orbitapräparation** wird die Pars orbitalis des M. orbicularis oculi gemeinsam mit den Partes palpebrales des Ober- und des Unterlides vom darunterliegenden Bindegewebe abgetragen und nach medial geklappt. Die Strukturen sollen im nasalen Lidwinkel nicht abgelöst werden. Septum orbitale, Tarsus superior und inferior sowie die Ligg. palpebralia mediale und laterale werden dargestellt. Zur **Eröffnung der Orbita** von kranial werden Haut und Muskulatur auf dem Os frontale sowie die Dura mater im Bereich der vorderen Schädelgrube entfernt. Beim **Eröffnen des Orbitadachs** muss darauf geachtet werden, die Periorbita nicht zu verletzen und alle durch die Fissura orbitalis superior tretenden Strukturen zu schonen. Nach **Eröffnung der Periorbita** wird der M. levator palpebrae superioris mit anhängendem Oberlid in Richtung Anulus tendineus abpräpariert (N. trochlearis und R. superior des N. oculomotorius nicht abreißen). Nun können alle Strukturen der Orbita durch Entfernung des orbitalen Fettgewebes von oben nach unten durchpräpariert werden. Dabei sollte das Ganglion ciliare durch stumpfe Präparation des orbitalen Fettgewebes geschont werden.

IMPP-CHECKLISTE

• Orbita: knöcherne Begrenzungen, Durchtrittsstellen, Einteilung, topographische Beziehungen • Klinik (z. B. Blow-out-Fraktur, Orbitaphlegmone) • Blutgefäße (Sinus-cavernosus-Thrombose) • Nn. craniales [II–VI] (einschließlich Nuclei des Truncus cerebri, Ganglion trigeminale) • Glandula lacrimalis • Ganglion ciliare • retrobulbäres Fett (BASEDOW-Erkrankung, MERSEBURG-Trias, endokrine Orbitopathie) • äußere Augenmuskeln: Lage, Innervation, Funktion, Lähmungen • Bulbus: Blutversorgung und Innervation • innere Augenmuskeln: Innervation, Funktion, Lähmungen, HORNER-Syndrom • Hilfseinrichtungen und Augenoberfläche: Lidapparat, Tränenfilm, Conjunctiva, Cornea, ableitende Tränenwege

Entwicklung

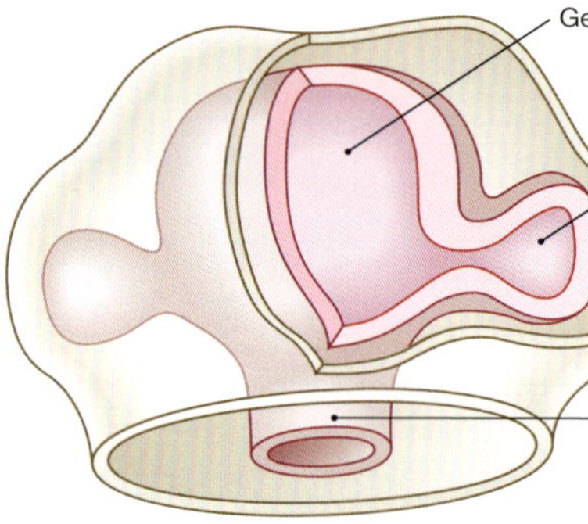

Abb. 9.1 Augenentwicklung, 4. Woche. [21]
In der 4. Woche stülpen sich die Augenbläschen aus dem Diencephalonbereich des Prosencephalons aus. Das Augenbläschen wandert weiter nach außen und induziert im umgebenden Oberflächenektoderm die Ausbildung einer Linsenplakode.

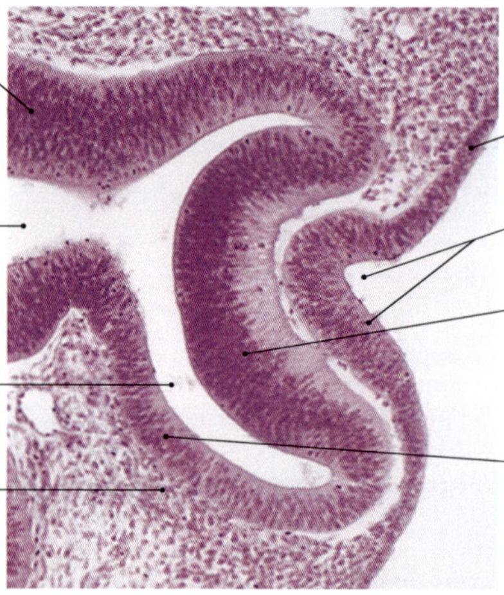

Abb. 9.2 Augenentwicklung, 5. Woche; mikroskopischer Sagittalschnitt. [20]
Die Abbildung zeigt das bereits zur Becherform eingestülpte Augenbläschen, das engen Kontakt zur Linsenplakode hat. Der Sehventrikel zwischen den beiden Blättern des Augenbechers (Vorläufer der Retina) und im Augenbecherstiel (Vorläufer des N. opticus [II]) ist noch relativ weit.

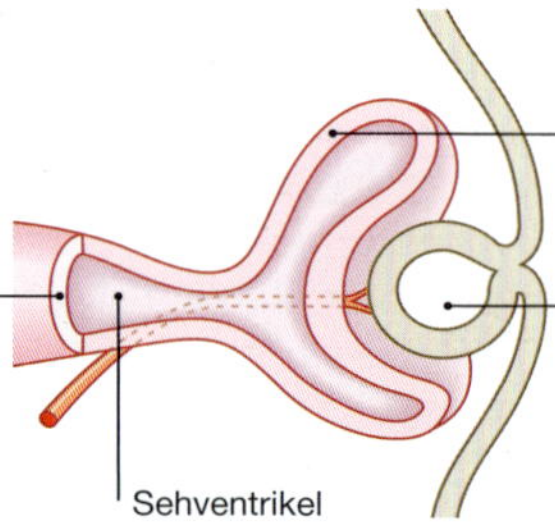

Abb. 9.3 Augenentwicklung, 5. Woche. [21]
Das Linsenbläschen kugelt sich aus dem Oberflächenektoderm ab und wird vom Augenbläschen seitlich umwachsen, so dass um das Linsenbläschen aus dem Augenbläschen der Augenbecher entsteht. Über einen schmalen Gang, den ehemaligen Sulcus opticus, ist der Augenbecher noch mit dem Zwischenhirn verbunden.

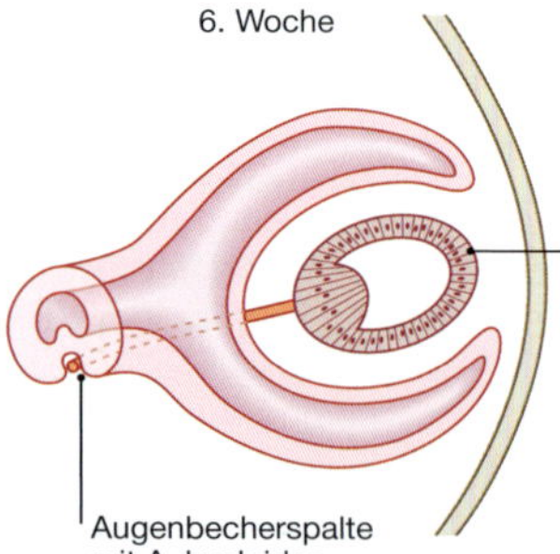

Abb. 9.4 Augenentwicklung, 6. Woche. [21]
Am tiefsten Punkt des Augenbechers entwickelt sich eine längliche Furche, die Augenbecherspalte. In ihr bilden sich Blutgefäße, umgeben von den ersten Nervenfasern des späteren N. opticus [II]. Die Blutgefäße versorgen im Rahmen der Entwicklung als A. und V. hyaloidea das Innere des Augenbechers. Im 7. Monat bilden sich die Gefäße im Augenbecher zurück; im N. opticus bleiben die Gefäße als A. und V. centralis retinae jedoch erhalten.

Augenentwicklung

Die Entwicklung des Auges beginnt Anfang der 4. Woche mit einer Ausstülpung des Augenbläschens aus dem Diencephalonbereich des Prosencephalons. Bereits nach kurzer Zeit wird der vordere Pol zum Augenbecher eingestülpt. Aus dem äußeren Blatt des Bechers wird im hinteren Augensegment das retinale Pigmentepithel, vorne entstehen daraus die Epithelien von Ziliarkörper und Iris. Das innere Blatt differenziert sich zur Retina. An der Kontaktstelle zwischen Augenbecher und Oberflächenektoderm schnürt sich das Linsenbläschen ab, das sich in die Tiefe verlagert. Aus dem Ektoderm gehen ferner die Epithelien von Cornea und Conjunctiva hervor. Die meisten anderen Anteile der mittleren und der äußeren Augenhaut sind mesenchymalen Ursprungs. Die Linsenanlage ist zunächst noch von einem Blutgefäßnetz (u. a. aus der A. hyaloidea) umsponnen, das später verloren geht. Der proximale Stumpf der A. hyaloidea wird zur A. centralis retinae.

Entwicklung

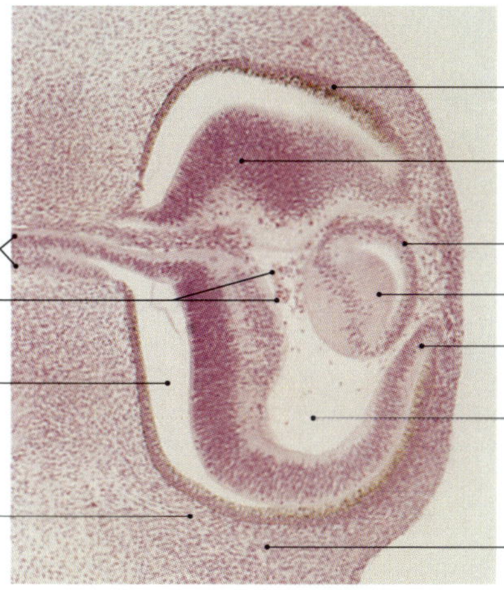

Abb. 9.5 Augenentwicklung, 6. Woche; mikroskopischer Sagittalschnitt. [20]
In der 7. Woche bilden sich die Linsenfasern durch Verlängerung der Epithelzellen in der hinteren Wand des Linsenbläschens.

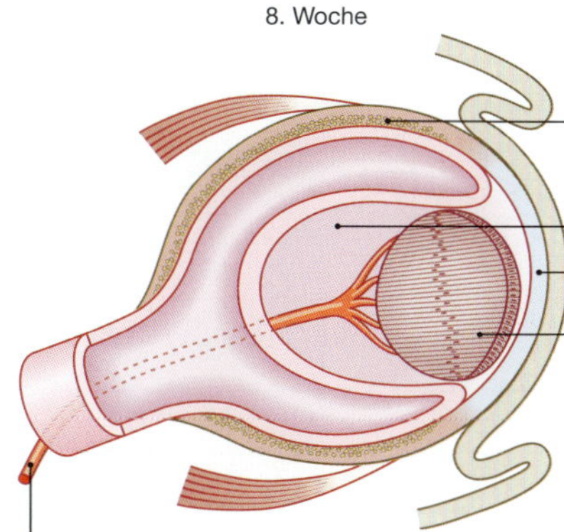

Abb. 9.6 Augenentwicklung, 8. Woche. [21]
Durch die Augenbecherspalte wandern Mesenchymzellen ein, die den Glaskörper (Corpus vitreum), eine gelartige Substanz mit feinen Fasern, ausbilden. Der Glaskörper gibt dem Augenbulbus seine feste Form.

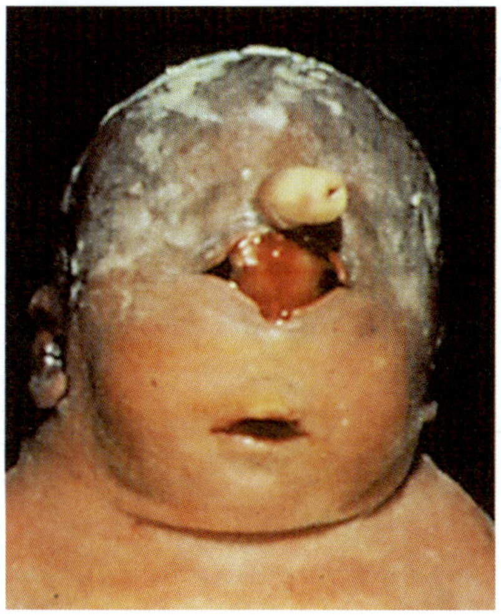

Abb. 9.7 Männliches Neugeborenes mit Zyklopie. [20]
Die Zyklopie ist eine Gesichts- und Augenfehlbildung, bei der ein rüsselartiger Nasenfortsatz oberhalb eines verschmolzenen Auges ausgebildet ist.

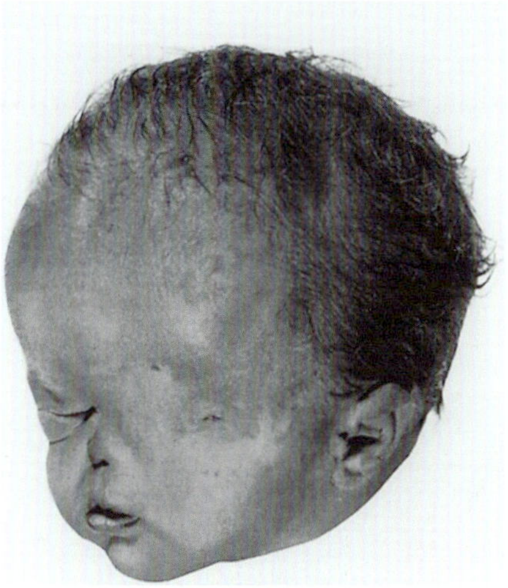

Abb. 9.8 Männliches Neugeborenes mit Anophthalmie. [20]
Erblich bedingtes Fehlen aller Augenbestandteile mit einseitig fehlendem Nasenloch auf der linken Seite. Die Augenlider sind zwar angelegt, aber weitgehend miteinander verwachsen.

Klinik

Entwicklungsstörungen des Auges sind relativ selten. Angeborene Blindheit tritt mit einer Inzidenz von 20 pro 100 000 Lebendgeborene auf. Meist geht sie mit anderen (geistigen) Behinderungen einher. Es kann vorkommen, dass Reste der A. hyaloidea persistieren und aus der Sehnervpapille in den Glaskörper oder sogar bis zur Linse reichen. Eine Trübung der Linse kann resultieren, meist ist die **Persistenz der A. hyaloidea** aber ohne klinische Bedeutung. Unter **Zyklopie** (Zyklopenäugigkeit) versteht man die mehr oder weniger vollständige Verschmelzung der Augen (→ Abb. 9.7). Das angeborene Fehlen aller Augenstrukturen bezeichnet man als **Anophthalmie** (→ Abb. 9.8).

Knöcherne Augenhöhle

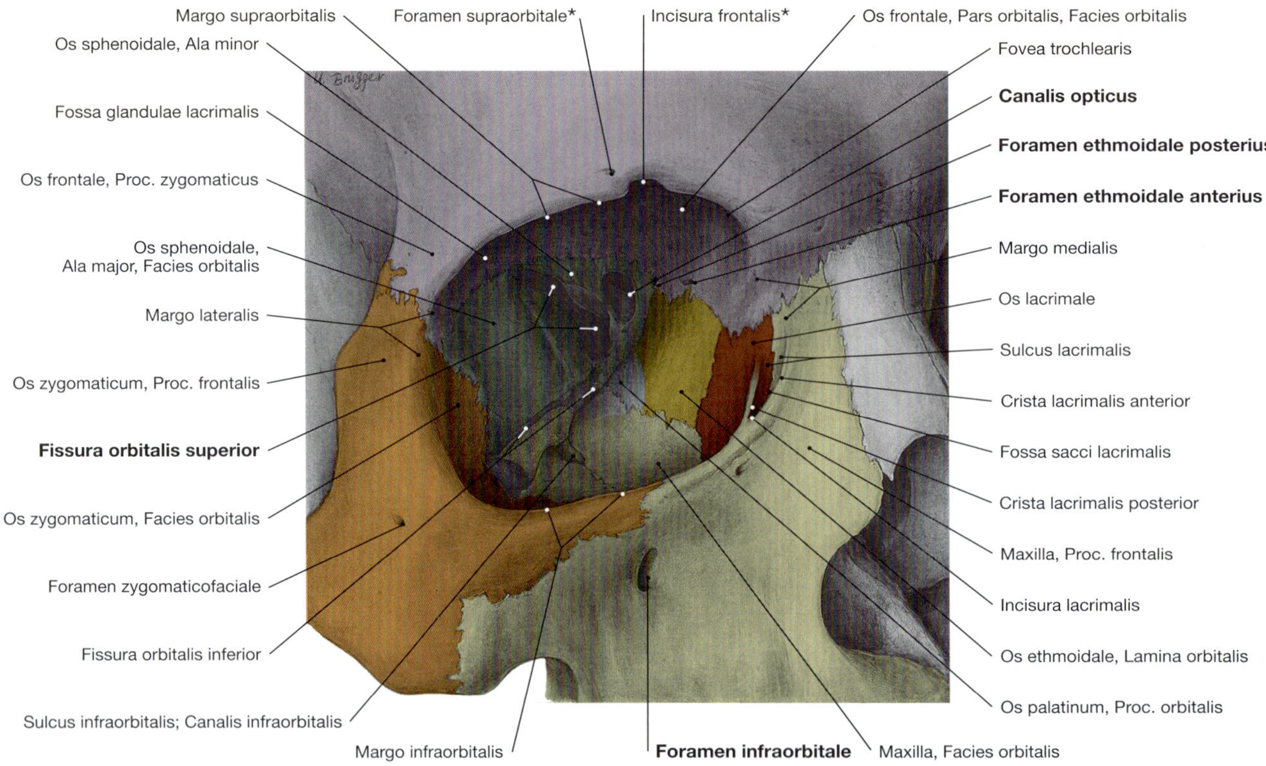

Abb. 9.9 Augenhöhle, Orbita, rechts; Ansicht von schräg vorne; Farbtafel → Hinweise zur Benutzung.
Die Wände der Orbita werden von sieben Knochen (Os frontale, Os ethmoidale, Os lacrimale, Os palatinum, Maxilla, Os sphenoidale und Os zygomaticum) gebildet. Die Paries lateralis grenzt an die Fossa temporalis, die Paries medialis hat Beziehung zu den Siebbeinzellen und zur Nasenhöhle. Im hinteren Abschnitt bestehen enge topographische Beziehungen zur mittleren Schädelgrube, zum Canalis opticus und zur Fossa pterygopalatina.

* Diese Stellen können als Foramina oder Incisurae ausgebildet sein.

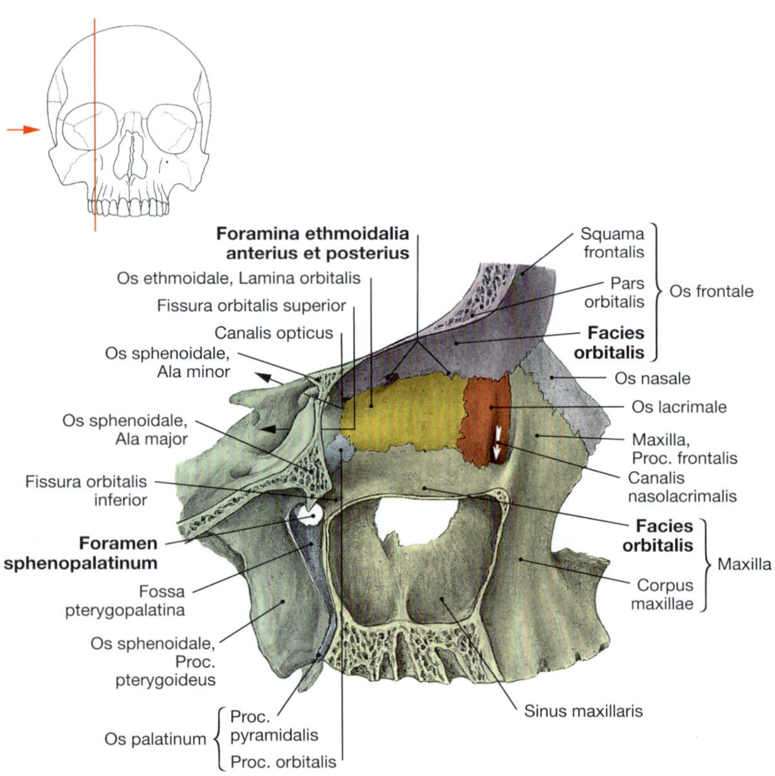

Abb. 9.10 Mediale Wand der Augenhöhle, Paries medialis orbitae, rechts; Ansicht von lateral; Farbtafel → Hinweise zur Benutzung.

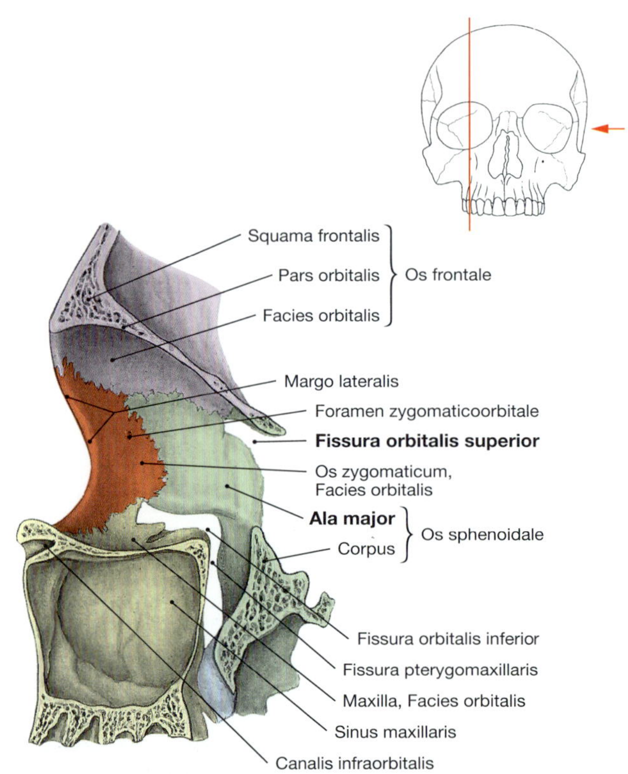

Abb. 9.11 Laterale Wand der Augenhöhle, Paries lateralis orbitae, rechts; Ansicht von medial; Farbtafel → Hinweise zur Benutzung.

Knöcherne Augenhöhle

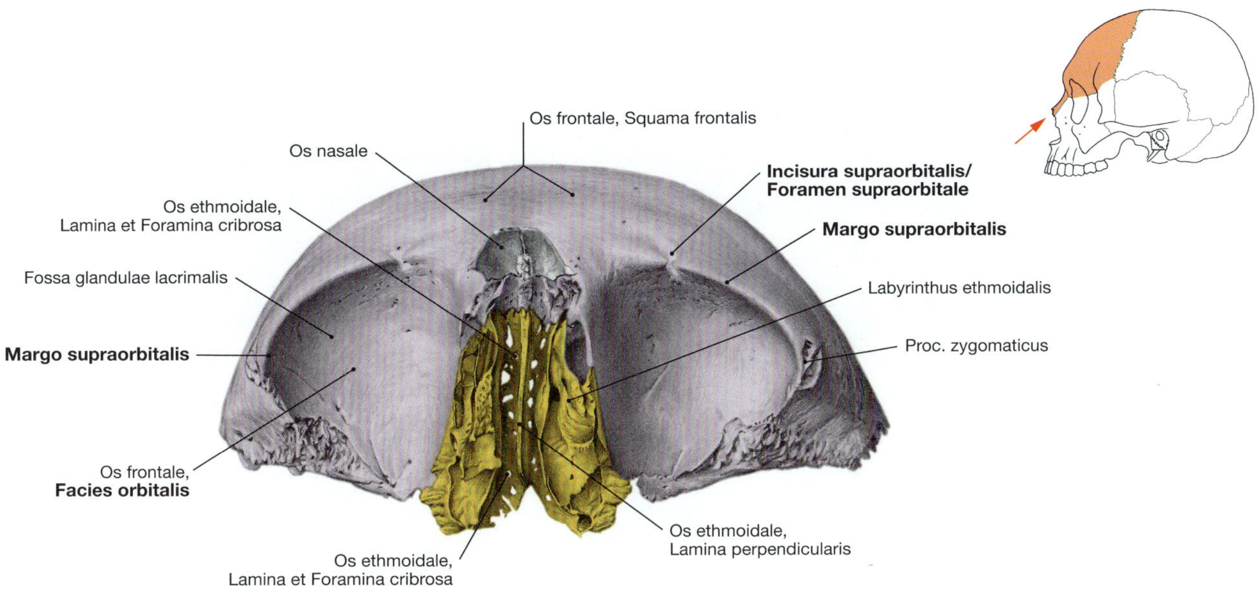

Abb. 9.12 Dach der Orbita, Paries superior orbitae; Ansicht von unten; Farbtafel → Hinweise zur Benutzung.
Das Dach der Orbita ist gleichzeitig der Boden der vorderen Schädelgrube und von Teilen des Sinus frontalis. Sämtliche Knochen des Labyrinthis ethmoidalis sind extrem dünn und können im Rahmen chirurgischer Eingriffe leicht frakturiert werden.

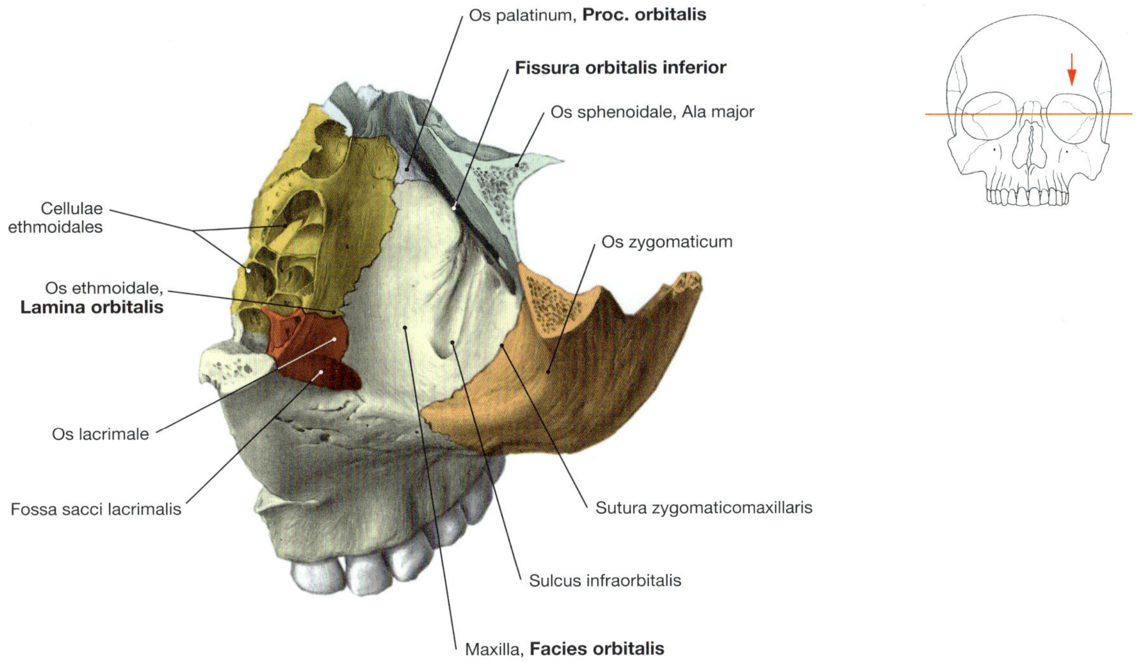

Abb. 9.13 Boden der Augenhöhle, Paries inferior orbitae, links; Ansicht von oben; Farbtafel → Hinweise zur Benutzung.
Der Orbitaboden ist gleichzeitig das Dach des Sinus maxillaris. In seinem hinteren Abschnitt liegt der Sulcus infraorbitalis, der sich im vorderen Abschnitt in einen knöchernen Kanal durch die Maxilla fortsetzt und als Foramen infraorbitale (nicht sichtbar) unterhalb der Orbita mündet.

Klinik

Obwohl die mediale knöcherne Orbitawand papierdünn ist (daher Lamina papyracea), kommt es bei stumpfer Gewalteinwirkung auf den Augenbulbus (z.B., wenn ein Tennisball zentral auf die Orbita trifft) meist zu einer Fraktur des Orbitabodens (sog. **Blow-out-Fraktur**). Dabei können intraorbitale Strukturen (Mm. rectus inferior und obliquus inferior) im Frakturspalt eingeklemmt oder ganz in den Sinus maxillaris verlagert werden **(Orbitalhernie).** Durch Einschränkung der Bulbusbeweglichkeit können Doppelbilder, ein Enophthalmus oder eine Blickparese nach oben resultieren. Bei Beteiligung des im Orbitaboden verlaufenden N. infraorbitalis kommt es zu **Sensibilitätsstörungen** im Bereich der Gesichtshaut des Oberkiefers.

Lider

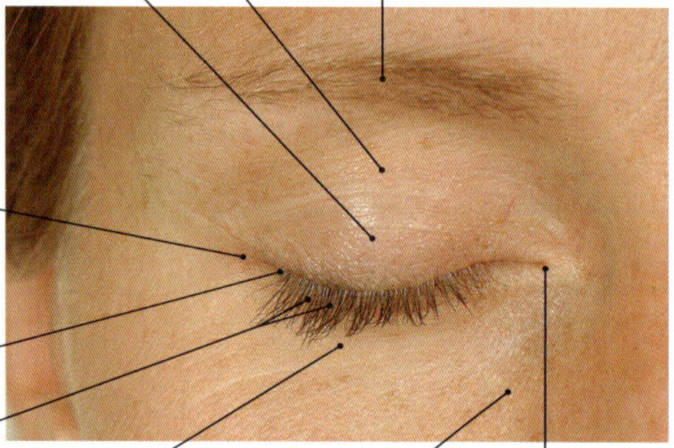

Abb. 9.14 Auge, Oculus, rechts, bei geschlossener Lidspalte. Im Durchschnitt blinzelt der Mensch 20- bis 30-mal pro Minute. Mit jedem Lidschluss wird der Tränenfilm auf der Augenoberfläche verteilt. Dabei erfolgt die Kontraktion des M. orbicularis oculi zeitversetzt von temporal nach nasal, so dass es zu einer Wischbewegung in Richtung des nasalen Lidwinkels kommt. Mechanische Reize (z.B. plötzlicher Luftzug, Staubkorn, Fliege) führen zum Lidschlussreflex, der dem Schutz der Augenoberfläche dient.

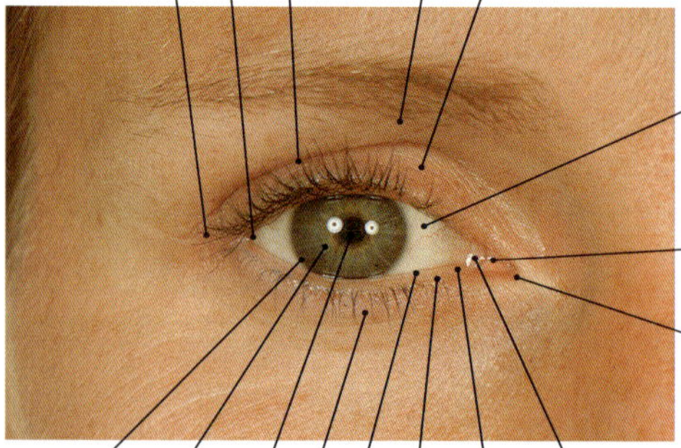

Abb. 9.15 Auge, Oculus, rechts, bei geöffneter Lidspalte. Die Weite der normalen Lidspalte beträgt beim Erwachsenen zwischen 6 und 10 mm, der Abstand zwischen temporalem und nasalem Lidwinkel 28–30 mm.

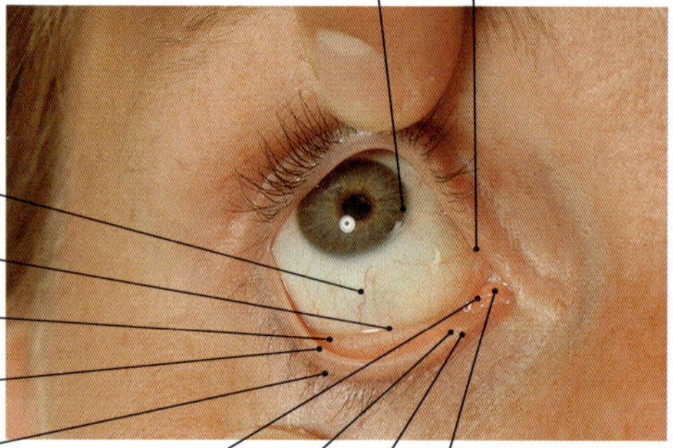

Abb. 9.16 Auge, Oculus, rechts, mit abgehobenem Ober- und Unterlid. Mit Ausnahme der Hornhaut sind der Augenbulbus im Bereich der Augenoberfläche und die zum Bulbus gerichtete Seite der Augenlider von Bindehaut (Conjunctiva), einer gefäßführenden, aber ansonsten durchsichtigen dünnen Schleimhautschicht überzogen.

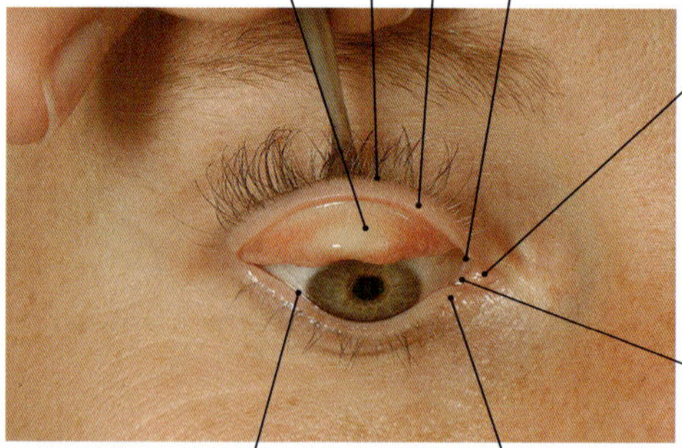

Abb. 9.17 Auge, Oculus, rechts, mit ektropioniertem Oberlid. Im Bereich der Lidrückseite spricht man von Conjunctiva palpebrae, auf dem Augenbulbus von Conjunctiva bulbi und im Bereich der Umschlagfalte beider Bindehautblätter von Conjunctiva fornicis. Letztere wird auch als Bindehautsack bezeichnet. In den unteren Bindhautsack können Medikamente eingetropft werden.

Klinik

Eine Reihe von Erkrankungen geht mit einer **Verengung** oder einer **Erweiterung der Lidspalte** einher. So führt eine Schädigung des Sympathicus zur Lähmung des M. tarsalis superior im Augenlid und damit zu einer Verengung der Lidspalte. Eine Okulomotoriusparese äußert sich als Ptose (Herabhängen) des Oberlids durch Lähmung des M. levator palpebrae superioris. Im Gegensatz dazu führt eine Fazialisparese durch Ausfall des M. orbicularis oculi zu einer Lidspaltenerweiterung. Eine **Entzündung** der Bindehaut (Konjunktivitis) ist besonders bei Kontaktlinsenträgern häufig. Bei Patienten mit Anämie (Blutarmut) erscheint die Conjunctiva weißlich blass, da durch den Mangel an Erythrozyten die normale Blutgefäßzeichnung fehlt. Der Blick in den Bindehautsack durch Abziehen des Unterlids mit dem Finger des Untersuchers gilt daher als einfaches diagnostisches Hilfsmittel.

Mimische Muskeln

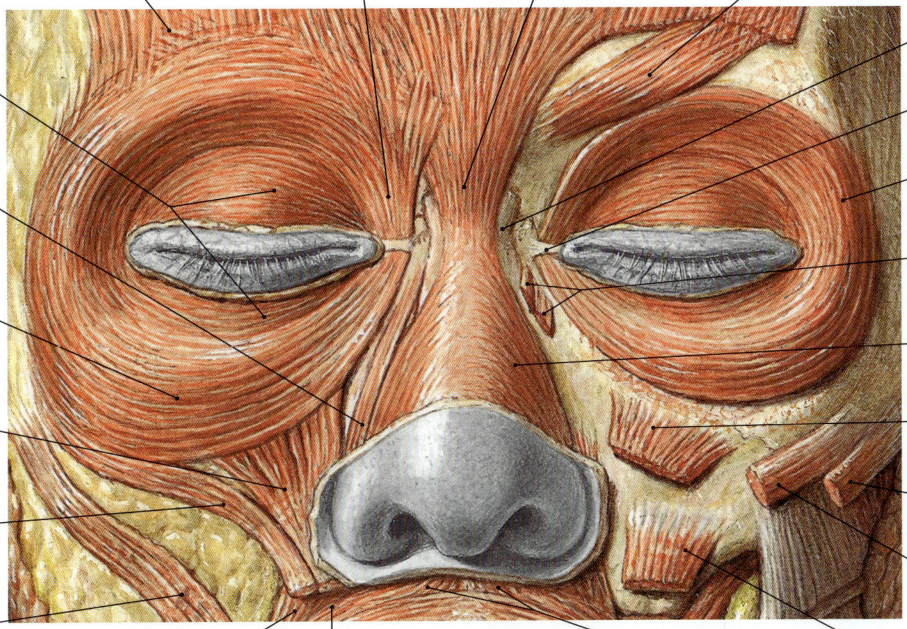

Abb. 9.18 Gesichtsmuskeln, Mm. faciei, im Bereich der Orbita; Ansicht von vorne.

Der Orbitaeingang ist von der Pars orbitalis des M. orbicularis oculi zirkulär umgeben. Die Pars palpebralis des Muskels setzt sich auf die Augenlider fort.

→T 1a, c, d, e

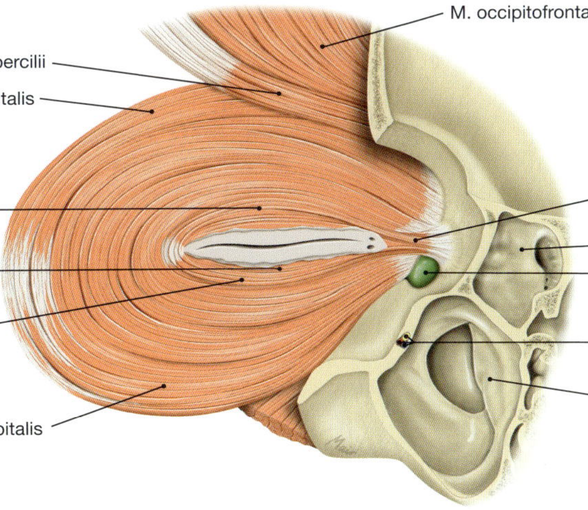

Abb. 9.19 M. orbicularis oculi, links; Ansicht von hinten.
Im nasalen Lidwinkel erkennt man die Pars lacrimalis des Muskels (HORNER-Muskel), die für den Tränenabfluss von Bedeutung ist.
Der M. orbicularis oculi besteht aus drei Anteilen. Die **Pars orbitalis** dient dem festen willkürlichen Verschluss des Auges (Zukneifen). Eine Kontraktion der **Pars palpebralis** löst den Lidschluss aus (Blinzeln), der willkürlich vorgenommen werden kann, meist aber unwillkürlich abläuft. Die **Pars lacrimalis** (HORNER-Muskel) ist um die Tränenkanälchen herum angeordnet und für den Tränenabfluss essenziell. Beim Lidschluss tauchen die beiden **Tränenpünktchen** (Puncta lacrimalia: Punctum lacrimale superius und Punctum lacrimale inferius) im Bereich des nasalen Drittels des Lidrandes in den Tränensee (Lacus lacrimalis) ein. Man vermutet, dass durch Kontraktion der Pars lacrimalis eine Art Sog aufgebaut wird (Druck-Saug-Pumpe). Die Tränenflüssigkeit wird über die Tränenpünktchen durch das obere und untere Tränenkanälchen (Canaliculi superior und inferior) in den Tränensack (Saccus lacrimalis) gesogen. Das untere Tränenkanälchen transportiert den größten Teil der Tränenflüssigkeit.

→T 1c

* RIOLAN-Muskel

Klinik

Verletzungen des N. facialis führen u.a. zur Lähmung des M. orbicularis oculi. Das Auge kann nicht mehr geschlossen werden **(Lagophthalmus).** Wird der Patient aufgefordert, das Auge zu schließen, dreht sich der Augenbulbus ganz normal nach oben (die äußeren Augenmuskeln sind intakt) und man sieht nur noch die weiße Sclera (**BELL-Phänomen**). Durch den fehlenden Lidschluss wird der Tränenfilm nicht mehr auf der Augenoberfläche verteilt und reißt ab. Die Hornhaut trocknet nach kurzer Zeit aus und trübt ein. Der Patient kann auf dem betreffenden Auge nicht mehr sehen. Der fehlende Lidschluss stellt bei einer peripheren Fazialisparese das größte therapeutische Problem dar.

Lider, Aufbau

Abb. 9.20 Oberlid, Palpebra superior; Fotografie eines mikroskopischen Präparats; Azanfärbung; Sagittalschnitt, Lupenvergrößerung. [26]
Das Augenlid wird in ein äußeres und ein inneres Blatt unterteilt. Zum äußeren Blatt gehört der quergestreifte M. orbicularis oculi mit seiner Pars palpebralis. Das innere Blatt umfasst die Lidbindehaut (Tunica conjunctiva palpebrarum), die Lidplatte (Tarsus) mit den in sie integrierten Meibom-Drüsen (Glandulae tarsales, modifizierte Talgdrüsen) und im Bereich des Lidrands die aus der Pars palpebralis des M. orbicularis oculi in den Tarsus ausstrahlenden Muskelfasern (RIOLAN-Muskel, Fasciculi ciliares).

* MEIBOM-Drüsen
** RIOLAN-Muskel

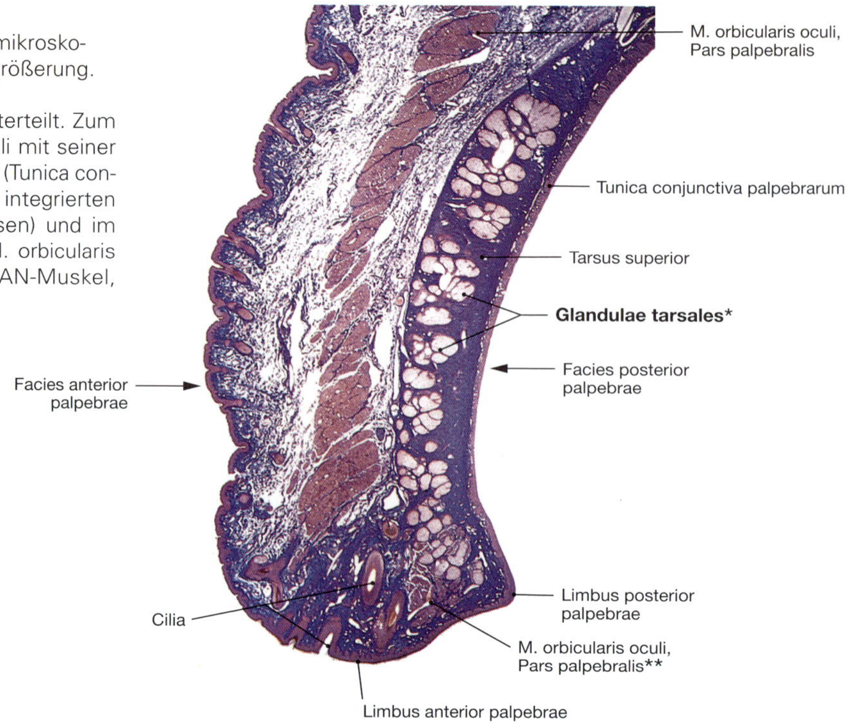

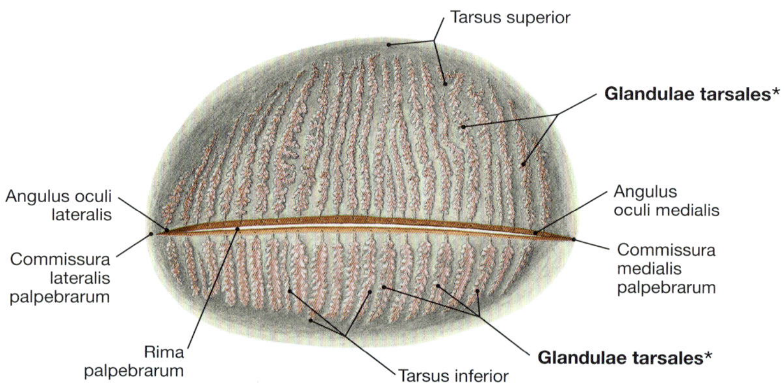

Abb. 9.21 Augenlider, Palpebrae, rechts; Ansicht von hinten; Drüsenschläuche der Glandulae tarsales in aufgehelltem Präparat. Jedes Lid enthält ca. 25 bis 30 Einzeldrüsen, die jeweils über einen eigenen Ausführungsgang am Lidrand münden.

* MEIBOM-Drüsen

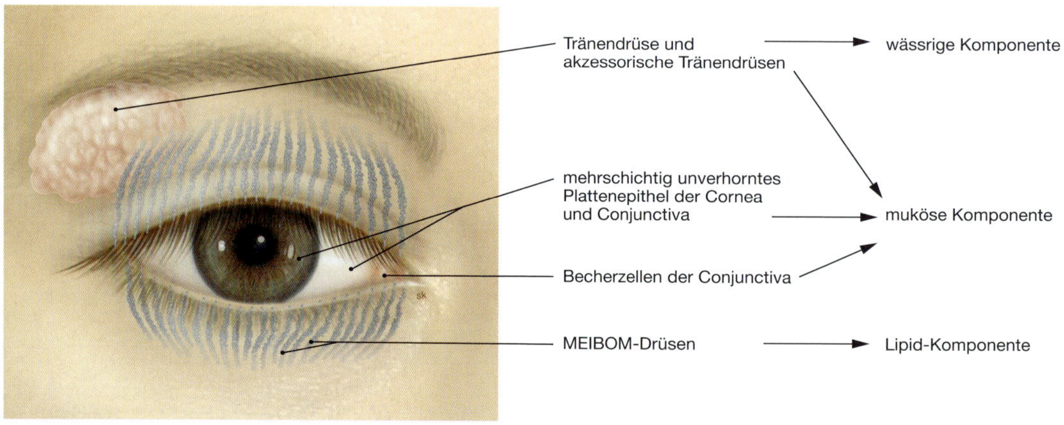

Abb. 9.22 Strukturen der Augenoberfläche, die an der Bildung der drei Komponenten des Tränenfilms beteiligt sind; schematische Darstellung.

Blutversorgung und Innervation der Tränendrüse und der Lider

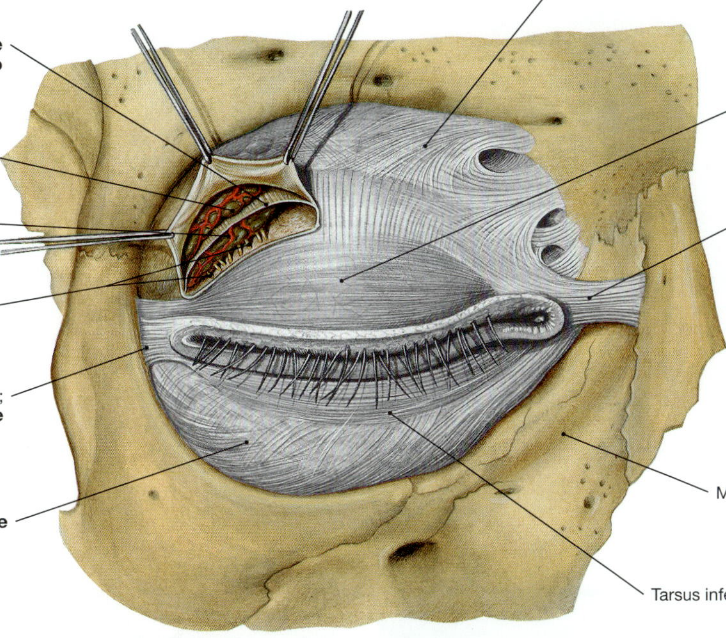

Abb. 9.23 Augenhöhleneingang, Aditus orbitalis, rechts, mit Septum orbitale, Lidplatten und Lidbändern; Ansicht von vorne.
Die Tränendrüse ist durch Spaltung des Septum orbitale und der Ansatzsehne des M. levator palpebrae superioris freigelegt. Diese teilt die im temporalen oberen Quadranten auf dem Augenbulbus liegende Tränendrüse in eine Pars orbitalis und eine Pars palpebralis.

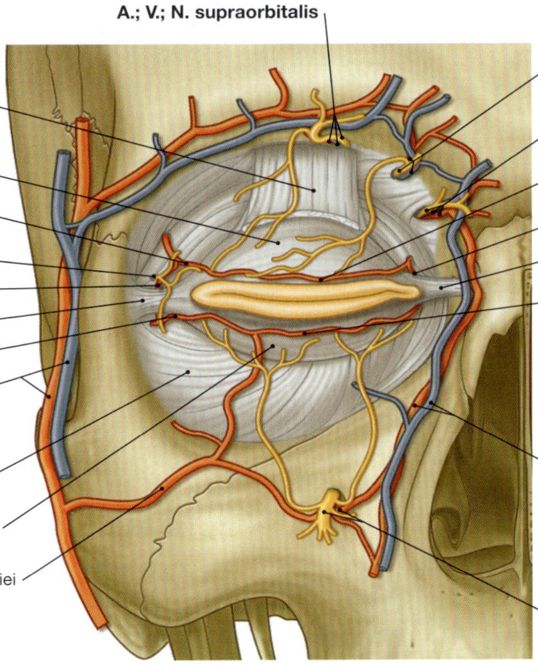

Abb. 9.24 Arterien, Venen und Nerven des Augenhöhleneingangs, Aditus orbitalis, und der periorbitalen Region, rechts; Ansicht von vorne. [10]
Die Orbita ist oberhalb des Septum orbitale von einem zirkulären arteriellen Gefäßkranz umgeben, der vom Arcus palpebralis superior und inferior gebildet wird. Der Gefäßkranz wird von zahlreichen Arterien aus dem **Versorgungsgebiet der A. carotis interna** (A. supraorbitalis, Aa. palpebrales laterales der A. lacrimalis, Aa. palpebrales mediales) und der **A. carotis externa** (A. facialis, A. angularis, A. infraorbitalis, A. temporalis superficialis, A. zygomaticoorbitalis) gespeist. Die Nn. supra- und infraorbitalis, Äste des N. ophthalmicus [V/1] bzw. des N. maxillaris [V/2], verlassen die Orbita durch die gleichnamigen Foramina (der N. supraorbitalis kann die Orbita auch durch eine Incisura supraorbitalis verlassen). An diesen Nervenaustrittspunkten wird die Sensibilität des N. ophthalmicus [V/1] und des N. maxillaris [V/2] geprüft.

Klinik

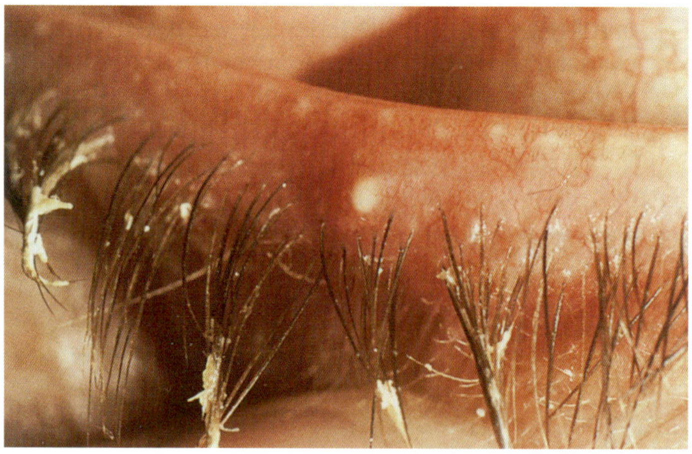

Abb. 9.25 **Entzündung des Lidrands, seborrhoische Blepharitis.** [15]

Klinik

Als Hagelkorn **(Chalazion)** wird eine von einer MEIBOM-Drüse ausgehende granulomatöse Entzündung bezeichnet, deren Ursache meist eine Verstopfung des Drüsenausführungsgangs ist. Knapp unterhalb der Lidkante kann dabei eine traubenkern- bis haselnussgroße, schmerzlose und nicht verschiebliche Auftreibung getastet werden. Ein Gerstenkorn **(Hordeolum)** ist eine meist eitrige Entzündung einzelner Drüsen der Augenlider (in der Regel bakteriell bedingt und schmerzhaft). Entzündungen des Lidrandes führen häufig zu einer **Blepharitis** (→ Abb. 9.25) mit den typischen Symptomen eines trockenen Auges, wie Brennen, Sandkorngefühl, geringgradige Photophobie und Lidrandrötung.

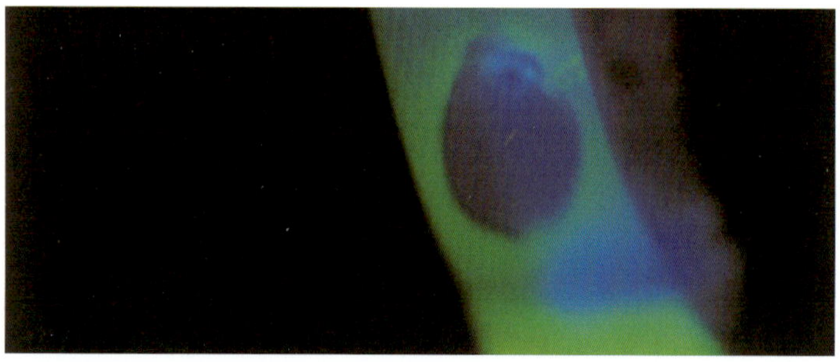

Abb. 9.26 Tränenfilms des Auges, rechts; Ansicht von vorne; Spaltlampenuntersuchung mit Fluoreszenzfarbstoff im Blaulicht. [15] Man sieht einen trockenen Fleck, der durch das Aufreißen des Tränenfilms verursacht ist.

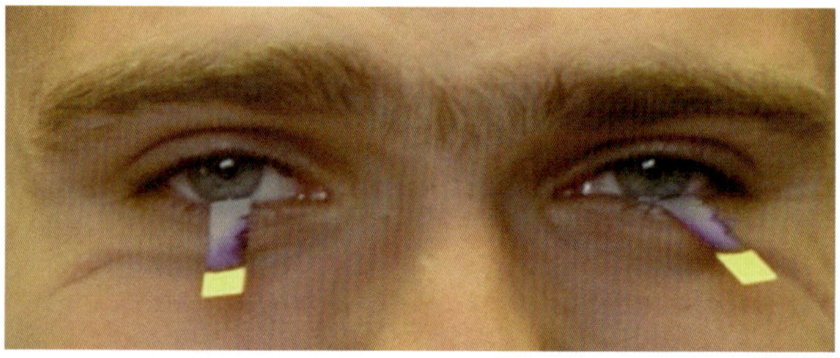

Abb. 9.27 SCHIRMER-Test bei einem gesunden Probanden. Beide Streifen zeigen bereits nach 2 Minuten eine deutliche violette Verfärbung des gelben SCHIRMER-Streifens. Nach 5 Minuten ist er komplett verfärbt.

Klinik

Bei Verdacht auf Tränendrüsenfunktionsstörung, z. B. im Rahmen einer Fazialisparese, wird ein **SCHIRMER-Test** durchgeführt. In den Bindehautsack wird ein genormt langer Filterpapierstreifen eingehängt. Der Filterpapierstreifen nimmt Tränenflüssigkeit auf und verfärbt sich dabei (→ Abb. 9.27). Bei einer normalen Tränenflüssigkeitsproduktion sollten innerhalb von 5 Minuten mehr als zwei Drittel des Streifens verfärbt sein. Eine geringere Benetzungsstrecke deutet auf eine verminderte Produktion von Tränenflüssigkeit hin.

Ein weiterer Test zur Funktion des Tränenfilms ist die Bestimmung der **Tränenfilmaufrisszeit** (Break-up-time), mit deren Hilfe die Benetzungsfähigkeit überprüft wird. Eine normale Aufrisszeit liegt bei 20–30 Sekunden. Eine Aufrisszeit unter 10 Sekunden ist ein Hinweis auf eine Störung.

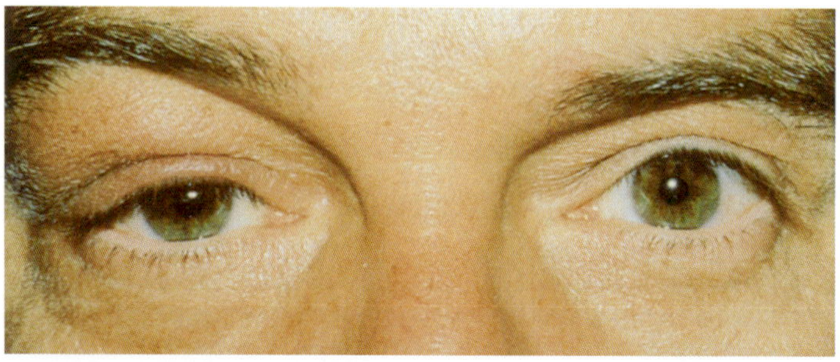

Abb. 9.28 Verengte Lidspalte, rechts; bei akuter Dakryoadenitis (Entzündung der Tränendrüsen). [15]

Klinik

Über die im nasalen Lidwinkel verlaufende V. angularis besteht eine Verbindung zwischen dem Gesicht (V. facialis) und dem Sinus cavernosus via intraorbital verlaufender V. ophthalmica, die sich an die V. angularis anschließt. Infektionen der äußeren Gesichtsregionen (z. B. nach Ausdrücken eines Pickels auf der Wange) können zu einer Keimverschleppung über diesen Weg in den Sinus cavernosus mit nachfolgender **Thrombose des Sinus cavernosus** führen. Bei ersten Anzeichen einer aufsteigenden Infektion kann die V. angularis im Lidwinkel unterbunden werden, um einer Sinusthrombose vorzubeugen. **Entzündungen** der **Tränendrüse** (Dakryoadenitiden; → Abb. 9.28) führen zu einer Protrusion des Septum orbitale und zu einer Verengung der Lidspalte.

Tränenapparat, Innervation

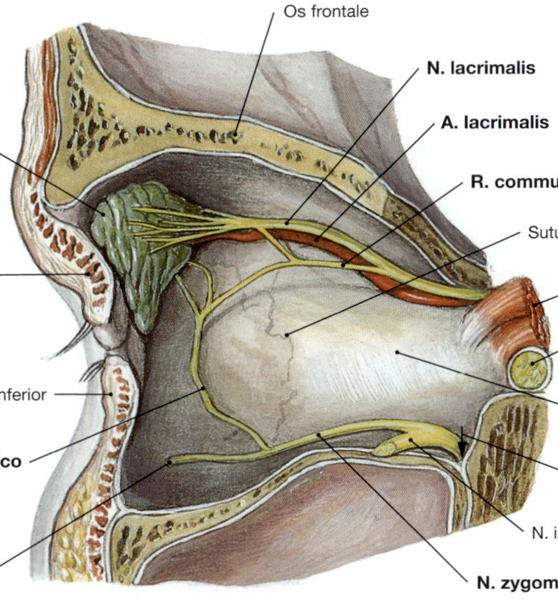

Abb. 9.29 Innervation der Tränendrüse, Glandula lacrimalis, rechts; Ansicht von medial auf die laterale Wand der Orbita.

Darstellung von Tränendrüse, A. und N. lacrimalis sowie Verbindung zwischen N. zygomaticus und N. lacrimalis über R. communicans cum nervo zygomatico.

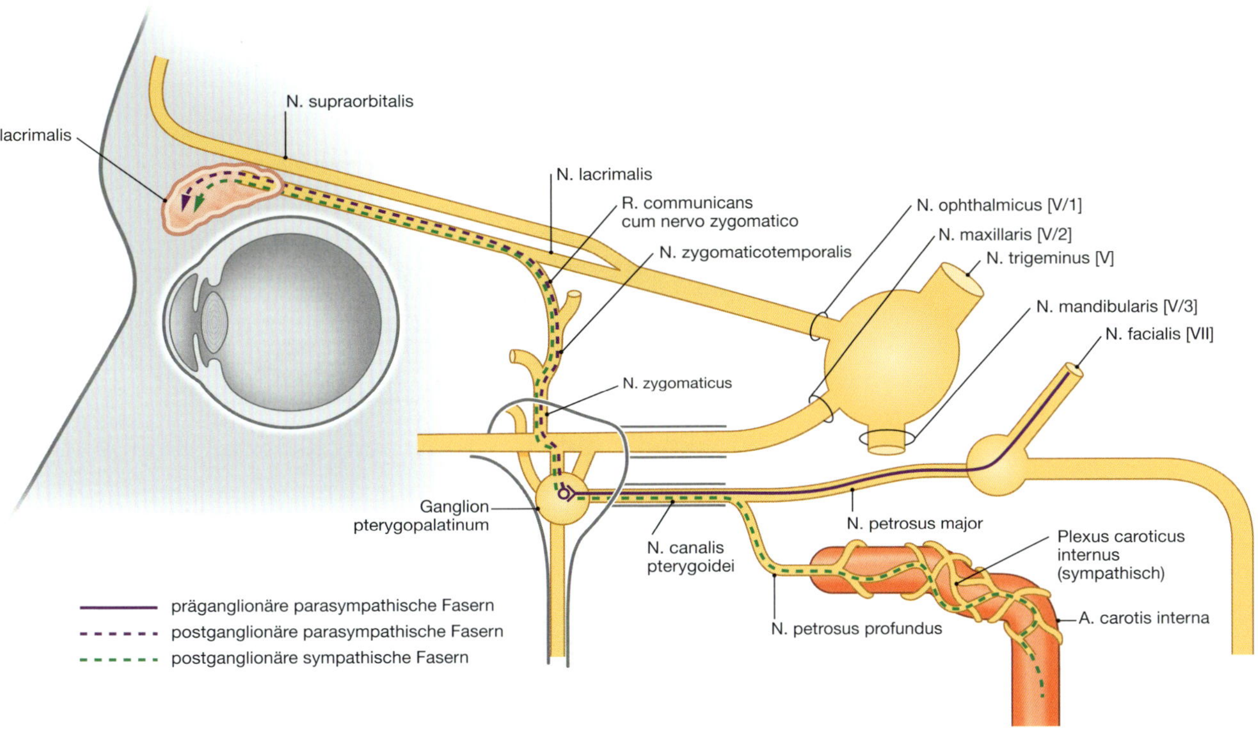

Abb. 9.30 Sympathische und parasympathische Innervation der Tränendrüse, Glandula lacrimalis; schematische Darstellung. [10]
Präganglionäre Fasern des Sympathicus werden im Ganglion cervicale superius auf postganglionäre Fasern umgeschaltet, die über die Aa. carotis interna, ophthalmica und lacrimalis die Tränendrüse erreichen oder bereits im Bereich des Foramen lacerum die A. carotis interna verlassen und von hier mit den parasympathischen Fasern zur Tränendrüse ziehen. Präganglionäre parasympathische Fasern verlaufen über den Intermediusanteil des N. facialis ohne Umschaltung durch das äußere Fazialisknie (Ganglion geniculi) via N. petrosus major zum Ganglion pterygopalatinum. Hier erfolgt die Umschaltung auf postganglionäre Fasern, die mit dem N. zygomaticus über den R. communicans cum nervo zygomatico den N. lacrimalis und mit diesem die Tränendrüse erreichen.

Tränenapparat

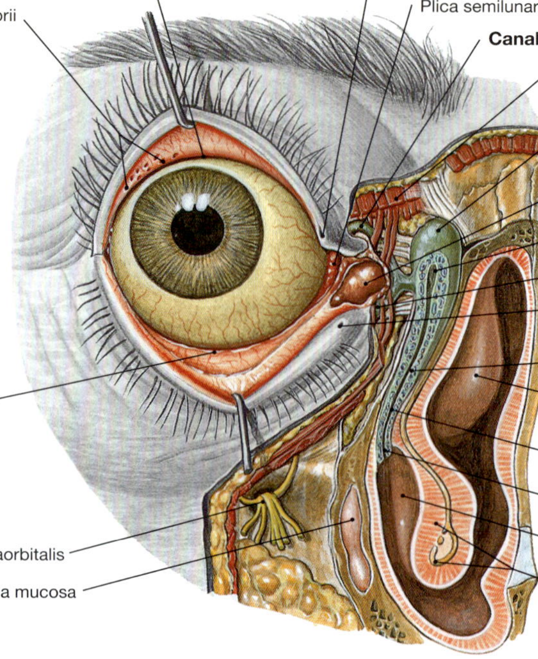

Abb. 9.31 Tränenapparat, Apparatus lacrimalis, rechts; Ansicht von vorne; Augenlider vom Augapfel weggezogen, dadurch Blick in den oberen und unteren Bindehautsack; Tränen-Nasengang bis zu seiner Mündung in den Meatus nasi inferior eröffnet.
Die ableitenden Tränenwege setzen sich aus oberem und unterem Canaliculus (Canaliculi superior und inferior), Tränensack (Saccus lacrimalis) und Tränen-Nasengang (Ductus nasolacrimalis) zusammen. Der Ductus nasolacrimalis mündet in den unteren Nasengang (Meatus nasi inferior) unterhalb der unteren Nasenmuschel (Concha nasalis inferior).

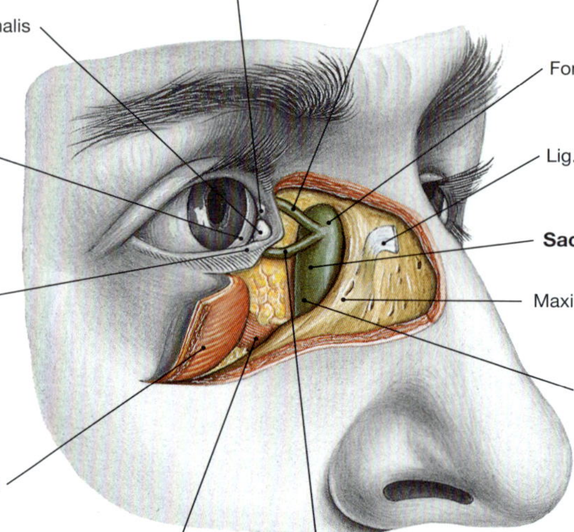

Abb. 9.32 Tränenapparat, Apparatus lacrimalis, rechts; Ansicht von vorne seitlich; Haut, Muskulatur und Septum orbitale im nasalen Lidwinkel entfernt.
Der Tränensack (Saccus lacrimalis) sitzt in der Fossa sacci lacrimalis und setzt sich nach unten als Ductus nasolacrimalis in einen knöchernen Kanal fort, der vorne von der Maxilla und hinten vom Os lacrimale gebildet wird. Jeder Canaliculus beginnt mit einem 0,25 mm (oberes) bis 0,3 mm (unteres) großen runden, ovalen oder schlitzförmigen Punctum lacrimale, das sich in einem ca. 2 mm langen vertikal verlaufenden Gang fortsetzt. Jeder Canaliculus biegt dann nahezu rechtwinklig um und geht in einen ca. 8 mm horizontal verlaufenden Anteil über. In den meisten Fällen (65–70%) vereinigen sich die beiden Kanalikuli zu einem gemeinsamen ca. 1–2 mm langen Kanal, der ca. 2–3 mm unterhalb der Fornix sacci lacrimalis in den Tränensack einmündet.

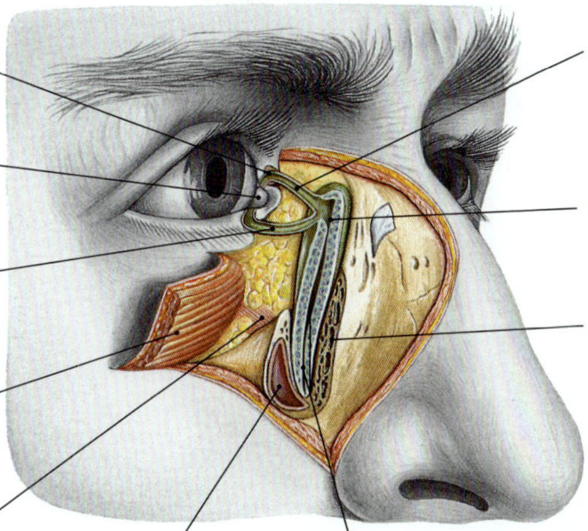

Abb. 9.33 Tränenapparat, Apparatus lacrimalis, rechts; Horizontalschnitt auf Höhe des Tränensacks.
Das Lumen des Tränensacks ist von einem Schwellkörpergewebe umgeben, das funktionell im Dienst des Tränentransports steht. Dabei führt ein Anschwellen zu einem verminderten oder aufgehobenen Tränentransport, die Tränen fließen über die Wangen ab (weinen). Zu einer Füllung der Blutgefäße des Schwellkörpers kommt es, wenn Fremdkörper in den Bindehautsack gelangen oder im Rahmen von starken Emotionen (z. B. starker Freude oder Trauer).

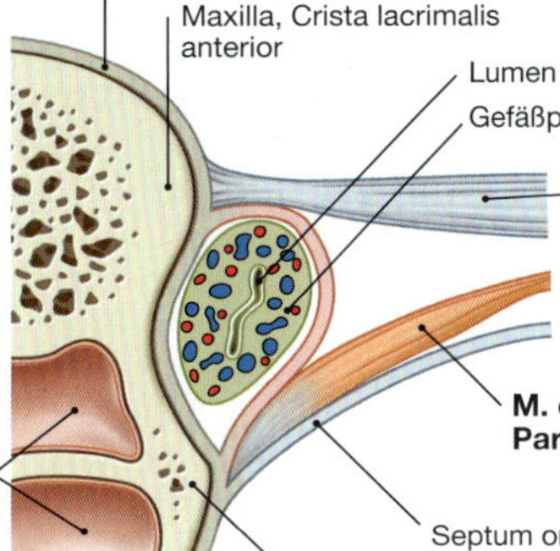

Abb. 9.34 Tränenapparat, Apparatus lacrimalis, rechts; Horizontalschnitt auf Höhe des Tränensacks, Saccus lacrimalis. [8]
Der vertikale Durchmesser des Tränensacks beträgt etwa 12 mm, der sagittale 5–6 mm und der transversale 4–5 mm. Der Ductus nasolacrimalis misst etwa 12,4 mm beim Erwachsenen. Der umgebende knöcherne Kanal ist ca. 10 mm lang und besitzt einen Durchmesser von 4,6 mm.
Man beachte die enge topographische Beziehung zum Sinus maxillaris.

Klinik

Die häufigsten Erkrankungen des Tränenableitungssystems sind Entzündung **(Dakryozystitis)**, Verengung **(Dakryostenose)** und Steinbildung **(Dakryolithiasis)**. Dabei kommt es meist zu Tränenträufeln **(Epiphora)**. Dakryostenosen können auch angeboren sein. In den meisten Fällen basiert eine angeborene Stenose auf einer persistierenden HASNER-Membran, einer dünnen Bindegewebemembran am Übergang zum unteren Nasengang, die in den meisten Fällen kurz nach der Geburt rupturiert, bei Persistenz aber vom Arzt durchstoßen werden muss.

Äußere Augenmuskeln

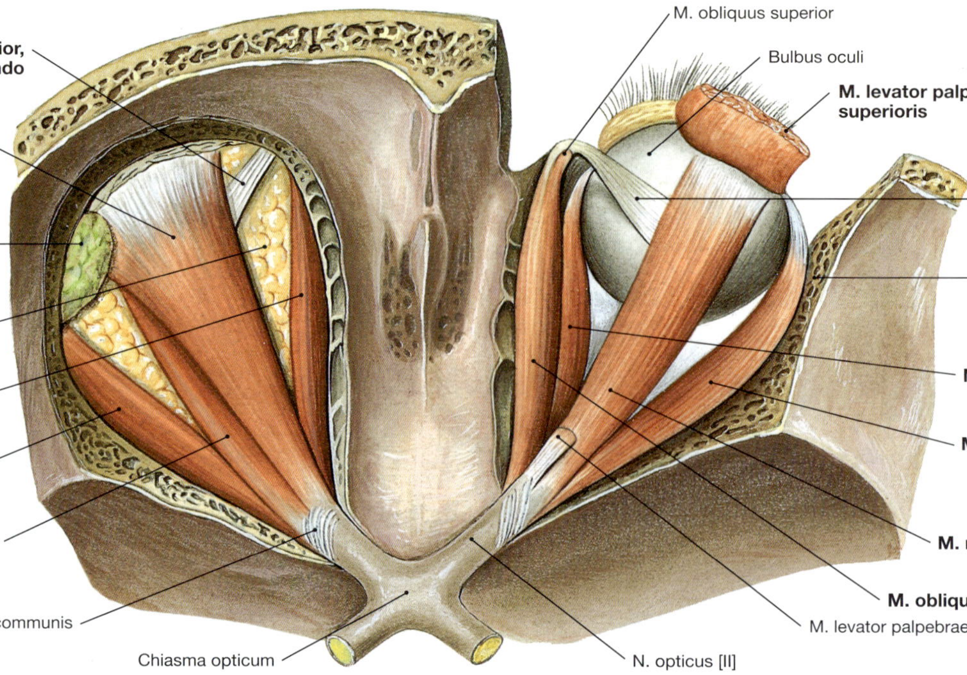

Abb. 9.35 Äußere Augenmuskeln, Mm. bulbi; Ansicht von oben; nach Entfernung der Orbitadächer auf beiden Seiten und des größten Teils des M. levator palpebrae superioris sowie des orbitalen Fettgewebes auf der rechten Seite.

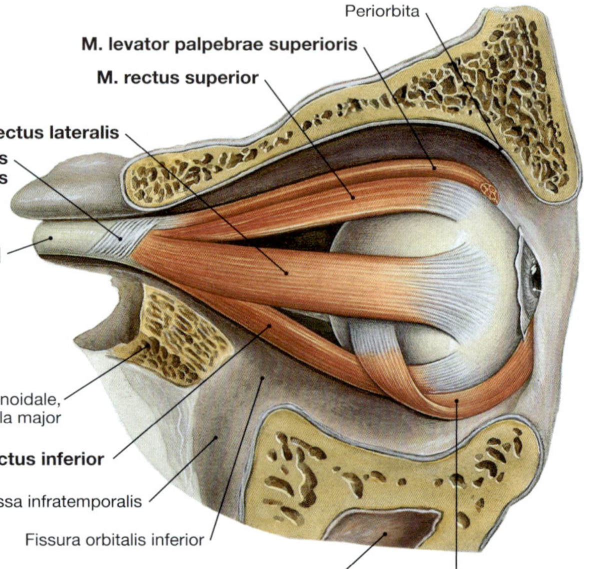

Abb. 9.36 Äußere Augenmuskeln, Mm. bulbi, rechts; Ansicht von lateral; nach Entfernung der lateralen Wand der Orbita.
Der Augenbulbus wird von sechs äußeren Augenmuskeln (vier gerade: Mm. recti superior, inferior, medialis und lateralis; zwei schräge: Mm. obliqui superior und inferior) bewegt. Mit Ausnahme des M. obliquus inferior (Ursprung an der Facies orbitalis der Maxilla seitlich von der Incisura lacrimalis der Maxilla im vorderen medialen Bereich der Orbita) und des M. obliquus superior (Ursprung am Corpus ossis sphenoidalis medial vom Anulus tendineus communis und an der Durascheide des N. opticus) entspringen alle übrigen äußeren Augenmuskeln am **Anulus tendineus communis (ZINN-Sehnenring).**
Alle sechs Muskeln strahlen in die Sclera ein. Alle vier geraden Augenmuskeln setzen vor dem Aequator des Augenbulbus an, die schrägen Augenmuskeln inserieren hinter dem Aequator. Der M. obliquus superior wird zuvor über eine im vorderen oberen Bereich des Os frontale befestigte, sehnige Schlaufe (Trochlea) umgelenkt, die er als Hypomochlion nutzt, anschließend zieht er rückläufig hinter den Aequator auf die Oberseite des Augenbulbus. Vom ZINN-Sehnenring entspringt außerdem der M. levator palpebrae superioris, der in das obere Augenlid (Palpebra superior) einstrahlt.

Klinik

Lähmung des M. levator palpebrae superioris (bei Schädigung des N. oculomotorius [III]) führt zur **Ptosis** (Ptose, Herabhängen des Augenlids). Der Patient sieht keine Doppelbilder, da er das betroffene Auge geschlossen hat. Hebt man allerdings das herabhängende Augenlid, treten Doppelbilder auf, da die Mm. recti superior, inferior und medialis ebenfalls gelähmt sind. Auch bei Schädigungen der Nn. abducens und trochlearis resultiert ein Lähmungsschielen mit Diplopie (Doppelbilder).

Äußere Augenmuskeln

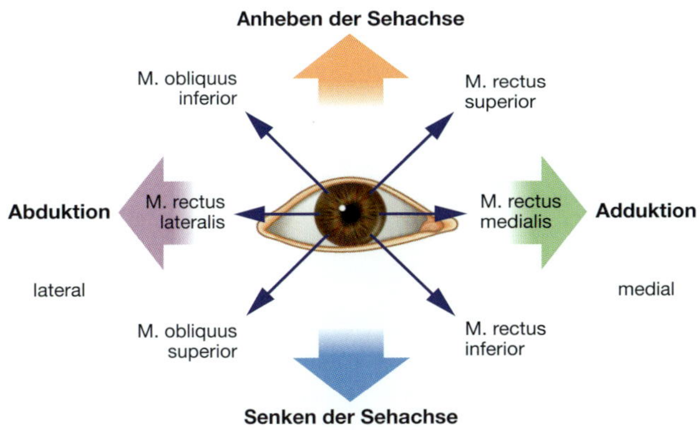

Abb. 9.37 Funktion der äußeren Augenmuskeln, Mm. bulbi. [8]
Die klinische Überprüfung der Bulbusmotilität erfolgt durch **Testen der vier Hauptblickrichtungen.** Die bei jeder Blickrichtung aktivierten Muskeln sind für beide Augen dargestellt. Die synchrone Bewegung beider Augenbulbi ist eine sehr komplexe Angelegenheit, da verschiedene Muskeln, die über verschiedene Hirnnerven innerviert werden (Nn. oculomotorius, trochlearis und abducens), synergistisch koordiniert werden müssen. Die äußeren Augenmuskeln sind sehr fein innerviert und unterscheiden sich in ihrem Feinbau von der normalen Skelettmuskulatur.

Muskel	Funktion	Innervation
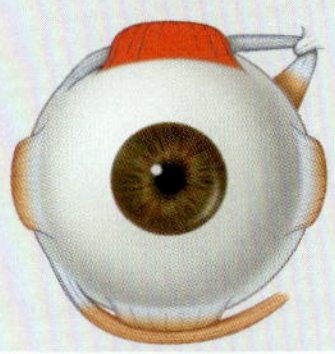 M. rectus superior	Anheben der Sehachse Adduktion und Innenrotation des Bulbus	N. oculomotorius [III], R. superior
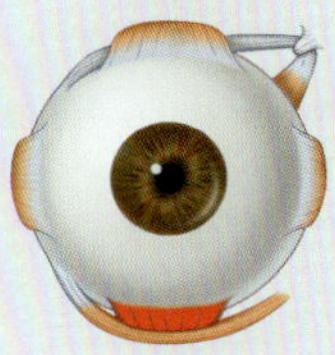 M. rectus inferior	Absenken der Sehachse Adduktion und Außenrotation des Bulbus	N. oculomotorius [III], R. inferior
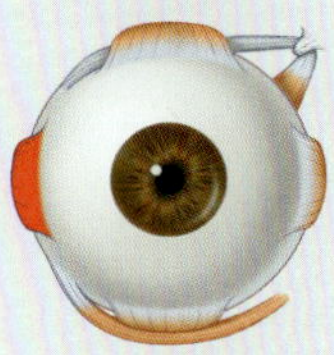 M. rectus lateralis	Abduktion des Bulbus	N. abducens [VI]
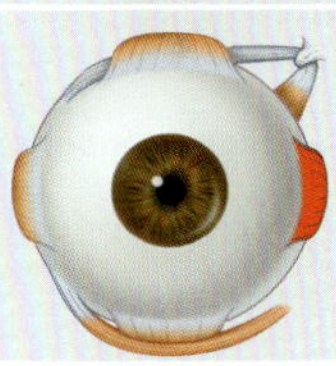 M. rectus medialis	Adduktion des Bulbus	N. oculomotorius [III], R. inferior
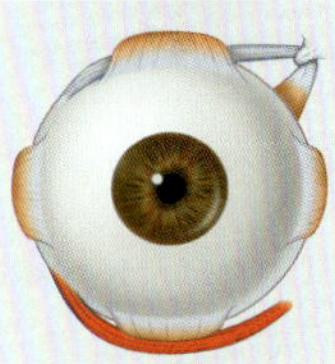 M. obliquus inferior	Anheben der Sehachse Abduktion und Außenrotation des Bulbus	N. oculomotorius [III], R. inferior
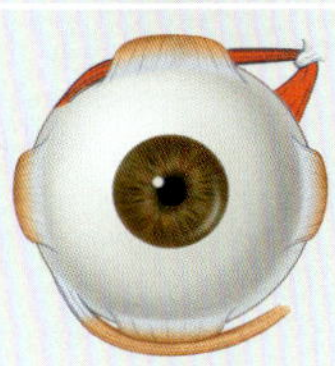 M. obliquus superior	Absenken der Sehachse Abduktion und Innenrotation des Bulbus	N. trochlearis [IV]

Abb. 9.38 Funktion und Innervation der am Bulbus oculi ansetzenden äußeren Augenmuskeln. [10]
Der jeweilige Muskel ist kräftig rot dargestellt.

Klinik

Bei einer **Okulomotoriusparese** fallen mit Ausnahme des M. rectus lateralis (N. abducens) und des M. obliquus superior (N. trochlearis) alle äußeren Augenmuskeln aus. Durch Überwiegen der beiden nicht betroffenen Muskeln ist das Auge nach unten außen gerichtet. Da gleichzeitig der M. levator palpebrae superioris ausgefallen ist, weist der Patient eine Ptose auf und sieht mit dem betroffenen Auge nicht; hat somit auch keine Doppelbilder. Erst wenn das Augenlid nach oben gezogen wird, klagt der Patient über Diplopie.

Äußere Augenmuskeln

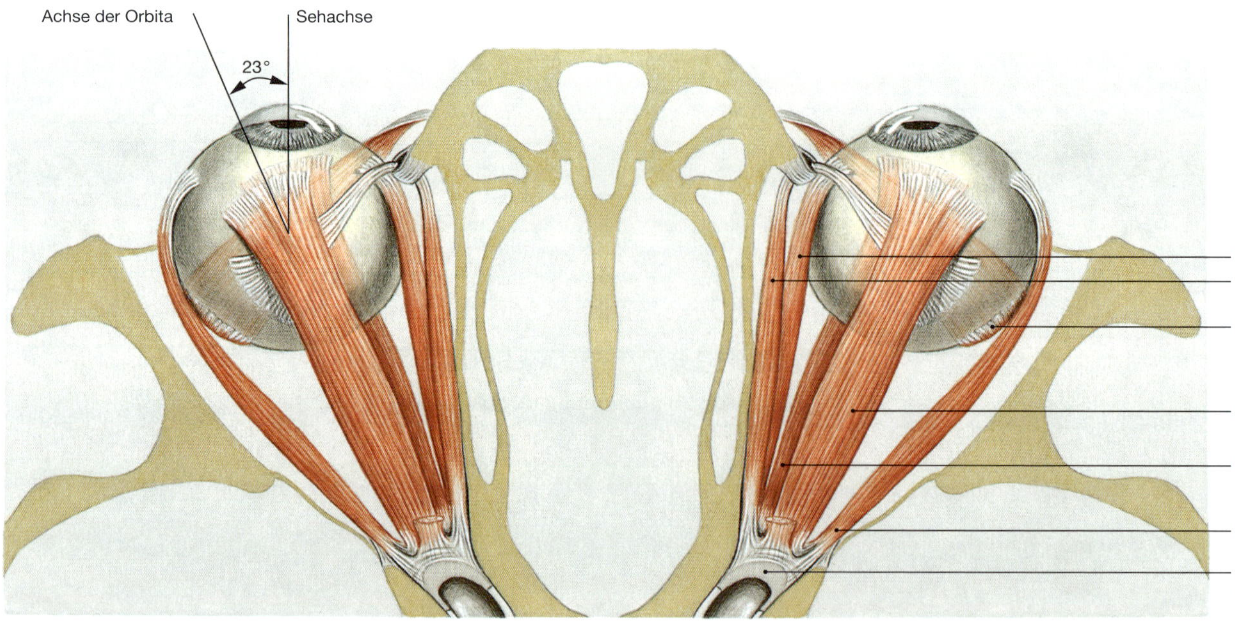

Abb. 9.39 Äußere Augenmuskeln, Mm. bulbi; Ansicht von oben. Darstellung des Anulus tendineus communis (ZINN-Sehnenring) und der Muskelinsertionen am Augenbulbus.

Die Sehachse (optische Achse) und die Achse der Orbita differieren um 23°. Aus diesem Grund liegt die Fovea centralis (Stelle des schärfsten Sehens) lateral der Papilla nervi optici (blinder Fleck).

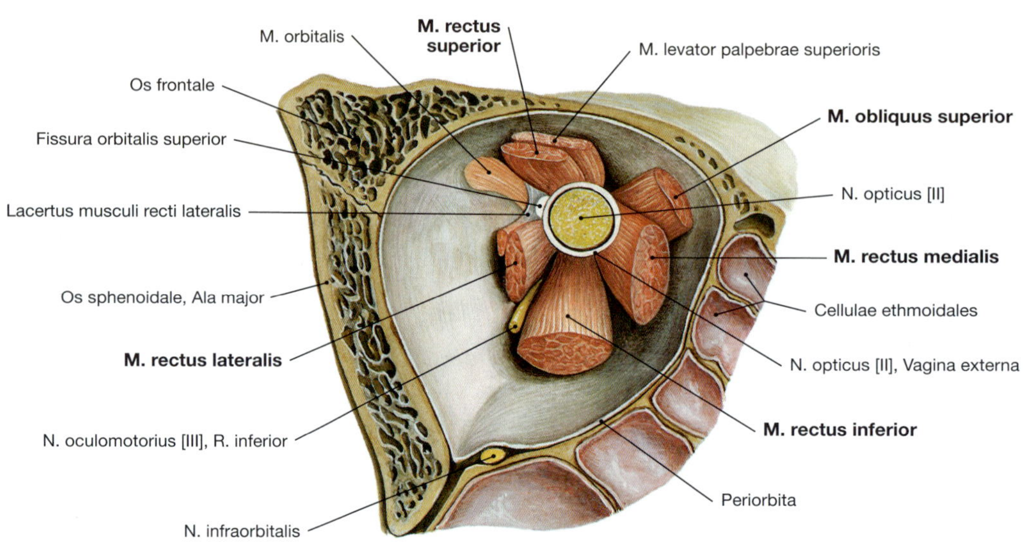

Abb. 9.40 Äußere Augenmuskeln, Mm. bulbi; rechts; Ansicht von vorne auf die Hinterwand der Orbita. Nahe der Fissura orbitalis superior sind in die Periorbita glatte, vom Sympathicus innervierte Muskelzellen eingelagert, die in ihrer Gesamtheit als M. orbitalis bezeichnet werden.

Klinik

Schädigungen des N. trochlearis [IV] führen zur **Trochlearisparese.** Dabei fällt der M. obliquus superior aus, der das Auge normalerweise abduziert und senkt. Die Sehachse ist bei solchen Patienten nach medial (nasal) und oben gerichtet. **Abduzensparesen** sind die am häufigsten vorkommenden Augenmuskelparesen (u. a., weil der N. abducens [IV] (→ Abb. 9.41) zentral durch den Sinus cavernosus verläuft und hier leichter als die im Randbereich des Sinus verlaufenden Nn. oculomotorius [III] und trochlearis [IV] verletzt werden kann). Eine Lähmung des M. rectus lateralis führt dazu, dass die Sehachse nach medial (nasal) verlagert wird.

Äußere Augenmuskeln

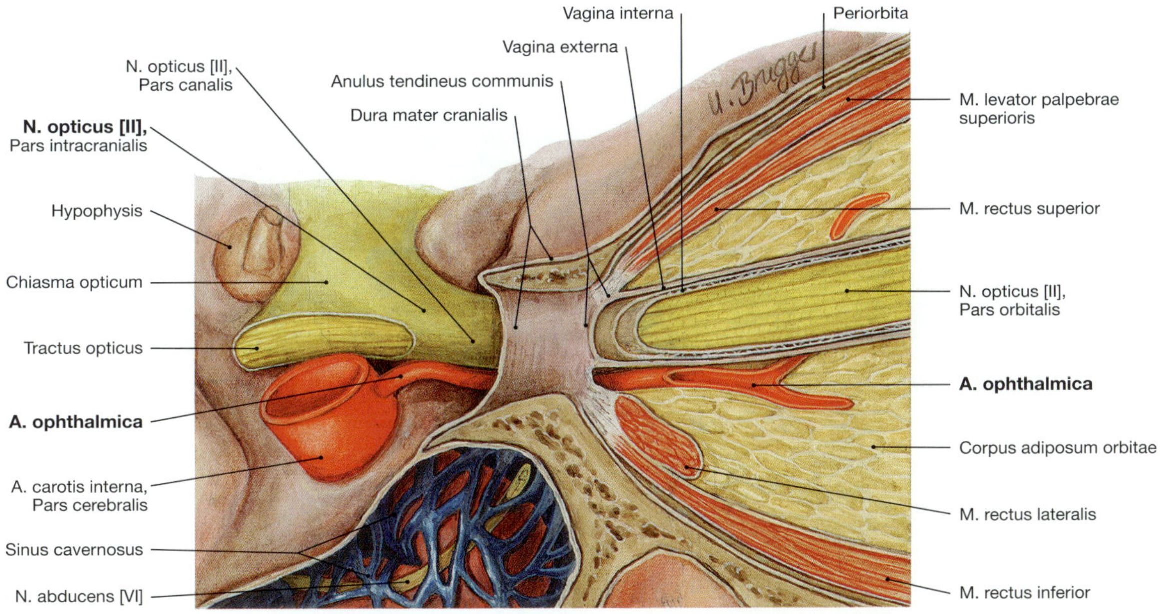

Abb. 9.41 Sehnerv, N. opticus [II]; rechts; Ansicht von lateral; nach Eröffnung des Canalis opticus.

Der N. opticus [II] verläuft gemeinsam mit der A. ophthalmica (Ast der A. carotis interna) durch den Canalis opticus und den Anulus tendineus communis (ZINN-Sehnenring) in die Orbita.

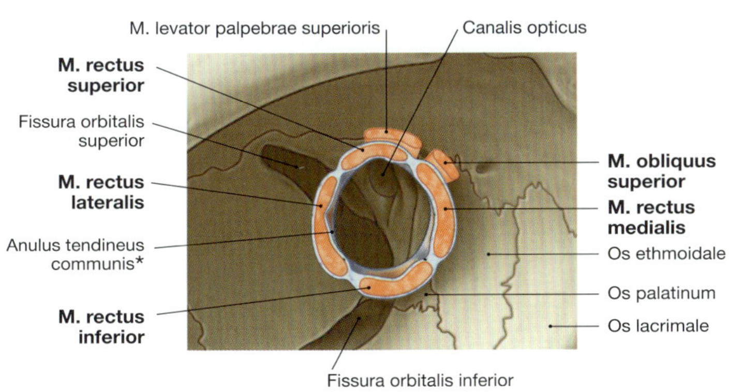

Abb. 9.42 Muskelursprünge am Anulus tendineus communis (ZINN-Sehnenring), rechts; Ansicht von vorne. [10]

Am Anulus tendineus communis entspringen die Mm. rectus superior, rectus medialis, rectus inferior und rectus lateralis. Durch den Anulus treten in der Abbildung nicht dargestellte Leitungsbahnen (→ Abb. 9.43). Der ebenfalls dargestellte M. levator palpebrae superioris entspringt an der Ala minor ossis sphenoidalis in der Orbitaspitze. Der M. obliquus superior kommt vom Corpus ossis sphenoidalis medial vom Anulus tendineus communis an der Durascheide.

* ZINN-Sehnenring

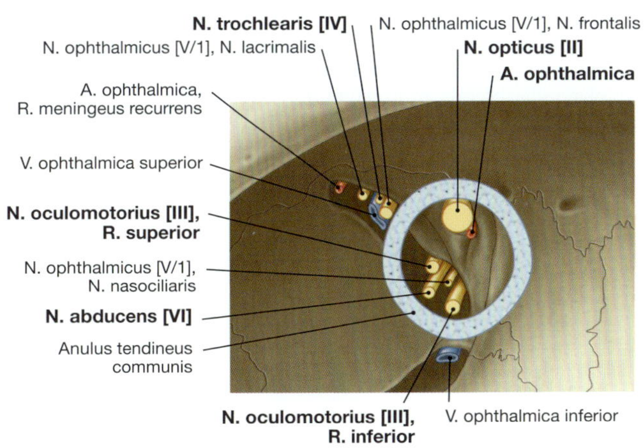

Abb. 9.43 Leitungsbahnen durch den Canalis opticus und die Fissura orbitalis superior, rechts; Ansicht von vorne. [10]

Über die Fissura orbitalis superior und durch den Anulus tendineus communis (ZINN-Sehnenring) treten N. oculomotorius [III], N. nasociliaris, N. abducens und Radix sympathica ganglii ciliaris. Die V. ophthalmica superior, der N. lacrimalis, der N. frontalis und der N. trochlearis [IV] gelangen ebenfalls über die Fissura orbitalis superior in die Orbita. Diese Leitungsbahnen verlaufen aber außerhalb des Anulus tendineus communis. Nicht dargestellt sind V. ophthalmica inferior, A. infraorbitalis, N. infraorbitalis und N. zygomaticus, die über die Fissura orbitalis inferior in die Orbita gelangen. Zentral innerhalb des N. opticus [II] verläuft die A. centralis retinae als erster Ast der A. ophthalmica.

Klinik

Ein sog. **Orbitaspitzensyndrom** kann zu einer inkompletten oder kompletten Ophthalmoplegie (Augenmuskellähmung) führen. Ursache sind meist chronische Entzündungen oder Tumoren im Bereich der Orbitaspitze. Ein **embolischer Verschluss der A. centralis retinae** ist eine häufige vaskuläre Ursache einer akuten Erblindung.

Blutgefäße der Augenhöhle

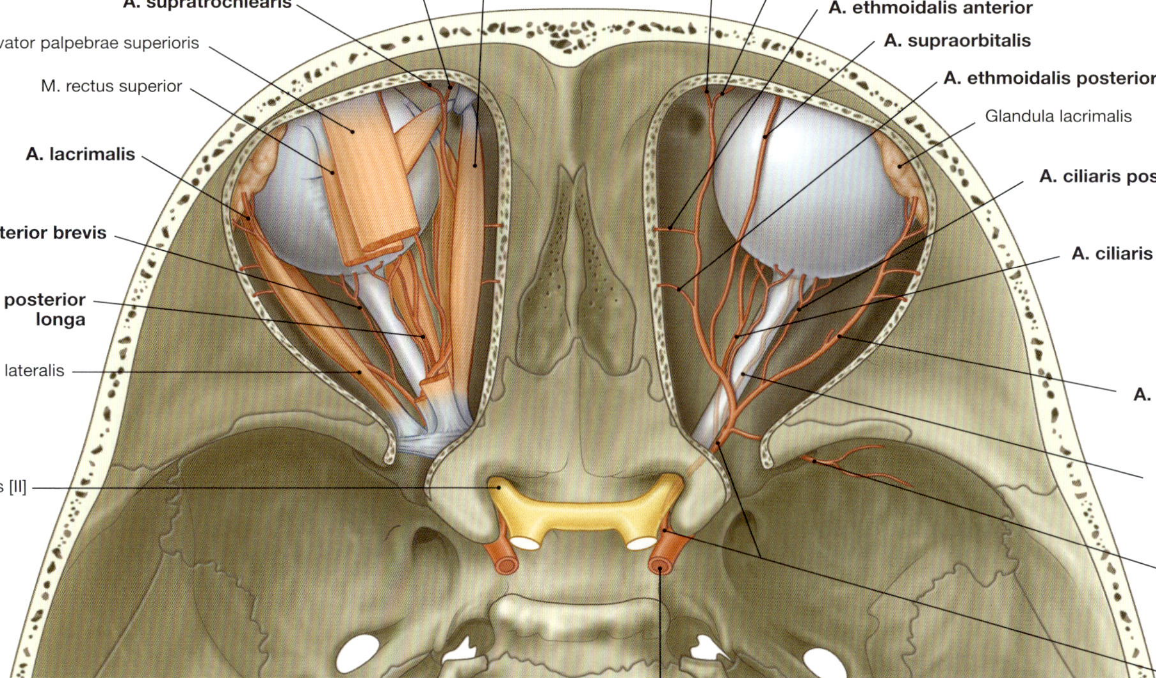

Abb. 9.44 Arterien des Auges, Oculus, und der Augenhöhle, Orbita; Ansicht von oben auf die eröffneten Orbitae; links: Orbitainhalt mit äußeren Augenmuskeln, rechts: ohne Muskeln. [10]
Die A. ophthalmica ist die Hauptarterie der Orbita. Sie entspringt aus der Pars cerebralis der A. carotis interna und zieht normalerweise unterhalb des N. opticus [II] durch den Canalis opticus in die Orbita. Hier teilt sie sich in zahlreiche Äste auf, die den Augapfel und die in der Orbita liegenden Strukturen mit Blut versorgen. Verbindungen bestehen über einen R. orbitalis zur A. meningea media, über die Aa. ethmoidales anterior und posterior zu den Blutgefäßen der Nase sowie über das Septum orbitale oder den Knochen penetrierende Gefäße zu den Gesichtsarterien (Aa. supraorbitalis, supratrochlearis, palpebralis medialis und lateralis, dorsalis nasi).

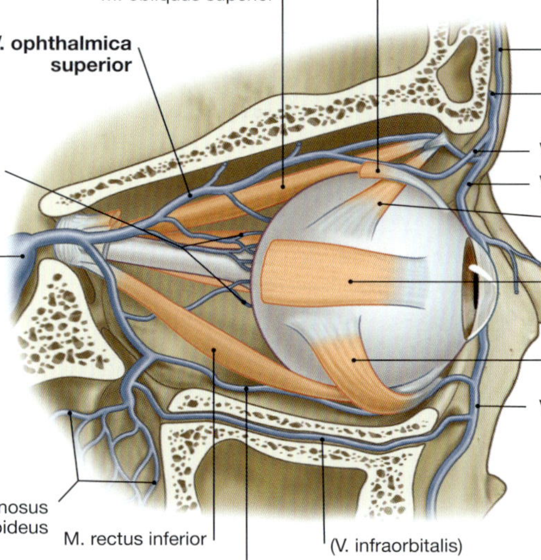

Abb. 9.45 Venen des Auges, Oculus, und der Augenhöhle, Orbita, rechts; Ansicht von lateral in die Orbita; nach Entfernung der lateralen Wand der Orbita. [10]
Der venöse Abfluss erfolgt über Vv. ophthalmicae superior und inferior. Letztere ist meist kleiner als die A. ophthalmica superior. Venöse Verbindungen bestehen zu den Venen der oberflächlichen und tiefen Gesichtsregion (Plexus pterygoideus) sowie zum Sinus cavernosus.

Klinik

Eine **Keimverschleppung aus der Gesichtsregion** aufsteigend über die V. facialis, die V. angularis im nasalen Orbitaeingang und die V. ophthalmica inferior kann zur Thrombose des Sinus cavernosus mit Schädigung der Nn. abducens [VI] (meist als erster aufgrund seiner zentralen Lage betroffen), oculomotorius [III], trochlearis [IV] und der beiden ersten Trigeminusäste (Nn. ophthalmicus [V/1] und maxillaris [V/2]) mit resultierenden Ausfallerscheinungen (Augenmuskelparesen, Sensibilitätsstörungen etc.) führen.

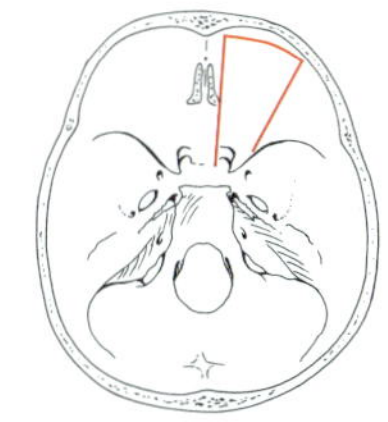

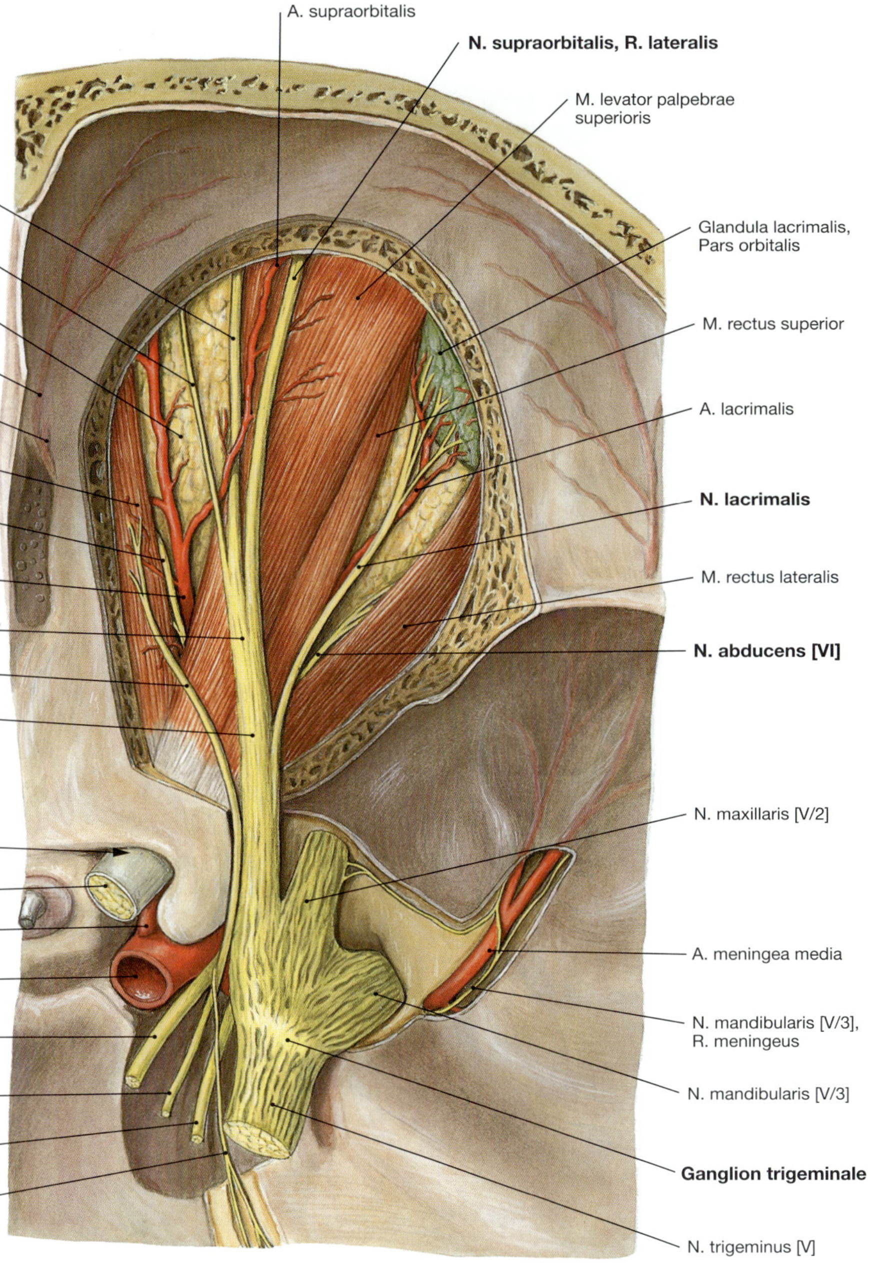

Abb. 9.46 Arterien und Nerven der Augenhöhle, Orbita, rechts; Ansicht von oben auf die eröffnete Augenhöhle **(obere Orbitaetage);** Darstellung des Ganglion trigeminale (Ganglion semilunare, Ganglion GASSERI); knöchernes Dach der Orbita, Periorbita und Corpus adiposum orbitae teilweise entfernt.

Dargestellt ist der **Verlauf des N. ophthalmicus** [V/1] durch die von oben eröffnete Fissura orbitalis superior und die weitere Aufteilung des Nervs in Nn. lacrimalis und frontalis (inkl. dessen weiterer Aufzweigung) sowie den tiefer verlaufenden N. nasociliaris. Außerdem sieht man den dünnen N. trochlearis [IV], der den M. obliquus superior motorisch innerviert und den tiefer verlaufenden N. abducens [VI] zur Innervation des M. rectus lateralis.

Arterien und Nerven der Augenhöhle

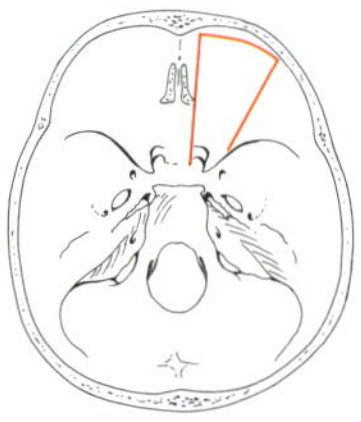

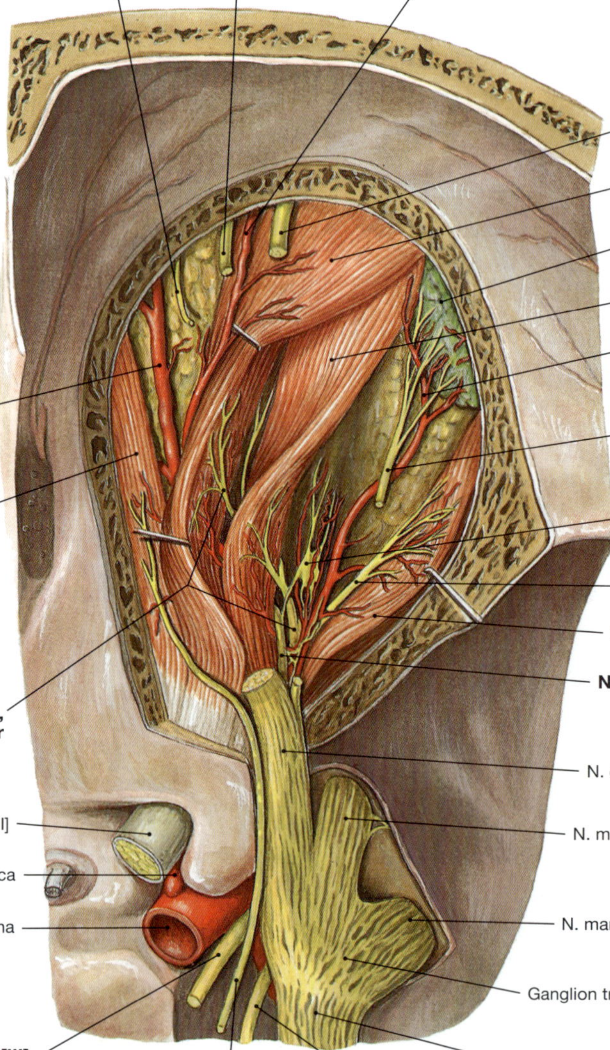

Äste der A. ophthalmica

- A. centralis retinae
- A. lacrimalis
  - R. anastomoticus cum a. meningea media
  - Aa. palpebrales laterales
- R. meningeus recurrens
- Aa. ciliares posteriores longae
- Aa. musculares
  - Aa. ciliares anteriores
  - Aa. conjunctivales anteriores
  - Aa. episclerales
- A. supraorbitalis
  - R. diploicus
- A. ethmoidalis anterior
  - R. meningeus anterior
  - Rr. septales anteriores
  - Rr. nasales anteriores laterales
- A. ethmoidalis posterior
- Aa. palpebrales mediales
  - Aa. conjunctivales posteriores
  - Arcus palpebralis superior
  - Arcus palpebralis inferior
- A. supratrochlearis
- A. dorsalis nasi

Abb. 9.47 Arterien und Nerven der Augenhöhle, Orbita, rechts; Ansicht von oben; nach Abtragung des Dachs der Augenhöhle; Darstellung des Ganglion ciliare; M. levator palpebrae superioris und M. rectus superior zur Seite geschlagen.

Man sieht die unterhalb der Muskeln eintretenden Nervenäste des N. oculomotorius [III]. Durch Entfernung des unter den Muskeln liegenden orbitalen Fettgewebes ist das ca. 2 mm messende **Ganglion ciliare** freigelegt, das lateral vom N. opticus [II] etwa 2 cm hinter dem Bulbus oculi in das Corpus adiposum orbitae eingebettet ist. Im Ganglion ciliare liegen Nervenzellkörper postganglionärer parasympathischer Neurone, die von präganglionären parasympathischen Axonen des Nucleus oculomotorius accessorius (autonomicus, EDINGER-WESTPHAL-Kern) erreicht werden. Die parasympathischen Fasern dienen der Innervation der inneren Augenmuskeln (M. ciliaris und M. sphincter pupillae, → Abb. 8.163). Postganglionäre sympathische Fasern für den M. dilatator pupillae ziehen ohne Umschaltung durch das Ganglion ciliare hindurch. Sie wurden bereits im Ganglion cervicale superius von prä- auf postganglionär umgeschaltet.

Arterien und Nerven der Augenhöhle

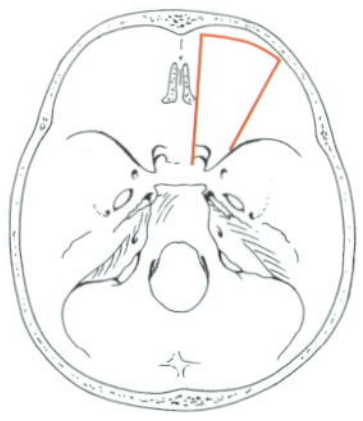

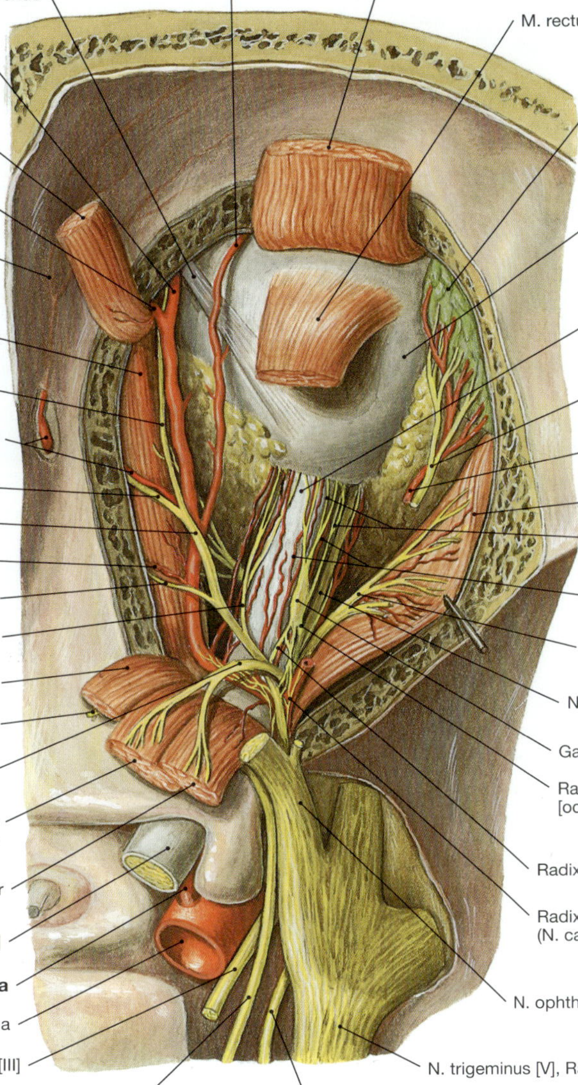

Abb. 9.48 Arterien und Nerven der Augenhöhle, Orbita, rechts; Ansicht von oben; nach teilweiser Entfernung der Mm. levator palpebrae superioris, rectus superior und obliquus superior.

Die Abbildung zeigt den Orbitainhalt der **mittleren Orbitaetage.** Man erkennt die den N. opticus [II] direkt mit Blut versorgenden Gefäße (Aa. ciliares), die aus der durch die Orbita verlaufende A. ophthalmica entspringen, sowie die Nn. ciliares longi und breves, das Ganglion ciliare und die Aufzweigung des N. nasociliaris.

Arterien und Nerven der Augenhöhle

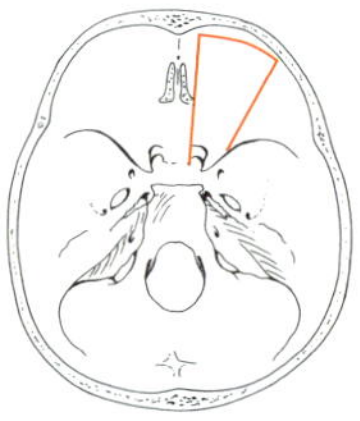

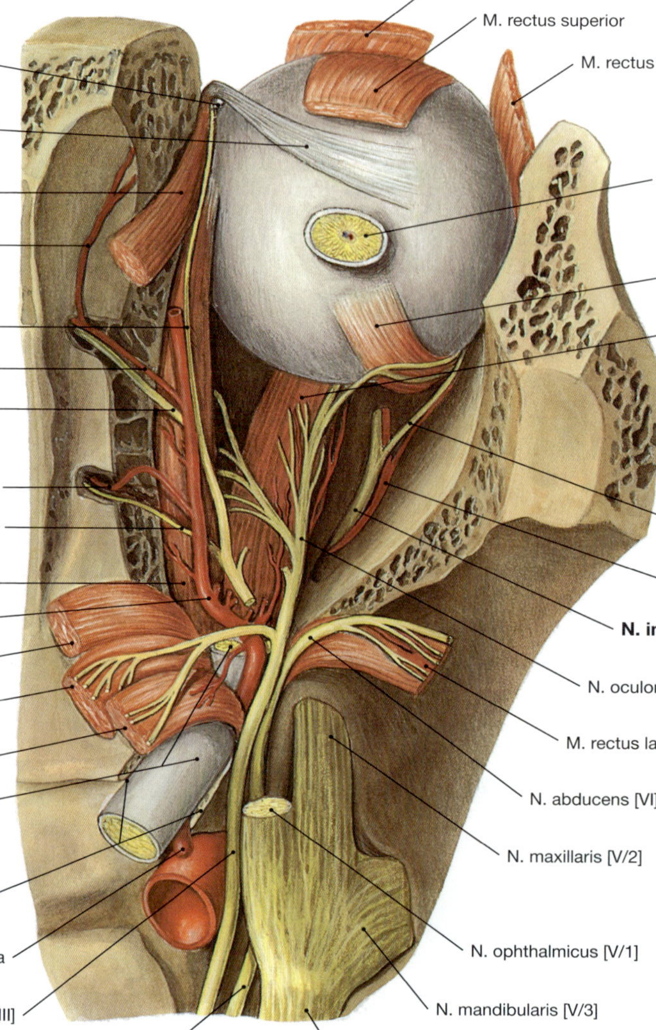

Abb. 9.49 Arterien und Nerven der Augenhöhle, Orbita, rechts; Ansicht von oben; nach Durchtrennung des N. opticus [II].
Nach Entfernung weiterer Strukturen und des gesamten orbitalen Fettgewebes ist der Blick auf den M. rectus inferior frei und man sieht daneben bereits in die **untere Etage der Orbita.** Der Bulbus ist so rotiert, dass man die Insertion des M. obliquus inferior nahe der Eintrittsstelle des abgetrennten N. opticus [II] erkennen kann. Auf der medialen Seite sind die Siebbeinzellen (Cellulae ethmoidales) eröffnet und man sieht den Verlauf der Nn. ethmoidales anterior und posterior sowie der Aa. ethmoidales anterior und posterior aus der Orbita in das Siebbein. In der tiefen Etage sind lateral A. und N. infraorbitalis sichtbar. Aus dem N. infraorbitalis geht der N. zygomaticus ab, der außer sensiblen Fasern postganglionäre parasympathische Fasern für die Tränendrüseninnervation führt.

Klinik

Der N. opticus [II] hat topographisch eine enge Beziehung zur Keilbeinhöhle (Sinus sphenoidalis). **Prozesse innerhalb des Sinus sphenoidalis** (Sinusitiden, Tumoren) können auf den N. opticus [II] übergreifen, da er nur durch eine dünne knöcherne Wand von der Keilbeinhöhle getrennt ist. Manchmal fehlt auch diese. Bei Operationen in der Keilbeinhöhle muss daher auf den Nerv geachtet werden.

Nerven der Augenhöhle

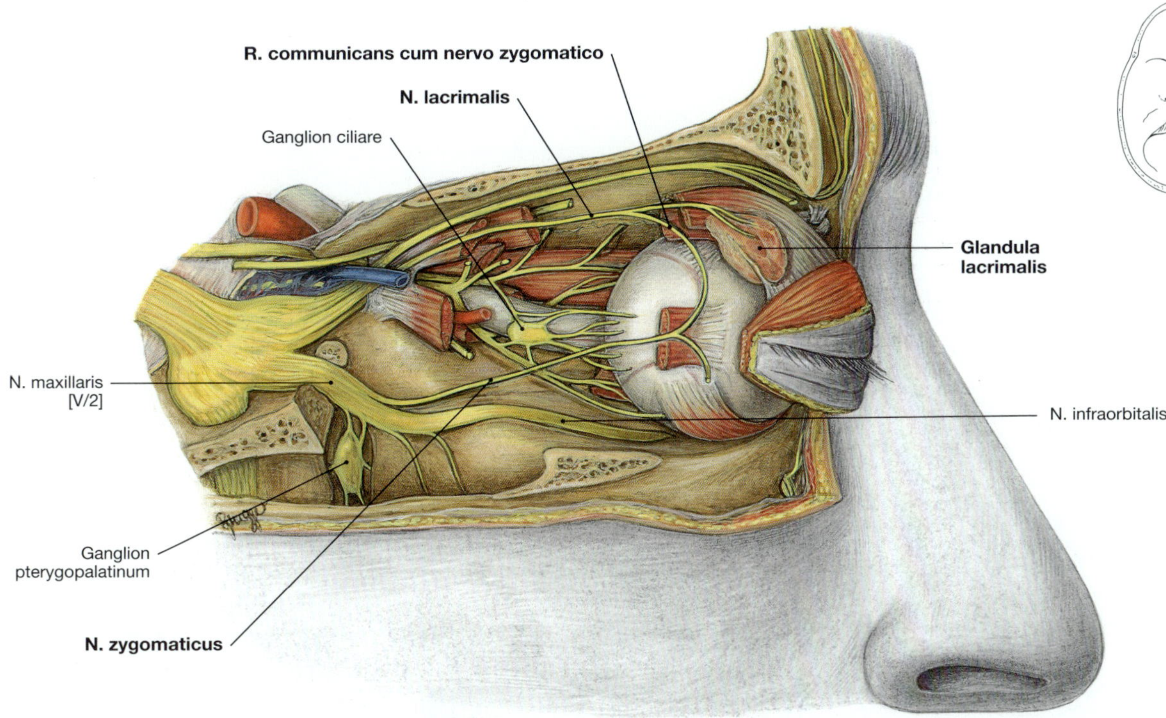

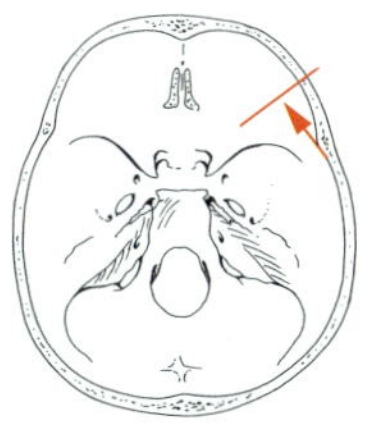

Abb. 9.50 Nerven der Augenhöhle, Orbita, und des Auges, Oculus, Innervation der Tränendrüse, Glandula lacrimalis, und Darstellung des Ganglion ciliare, rechts; Ansicht von lateral; nach Entfernung der temporalen Wand und des orbitalen Fettkörpers.

Die Tränendrüse wird über sympathische, parasympathische und somatosensible Fasern innerviert. **Postganglionäre parasympathische Fasern** kommen vom Ganglion pterygopalatinum und stimulieren die Drüsensekretion. Die Fasern verlassen das Ganglion pterygopalatinum, legen sich dem N. zygomaticus (einem Ast des N. maxillaris [V/2]) an und verlassen ihn als R. communicans cum nervo zygomatico (Tränendrüsenanastomose; → Abb. 8.163 und 9.30). Sie erreichen so den N. lacrimalis und erreichen mit diesem die Tränendrüse. Die **sensible** Innervation der Tränendrüse erfolgt über den N. lacrimalis (ein Ast des N. ophthalmicus [V/1]). Der Sympathicus wirkt hemmend auf die Sekretproduktion. **Postganglionäre sympathische Fasern** kommen aus dem Ganglion cervicale superius. Die Fasern verlaufen ohne Umschaltung durch das Ganglion pterygopalatinum und gelangen von hier auf dem gleichen Weg wie die parasympathischen Fasern zur Tränendrüse (→ Abb. 9.30).

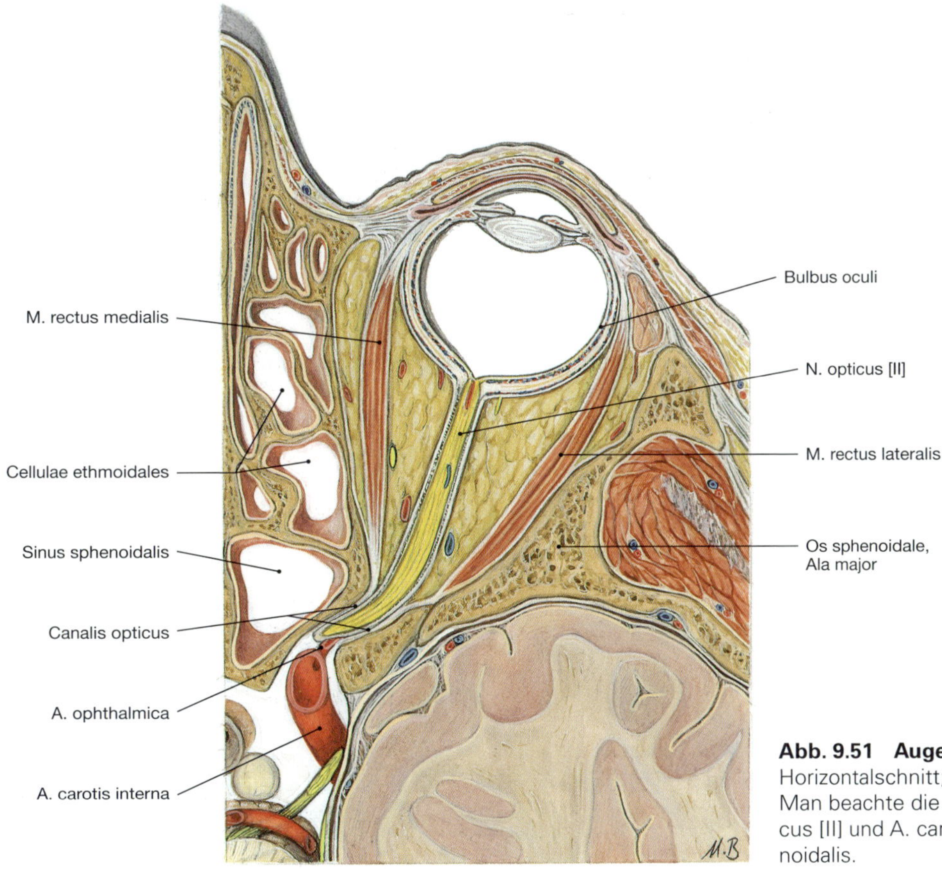

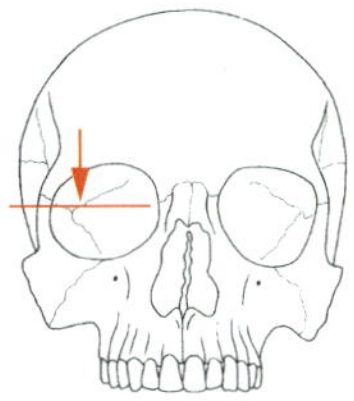

Abb. 9.51 Augenhöhle, Orbita, rechts; Horizontalschnitt; Ansicht von oben.
Man beachte die enge Beziehung von N. opticus [II] und A. carotis interna zum Sinus sphenoidalis.

Augenhöhle, Topographie

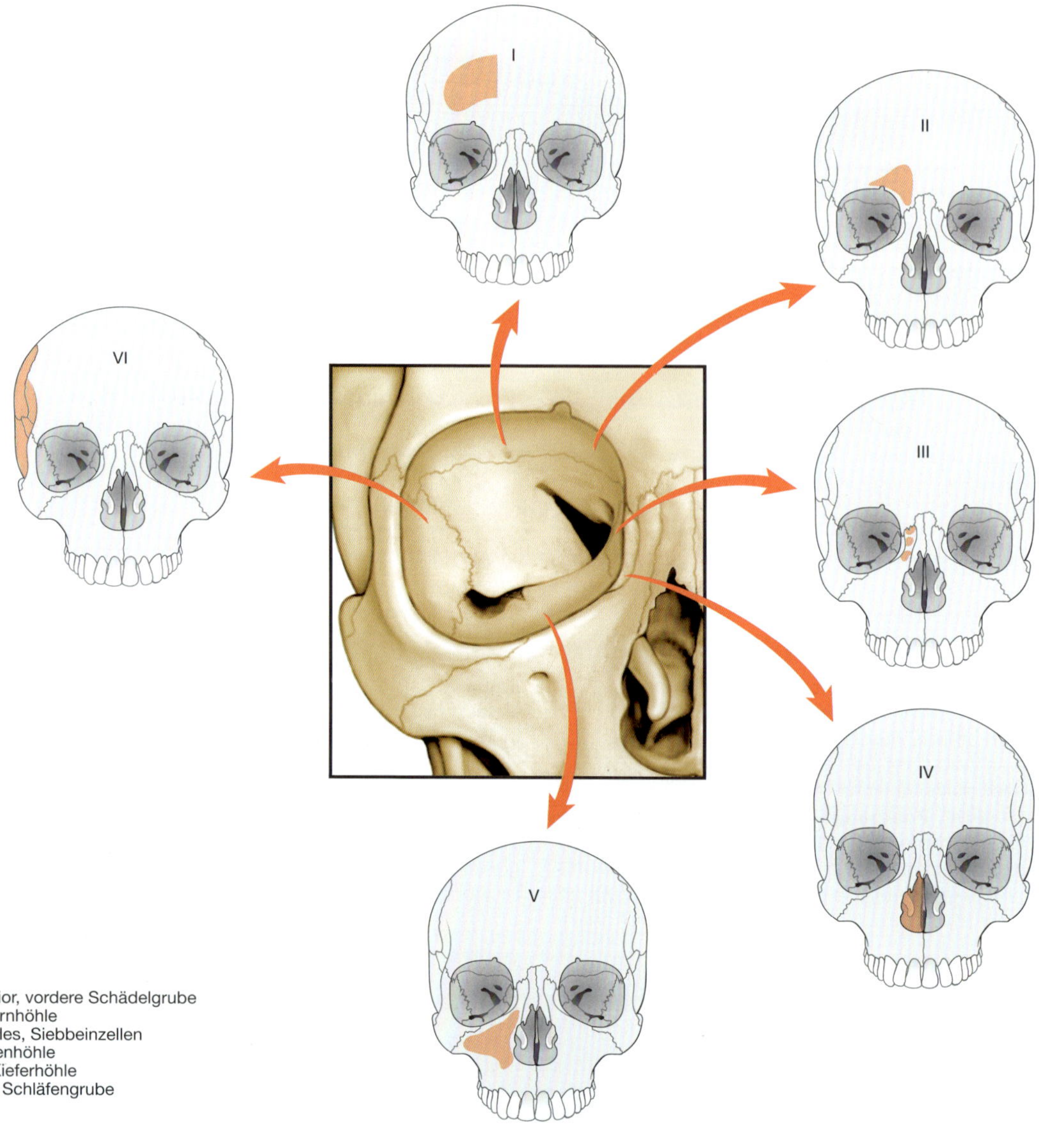

I Fossa cranii anterior, vordere Schädelgrube
II Sinus frontalis, Stirnhöhle
III Cellulae ethmoidales, Siebbeinzellen
IV Cavitas nasi, Nasenhöhle
V Sinus maxillaris, Kieferhöhle
VI Fossa temporalis, Schläfengrube

Abb. 9.52 Topographische Beziehungen der Augenhöhle, Orbita, zu den Nachbarregionen, rechts; Ansicht von vorne.
Die Orbita steht in enger topographischer Beziehung zu den Nachbarregionen. Hierzu gehören die vordere Schädelgrube (Fossa cranii anterior), die Stirnhöhle (Sinus frontalis), die Siebbeinzellen (Cellulae ethmoidales), die Nasenhöhle (Cavitas nasi), die Kieferhöhle (Sinus maxillaris) und die Schläfengrube (Fossa temporalis).

Klinik

Die Behandlung von Erkrankungen erfordert die interdisziplinäre Zusammenarbeit zahlreicher Fachrichtungen. So sind außer dem Ophthalmologen der HNO-Arzt, der Mund-Kiefer-Gesichtschirurg, der Neurochirurg, der Radiologe, der Neurologe und je nach Bedarf weitere Fachdisziplinen (z. B. Kinderarzt, Anästhesist, FA für Nuklearmedizin etc.) beteiligt. Entzündungen und Tumoren der Augenhöhle können in die Nachbarregionen (und z.T. vice versa) durchbrechen und bedürfen einer interdisziplinären Therapie.

Augenhöhle, Topographie

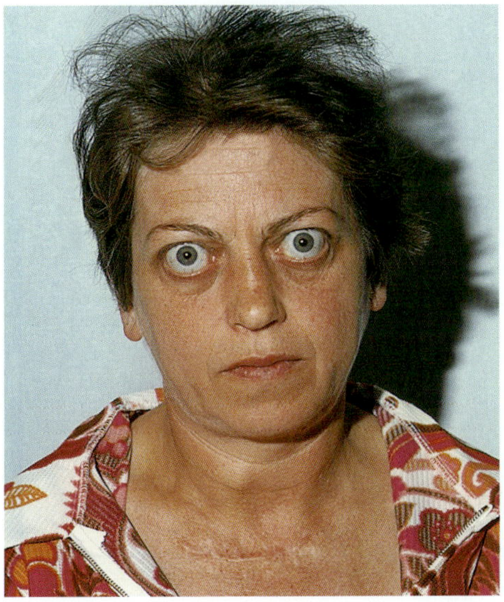

Klinik

Die **endokrine Orbitopathie** ist eine Entzündung in der Orbita im Rahmen der BASEDOW-Krankheit. Letztere stellt eine Autoimmunerkrankung dar, bei der man davon ausgeht, dass das Immunsystem fehlerhaft Antikörper gegen Schilddrüsengewebe und einige Gewebe in der Augenhöhle (u. a. Augenmuskeln und Fettgewebe) bildet. Im Einzelnen ist der Mechanismus jedoch nicht vollständig geklärt. Daraus resultiert die Kombination aus Schilddrüsenüberfunktion (Hyperthyreose) und Exophthalmus (Hervortreten der Augen, → Abb. 9.53). Der Exophthalmus geht mit Verbreiterung der Lidspalte, Lidretraktion und Bewegungsstörungen der Augen einher.

Abb. 9.53 Patientin mit endokriner Orbitopathie. [18]
Man sieht den ausgeprägten Exophthalmus sowie die Narbe im Halsbereich (Zustand nach Schilddrüsenoperation).

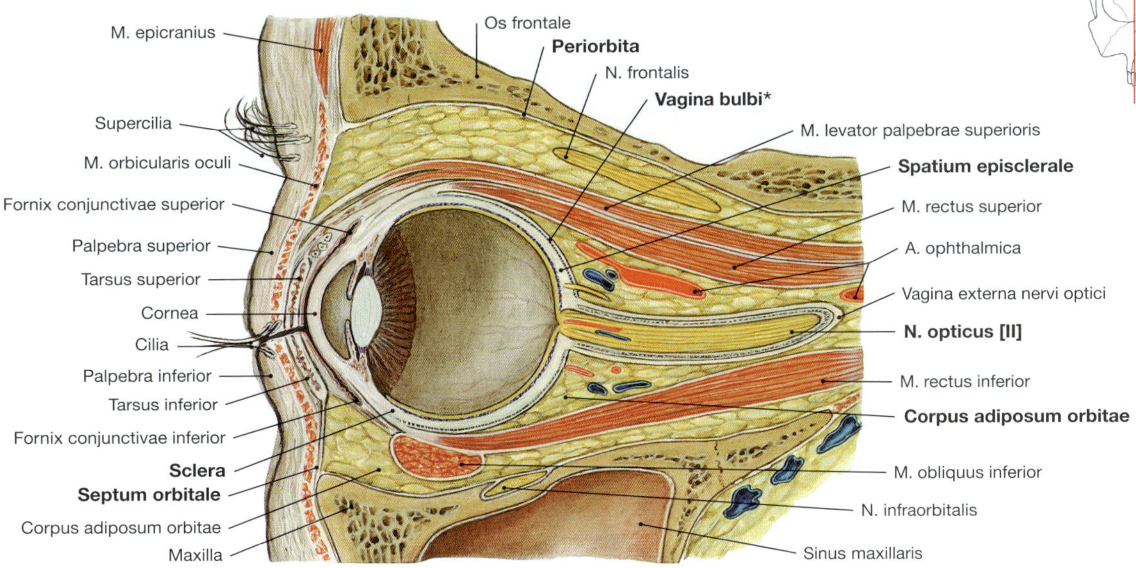

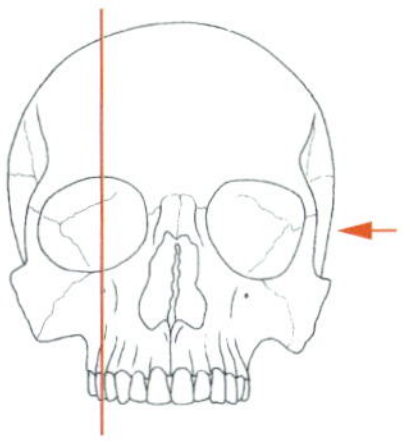

Abb. 9.54 Augenhöhle, Orbita, rechts; Ansicht von medial; Vertikalschnitt durch den mittleren Bereich.
Die Orbita ist von Periorbita (Periost) ausgekleidet. Sämtliche Strukturen der Orbita sind in einen Fettgewebekörper (Corpus adiposum orbitae) eingebettet. Der Orbitaeingang wird durch das Septum orbitale begrenzt; der Bulbus ist von einer Bindegewebehülle (Vagina bulbi, TENON-Kapsel) umgeben. Zwischen Vagina bulbi und Sclera des Augapfels befindet sich ein dünner Spalt (Spatium episclerale).

* TENON-Kapsel

Klinik

Zur Wahl eines geeigneten chirurgischen Zugangs wird die Orbita nach unterschiedlichen klinischen Gesichtspunkten eingeteilt:

- Bulbärer Abschnitt – retrobulbärer Abschnitt
- Zentraler oder intrakonaler (von den kegelförmig angeordneten geraden Augenmuskeln begrenzter) Teil – peripherer oder extrakonaler Teil
- Obere Etage – mittlere Etage – untere Etage:
  - Die **obere Etage** erstreckt sich zwischen Orbitadach sowie M. levator palpebrae superioris. Sie beinhaltet: N. frontalis, N. trochlearis, N. lacrimalis, A. supraorbitalis, A. supratrochlearis, A. und V. lacrimalis und V. ophthalmica superior (→ Abb. 9.46).
  - Die **mittlere Etage** erstreckt sich zwischen den geraden Augenmuskeln und umfasst damit den intrakonalen Raum (→ Abb. 9.48). Sie beinhaltet: N. oculomotorius, N. nasociliaris, N. abducens, N. zygomaticus, Ganglion ciliare, A. ophthalmica, V. ophthalmica superior, Aa. ciliares posteriores breves und longae.
  - Die **untere Etage** erstreckt sich zwischen den Mm. rectus inferior und obliquus inferior sowie dem Orbitaboden (→ Abb. 9.49). Sie beinhaltet: N. infraorbitalis, A. infraorbitalis und V. ophthalmica inferior.

Augenhöhle, Frontalschnitte

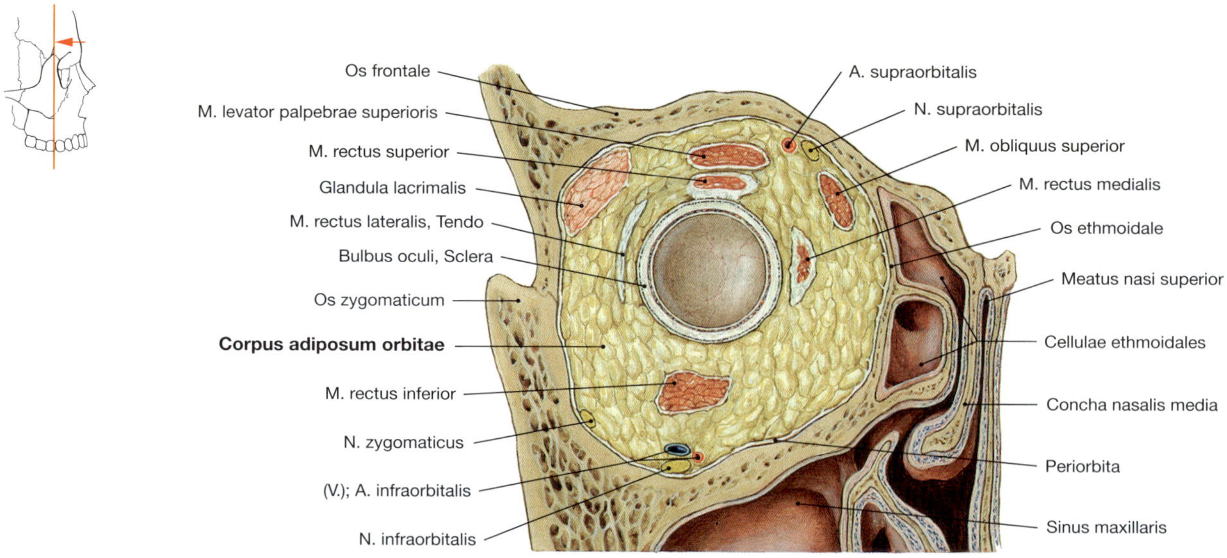

Abb. 9.55 Augenhöhle, Orbita, rechts; Frontalschnitt durch die Orbita auf Höhe des hinteren Abschnitts des Bulbus oculi; Ansicht von vorne.
Sämtliche Strukturen sind in Orbitafettgewebe (Corpus adiposum orbitae) eingelagert, Baufett, das die Orbita wie ein Puffer auskleidet.

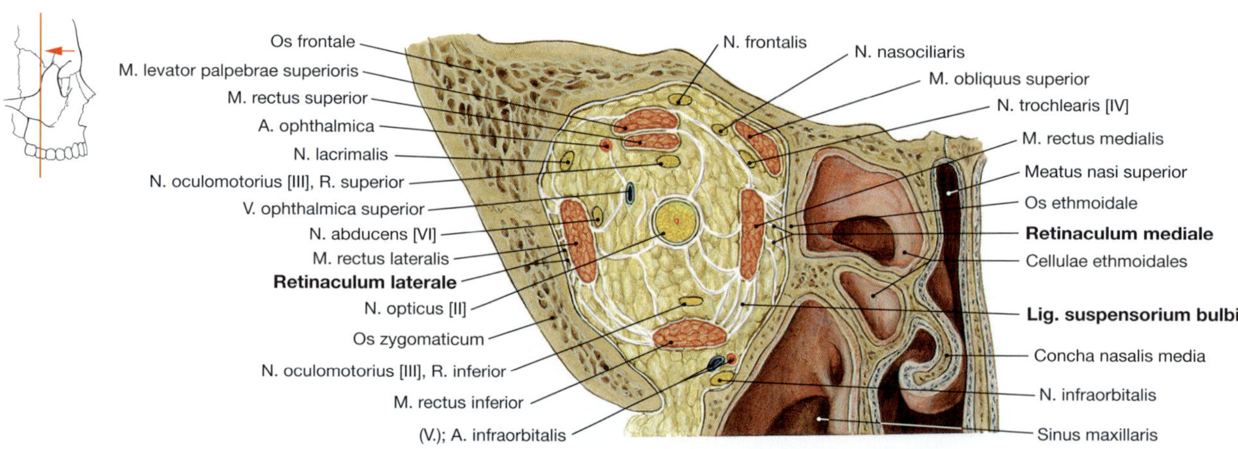

Abb. 9.56 Augenhöhle, Orbita, rechts; Frontalschnitt durch den retrobulbären Bereich der Orbita; Ansicht von vorne.
Der Bulbus und die Strukturen des Retrobulbärraums sind an der Periorbita und untereinander durch dünne Bindegewebezüge befestigt. Kräftigere Bindegewebezüge werden als Retinaculum mediale (zwischen M. rectus medialis und Periorbita) und Retinaculum laterale (zwischen M. rectus lateralis und Periorbita) sowie als Lig. suspensorium bulbi (LOCKWOOD-Band, zwischen M. rectus medialis und M. rectus inferior sowie Periorbita) bezeichnet.

Klinik

Eine Thrombose der V. centralis retinae **(Zentralvenenthrombose)** ist eine relativ häufige retinale Gefäßerkrankung, die mit starker Visusminderung einhergeht. Bei Diabetikern kommt es häufig zu Veränderungen der Netzhautgefäße, die zu Glaskörpereinblutungen führen können und dann mit einer Visusminderung einhergehen. Sollten sich Glaskörpereinblutungen nach 2–3 Monaten nicht von allein auflösen, wird bei schlechtem Visus meist eine Entfernung des Glaskörpers (Vitrektomie) durchgeführt.

Verschiedene Erkrankungen (z. B. Keratitis = Hornhautentzündung, Keratokonus oder eine Verätzung) können den operativen Ersatz der Hornhaut notwendig machen, damit der Patient wieder sehen kann **(Hornhauttransplantation).** Da die Hornhaut nicht vaskularisiert ist, ist eine Transplantation aus immunologischer Sicht wesentlich einfacher als bei vaskularisierten Organen. Deshalb ist die Hornhauttransplantation die weltweit am häufigsten durchgeführte Gewebeverpflanzung.

Augapfel

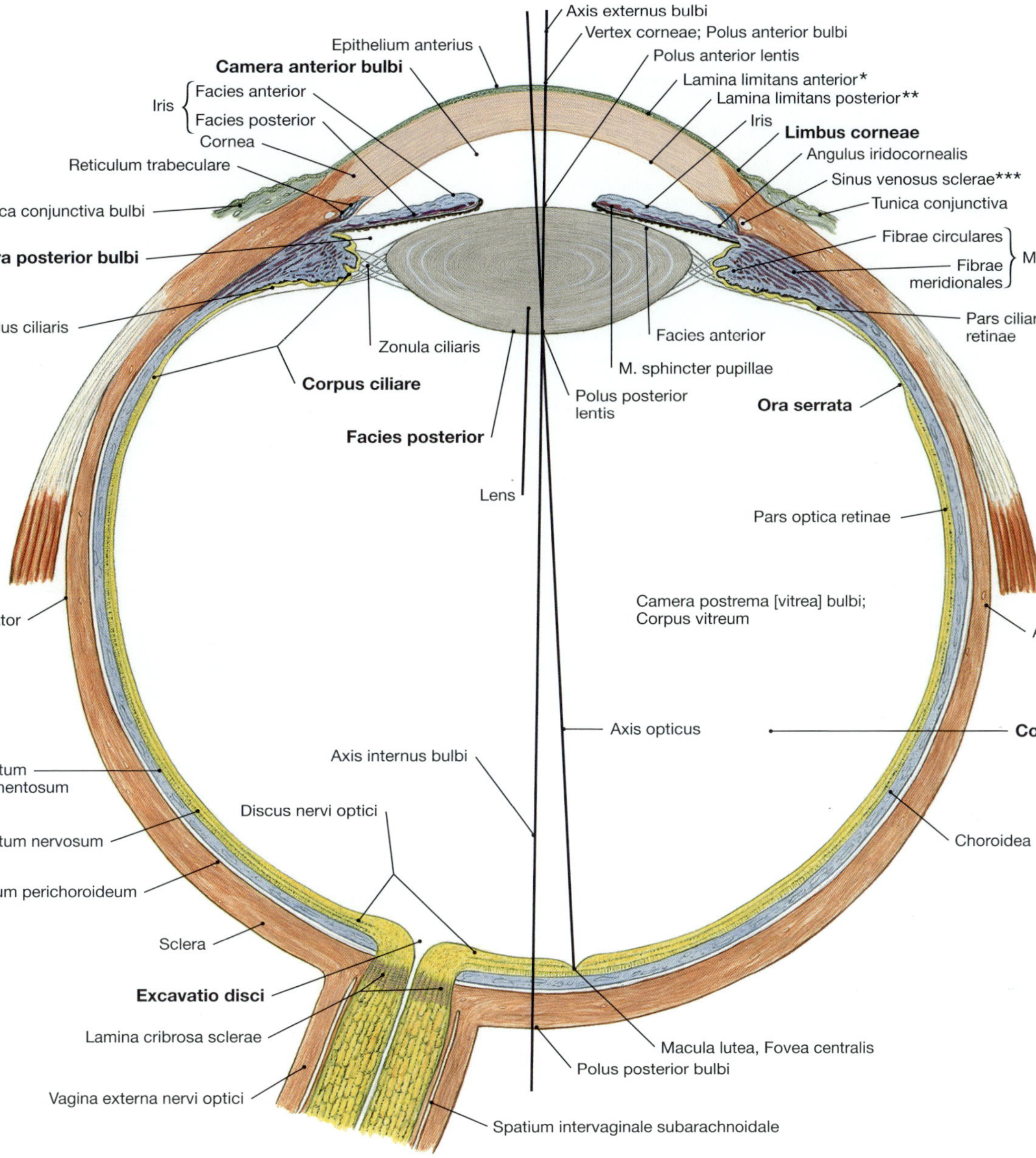

Abb. 9.57 Augapfel, Bulbus oculi, rechts; schematisierter Horizontalschnitt in Höhe des Abgangs des Sehnervs.
Im Vorderabschnitt des Auges wird die Außenhülle des Augapfels (Tunica fibrosa bulbi) von der **Hornhaut** (Cornea) gebildet. Sie wölbt sich als Sichtscheibe zur Außenwelt vor. Am Limbus corneae geht sie in die schwächer gekrümmte **Lederhaut** (Sclera) über, die im hinteren Abschnitt die Tunica fibrosa bulbi bildet. Außen setzen die Augenmuskeln an der Sclera an. Unterhalb der Sclera schließt sich die Tunica vasculosa bulbi (Gefäßhaut, Uvea) an. Sie besteht im Vorderabschnitt des Auges aus der **Regenbogenhaut** (Iris) sowie aus dem Ziliarkörper (Corpus ciliare [Strahlenkörper]) und im Hinterabschnitt aus der **Aderhaut** (Choroidea). An der Ora serrata geht der Ziliarkörper in die Choroidea über. Letztere stellt die am intensivsten durchblutete Region des Körpers dar, die außer der Ernährung der nach innen folgenden **Netzhaut** (Retina) der Temperaturregulation des Bulbus dient. Die Retina bildet die innerste Schicht des Augapfels (Tunica interna bulbi). Sie enthält die lichtempfindlichen Sinneszellen (Stratum nervosum) und das Pigmentepithel (Stratum pigmentosum), im vorderen Abschnitt gehören zu dieser Schicht das Pigmentepithel des Ziliarkörpers und das Epithel der Iris. Das Innere des Augenbulbus wird vom **Glaskörper** (Corpus vitreum) ausgefüllt.

* klin.: BOWMAN-Membran
** klin.: DESCEMET-Membran
*** klin.: SCHLEMM-Kanal

Klinik

Eine **Netzhautablösung** (Ablatio oder Amotio retinae) bezeichnet die Ablösung der inneren Anteile der Netzhaut (Stratum nervosum, Neuroretina) von ihrer Versorgungsschicht, dem retinalen Pigmentepithel (Pars pigmentosa, RPE). Symptome können das Sehen von Blitzen oder farbigen Flecken sein, können aber auch fehlen, solange die Macula (Stelle des schärfsten Sehens) nicht betroffen ist. Wird sie nicht mehr durch den Kontakt mit dem Pigmentepithel versorgt, kommt es nach etwa 48 Stunden zu einem teilweise irreparablen Funktionsverlust der betroffenen Netzhautanteile. Nach erfolgreicher Wiederanlage der betroffenen Netzhaut kann sich die Funktion in Abhängigkeit von der Dauer der Ablösung wieder bessern. Bei Fortbestehen einer vollständigen Netzhautablösung kommt es zur Erblindung des betroffenen Auges.

Blutgefäße des Augapfels

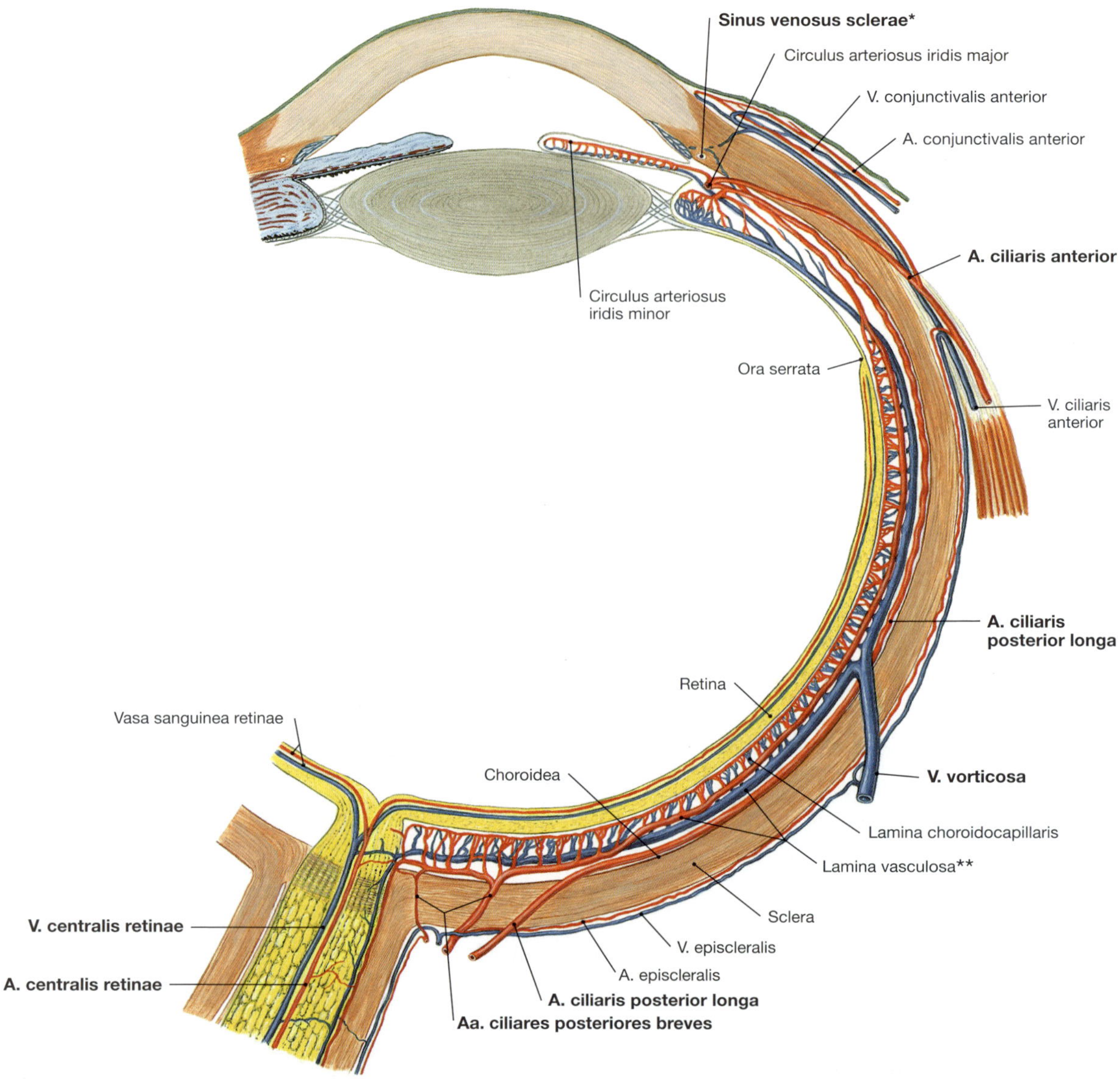

Abb. 9.58 Blutgefäße des Augapfels, Bulbus oculi, rechts; Horizontalschnitt in Höhe des N. opticus [II]; Ansicht von oben.
Arterielle Blutversorgung (→ Abb. 9.44). Der venöse Abfluss erfolgt über die V. centralis retinae sowie vier bis acht Vv. vorticosae (Vortexvenen; → Abb. 9.45). Letztere durchdringen die Sclera hinter dem Aequator und münden in die Vv. ophthalmicae superior und inferior.

* klin.: SCHLEMM-Kanal
** klin.: Uvea

Maße des Augapfels (Durchschnittswerte nach anatomischer und ophthalmologischer Literatur)			
Äußerer Bulbusdurchmesser (Axis externus bulbi)	24,0 mm	Krümmungsradius der Sclera	13,0 mm
Innerer Bulbusdurchmesser (Axis internus bulbi)	22,5 mm	Krümmungsradius der Cornea	7,8 mm
Dicke der Cornea	0,5 mm	Brechwert des gesamten Auges (Fernsicht)	59 Dioptrien
Tiefe der vorderen Augenkammer	3,6 mm	Brechwert der Cornea	43 Dioptrien
Dicke der Linse	3,6 mm	Brechwert der Linse (Fernsicht)	19 Dioptrien
Abstand zwischen Linse und Netzhaut	15,6 mm	Abstand beider Pupillen	61–69 mm
Dicke der Netzhaut	0,3 mm		

Regenbogenhaut und Ziliarkörper

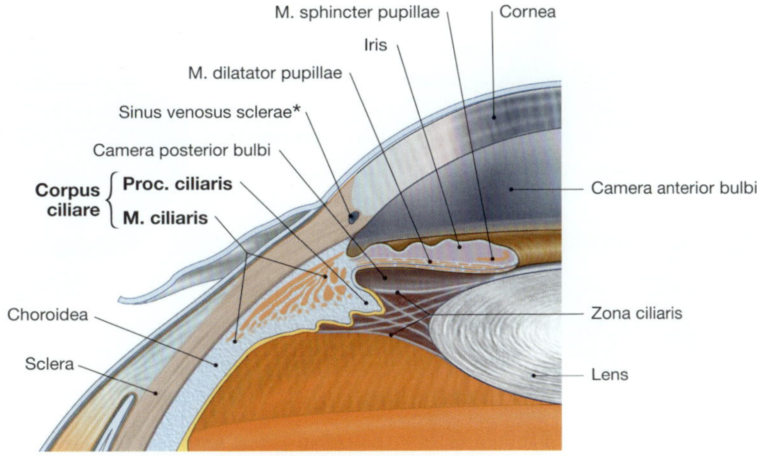

Abb. 9.59 Kammerwinkel, Angulus iridocornealis und seine Umgebung. [8]
Der Kammerwinkel wird von Cornea, Iris und Sclera begrenzt. Das Epithel des Ziliarkörpers sezerniert das Kammerwasser, das von der hinteren in die vordere Augenkammer fließt und durch das Trabekelwerk im Kammerwinkel in den SCHLEMM-Kanal (*) und von hier in die episcleralen Venen gelangt. Grundlage des Ziliarkörpers ist der M. ciliaris. Er besitzt meridionale (BRÜCKE-Muskel), radiäre und zirkuläre (MÜLLER-Muskel) Muskelzellen und dient der Akkommodation.

Klinik

Zum **Glaukom** (grüner Star) kommt es durch Störungen des Kammerwasserabflusses, die oft zu intraokulären Druckerhöhungen (normal 15 mmHg) führen. Dadurch entstehen vornehmlich Schäden im Bereich der Sehnervpapille mit Erblindungsgefahr. Ursachen sind z. B. eine Verlegung des Kammerwinkels beispielsweise durch Verklebung der Iris an der Cornea (**Winkelblockglaukom,** selten) oder bei offenem Winkel ein gestörter Abfluss durch das Trabekelwerk des SCHLEMM-Kanals (**Offenwinkelglaukom,** häufig).
Genetisch bedingte Störungen der Fibrillensynthese (**MARFAN-Krankheit)** führen zur Insuffizienz der Zonulafasern mit Lageverschiebungen der Linse (Linsenluxation) sowie dauerhafter Kugelform der Linse (gestörte Fernakkommodation).

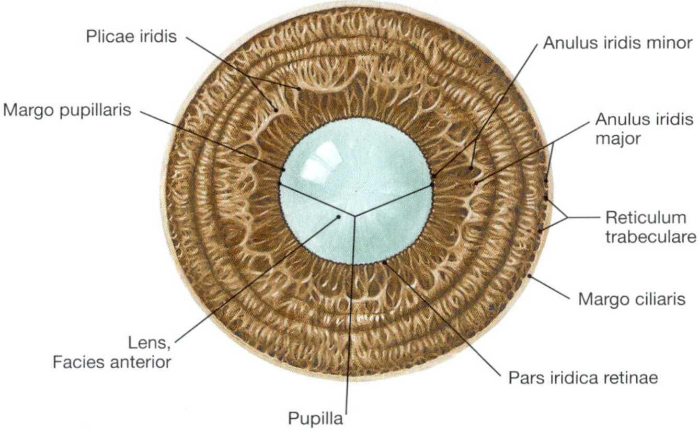

Abb. 9.60 Regenbogenhaut, Iris, und Linse, Lens; Ansicht von vorne.

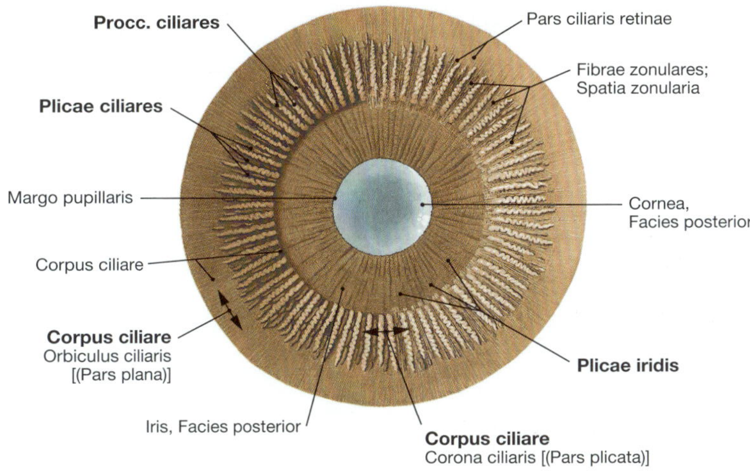

Abb. 9.61 Regenbogenhaut, Iris, und Ziliarkörper, Corpus ciliare; Ansicht von hinten; nach Entfernung der Linse.
Der Ziliarkörper unterteilt sich in einen ebenen Anteil (Pars plana) und in einen aufgeworfenen Anteil (Pars plicata). Von Letzterem entspringen ca. 70 Ziliarfortsätze (Procc. ciliares). Der Ziliarkörper ist vom Ziliarepithel bedeckt, das das Kammerwasser im Bereich der Pars plicata sezerniert. Vom Ziliarepithel verlaufen Zonulafasern (Aufhängebänder der Linse, Zonulae ciliares) zur Linsenkapsel.

Linse

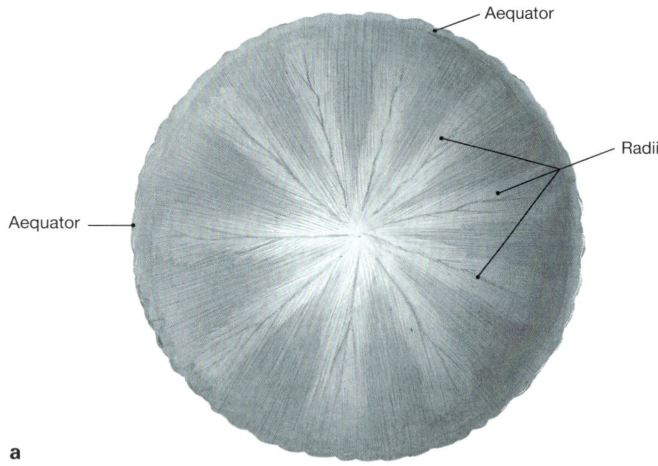

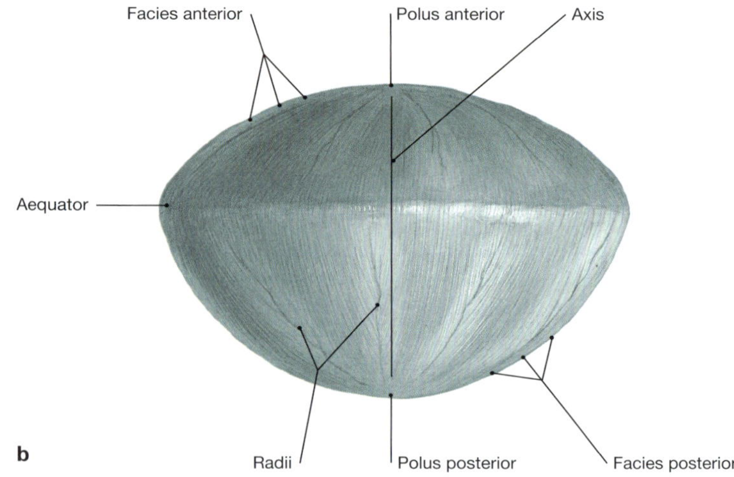

Abb. 9.62a und b Linse, Lens.
a Ansicht von vorne
b Ansicht vom Aequator

Die Linse hat je nach Akkommodationszustand eine Brechkraft von 10–20 Dioptrien (zum Vergleich: die Brechkraft der Hornhaut ist mit 43 Dioptrien zwar wesentlich höher, sie kann aber nicht modifiziert werden).

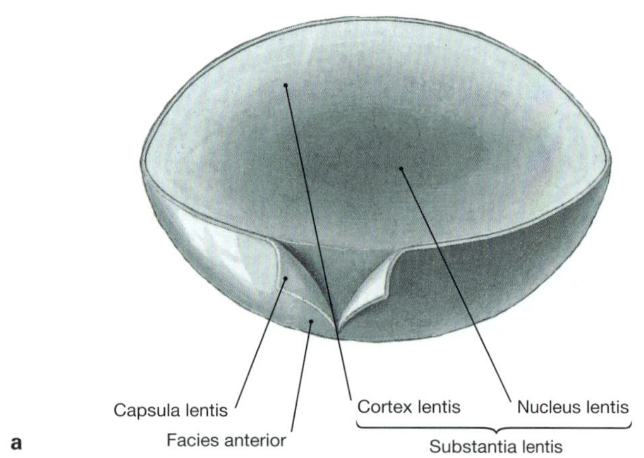

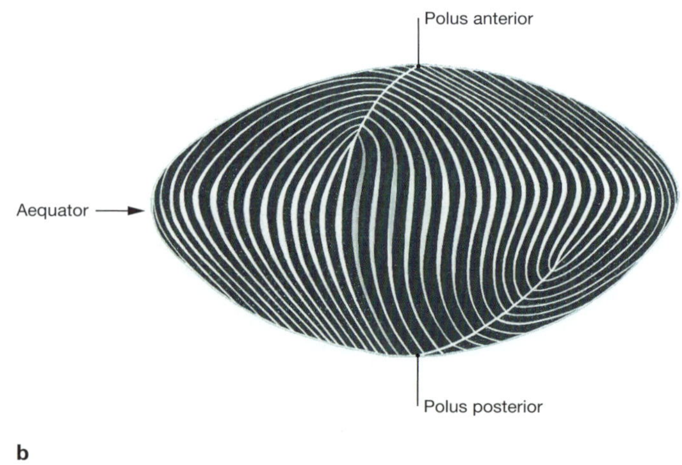

Abb. 9.63a und b Linse, Lens.
a Ansicht von schräg vorne; nach meridionaler Halbierung und teilweiser Abhebung der vorderen Linsenkapsel, Capsula lentis.
b Linsenfasern beim Neugeborenen; schematische Darstellung; Ansicht vom Aequator her.
Die Mittelpunkte der Flächen werden als vorderer (Polus anterior) bzw. hinterer Pol (Polus posterior) bezeichnet.

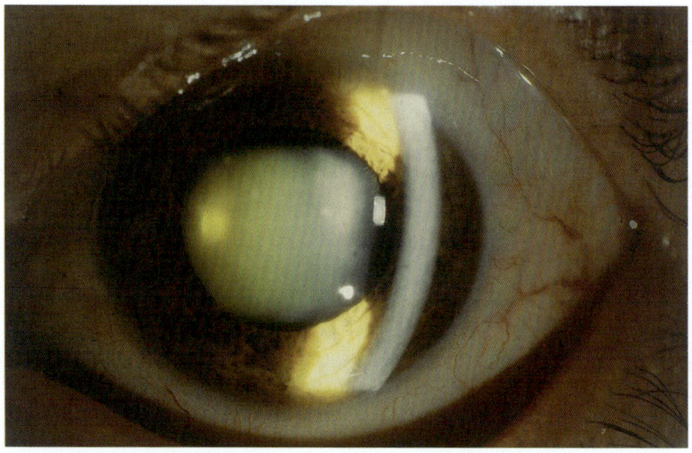

Abb. 9.64 Cataracta senilis, rechts; Spaltlampenbild.
Man erkennt eine fortgeschrittene Katarakt an der weißlichen Trübung. Der weiße runde Balken rechts im Bild ist ein Lichtreflex auf der Hornhaut.

Klinik

Durch die kontinuierliche Anlagerung von Linsenfasern nimmt die Elastizität (etwa ab dem 40. Lebensjahr) so weit ab, dass sich die Akkommodationsbreite verringert (Alterssichtigkeit, **Presbyopie**). Durch Abnahme des intrazellulären Wassergehalts kommt es zu Veränderungen von für die Transparenz der Linse bedeutsamen Proteinen (Crystalline). Dies führt zur Linsentrübung (grauer Altersstar, **Cataracta senilis**), die die häufigste Augenerkrankung darstellt. Eine beginnende Linsentrübung ist mittels Spaltlampenuntersuchung frühzeitig diagnostizierbar (→ Abb. 9.64). Die Kataraktoperation ist in Deutschland die am häufigsten durchgeführte Operation überhaupt (ca. 10% aller 80-Jährigen leiden an einer fortgeschrittenen Katarakt).

Netzhaut

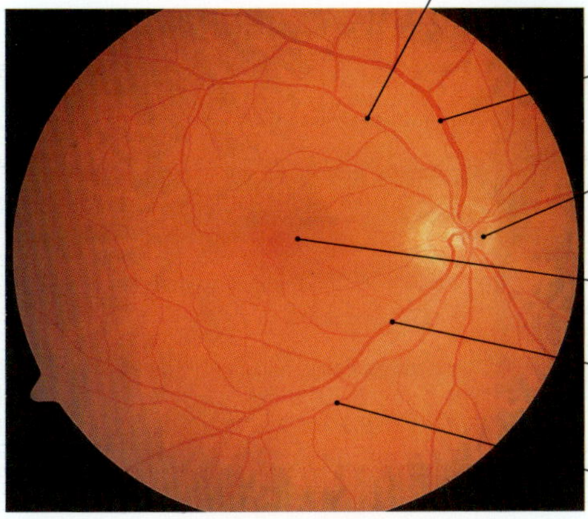

Abb. 9.65 Augenhintergrund, Fundus oculi, rechts; Ansicht von vorne; ophthalmoskopische Nativaufnahme.
Die Untersuchung des Augenhintergrundes mittels direkter Ophthalmoskopie (Funduskopie, Augenhintergrundspiegelung) dient der Beurteilung der Netzhaut, der Gefäße (besonders der A./V. centralis retinae), der Papilla (Discus nervi optici; Sehnervpapille) sowie von Macula lutea (gelber Fleck) und Fovea centralis (Stelle des schärfsten Sehens). Die Netzhautgefäße (A./V. centralis retinae sowie ihre Äste) können begutachtet und aufgrund des Gefäßdurchmessers (Arterien – geringerer Durchmesser) unterschieden werden. Die Sehnervpapille ist normalerweise randscharf begrenzt, gelb-orange und weist eine zentrale Vertiefung (Excavatio disci) auf. 3–4 mm temporal der Papille sitzt die Macula lutea (hier sind die meisten Zapfenzellen lokalisiert). Zahlreiche Gefäßäste der Vasa centrales retinae laufen radiär auf die Macula zu, erreichen das Zentrum (Fovea centralis) jedoch nicht. Letzteres wird über die Choroidea versorgt.

* klin.: gelber Fleck
** klin.: Papille oder blinder Fleck (Discus = Papilla nervi optici)

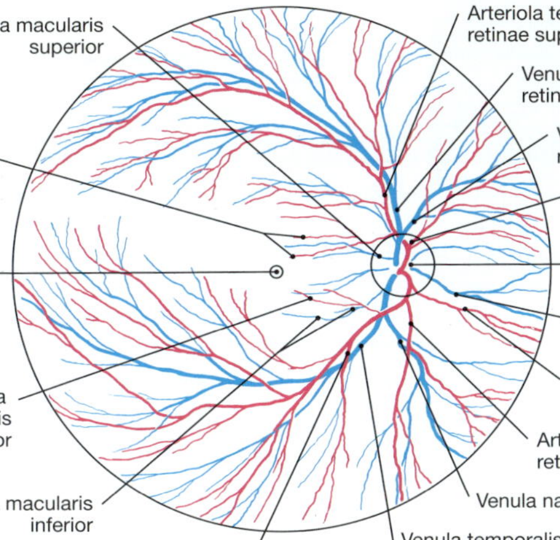

Abb. 9.66 Augenhintergrund, Fundus oculi, und Blutgefäße der Netzhaut, Vasa sanguinea retinae, rechts; Ansicht von vorne; schematische Darstellung des Gefäßverlaufs.

* Papilla nervi optici

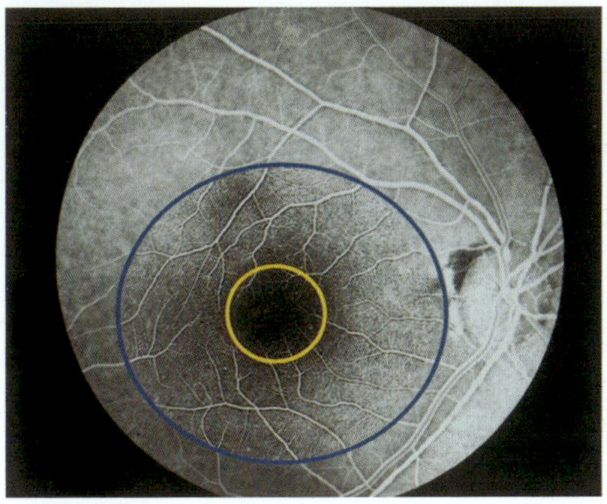

Abb. 9.67 Augenhintergrund, Fundus oculi, rechts; Ansicht von vorne; Fluoreszenzangiographie in arteriovenöser Phase mit anatomischen Landmarken: Macula (blauer Kreis); Fovea (gelber Kreis). [15]

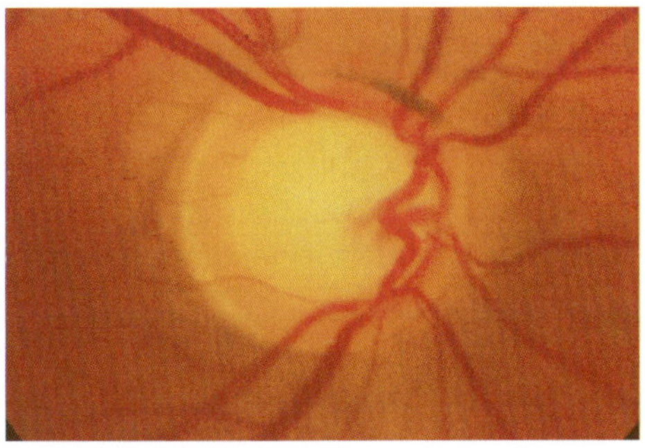

Abb. 9.68 Konzentrische glaukomatöse Vergrößerung der Sehnervpapille. [15]

Klinik

Bei einer **Netzhautablösung** (Ablatio retinae) sieht die Netzhaut weißlich-gelblich aus. Gefäßveränderungen wie diabetische Retinopathie oder Hypertonus lassen sich mittels Fundusskopie frühzeitig diagnostizieren. Zur weiterführenden Diagnostik kann eine Fluoreszenzangiographie durchgeführt werden (→ Abb. 9.67). Bei erhöhtem Hirn-(Liquor-)Druck erscheint die Sehnervpapille in den Bulbus vorgewölbt und weist einen unscharfen Rand auf **(Stauungspapille).** Auch beim Glaukom kommt es zu charakteristischen Veränderungen (Glaukompapille → Abb. 9.68). Pathologische Veränderungen der Macula lutea treten häufig altersbedingt auf. Die als **altersabhängige Makuladegeneration** (AMD) bezeichnete Erkrankung ist die häufigste Erblindungsursache in Deutschland.

Augenhöhle, MRT

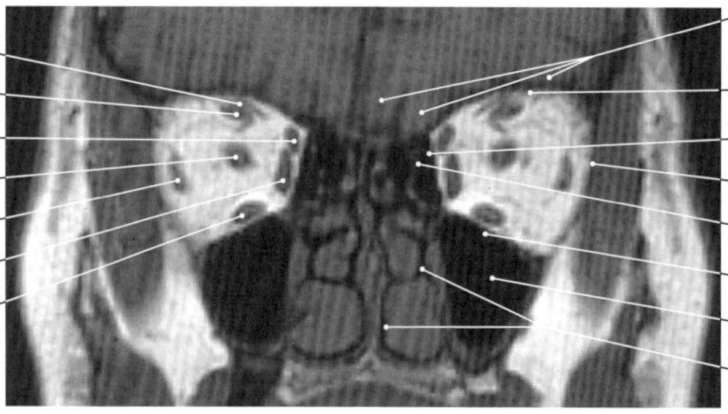

Abb. 9.69 Äußere Augenmuskeln, Mm. bulbi; magnetresonanztomographischer Frontalschnitt (MRT) eines Gesunden auf Höhe der Mitte der Augenhöhle; Ansicht von vorne.

Man erkennt sehr gut die enge topographische Beziehung von Orbita, Sinus maxillaris, Lobus frontalis, Cellulae ethmoidales und M. temporalis (nicht bezeichnet).

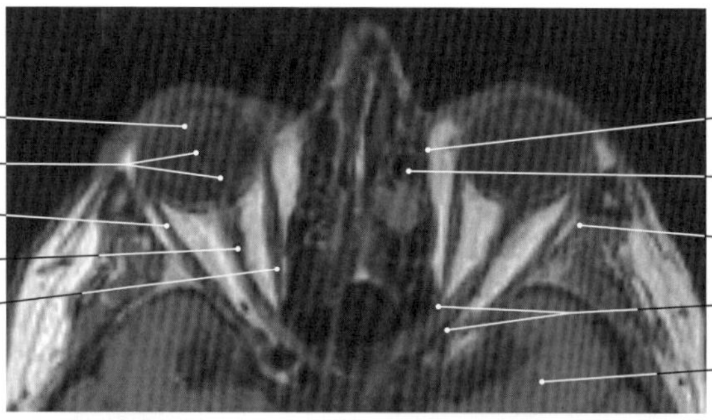

Abb. 9.70 Augapfel, Bulbus oculi, und äußere Augenmuskeln, Mm. bulbi; magnetresonanztomographischer Transversalschnitt (MRT) eines Gesunden auf Höhe des N. opticus [II]; Ansicht von oben.

In dieser Schnittebene wird der leicht geschlungene Verlauf des N. opticus [II] deutlich, der als Reservestrecke für die Augenbewegungen von Bedeutung ist.

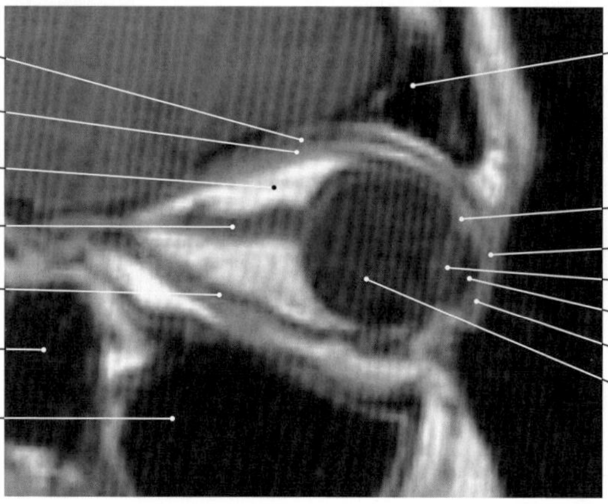

Abb. 9.71 Augapfel, Bulbus oculi, und äußere Augenmuskeln, Mm. bulbi; magnetresonanztomographischer Sagittalschnitt (MRT) eines Gesunden auf Höhe des N. opticus [II]; Ansicht von lateral.

Im MRT können der Bulbär- und der Retrobulbärraum durch die unterschiedlichen Gewebe sehr gut voneinander abgegrenzt werden.

Untersuchungsmethoden

Die meisten sichtbaren Strukturen des Auges lassen sich mit speziellen optischen Instrumenten (z.B. Lupenbrille, Ophthalmoskop, Spaltlampe) beim Lebenden darstellen und beurteilen, z.B. Cornea, Kammerwasser, Kammerwinkel, Iris, Linse, Glaskörper, Retina mit Sehnervpapille und Macula.
Bildgebende Verfahren helfen bei der Diagnostik chronischer Entzündungen oder von Tumoren, die im nicht einsehbaren Teil der Orbita (außerhalb des Bulbus, retrobulbär) lokalisiert sind. **Computertomographie** (CT) und **Magnetresonanztomographie** (MRT) sind die am häufigsten verwendeten bildgebenden Verfahren zur Beurteilung der intraorbitalen Strukturen und ihrer topographischen Beziehungen. Durch intravenöse Kontrastmittelgabe können mit diesen Verfahren häufig noch weiterführende Informationen erlangt werden.
Ist keine Beurteilung des Augenhintergrunds mittels Fundusskopie möglich (z.B. aufgrund pathologischer Veränderungen der optischen Medien, wie Hornhauttrübung, Katarakt oder Einblutungen in den Glaskörper), kann auch eine **Sonographie** des Auges durchgeführt werden.

Sehbahn und Blutgefäße

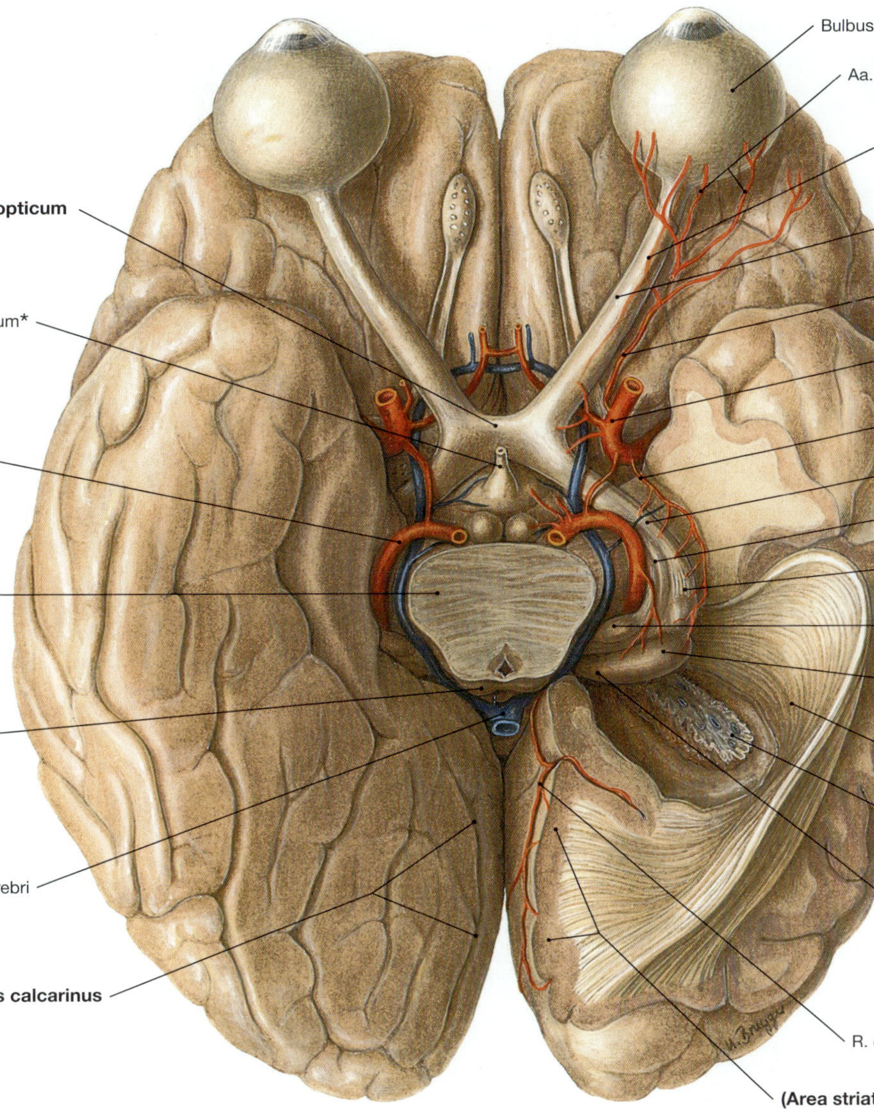

Abb. 9.72 Gehirn, Cerebrum, und Gefäßversorgung der Sehbahn; Ansicht von unten. Die Hypophyse ist an ihrem Stiel (*) abgetrennt. Sie liegt in enger Nachbarschaft zum Chiasma opticum.

Die Sehbahn beginnt innerhalb der Retina. Hier liegen die ersten drei Projektionsneurone sowie Interneurone (Horizontalzellen, amakrine Zellen) der Sehbahn. Von außen nach innen folgen aufeinander:

1. Neuron: Photorezeptorzellen (Stäbchen- und Zapfenzellen)

2. Neuron: bipolare Ganglienzellen (Perikarya im Ganglion retinae), die Signale von den Photorezeptoren aufnehmen und an multipolare Ganglienzellen (3. Neuron) weiterleiten

3. Neuron: multipolare Ganglienzellen (Perikarya im Ganglion opticum).

Das Prinzip der intraretinalen Kette aus drei Neuronen gilt allerdings nur für die Zapfenzellen. Jeweils bis zu 40 Stäbchen leiten ihr Signal an eine Stäbchenbipolare weiter und von dieser erfolgt die Weiterleitung auf indirektem Weg unter Vermittlung von Amakrinen (auch von diesen gibt es je nach Literatur bis jetzt 20 bis 50 verschiedene Typen) an eine Ganglienzelle. Die Axone des Ganglion opticum erreichen das Corpus geniculatum laterale (Radix lateralis), einige Fasern ziehen allerdings auch in die Area pretectalis und in den Colliculus superior (Radix medialis) sowie in den Hypothalamus. Die Fasern verlaufen im N. opticus [II] zum Chiasma opticum. Hier kreuzen sie vom nasalen Anteil der Retina zur Gegenseite. Fasern vom temporalen Anteil kreuzen nicht. Im Tractus opticus verlaufen dann jeweils Fasern, die Informationen aus den kontralateralen Gesichtsfeldhälften vermitteln.

Das **4. Neuron** entspringt im Corpus geniculatum laterale und zieht in das Gebiet um den Sulcus calcarinus zu den Areae 17 und 18 der Großhirnrinde (Area striata).

Klinik

Bevor einfallendes Licht auf die lichtempfindlichen Anteile der Photorezeptoren trifft, muss es zunächst alle weiteren Schichten der Netzhaut durchdringen (3. Neuron, 2. Neuron). Man spricht von der Inversion der Retina. Die Photorezeptoren (1. Neuron) liegen mit ihren Außensegmenten dem Pigmentepithel an, es bestehen allerdings keine Haftstrukturen zwischen Pigmentepithel und Photorezeptoren. In diesem Bereich kann es zur Netzhautablösung (**Ablatio** oder **Amotio retinae**) kommen, die bei Nichtbehandlung zur Erblindung führen kann.

Sehbahn

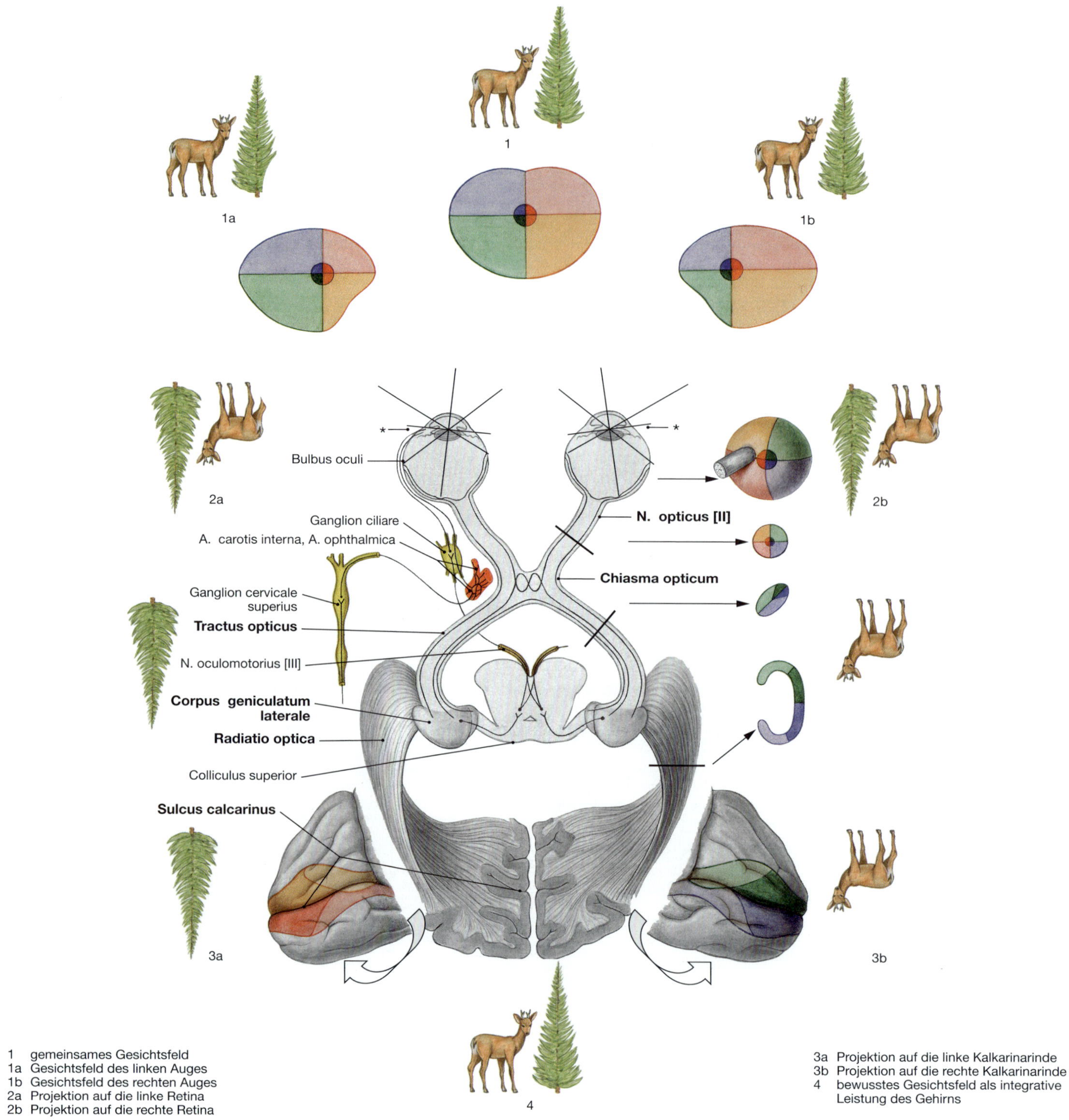

Abb. 9.73 Sehbahn; schematische Übersicht; Ansicht von oben. Das zentrale Gesichtsfeld besitzt ein überproportional großes Projektionsgebiet.
Das Reh und der Tannenbaum demonstrieren, wie in den einzelnen Abschnitten der Sehbahn das Bild weitergeleitet wird. Erst in den visuellen Assoziationskortizes wird das Bild so wahrgenommen, wie es tatsächlich vor dem Auge erscheint. Die Einteilung der Gesichtsfelder in vier Farben dient der Demonstration, wie die entsprechenden Bereiche im visuellen Kortex und in den verschiedenen Abschnitten der Sehbahn weitergeleitet werden und repräsentiert sind.

* Brechungsebene des Lichts

Klinik

Hypophysentumoren können bei Größenzunahme aufgrund ihrer engen topographischen Nachbarschaft zum Chiasma opticum (Sehnervenbahnkreuzung) zu einer **bitemporalen Hemianopsie** führen. Postchiasmatische oder intrazerebrale Läsionen der Sehbahn führen zu einer **homonymen Hemianopsie.** So kommt es beispielsweise bei Schädigung des rechten Tractus opticus zu einer linksseitigen homonymen Hemianopsie. Die Verletzung der linken Radiatio optica (GRATIOLET-Sehstrahlung) zieht eine homonyme Hemianopsie rechts nach sich. Als weitere Symptome können eine hemianopische Pupillenstarre, ein Abblassen der Pupille nach Monaten oder auch eine Stauungspapille hinzukommen. Ursachen können Tumoren, eine basale Meningitis, Aneurysmen, Ischämien und Blutungen sein. Bei beidseitigem Ausfall der Sehrinde kommt es zur **kortikalen Amaurose** (Rindenblindheit).

Ohr

Übersicht 136

Äußeres Ohr 138

Mittelohr 142

Ohrtrompete 148

Innenohr 151

Hören und Gleichgewicht 157

10

Das Ohr – winzig und doch komplex wie ein Labyrinth

Das Ohr (Auris) enthält die Sinnes- und Nervenzellen zweier Sinnessysteme, die zwar aus einer gemeinsamen embryonalen Anlage (der Ohrplakode) hervorgehen, aber ganz unterschiedlichen Zwecken dienen: dem Hören und dem Gleichgewichtssinn. Die kleinen, zarten, membranösen, verschlungenen Organe, die die Sinneszellen beider Modalitäten tragen, liegen im häutigen Labyrinth (s. u.). Das Labyrinth liegt seinerseits im Innern des Felsenbeins (Pars petrosa ossis temporalis), der knöchernen Pyramide, die die hintere von der mittleren Schädelgrube trennt. Diesen Teil des Ohrs, aus dem sein Sinnesnerv, der N. vestibulocochlearis [VIII], hervorgeht, nennt man das Innenohr.

Beim Menschen (wie bei landlebenden Wirbeltieren) ist eine ehemalige Kiemenspalte (und zwar die erste) samt der sie umgebenden Knochen und Muskeln in die Konstruktion des akustischen Teils des Ohrs einbezogen worden – und zwar als schallleitender Apparat, als Mittelohr und als äußeres Ohr. Eine Kiemenspalte ist die für Fische typische „Atemöffnung", durch die hindurch das über den Mund „eingeatmete" Wasser aus dem Schlund (Pharynx) über die Kiemen wieder ins Freie befördert wird. Die „Ohrkiemenspalte" der Landtiere öffnet sich aber nicht mehr – sie ist durch eine sehr dünne Membran, das Trommelfell (Membrana tympanica), verschlossen. Sollte das Trommelfell jedoch ein Loch haben, könnte man tatsächlich „durch die Ohren" atmen, denn dann bestünde eine offene Verbindung vom äußeren Gehörgang zum Schlund. Praktisch ist dies nicht möglich, weil die Gänge zu eng sind – aber für Taucher mit defekten Trommelfellen kann das auf diesem Weg in den Pharynx eindringende Wasser zum Problem werden.

Äußeres Ohr (Auris externa)

Das äußere Ohr umfasst die Ohrmuschel (Auricula) und den äußeren Gehörgang (Meatus acusticus externus) bis hin zum Trommelfell. Es ist, mit anderen Worten, der „Außenteil" der ehemaligen Kiemenspalte.

Ohrmuscheln von Kaninchen oder Pferd sind beweglich, in sich faltbar und dienen dem Richtungshören. Von der Beweglichkeit ist dem Menschen nur sehr wenig geblieben, von der Faltbarkeit gar nichts, selbst wenn es in der Ohrmuschel noch Reste der Muskeln gibt, die sie einst knickten. Dennoch dient die von elastischem Knorpel gestützte Concha auch bei uns noch dem Richtungshören.

Der **äußere Gehörgang** ist ein etwa 3–4 cm langer, s-förmig gekrümmter Gang. Er besteht aus einem distalen, knorpeligen Teil, der sich in einen knöchernen Gang im Felsenbein fortsetzt. Der knöcherne Gang ist schließlich an seinem Ende vom Trommelfell verschlossen. Gleich unter und vor dem äußeren Gehörgang liegt das Kiefergelenk und man kann beim Kauen spüren, wie es den knorpeligen Teil des Gangs verformt, besonders, wenn man den kleinen Finger in den äußeren Gehörgang steckt.

Mittelohr (Auris media)

Das Trommelfell markiert die laterale Grenze des Mittelohrs, das im Inneren des Felsenbeins liegt. Das Mittelohr ist ein verwinkelter, mit Schleimhaut ausgekleideter Raum mit Nebenräumen, in dessen Wänden und durch dessen Höhle verschiedene Nerven verlaufen und in dessen Innerem die drei Gehörknöchelchen aufgehängt sind. Es ist der „Innenteil" der o. g. ehemaligen Kiemenspalte, der über die Ohrtrompete (Tuba auditiva, EUSTACHIUS-Röhre) mit dem Pharynx verbunden ist.

Die **Ohrtrompete** ist ein von Schleimhaut ausgekleidetes Röhrchen, das aus der Unter- und Vorderseite der Paukenhöhle nach vorne und unten absteigt. Im Felsenbein liegt die Tuba auditiva in einem knöchernen Gang, zum Pharynx hin wird sie von elastischem Knorpel gestützt, der schlundseitig wie eine Trompetenmündung aussieht – daher der Name. Über die Tuba auditiva passt sich der Luftdruck des Mittelohrs dem der Umwelt an, was jeder, der schon einmal geflogen oder auf einen Berg gestiegen ist, bestätigen wird.

Die eigentliche Mittelohrhöhle (Cavitas tympani, **Paukenhöhle**) im Felsenbein beherbergt die drei Gehörknöchelchen (Ossicula auditus), Hammer (Malleus), Amboss (Incus) und Steigbügel (Stapes). Sie bilden einen durch Gelenke beweglich verbundenen, durch Bänder an der Wand der Paukenhöhle befestigten v-fömigen Hebel, der die Schwingungen des Trommelfells (an dem der Hammer befestigt ist) auf das ovale Fenster (s. u., auf das der Steigbügel wirkt) überträgt. Außerdem greifen am Hammer und am Steigbügel zwei Muskeln an (M. tensor tympani, M. stapedius), die den „Verspannungsgrad" der Knochenkette – und damit die Effizienz der Schallleitung – regulieren können. In den Wänden der Paukenhöhle verlaufen unter der Schleimhaut Äste des N. facialis [VII] und des N. glossopharyngeus [IX], zweier Hirnnerven, durch die Paukenhöhle zieht die Chorda tympani, ebenfalls ein Ast des N. facialis [VII]. Mit dem Hören und dem Gleichgewicht haben diese Nervenäste direkt nichts zu tun – sie streben via Paukenhöhle und Felsenbein anderen Zielen zu. Ein Ast des N. facialis [VII] innerviert allerdings den M. stapedius (s. o.), die Äste des N. glossopharyngeus [IX] (Plexus tympanicus) versorgen die Schleimhäute der Paukenhöhle.

Die luftgefüllte Paukenhöhle setzt sich nach hinten und unten in die vielkammerigen, gleichfalls luftgefüllten **Cellulae mastoideae** im Warzenfortsatz des Hinterhauptsbeins (der gleich hinter und unter der Ohrmuschel tastbar ist) fort.

Innenohr (Auris interna)

Das auch als Labyrinth bezeichnete Innenohr liegt ebenfalls im Felsenbein, gleich oberhalb (statisches Organ) und medial (akustisches Organ) der Paukenhöhle. Man unterscheidet das häutige und das knöcherne Labyrinth.

Das **häutige Labyrinth** ist ein in sich geschlossenes Schlauchsystem. Es ist mit einer Flüssigkeit, der Endolymphe, gefüllt und enthält die Sinnesorgane. Zu seinem komplexen Aufbau gehören drei Bogengänge (Canales semicirculares), die die Sinnesfelder tragen, mit denen (beschleunigte) Rotationsbewegungen registriert werden. In der Gegend des Vestibulums (Vorhof) liegen die Felder (Sacculus und Utriculus) des Sinnes für Linearbeschleunigung und statische Lage.

Das **knöcherne Labyrinth** ist ein Hohlraum im Felsenbein. Er umgibt das häutige Labyrinth und hat die gleiche Form wie dieses, ist aber größer. Somit bleibt zwischen beiden noch ein Spalt, der mit Flüssigkeit, der Perilymphe, gefüllt ist. Dieser perilymphatische Spalt öffnet sich über zwei membranbespannte Fenster zum Mittelohr: die Fenestra vestibuli (ovalis) und die Fenestra cochleae (rotunda). In das ovale Fenster ist der Steigbügel eingelassen, der so die Perilymphe in Schwingungen versetzen kann.

Die Schnecke (Cochlea) registriert die Schwingungen der Lymphe, die ihr vom schallleitenden Apparat des Ohrs übertragen werden. Sie ist also das eigentliche Hörorgan. Die Aktionspotenziale, die in den Sinnesfeldern des Gleichgewichts- und des Hörorgans entstehen, werden vom N. vestibulocochlearis [VIII] weitergeleitet, der von der hinteren Schädelgrube aus – über den inneren Gehörgang (Meatus acusticus internus) – in das Labyrinth eindringt.

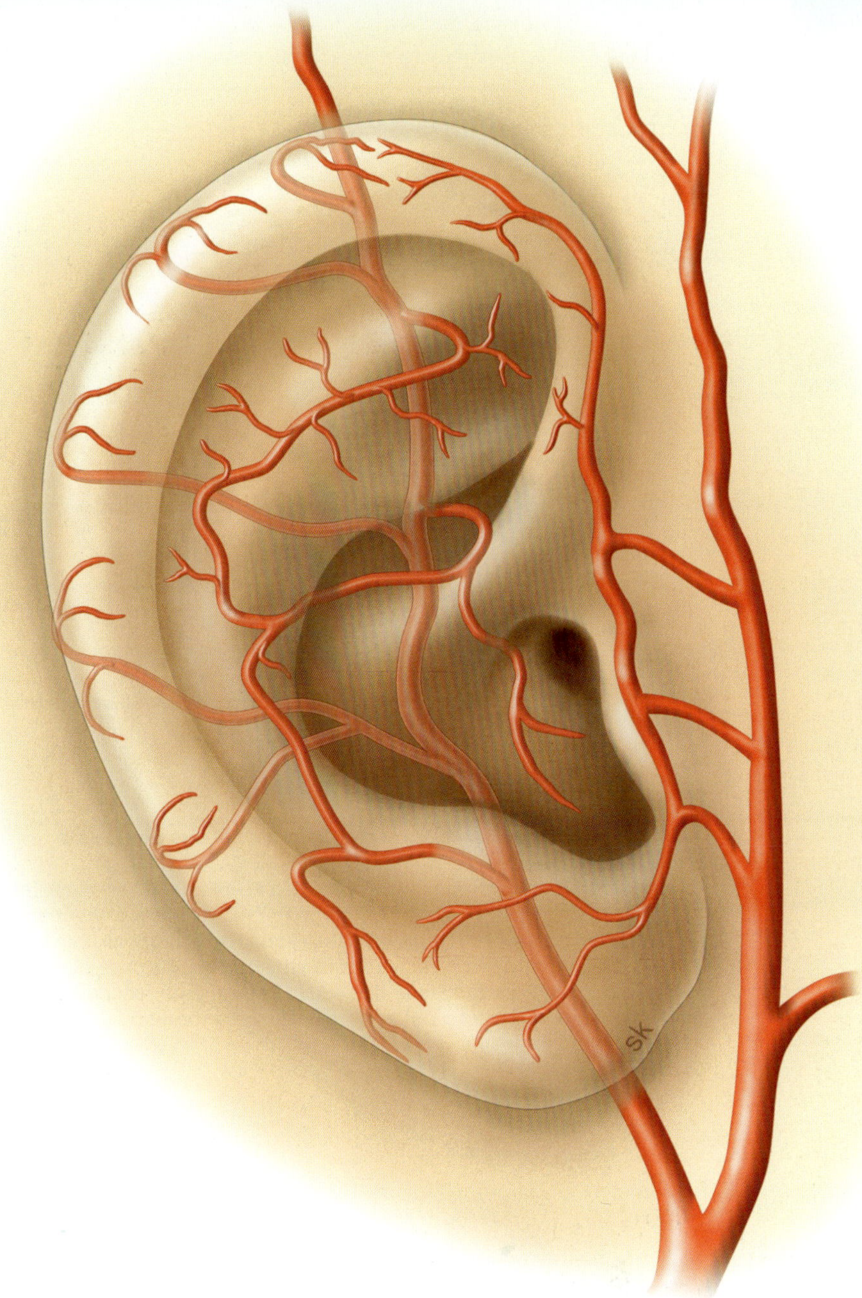

Klinik

Die häufigsten akuten Ohrerkrankungen betreffen das Innenohr. Etwa 10–20% der Bevölkerung sind dauerhaft von **Ohrgeräuschen** (Tinnitus) betroffen. Ein **Hörsturz** ist eine idiopathische, plötzlich auftretende, meist einseitige Schallempfindungsstörung unterschiedlicher Ausprägung. Die meisten Hörstürze bilden sich spontan zurück. Eine häufige Erkrankung ist die **Altersschwerhörigkeit** nach langjähriger Lärmexposition (Presbyakusis). Generell versteht man unter **Schwerhörigkeit** (Hyp- akusis) eine Minderung des Hörvermögens. In Deutschland haben etwa 19% der über 14-Jährigen keine völlig normale Hörschwelle mehr. Die Ausprägung der Störung kann von leichter Schwerhörigkeit bis zur Gehörlosigkeit reichen. Man unterscheidet **Schallleitungsschwerhörigkeit** und **Schallempfindungsschwerhörigkeit.** Häufige Ursachen einer Schallleitungsschwerhörigkeit sind Cerumen (Ohrenschmalzpfropf, → S. 141), Fremdkörper im Gehörgang, Entzündungen des äußeren Gehörgangs (→ S. 138), Tubenverschluss (→ S. 143), Tubenkatarrh (→ S. 149), Mittelohrentzündung (→ S. 144), Cholesteatom (→ S. 147) oder Otosklerose (→ S. 142). Schallempfindungsstörungen sind häufig durch Altersveränderungen (s. o.), genetische Veränderungen (→ S. 137), Infektionskrankheiten, Schädeltraumen, Tumoren (→ S. 152) und einen Hörsturz (s. o.) bedingt. **Schwindel** ist eine wahrgenommene Scheinbewegung zwischen sich und der Umwelt. Er entsteht meist aus widersprüchlichen Informationen der am Gleichgewichtsempfinden beteiligten Sinnesorgane. Man unterscheidet vestibuläre (Innenohr, N. vestibulocochlearis, Gehirn) und nichtvestibuläre Ursachen (z. B. niedriger Blutdruck).

→ präplink

Ohrmuschel, äußerer Gehörgang und Trommelfell werden meist nicht präpariert. Vorderer und hinterer Bogengang werden durch Abschlagen des Knochens mit einem Meißel eröffnet. Beide Bogengänge liegen teilweise tief im Knochen. Der horizontale Bogengang wird meist nur demonstriert. Der Meatus acusticus externus wird im Verlauf der Nn. facialis [VI] und vestibulocochlearis [VIII] bis zum Ganglion geniculi, zur Einmündung in die Cochlea bzw. in das Vestibulum freigelegt. Dann erfolgt die Freilegung des Abgangs des N. petrosus major vom Ganglion geniculi. Zur Darstellung der Cochlea wird der medial vom Meatus acusticus internus liegende Teil der Felsenbeinvorderfläche etwa 1–2 mm parallel zur Knochenoberfläche mit einem Meißel abgeschlagen. Das Paukenhöhlendach wird nun eröffnet. Man sieht den Hammerkopf und Ambosskörper, der Steigbügel kann nur durch Spezialpräparationen freigelegt werden (meist nur demonstriert). Vom Ganglion geniculi wird der N. facialis [VII] in die Tiefe verfolgt, wobei auf die rückläufig zwischen Hammer und Amboss ziehende Chorda tympani geachtet werden muss.

IMPP-CHECKLISTE

• Ohrentwicklung • Auricula auris • Meatus acusticus externus • Glandulae ceruminosae • Blutversorgung • Lymphabflüsse • Innervation • Zoster oticus • Auris media mit Membrana tympani und Ossicula auditus • Wände der Cavum tympani • topographische Beziehungen • klinische Bezüge • Cholesteatom • Os temporale • Muskeln: Funktion und Innervation • Plexus tympanicus • Chorda tympani • N. facialis [VII] und N. vestibulocochlearis [VIII] mit Kerngebieten • Tubenfunktion • Cochlea • Labyrinthus vestibularis • Ductus semicircularis mit Ausrichtung • Topographie: Auris interna zu N. facialis [VII] und N. vestibulocochlearis [VIII] • Meatus acusticus internus • Akustikusneurinom • Pars petrosa • Längs- und Querfrakturen des Pars petrosa • Verlauf der Nn. petrosi major und minor • Ganglion geniculi • Blutgefäßversorgung • A. labyrinthi

Entwicklung

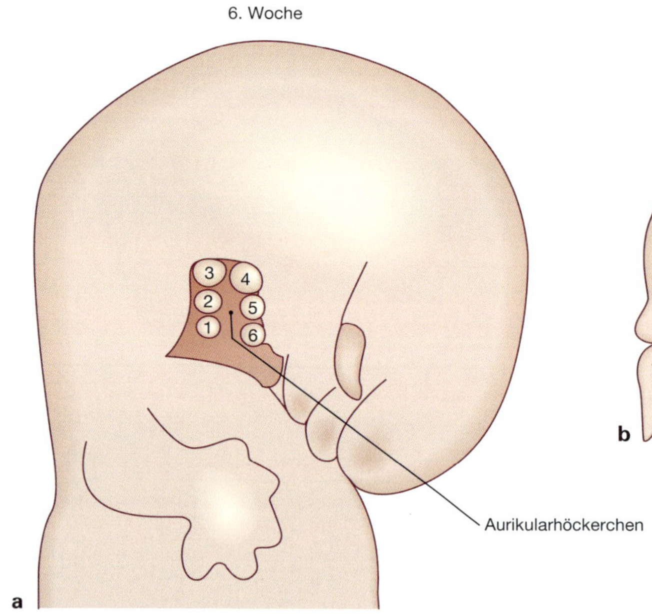

Abb. 10.1a bis d Entwicklung der Ohrmuschel aus den sechs Aurikularhöckerchen, rechts. [21]
Die Verschmelzung der Aurikularhöckerchen (1–6) ist ein komplizierter Vorgang, daher sind Entwicklungsstörungen nicht selten. Die Anlage erfolgt ursprünglich in der unteren Halsregion. Mit der Entwicklung des Unterkiefers kommt es zu einer Kranialverlagerung, so dass die Ohrmuscheln schließlich auf Höhe der Augen liegen. Tiefer liegende Ohrmuscheln sind sehr häufig mit anderen (oftmals chromosomalen) Fehlbildungen assoziiert. Der äußere Gehörgang entwickelt sich aus dem hinteren Anteil der ersten Kiemenfurche, die als trichterförmige Röhre nach innen wächst, bis sie die entodermale Auskleidung der Paukenhöhle (Recessus tubotympanicus) erreicht. Zu Beginn der 9. Woche proliferieren die Epithelzellen des Gehörgangbodens und bilden eine Gehörgangsplatte. Diese löst sich im 7. Monat wieder auf. Persistiert die Gehörgangsplatte, kommt es zu einer angeborenen Taubheit.

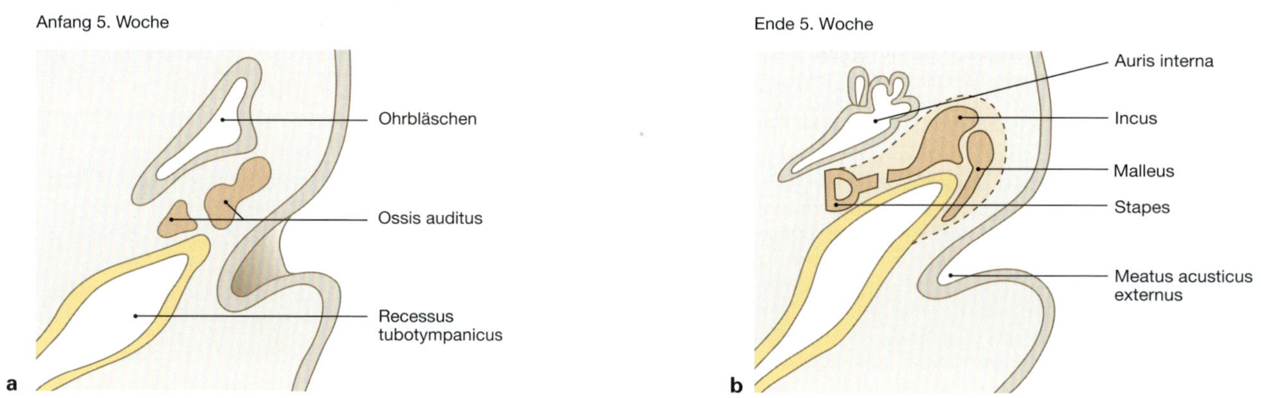

Abb. 10.2a und b Differenzierung der Gehörknöchelchen, Ossicula auditus. [21]
Zu Anfang der 5. Woche beginnen sich im Mesenchym des ersten und zweiten Kiemenbogens die Gehörknöchelchen zu differenzieren. Aus dem ersten Kiemenbogen gehen Hammer und Amboss als Derivate des MECKEL-Knorpels hervor sowie der M. tensor tympani, der vom ersten Kiemenbogennerv, dem N. mandibularis [V/3], innerviert wird. Der zweite Kiemenbogen bringt den Steigbügel als Derivat des REICHERT-Knorpels hervor. Er kann durch den M. stapedius bewegt werden, der vom zweiten Kiemenbogennerv, dem N. facialis [VII], innerviert wird.

Ohrentwicklung

Etwa am 22. Tag kommt es beiderseits des Rautenhirns zu einer Verdickung des **Oberflächenektoderms.** Die als **Ohrplakode** bezeichnete Verdickung stülpt sich in der Folge zum **Ohrgrübchen** ein und bildet das **Ohrbläschen** (Ohrzyste). Jedes Bläschen teilt sich in einen vorderen **(rostralen) Anteil,** aus dem Sacculus sowie Ductus cochlearis hervorgehen und in einen **hinteren (okzipitalen) Anteil,** aus dem Utriculus, Bogengänge und Ductus endolymphaticus hervorgehen. Rostraler und okzipitaler Anteil bleiben über einen schmalen Gang verbunden. Die so entstandenen Strukturen werden in ihrer Gesamtheit als **häutiges Labyrinth** bezeichnet.
Erste Kiemenfurche und erste Kiementasche wachsen aufeinander zu. Aus dem Ektoderm der ersten Kiemenfurche geht der äußere Gehörgang hervor; aus dem Entoderm der ersten Kiementasche entsteht das **Mittelohr.** Proximal verengt sich Letztere zur **Ohrtrompete** (EUSTACHIUS-Röhre), über die eine sehr schmale Verbindung zum Vorderdarm, dem späteren Nasopharynx, bestehen bleibt Distal erweitert sich die erste Kiementasche zur **Paukenhöhle.**
An der lateralen Paukenhöhlenwand bildet sich der Recessus tubotympanicus, der auf die vordringende Kiemenfurche zuwächst. An der Kontaktstelle bleibt nur noch eine dünne Membran übrig – das **Trommelfell.**
Im Mesenchym von erstem und zweitem Kiemenbogen entstehen am Anfang der 5. Woche die **Gehörknöchelchen.** Am äußeren Rand der ersten Kiemenfurche bilden sich am Anfang der 6. Woche sechs **Aurikularhöckerchen,** die auf komplexe Weise bis zur Geburt miteinander zur Ohrmuschel verschmelzen.

Entwicklung

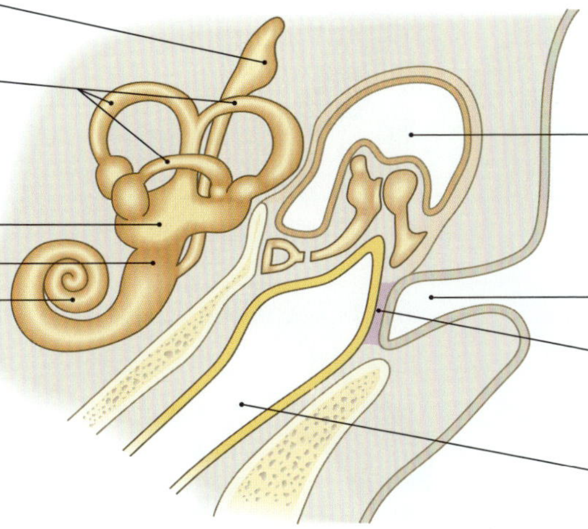

Abb. 10.3 Strukturen des inneren, mittleren und äußeren Ohrs zur Zeit der Geburt. [21]
Die zunächst knorpelig angelegten Gehörknöchelchen sind bis zum 8. Monat in Mesenchym eingebettet. Dieses bildet sich nach und nach zurück und wird durch einen entodermalen Schleimhautüberzug ersetzt, der die gesamte Paukenhöhle auskleidet.

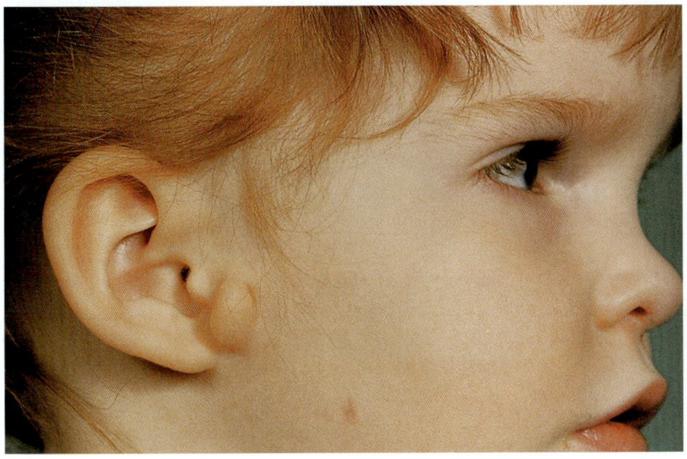

Abb. 10.4 Kind mit einem präaurikulären Hautanhängsel. [20]
Ohrmuscheldysplasie ersten Grades.

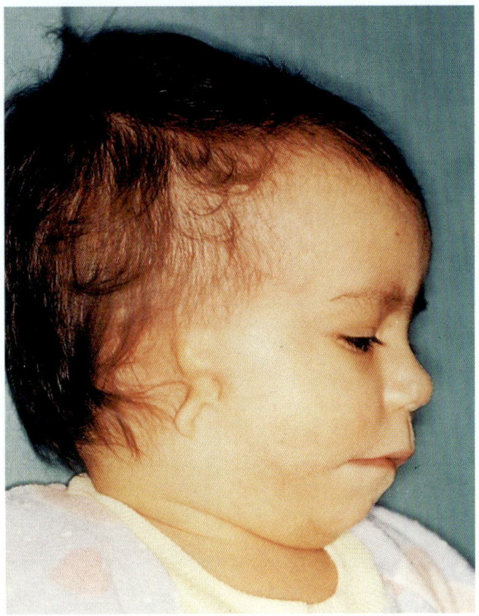

Abb. 10.5 Kind mit einer verkleinerten, rudimentären Ohrmuschel (Mikrotie). [20]
Ohrmuscheldysplasie zweiten Grades. Die Ohrmuschel ist verkleinert und stark fehlgebildet. Dies betrifft häufig auch den äußeren Gehörgang.

Klinik

2 : 1000 Kinder kommen mit einer **angeborenen Taubheit** auf die Welt. Bei etwa einem Drittel liegt ein genetischer Defekt zugrunde. Andere Ursachen sind Infektionen während der Schwangerschaft, chronische Erkrankungen der Mutter, Medikamente, Alkohol und Nikotin. Durch die Unfähigkeit zu hören sind der Spracherwerb sowie ein strukturiertes Denken und Kommunizieren stark eingeschränkt. Früherkennung und somit frühzeitig einsetzende Therapie sind daher von immenser Wichtigkeit. **Ohrmuschelfehlbildungen** sind häufig. Sie werden in Dysplasien Grad 1 bis 3 eingeteilt (→ Abb. 10.4 und 10.5). Ein Beispiel, das häufig mit einem Grad 3 einhergeht, ist das dominant erbliche FRANCESCHETTI-Syndrom (Dysostosis mandibulofacialis), bei dem es zu einer Fehlentwicklung von erstem Kiemenbogen und erster Kiemenfurche mit fehlgebildeten Ohren und Jochbeinen, fliehendem Kinn und Gaumenspalte kommt.

Ohr, Übersicht

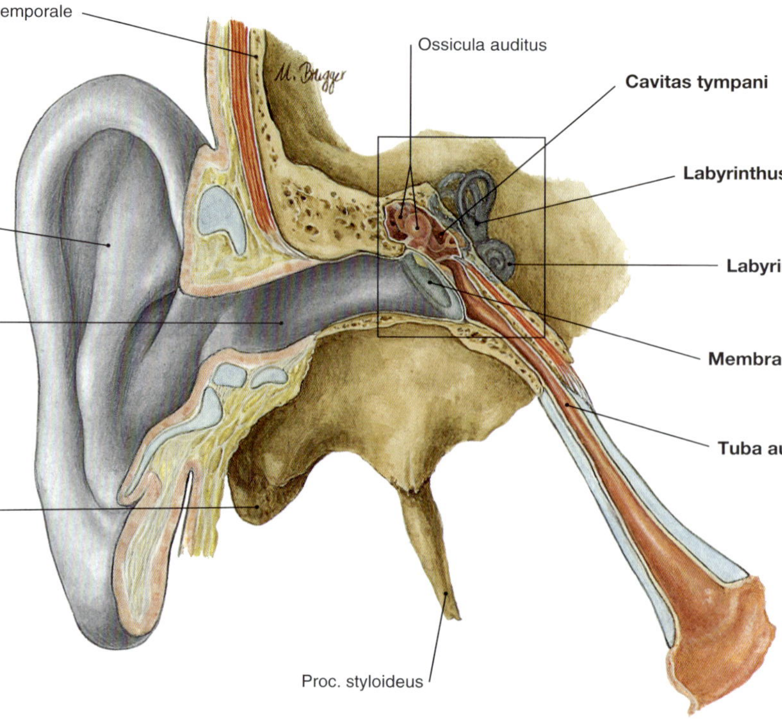

Abb. 10.6 Teile des Ohrs, Auris, rechts; Längsschnitt durch Gehörgang, Mittelohr und Ohrtrompete; Ansicht von vorne.
Darstellung mit Ohrmuschel (Auricula), äußerem Gehörgang (Meatus acusticus externus), Trommelfell (Membrana tympanica), Paukenhöhle (Cavitas tympani), Gehörknöchelchen (Ossicula auditus), Hörorgan (Labyrinthus cochlearis) und Gleichgewichtsorgan (Labyrinthus vestibularis). Schallwellen bringen das Trommelfell zum Schwingen **(Luftleitung).** Über die Gehörknöchelchen werden die Schwingungen bis zum ovalen Fenster des Innenohrs (→ Abb. 10.27) weitergeleitet. Dabei wird der niedrige Schallwellenwiderstand (Schallimpedanz; → Abb. 10.17) der Luft an die hohe Impedanz des flüssigkeitsgefüllten Innenohrs angepasst. Darüber hinaus kann das Innenohr auch Schwingungen der Schädelknochen verarbeiten **(Knochenleitung).** Im Innenohr läuft die Schallenergie als Welle (Wanderwelle) weiter. Die Sinneszellen des Innenohrs wandeln die Schallenergie in **elektrische Impulse** um, die über den N. cochlearis an das Gehirn weitergegeben werden. Das Gleichgewichtsorgan dient der Wahrnehmung von Dreh- und Linearbeschleunigungen. Bewegungen der Endolymphe im Gleichgewichtsorgan führen zur Auslenkung von Sinneszellfortsätzen, die synaptisch mit afferenten Fasern des N. vestibularis verbunden sind.

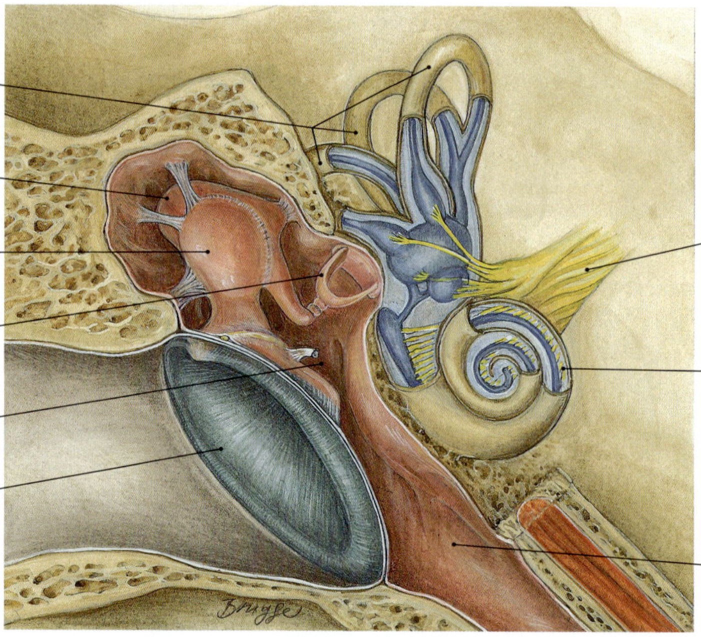

Abb. 10.7 Mittel- und Innenohr, Auris media und interna, rechts; Ausschnitt aus Abbildung → 10.6; Ansicht von vorne.
Man sieht außer dem Trommelfell die drei Gehörknöchelchen in der Paukenhöhle (Cavitas tympani): Hammer (Malleus), Amboss (Incus) und Steigbügel (Stapes) sowie Teile des häutigen Labyrinths (Labyrinthus membranaceus, blau).

Klinik

Mechanische Manipulationen (z. B. Reinigen des Gehörgangs mit einem Wattestäbchen) oder Schädigungen führen nicht selten zur Entzündung im Bereich der Ohrmuschel und des äußeren Gehörgangs **(Otitis externa).**

Ohrmuschel

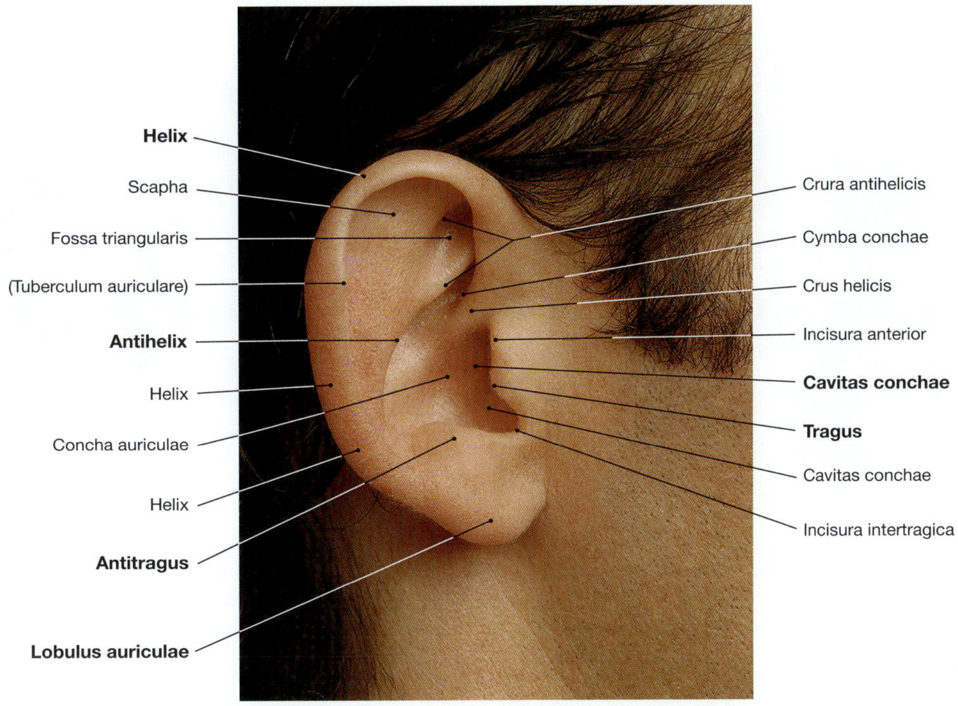

Abb. 10.8 Ohrmuschel, Auricula, rechts; Ansicht von lateral.
Die Ohrmuschel besteht aus einem Grundgerüst aus elastischem Knorpel. Die Haut über der lateralen Fläche ist unverschieblich mit dem Perichondrium verbunden; auf der Rückseite der Ohrmuschel ist sie verschieblich. Subkutanes Fettgewebe fehlt. Das Ohrläppchen (Lobulus auriculae) ist knorpelfrei.

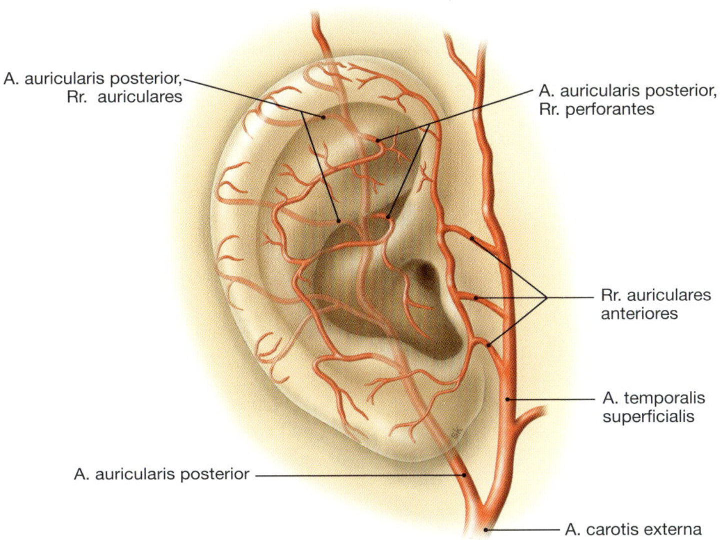

Abb. 10.9 Arterien der Ohrmuschel, Auricula, rechts; Ansicht von lateral. [8]
Die Ohrmuschel ist aufgrund ihrer exponierten Lage (Kälteschutz, Wärmeabgabe) sehr gut durchblutet. Die Gefäße sind **Äste der A. carotis externa** (A. auricularis posterior, A. temporalis superficialis).

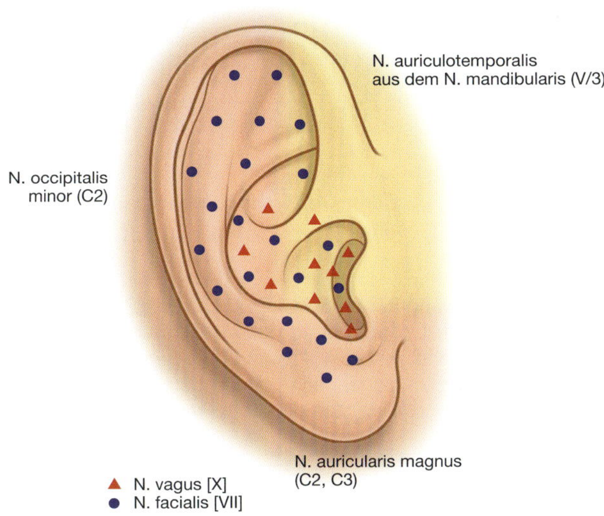

Abb. 10.10 Sensible Innervation der Ohrmuschel, Auricula, rechts; Ansicht von lateral. [8]
Die Ohrmuschelinnervation erfolgt vor dem Ohr über den **N. auriculotemporalis** (aus dem N. mandibularis [V/3]), hinter und unterhalb des Ohrs aus dem **Plexus cervicalis** (N. auricularis magnus, N. occipitalis minor), an der Ohrmuschel selbst über den **N. facialis** [VII] (welchen Teil der N. facialis [VII] genau versorgt, ist nicht abschließend geklärt) und am Eingang in den äußeren Gehörgang über den **N. vagus** [X].

Ohrmuskeln und äußerer Gehörgang

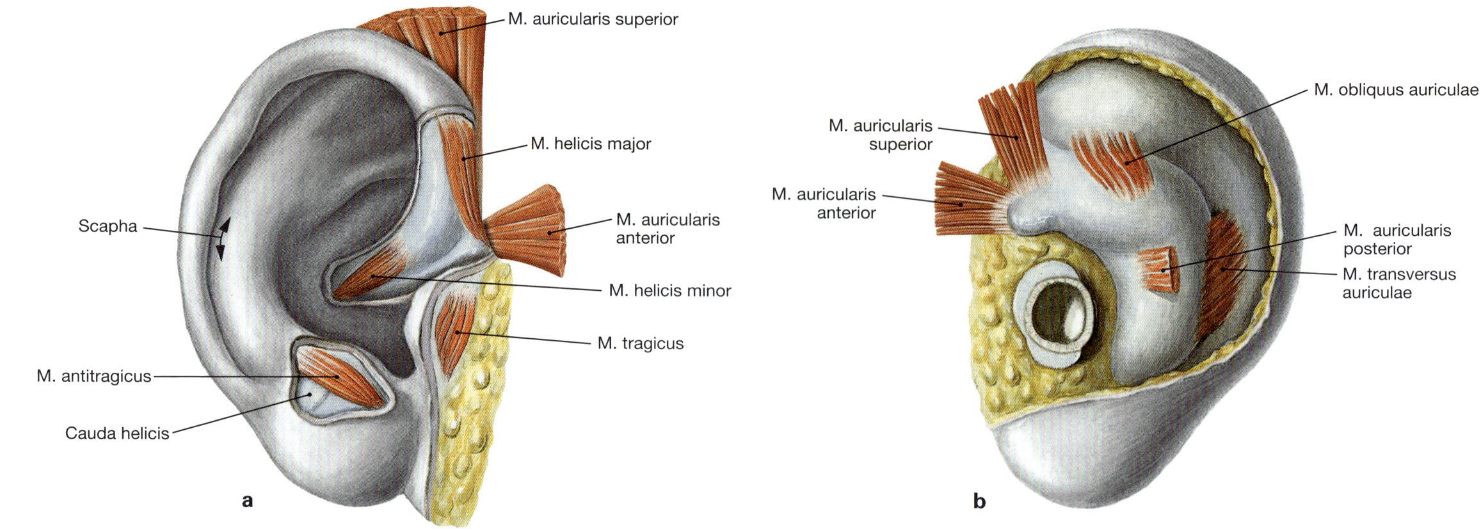

Abb. 10.11a und b Muskeln, Mm. auriculares, und Knorpel der Ohrmuschel, Auricula, rechts.
a Ansicht von lateral
b Ansicht von dorsal
An der Ohrmuschel findet man häufig noch rudimentäre Muskeln (einige Menschen können mit den Ohren wackeln). Es handelt sich dabei um mimische Muskulatur (Innervation durch N. auricularis posterior des N. facialis [VII]), die zu einem rudimentären Sphinktersystem gehört, das bei vielen Tieren noch gut ausgeprägt ist. So dreht das Pferd seine Ohrmuscheln in Richtung auf den Schall zu. Igel und Bär verschließen während des Winterschlafs den äußeren Gehörgang, um durch Außengeräusche nicht gestört zu werden.

→ T 1b

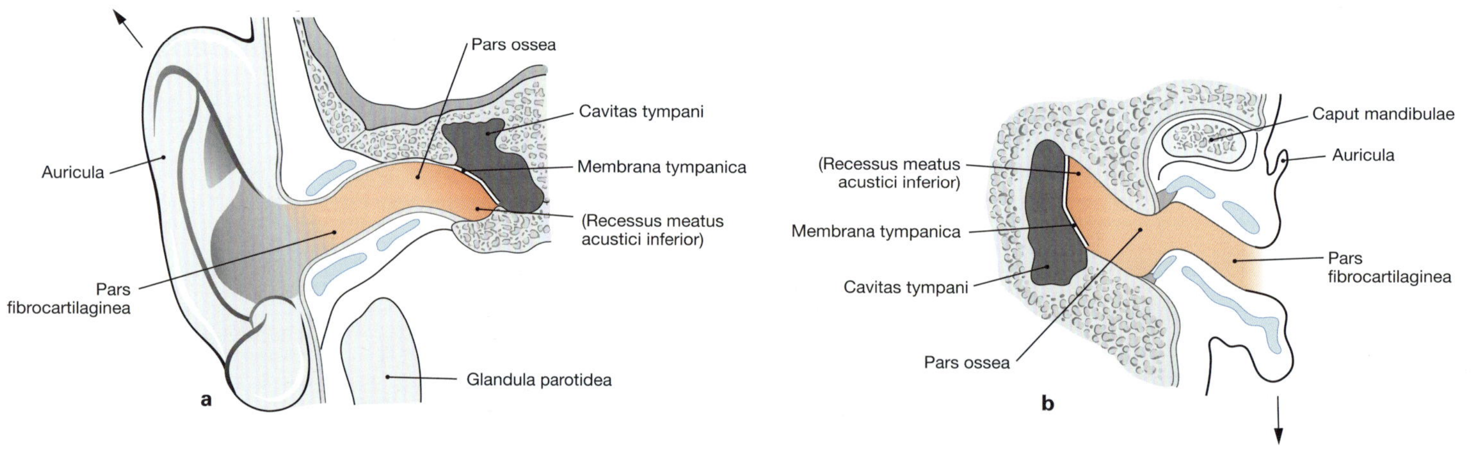

Abb. 10.12a und b Äußerer Gehörgang, Meatus acusticus externus, rechts; schematische Darstellung.
a Frontalschnitt
b Horizontalschnitt
Der äußere Gehörgang hat einen s-förmigen Verlauf und wird von der Pars tympanica des Os temporale gebildet. Um das Trommelfell mit einem Ohrspiegel oder einem Mikroskop inspizieren zu können (Otoskopie), muss die Ohrmuschel nach hinten oben gezogen werden. Dadurch wird der knorpelige Anteil des Gehörgangs gestreckt und der Blick auf das Trommelfell wird (zumindest teilweise) frei. Die **Innervation** des äußeren Gehörgangs (nicht dargestellt) erfolgt über den N. meatus acustici externi des N. auriculotemporalis (vordere und obere Wand), den R. auricularis des N. vagus [X] (hintere und z.T. untere Wand) und über die Rr. auriculares des N. facialis [VII] und des N. glossopharyngeus [IX] (hintere Wand und Trommelfell).

Pfeile: Zugrichtung des Untersuchers an der Ohrmuschel, um den Gehörgang zu strecken und so Einblick auf das Trommelfell zu erhalten.

Klinik

- Nach Verletzungen oder Insektenstichen in die Ohrmuschel kann es zu einer Entzündung des elastischen Knorpels kommen **(Ohrmuschelperichondritis).** Die Behandlung erfolgt durch Alkoholumschläge sowie lokale und systemische Verabreichung von Glukokortikoiden und Antibiotika.
- Da das Ohrläppchen gut durchblutet und sehr gut zugänglich ist und keinen elastischen Knorpel besitzt, wird es gerne zur Gewinnung von Blut herangezogen, z.B. bei Diabetikern zur Bestimmung des Blutglukosespiegels.
- Ohrmuschelveränderungen machen häufig plastisch-rekonstruktive Eingriffe nötig.
- Aufgrund der sensiblen Innervation des äußeren Gehörgangs durch den N. vagus [X] wird durch Manipulationen im Gehörgang (z.B. Entfernung von Ohrschmalz oder in den Gehörgang eingedrungene Fremdkörper) bei der jeweiligen Person fast immer ein Hustenreiz ausgelöst. Im schlimmsten Fall kann es durch die Manipulation zu Erbrechen oder zum Kollaps kommen.

Trommelfell

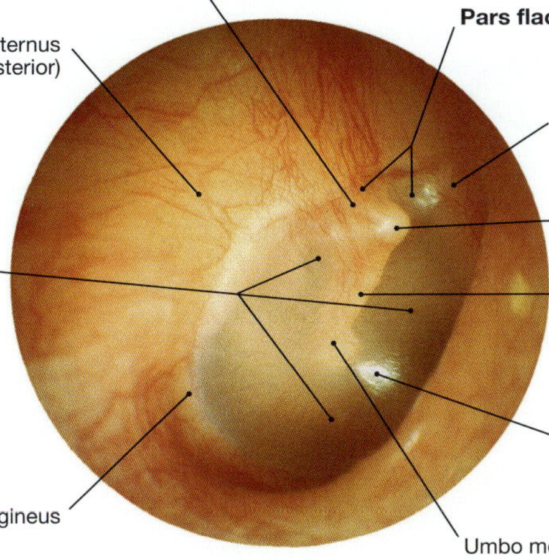

Abb. 10.13 Trommelfell, Membrana tympanica, rechts; Ansicht von lateral; Ohrspiegelbild.
Die Pars tympanica des Os temporale begrenzt den Meatus acusticus externus von vorne, unten und hinten. Oben ist der knöcherne Ring durch die Incisura tympanica unterbrochen (Befestigungsort der Pars flaccida des Trommelfells). Mit Ausnahme der Incisura tympanica verläuft zirkulär der Sulcus tympanicus in der Pars tympanica (hier ist die Pars tensa des Trommelfells über einen faserknorpeligen Anulus fibrocartilagineus befestigt).

* klin.: SHRAPNELL-Membran
** typisch gelegener Lichtreflex

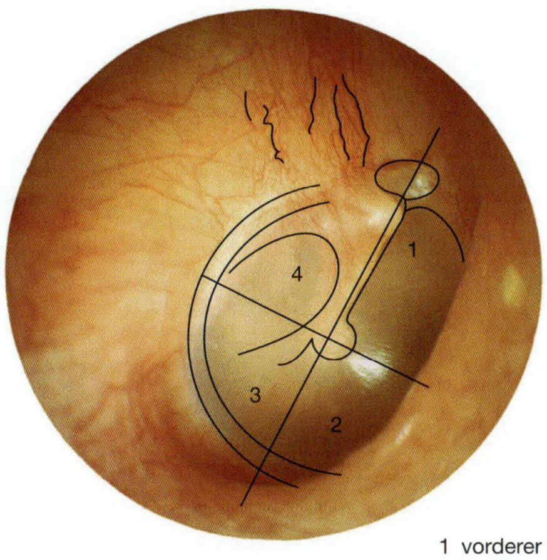

1 vorderer oberer Quadrant
2 vorderer unterer Quadrant
3 hinterer unterer Quadrant
4 hinterer oberer Quadrant

Abb. 10.14 Trommelfell, Membrana tympanica, rechts, mit Einteilung in vier Quadranten. Ansicht von lateral.
Bei Beleuchtung des perlmuttglänzenden Trommelfells entsteht normalerweise im vorderen unteren Quadranten ein dreieckiger Lichtreflex, der Rückschlüsse auf die Trommelfellspannung zulässt.

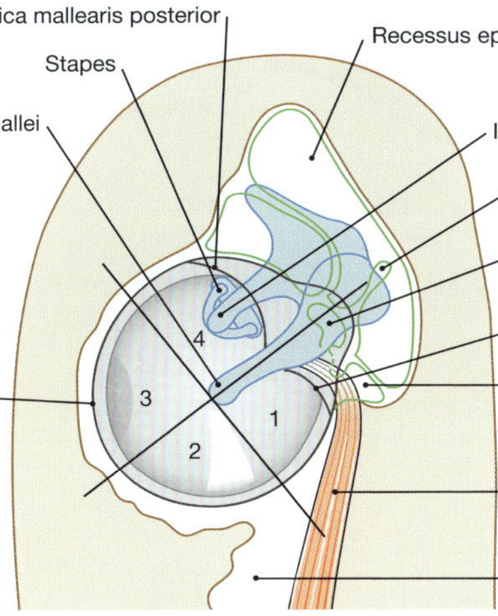

Abb. 10.15 Trommelfell, Membrana tympanica, und Recessus der Paukenhöhle, Cavitas tympani, rechts, mit Einteilung in vier Quadranten; Ansicht von lateral; schematische Darstellung.
Die Einteilung in Quadranten hat praktisch-klinische Bedeutung. In den oberen Quadranten liegen die Gehörknöchelchen. Außerdem verlaufen hier die Chorda tympani und die Ansatzsehne des M. tensor tympani

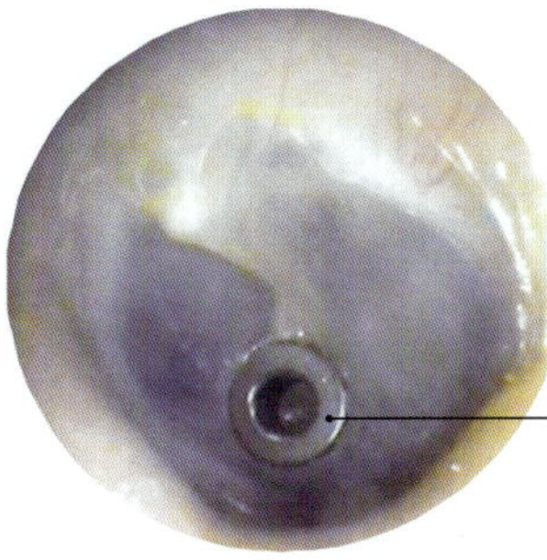

Abb. 10.16 Paukenröhrchen im vorderen unteren Quadranten. Um die Mittelohrstrukturen im Rahmen einer Parazentese (Schnitt durch das Trommelfell) nicht zu gefährden, wird diese im vorderen unteren oder im hinteren unteren Quadranten durchgeführt. Anschließend kann zur längerfristigen Belüftung durch den Schnitt ein Paukenröhrchen eingelegt werden.

* Paukenröhrchen

Klinik

Die Pars flaccida des Trommelfels ist dünner als die Pars tensa und deshalb bei **eitriger Mittelohrentzündung** (Otitis media) der bevorzugte Ort einer Spontanperforation. Durch das Trommelfell hindurch können Paukenhöhlenergüsse gesehen und drainiert werden. Zur längerfristigen Drainage und Belüftung werden Paukenröhrchen eingelegt (→ Abb. 10.16). Bei übermäßiger Bildung von Cerumen (Ohrschmalz) entsteht häufig ein Zeruminalpfropf, der den äußeren Gehörgang verschließen kann **(Cerumen obturans)** und zur Schallleitungsschwerhörigkeit führt. Die im Cerumen enthaltenen Bitterstoffe dienen normalerweise dazu, Mikroorganismen, Fliegen, kleine Käfer etc. fernzuhalten.

Gehörknöchelchen

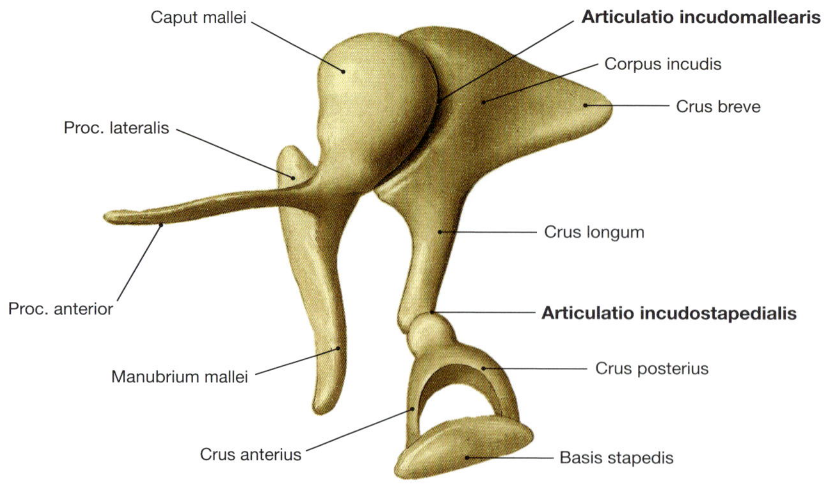

Abb. 10.17 Gehörknöchelchen, Ossicula auditus, rechts; Ansicht von medial oben.
Die Knochen sind hintereinandergeschaltet und durch echte Gelenke (Articulatio incudomallearis – ein Sattelgelenk – und Art. incudostapedialis – ein Kugelgelenk) miteinander verbunden. Die Gehörknöchelchenkette dient der Übertragung der über das Trommelfell übermittelten Schallwellen auf die Perilymphe des Innenohrs. Dabei muss der niedrige Luftwiderstand auf den wesentlich höheren Widerstand der Innenohrflüssigkeit übertragen werden. Hierzu ist eine Verstärkung der Schallwellen nötig (Impedanzanpassung), die durch den Größenunterschied zwischen Trommelfellfläche (55 mm^2) zu Fläche des ovalen Fensters (3,2 mm^2; 17-fach) und Hebelwirkung der Gehörknöchelchenkette (1,3-fach) erfolgt. Der Schalldruck wird dadurch um das 22-Fache verstärkt.

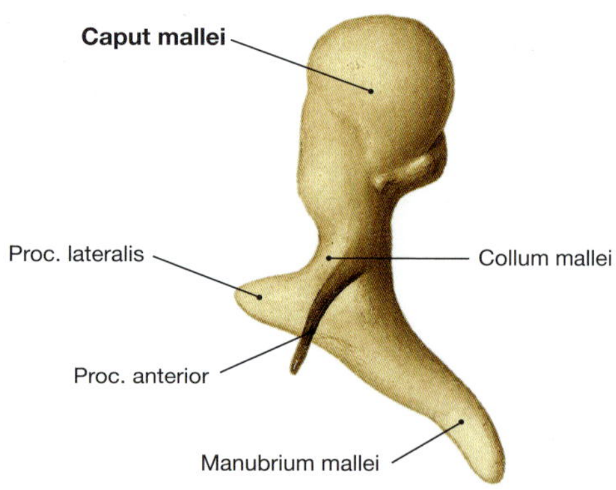

Abb. 10.18 Hammer, Malleus, rechts;
Ansicht von vorne.

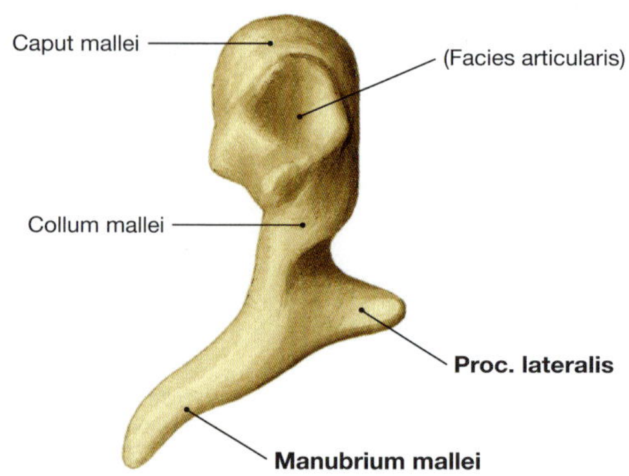

Abb. 10.19 Hammer, Malleus, rechts;
Ansicht von hinten.

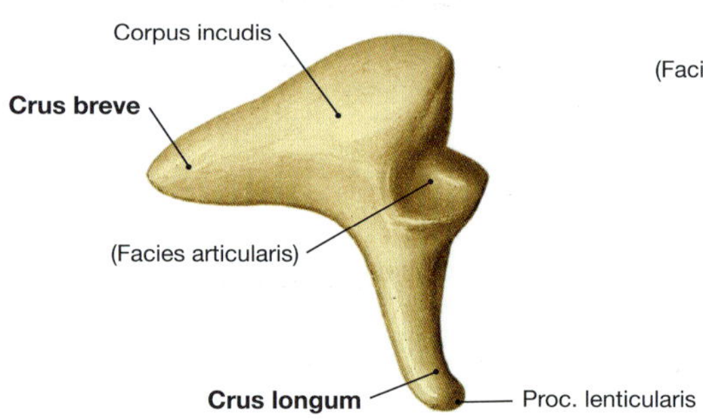

Abb. 10.20 Amboss, Incus, rechts;
Ansicht von lateral.

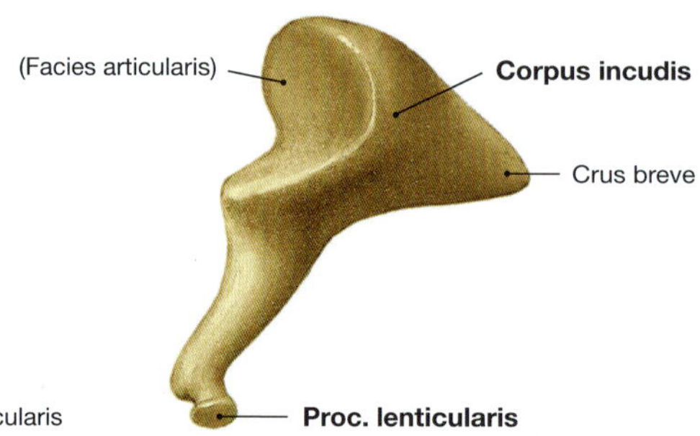

Abb. 10.21 Amboss, Incus, rechts;
Ansicht von medial.

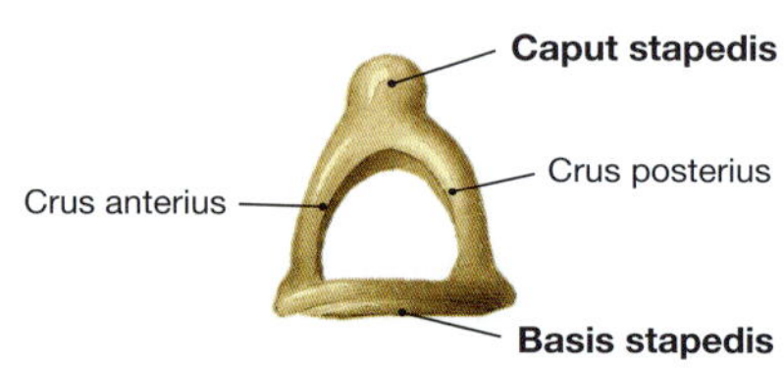

Abb. 10.22 Steigbügel, Stapes, rechts;
Ansicht von oben.

Klinik

Störungen in der Transformationskette (Trommelfell, Gehörknöchelchen) führen zu einer **Schallleitungsschwerhörigkeit.** Bei komplettem Ausfall der Schalldruck-Transformation kommt es zu einem Hörverlust von ca. 20 dB. Eine typische Erkrankung, die zu einer solchen Störung führt, ist die **Otosklerose.** Es handelt sich dabei um eine lokalisierte Erkrankung des Felsenbeins. Sie führt durch eine Fixierung der Steigbügelfußplatte (Verknöcherung des Lig. anulare stapediale) im ovalen Fenster zu einer langsam zunehmenden Schallleitungsschwerhörigkeit. Erkrankungsherde im Bereich der Schnecke können zusätzlich eine Innenohrschwerhörigkeit verursachen. Frauen im Alter zwischen 20 und 40 sind doppelt so häufig betroffen wie Männer. In 70% der Fälle tritt die Otosklerose in beiden Ohren auf.

Paukenhöhle

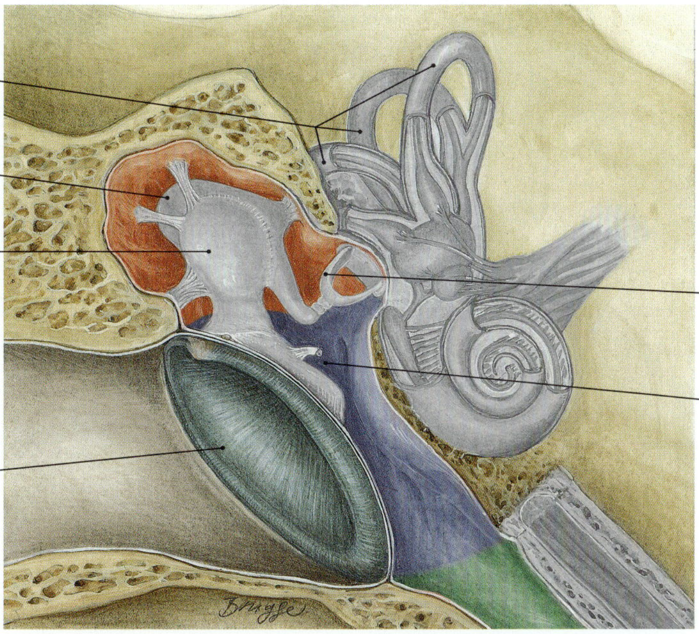

Abb. 10.23 Etagen der Paukenhöhle, Cavitas tympani, rechts; Ansicht von vorne.
Die Paukenhöhle wird in Bezug auf die Lage ihrer Abschnitte zum Trommelfell aus klinischer Sicht in drei Abschnitte eingeteilt:

- Das **Epitympanon** (rot; Recessus epitympanicus, Kuppelraum, Attikus), beherbergt den Aufhängeapparat und den größten Anteil der Gehörknöchelchen und steht über das Antrum mastoideum mit den Mastoidzellen in Verbindung.
- Das **Mesotympanon** (blau) umfasst das Manubrium mallei, den Proc. lenticularis des Amboss und die Sehne des M. tensor tympani.
- Das in die Tuba auditiva [auditoria] übergehende **Hypotympanon** (grün; Recessus hypotympanicus).

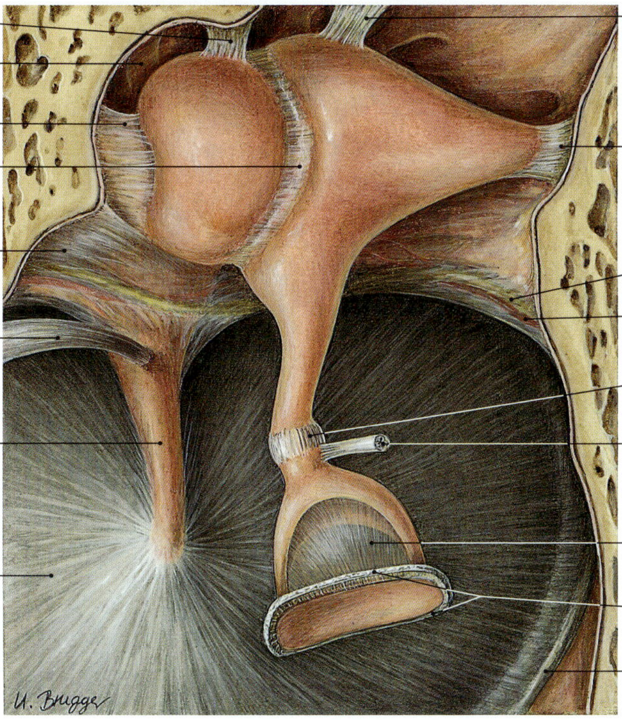

Abb. 10.24 Gelenke und Bänder der Gehörknöchelchen, Articulationes und Ligg. ossiculorum auditus, rechts; Ansicht von medial oben.
Hammer und Amboss sind über Bänder im Epitympanon fixiert und stehen untereinander gelenkig über die Art. incudomallearis (Sattelgelenk) in Verbindung. Der Steigbügel hat über die Art. incudostapedialis (Kugelgelenk) Kontakt zum Amboss. Seine Basis (Basis stapedis) ist über das Lig. anulare stapediale im ovalen Fenster fixiert (Syndesmose). Alle Strukturen in der Paukenhöhle einschließlich der Chorda tympani sind von Mittelohrschleimhaut überzogen.

Klinik

Eine der häufigsten Ursachen für eine Schallleitungsschwerhörigkeit im Kindesalter ist eine Verlegung der Tubenöffnung **(Tubenverschluss)** durch einen Tubenkatarrh oder durch eingeschränkte Nasenatmung im Rahmen von vergrößerten Rachenmandeln (Adenoide). Besteht die Tubenfunktionsstörung über einen längeren Zeitraum, kommt es zu Umbauprozessen der Mittelohrschleimhaut. Dabei entsteht ein aktiv sezernierendes Epithel mit Ausbildung einer Flüssigkeitsansammlung in der Paukenhöhle **(Seromukotympanon).**

Paukenhöhle

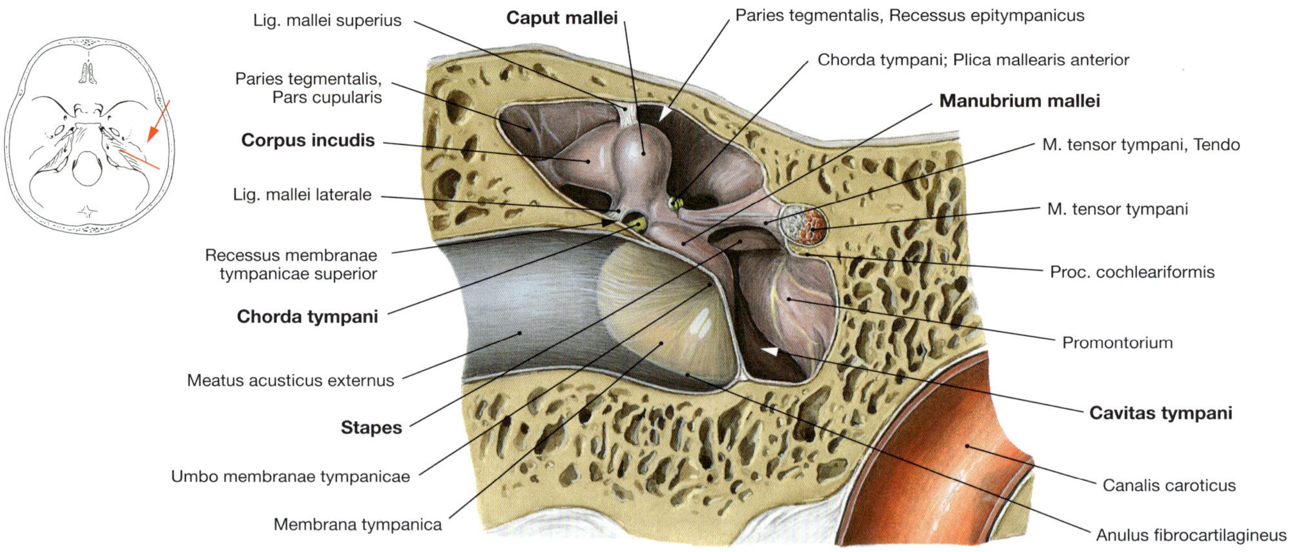

Abb. 10.25 Paukenhöhle, Cavitas tympani, rechts; Frontalschnitt; Ansicht von vorne.
Die Paukenhöhle ist ein luftgefüllter Hohlraum des Mittelohrs, in dem sich die Gehörknöchelchen befinden. Sie liegt direkt hinter dem Trommelfell und wird über die Tuba auditiva [auditoria] (EUSTACHIUS-Röhre) belüftet, die dem Druckausgleich dient. Die Ausdehnung zwischen Paukenkuppel (Epitympanon) und Paukenkeller (Hypotympanon) beträgt etwa 12–15 mm bei einer Tiefe von 3–7 mm. Das Binnenvolumen beträgt nur etwa 1 cm^3.

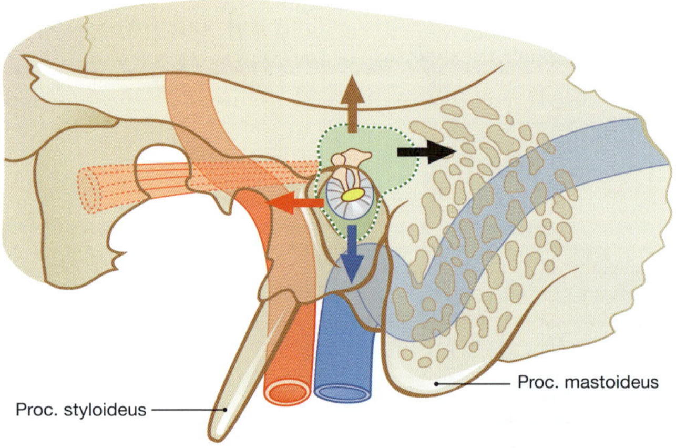

Paukenhöhle (Cavitas tympani)		
Mastoid (Paries mastoideus)	posterior, hintere Wand (Proc. mastoideus)	→ (schwarz)
V. jugularis (Paries jugularis)	inferior, untere Wand (Fossa jugularis)	↓ (blau)
A. carotis interna (Paries caroticus)	anterior, vordere Wand (Karotiskanal)	← (rot)
Mittlere Schädelgrube (Paries tegmentalis)	superior, obere Wand (mittlere Schädelgrube)	↑ (braun)
Ovales Fenster (Paries labyrinthicus)	medial, mediale Wand (Labyrinth)	ovales Fenster (Symbol)
Trommelfell (Paries membranaceus)	lateral, laterale Wand (Trommelfell)	Trommelfell (Symbol)

Abb. 10.26 Topographische Beziehungen der Paukenhöhle, Cavitas tympani, zu den Nachbarstrukturen, rechts; Ansicht von lateral; schematische Darstellung.
Das Epitympanon ist nach oben durch eine dünne Knochenplatte (Tegmen tympani, **Paries tegmentalis)** von der mittleren Schädelgrube abgegrenzt. Die Vorderwand des Mesotympanons **(Paries caroticus)** hat Beziehung zur A. carotis interna. Die laterale Wand **(Paries membranaceus)** wird fast ausschließlich vom Trommelfell gebildet. Im unteren Wandabschnitt mündet die Ohrtrompete (Tuba auditiva [auditoria]) in die Paukenhöhle. Die Hinterwand **(Paries mastoideus)** grenzt an den Warzenfortsatz (Proc. mastoideus). Hinten oben besteht eine direkte Verbindung zu den pneumatisierten Räumen des Mastoids (Aditus ad antrum). Die mediale Wand (**Paries labyrinthicus;** → Abb. 10.27 und 10.28) trennt die Schnecke (Cochlea) von der Paukenhöhle. Die untere Wand der Paukenhöhle **(Paries jugularis)** gehört zum Hypotympanon. Sie grenzt die Paukenhöhle von der V. jugularis interna ab. Der Knochen ist an dieser Stelle sehr dünn und teilweise pneumatisiert.

Klinik

Die akute Mittelohrentzündung **(Otitis media)** stellt eine der häufigsten Erkrankungen im Kindesalter dar. Ursächlich sind meist Bakterien und Viren, die im Rahmen oder nach einer Infektion des Nasopharynx über die Ohrtrompete (Tuba auditiva [auditoria]) in das Mittelohr gelangen. Die Entzündung ist durch Schleimhautrötung, -ödem, granulozytäre Infiltration und Eiterbildung gekennzeichnet. Da der Eiter durch die entzündungsbedingte Tubenblockade nicht abfließt, kann die Entzündung durch Übergreifen auf die Umgebung schwerwiegende **Komplikationen** auslösen wie z. B.:

- Trommelfellperforation (häufigster Fall, via Paries membranaceus)
- Mastoiditis (via Paries mastoideus, Antrum mastoideum, → S. 134)
- Thrombophlebitis und Jugularisthrombose (via Paries jugularis)
- Sepsis (Keimverstreuung über das Blut via Paries caroticus)
- Hirnabszess und/oder Meningitis (via Paries tegmentalis)
- Labyrinthitis (mit Schwindel und Hörminderung via Paries labyrinthicus)

Paukenhöhle

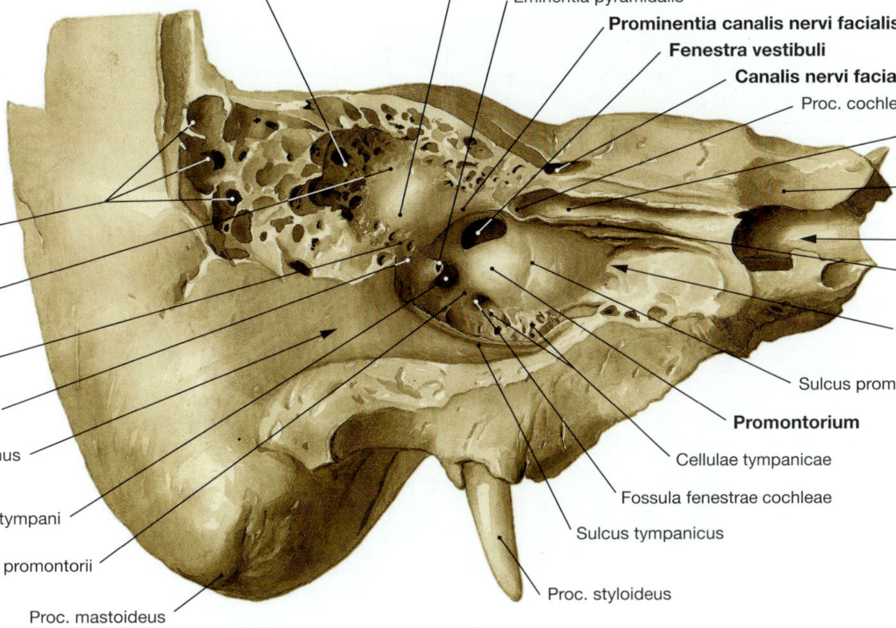

Abb. 10.27 Mediale Wand, Paries labyrinthicus, der Paukenhöhle, Cavitas tympani, rechts; vertikaler Schnitt in der Längsachse des Felsenbeins; Ansicht von lateral vorne.
Oberhalb des ovalen Fensters ist die Wand durch den lateralen Bogengang zur Prominentia canalis semicircularis lateralis vorgewölbt. Durch die mediale Wand verläuft der N. facialis [VII] im Canalis nervi facialis. Der Kanal wölbt die mediale Wand zur horizontal verlaufenden Prominentia canalis nervi facialis vor. Die Tuba auditiva [auditoria] beginnt am Ostium tympanicum tubae auditivae und wird nach oben durch das Septum canalis musculotubarii vom Semicanalis musculi tensoris tympani abgegrenzt. Der Warzenfortsatz (Proc. mastoideus) ist normalerweise pneumatisiert (Cellulae mastoideae) und hat über das Antrum mastoideum Beziehung zur Paukenhöhle.

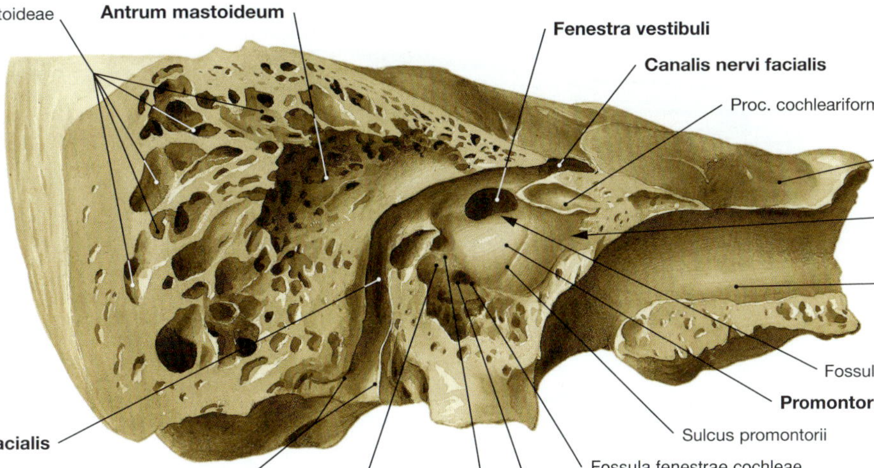

Abb. 10.28 Mediale Wand, Paries labyrinthicus, der Paukenhöhle, Cavitas tympani, rechts; Ansicht von lateral vorne; nach Abtragung der lateralen Wand und der angrenzenden Teile der vorderen und der oberen Wand; Canalis nervi facialis und Canalis caroticus eröffnet.
Die mediale Paukenhöhlenwand bildet die Grenze zum Innenohr (Labyrinth). Sie besitzt zwei Öffnungen:

- das **ovale Fenster** (Fenestra vestibuli), in dem die Steigbügelfußplatte sitzt, die über das Lig. anulare stapediale im ovalen Fenster fixiert ist
- das weiter unten lokalisierte **runde Fenster** (Fenestra cochleae), das durch die Membrana tympanica secundaria verschlossen ist

Zwischen ovalem und rundem Fenster wird die mediale Paukenhöhlenwand durch die basale Schneckenwindung zum Promontorium vorgewölbt.

Klinik

Eine Entzündung der Cellulae mastoideae **(Mastoiditis)** ist meist eine fortgeleitete Entzündung aus der Paukenhöhle. Sie zählt zu den häufigsten Komplikationen einer Mittelohrentzündung. Vom Mastoid kann sich die Entzündung auf die Weichteile hinter und vor dem Ohr, den M. sternocleidomastoideus, das Innenohr, den Sinus sigmoideus, die Meningen und den N. facialis [VII] fortpflanzen.

Paukenhöhle, Topographie

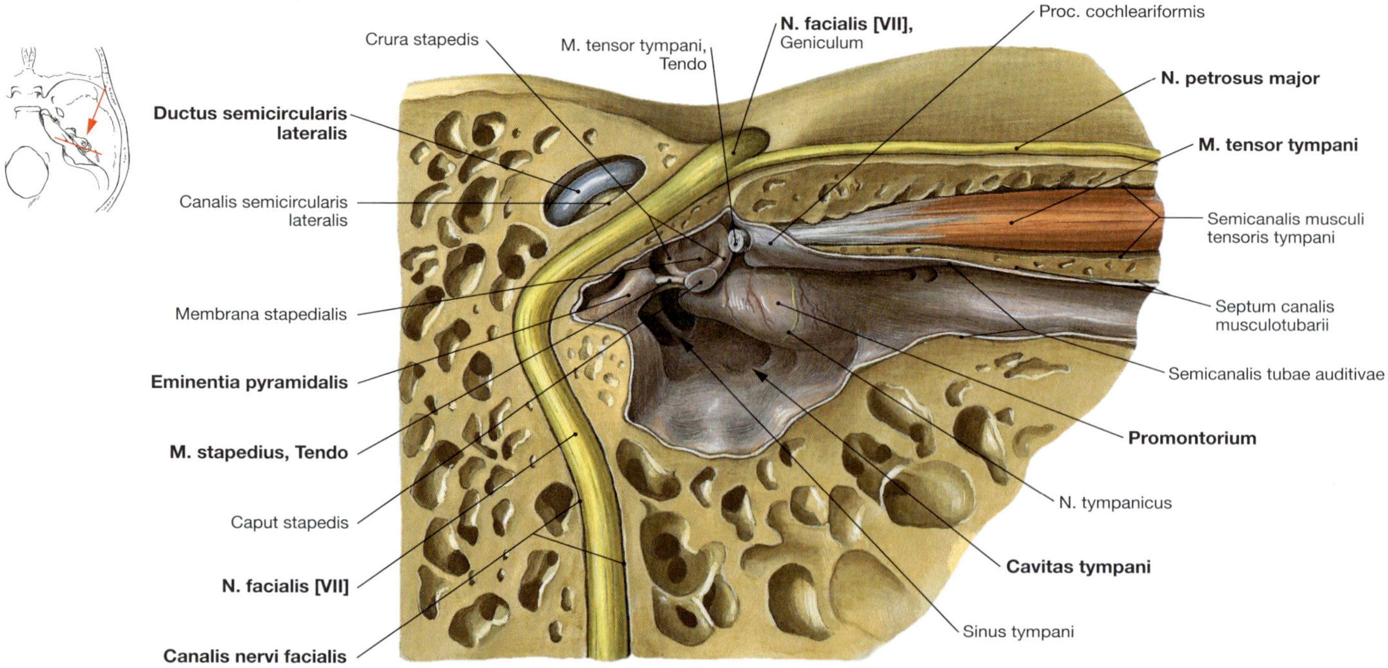

Abb. 10.29 N. facialis [VII], Paukenhöhle, Cavitas tympani, und Ohrtrompete, Tuba auditiva [auditoria], rechts; vertikaler Schnitt in Längsachse des Felsenbeins; Ansicht von vorne; Fazialiskanal eröffnet. Der N. facialis [VII] hat zwei Stämme, den eigentlichen N. facialis und den N. intermedius. Beide vereinigen sich in der Tiefe des Fazialiskanals (Canalis nervi facialis) zum N. intermediofacialis (allgemein weiter als N. facialis [VII] bezeichnet). In seinem Verlauf zieht er bogenförmig um die Paukenhöhle und wirft in der medialen Paukenhöhlenwand die Prominentia canalis nervi facialis auf. Unterhalb davon wölbt sich die Eminentia pyramidalis vor, in der der vom N. facialis [VII] innervierte M. stapedius sitzt. Seine Sehne tritt aus der Eminentia pyramidalis aus und inseriert von seitlich unten am Steigbügelköpfchen.

Funktion des M. stapedius: Dämpfung der Schwingungen am ovalen Fenster durch Verkippung des Steigbügels, Verschlechterung der Schallübertragung, Schutz vor lauten Geräuschen.

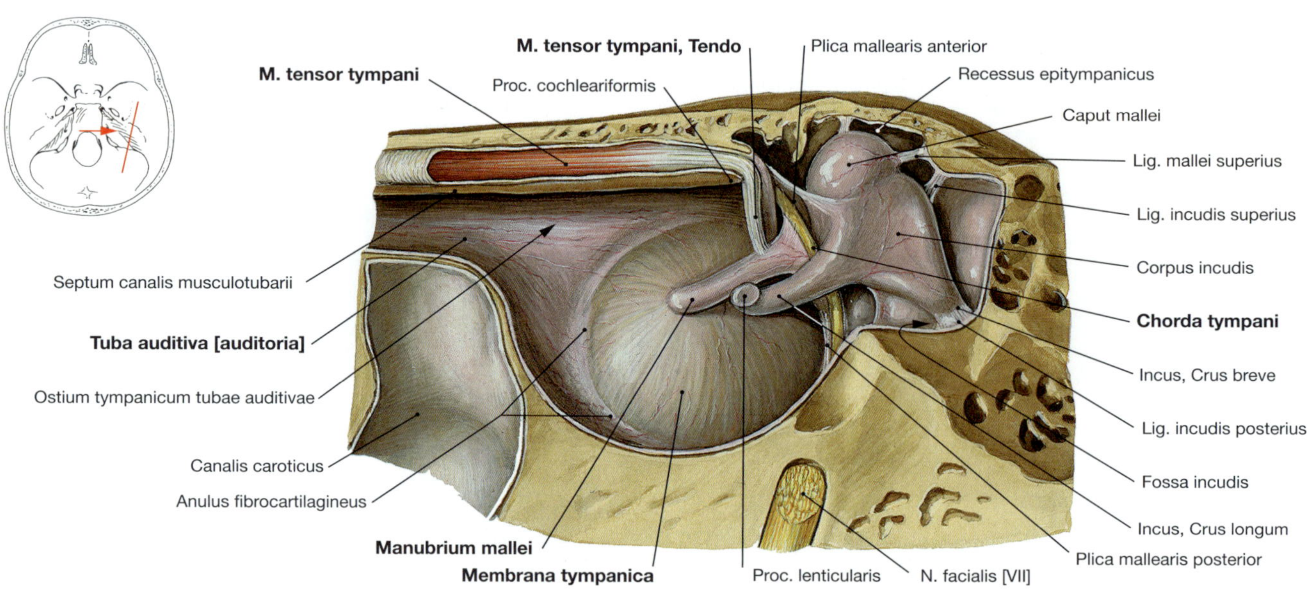

Abb. 10.30 Laterale Wand, Paries membranaceus, der Paukenhöhle, Cavitas tympani, rechts; Ansicht von medial.
Von vorne gelangt der Canalis musculotubarius in die Paukenhöhle. Er enthält zwei knöcherne Halbkanäle (Semicanales), die durch ein knöchernes Septum getrennt sind. In ihnen verlaufen der M. tensor tympani und die Tuba auditiva [auditoria]. Die Sehne des M. tensor tympani biegt am Proc. cochleariformis rechtwinklig um und zieht zum Manubrium mallei.

Funktion des M. tensor tympani: Anspannung des Trommelfells durch Zug am Manubrium mallei. Dadurch kommt es zur Versteifung der Gehörknöchelchenkette mit verbesserter Übertragung hoher Tonfrequenzen. Die kurz vor Ende des Canalis nervi facialis abgehende und rückläufig durch einen eigenen Knochenkanal verlaufende Chorda tympani gelangt wieder in die Paukenhöhle und verläuft hier, eingebettet in Schleimhaut, zwischen Hammer und Crus longum des Amboss mitten durch die Paukenhöhle, um die Schädelbasis über die Fissura sphenopetrosa (oder Fissura petrotympanica) zu verlassen.

Klinik

Kommt es im Rahmen einer Fazialisparese zu einer Mitbeteiligung des N. stapedius und damit zu einer Lähmung des M. stapedius, resultiert daraus auf der betroffenen Seite eine gestörte Hörempfindung. Laute Geräusche werden aufgrund mangelnder Dämpfung (durch die Verkippung der Steigbügelfußplatte im ovalen Fenster) als unangenehm laut empfunden **(Hyperakusis).**

N. facialis [VII], Topographie

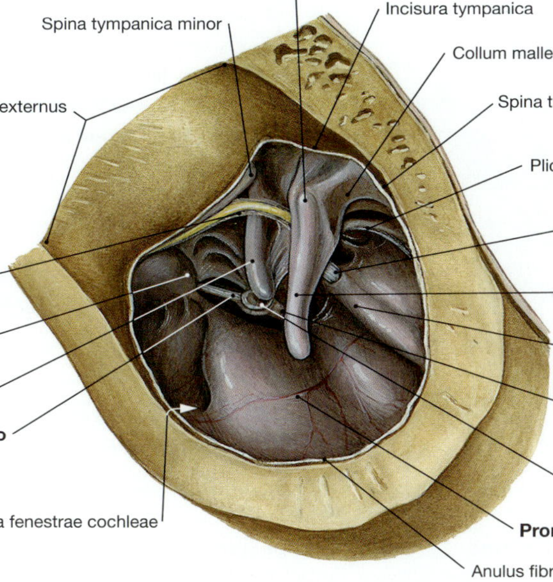

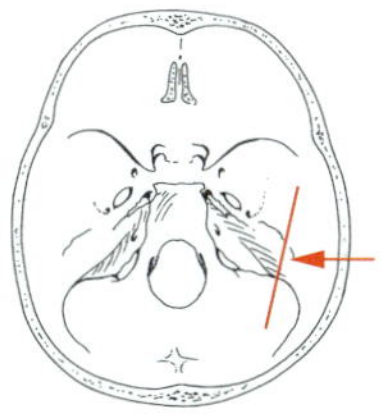

Abb. 10.31 Paukenhöhle, Cavitas tympani, rechts; Ansicht von lateral; nach Entfernung des Trommelfells und der Schleimhaut um die Chorda tympani.

Man blickt auf die von Schleimhaut umgebenen Strukturen in der Paukenhöhle.

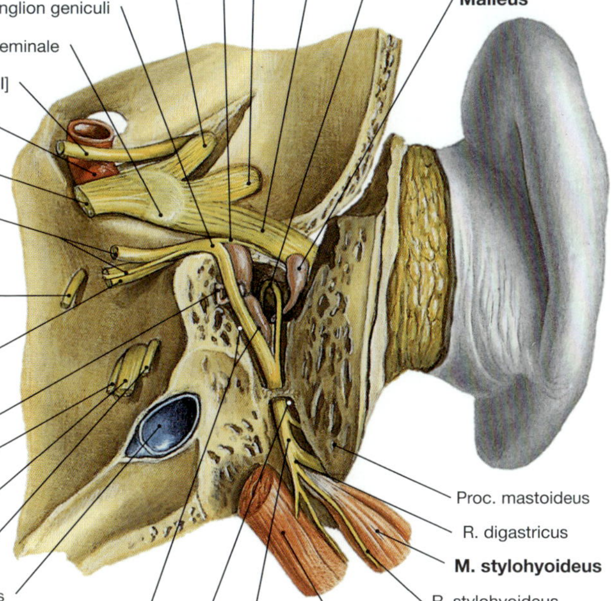

Abb. 10.32 N. facialis [VII] im Felsenbein, Os temporale, Pars petrosa, rechts; Ansicht von hinten; Felsenbein teilweise ausgesägt; Fazialiskanal und Paukenhöhle eröffnet.

Durch Abtragung des Proc. mastoideus mit Eröffnung des Fazialiskanals und der Paukenhöhle wird der gesamte Verlauf des N. facialis [VII] in seinem knöchernen Kanal mit Abgang seiner Äste sichtbar.

Klinik

Der N. facialis [VII] kann im Rahmen von Felsenbeinfrakturen, Mittelohr- oder Warzenfortsatzentzündungen sowie sich häufig daraus ergebenden Operationen geschädigt werden. Zur **Fazialisdiagnostik** (Auf welcher Höhe sitzt die Schädigung?) und zur Verlaufskontrolle nach Fazialisparese werden verschiedene Testverfahren eingesetzt: SCHIRMER-Test (Tränendrüsenfunktion), Stapediusreflexprüfung, Geschmackstest und manchmal auch eine Sialometrie (Testung der Speicheldrüsenfunktion) zur Testung der Chorda tympani sowie Elektromyographie (EMG) und Elektroneuronographie (ENoG) zur Überprüfung der mimischen Muskulatur.

Die Chorda tympani ist aufgrund ihres Verlaufs bei Operationen im Mittelohr gefährdet. Bei Mittelohrentzündung kommt es häufig zu einem isolierten **Ausfall der Chorda tympani** mit Mundtrockenheit und Verlust der Geschmacksempfindung auf der betroffenen Seite.

N. facialis [VII], Topographie

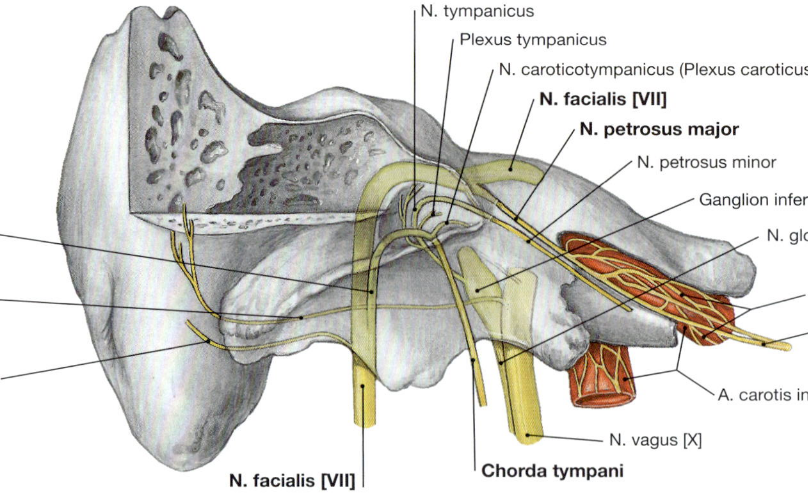

Abb. 10.33 N. facialis [VII], N. glossopharyngeus [IX] und N. vagus [X], rechts; Ansicht von vorne; Felsenbein teilweise ausgeschnitten; Nerven durchscheinend dargestellt.
Am Ganglion geniculi gibt der N. facialis [VII] als ersten Ast den **N. petrosus major** ab. Er verläuft im Os temporale nach vorne medial und tritt am Hiatus nervi petrosi majoris auf der Facies anterior der Pars petrosa ossis temporalis unterhalb der Dura aus. Der Nerv führt für die Innervation von Tränen- und Nasendrüsen präganglionäre parasympathische Fasern zum Ganglion pterygopalatinum. Kurz nach Durchtritt des N. facialis [VII] durch das Foramen stylomastoideum geht der **N. auricularis posterior** zur Innervation der Ohrmuskeln ab. Dargestellt sind ferner der R. auricularis des N. vagus [X] zur sensiblen Innervation der äußeren Gehörgangswand sowie der N. tympanicus, der kurz vor Durchtritt durch das Foramen jugulare aus dem N. glossopharyngeus [IX] hervorgeht. In der Schleimhaut des Promontoriums des Mittelohrs bildet er gemeinsam mit Ästen aus dem die A. carotis interna umgebenden sympathischen Nervengeflecht (Plexus caroticus internus, Nn. caroticotympanici) den Plexus tympanicus, der der Innervation der Mittelohrschleimhaut einschließlich der Schleimhaut von Tuba auditiva [auditoria] und Mastoid dient.

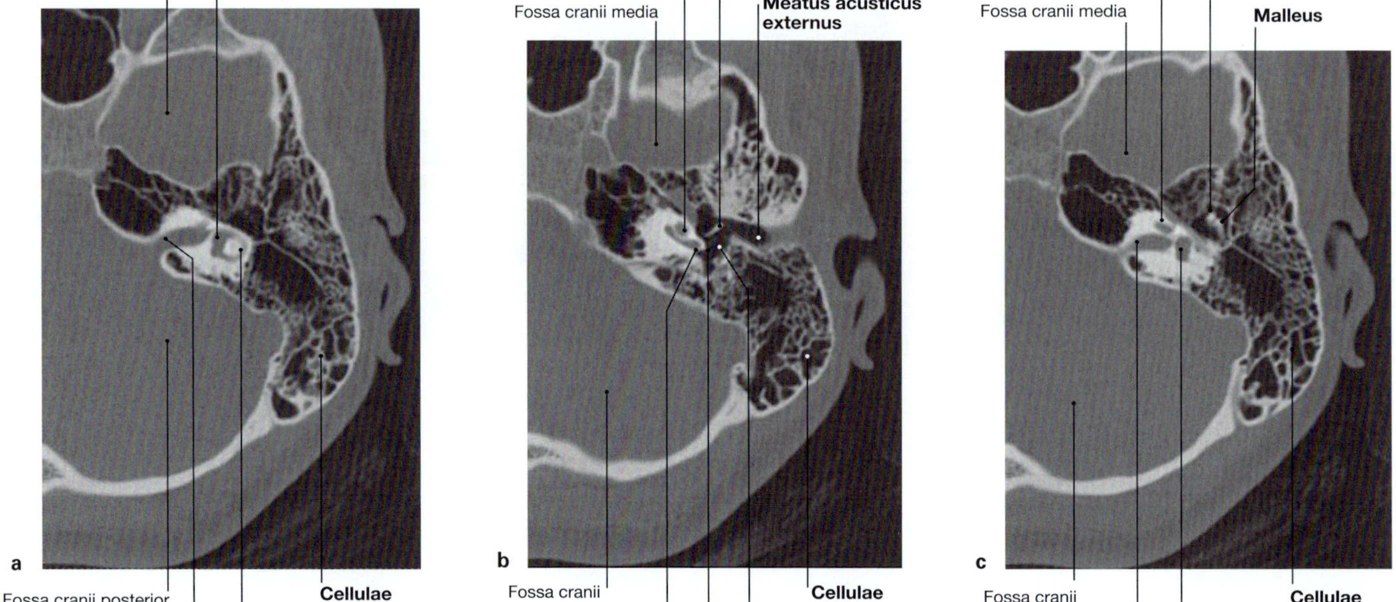

Abb. 10.34a bis c Schläfenbein, Os temporale, mit Mittel- und Innenohr, linkes Ohr; computertomographischer Querschnitt (CT), Ansicht von unten. [10]

Mittels hochauflösender CT lassen sich heute sämtliche Mittelohr- und Innenohrstrukturen visualisieren. So können beispielsweise der innere Gehörgang, die Pneumatisation des Warzenfortsatzes, die Stellung der Gehörknöchelchen sowie das Labyrinth beurteilt werden.

Klinik

Der N. facialis [VII] kann durch den Proc. mastoideus hindurch operativ freigelegt werden, um beispielsweise eine Entlastung im Rahmen einer entzündlichen Schwellung des Nervs zu schaffen. Dabei wird der knöcherne Kanal von hinten eröffnet bzw. abgetragen.

Ohrtrompete

Abb. 10.35 Tubenknorpel, Cartilago tubae auditivae, rechts; Ansicht von unten; an der Schädelbasis freipräpariert.
Die ca. 4 cm lange Ohrtrompete (Tuba auditiva [auditoria], EUSTACHIUS-Röhre, Tuba EUSTACHII) verläuft schräg von seitlich hinten oben nach medial vorne unten und verbindet die Paukenhöhle mit dem Nasopharynx (Nasenrachenraum). Sie dient funktionell dem Druckausgleich. Zur optimalen Schallleitung muss in der Paukenhöhle (das Trommelfell ist luftundurchlässig) der gleiche Luftdruck wie im äußeren Gehörgang herrschen. Ist dies nicht der Fall, z. B. während des Steig- oder Sinkflugs im Flugzeug, kommt es zu Höreinbußen.

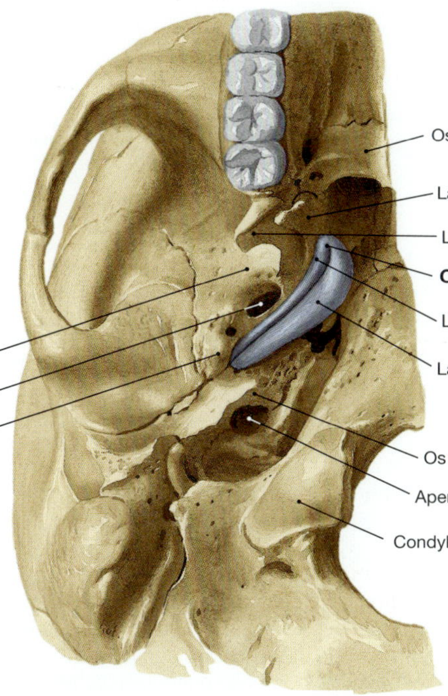

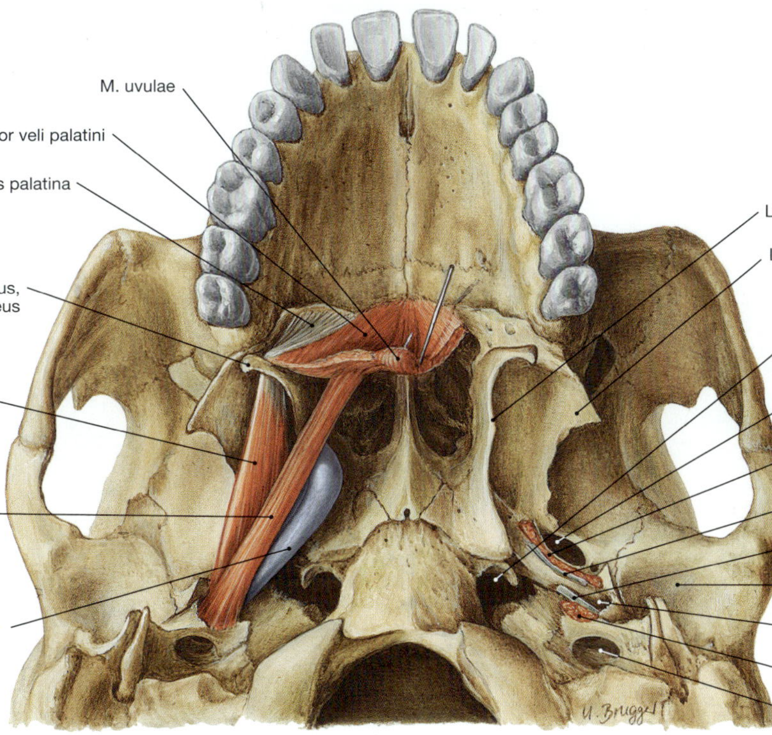

Abb. 10.36 M. levator veli palatini, M. tensor veli palatini und Tubenknorpel, Cartilago tubae auditivae; Ansicht von unten.
Die Tuba auditiva [auditoria] (knöcherner Anteil nicht sichtbar) beginnt in der Vorderwand der Paukenhöhle (Paries caroticus) mit dem Ostium tympanicum tubae auditivae und mündet am Ostium pharyngeum tubae auditivae, das sich seitlich hinten in den Nasopharynx vorwölbt. Man unterscheidet einen knöchernen Abschnitt (Pars ossea) und einen etwa doppelt so langen knorpeligen Abschnitt (Pars cartilaginea). Letzterer besteht aus einer Rinne aus elastischem Knorpel (Cartilago tubae auditivae). Die auf dem Kopf stehende Knorpelrinne wird medial von Bindegewebe (Lamina membranacea) zu einem schlitzförmigen Kanal geschlossen. Die Tuba auditiva [auditoria] wird bei Kontraktion der Mm. tensor und levator veli palatini im Rahmen des Schluckakts geöffnet.

→ T 3

Klinik

Die Tuba auditiva [auditoria] ist von respiratorischem Flimmerepithel mit Becherzellen ausgekleidet. Der Flimmerschlag ist in Richtung Nasopharynx gerichtet. Bei Versagen der Schutzmechanismen in der Tube kann es zu aufsteigenden Entzündungen mit Ausbildung eines **Tubenkatarrhs** bis hin zur Mittelohrenzündung kommen. Durch Lufteinblasung über die Nase können Tubenverklebungen und-verschlüsse gelöst werden (z. B. Schlucken bei Druckproblemen).

Ohrtrompete

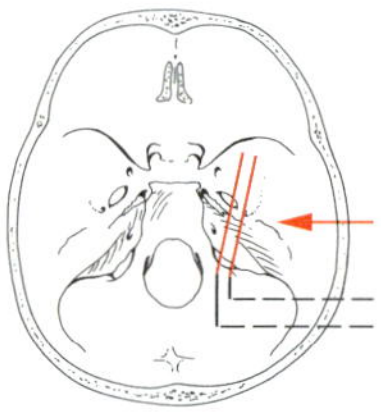

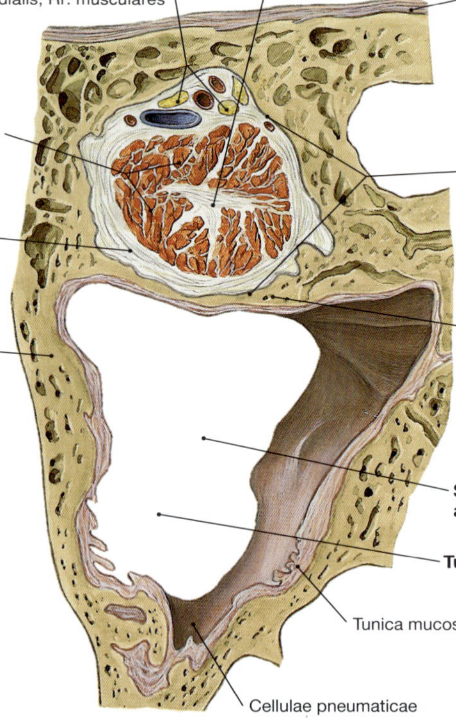

Abb. 10.37 Ohrtrompete, Tuba auditiva [auditoria], rechts; Querschnitt auf Höhe der Pars ossea durch den Canalis musculotubarius; Ansicht von lateral.

Der knöcherne Abschnitt der Tuba auditiva [auditoria] liegt in einem dreieckigen Knochenkanal (Semicanalis tubae auditivae des Canalis musculotubarius) der Pars petrosa ossis temporalis. Durch eine dünne knöcherne Wand davon getrennt verläuft der M. tensor tympani im Semicanalis musculi tensoris tympani des Canalis musculotubarius.

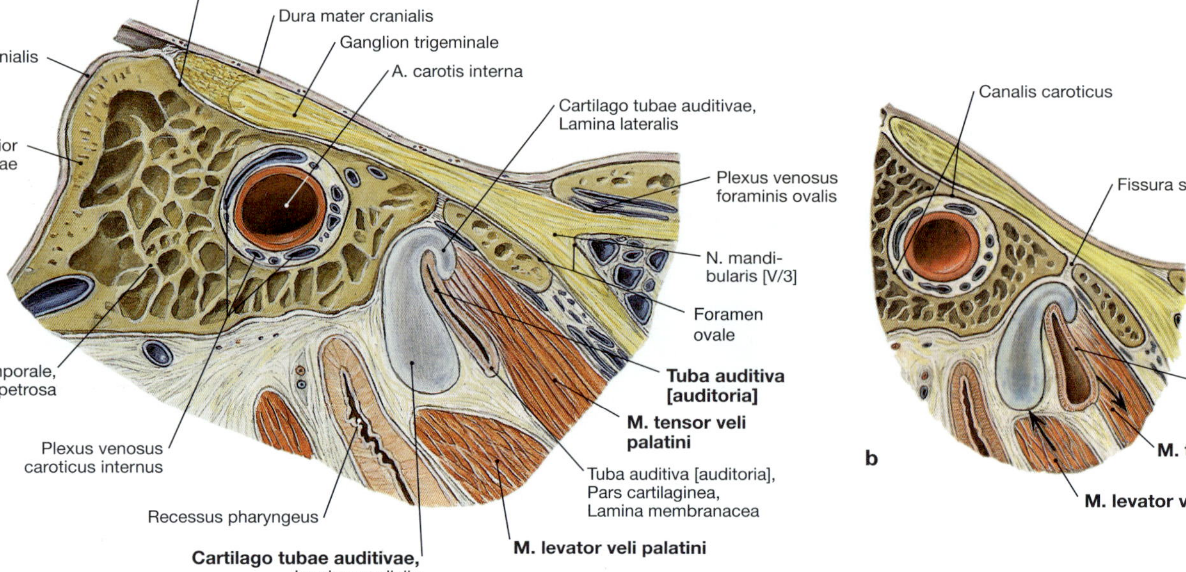

Abb. 10.38a und b Ohrtrompete, Tuba auditiva [auditoria], rechts; Querschnitte auf Höhe des lateralen Anteils der Pars cartilaginea; Ansicht von lateral.

a geschlossene Tube

b offene Tube, die Wirkung der Muskeln auf die Tube ist durch Pfeile verdeutlicht

Im Rahmen des Schluckakts kommt es zur Kontraktion der Mm. tensor und levator veli palatini. Die **Kontraktion des M. tensor veli palatini** führt zum Zug an der Pars membranacea und am Oberrand des Tubenknorpels mit resultierender Erweiterung des Tubenlumens. Die **Kontraktion des M. levator veli palatini** führt durch Ausbildung des Muskelbauchs zum Druck von unten gegen den Tubenknorpel. Dabei wird die Rinne aufgebogen und das Tubenlumen erweitert sich. Beim Verschluss der Tube wirkt der M. salpingopharyngeus mit (nicht eingezeichnet).

Klinik

Gaumenspalten gehen mit einer Funktionslosigkeit der Mm. tensor und levator veli palatini einher, da das Punctum fixum der Muskeln fehlt und sie ins Leere kontrahieren. Dabei ist die Tubenfunktion aufgehoben. Unbehandelt kommt es im Mittelohr zur Ausbildung eines Adhäsivprozesses aufgrund der fehlenden Mittelohrbelüftung. Die Kinder hören sehr schlecht und lernen auch meist nicht zu sprechen.

Knöchernes Labyrinth

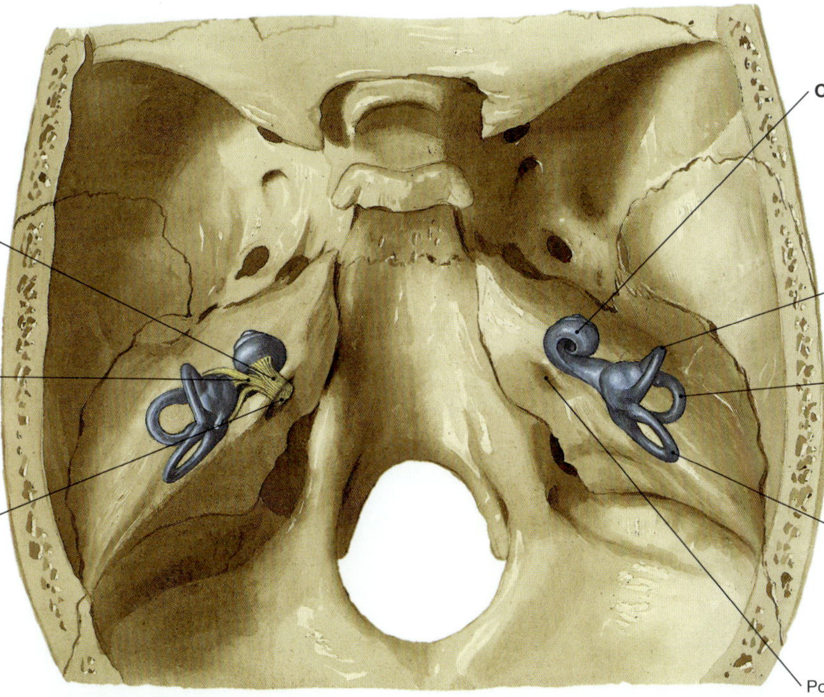

Abb. 10.39 Innenohr, Auris interna, und N. vestibulocochlearis [VIII]; Ansicht von oben; Innenohr in seiner natürlichen Position auf das Felsenbein projiziert.
Die Spitze der Schnecke (Cochlea) ist nach lateral vorne gerichtet. Die Bogengänge (Canales semicirculares) sind in einem Winkel von 45° in Bezug auf die Hauptebenen des Schädels (Frontal-, Sagittal- und Horizontalebene) ausgerichtet. Dies spielt bei der Beurteilung von CT-Aufnahmen des Schädels eine Rolle.

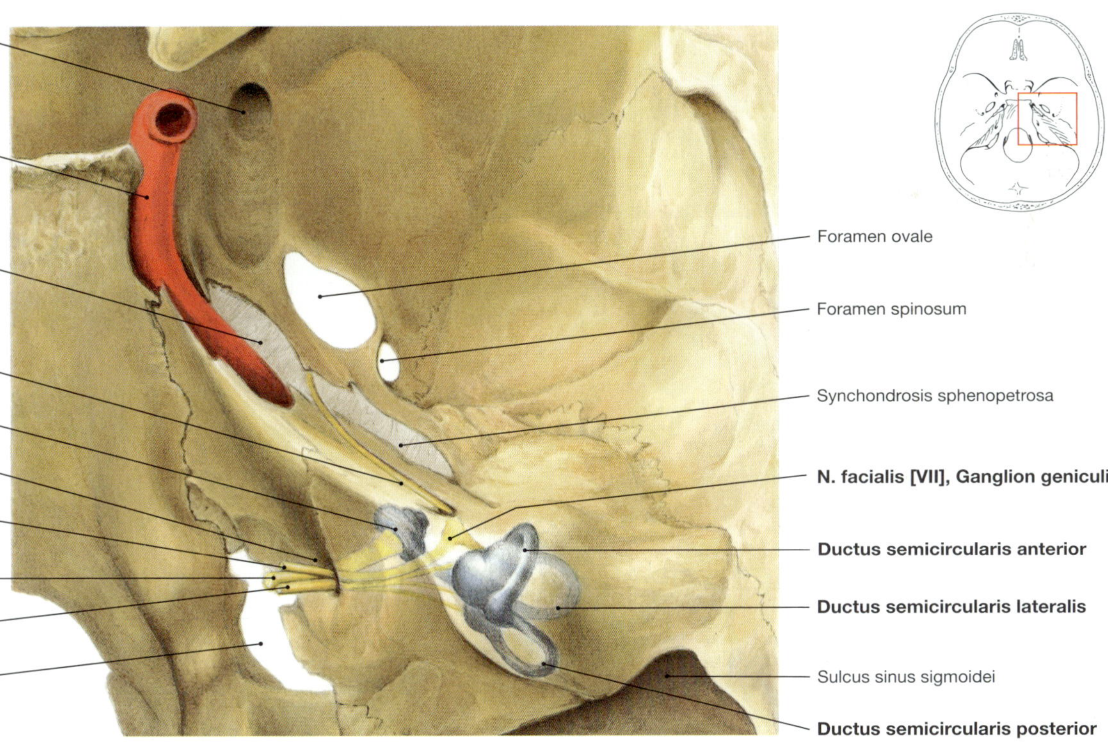

Abb. 10.40 Innenohr, Auris interna, mit N. facialis [VII] und N. vestibulocochlearis [VIII], rechts; Ansicht von oben auf das Felsenbein.
Beim Eintritt in den Porus acusticus internus liegen der N. facialis [VII] und sein Intermediusanteil auf den zum N. vestibulocochlearis [VIII] (in der Klinik häufig auch N. statoacusticus) zusammengefassten Nn. cochlearis und vestibularis. Die Nerven teilen sich im Felsenbein auf. Der **N. cochlearis** verläuft leicht bogenförmig nach vorne zur Cochlea, der **N. vestibularis** leicht bogenförmig nach hinten. Kurz vor Erreichen des Labyrinths teilt er sich in eine Pars superior zu vorderem und lateralem Bogengang sowie zum Sacculus auf und in eine Pars inferior zu Utriculus und hinterem Bogengang. Die Perikarya der Neurone beider Anteile werden zum **Ganglion vestibulare** zusammengefasst. Der N. facialis [VII] verläuft oberhalb und zwischen Cochlea und Gleichgewichtsorgan im Fazialiskanal. Der Hauptstamm biegt am äußeren Fazialisknie nach unten rechtwinkelig ab. Am Ganglion geniculi verlässt der **N. petrosus major** den N. facialis [VII]. Er verläuft in einer Duratasche auf dem Felsenbein in Richtung auf das Foramen lacerum zu und enthält parasympathische Fasern für die Innervation von Tränen- und Nasendrüsen.

Knöchernes Labyrinth

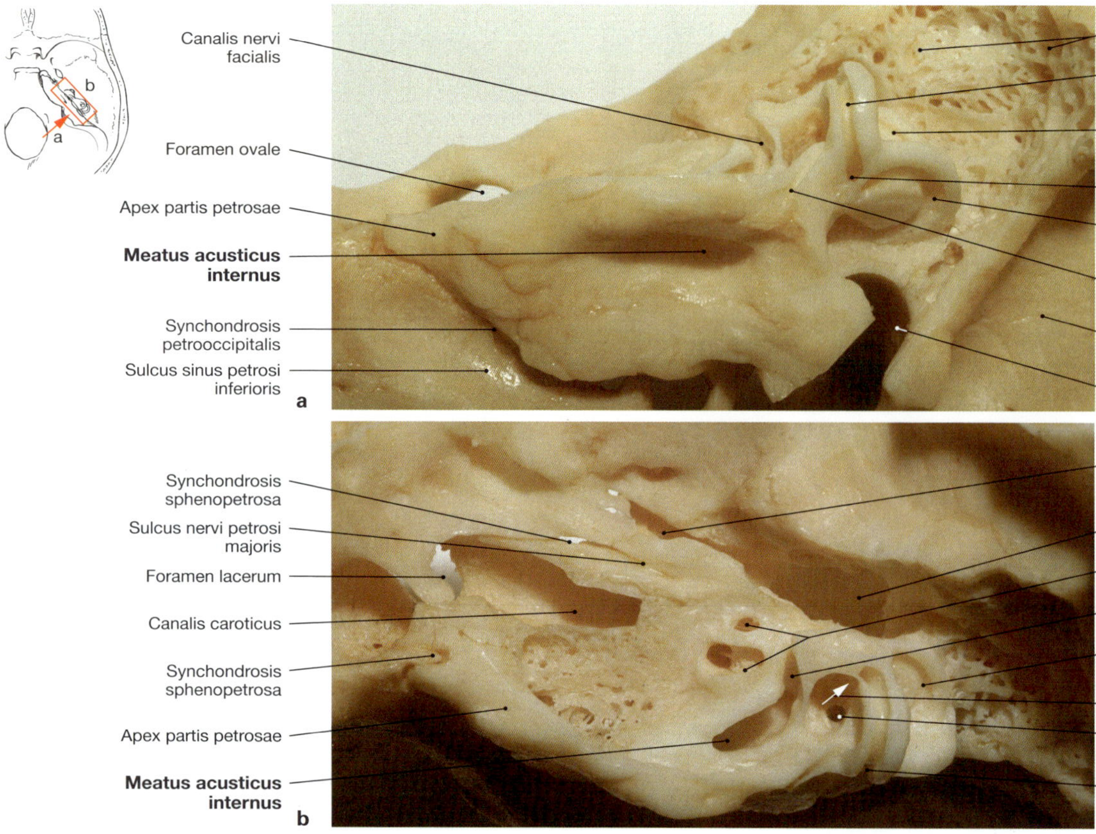

Abb. 10.41a und b Knöchernes Labyrinth, Labyrinthus osseus, rechts; aus dem Felsenbein herausgefräst; Ansicht von hinten oben (**a**), Ansicht von oben (**b**).
Das Innenohr (Auris interna) ist ein Komplex aus knöchernen Kanälen und Erweiterungen in der Pars petrosa des Os temporale (knöchernes Labyrinth). In ihnen befindet sich ein System aus Membranschläuchen und-säcken, das als häutiges Labyrinth bezeichnet wird. Es beherbergt das Gleichgewichts- und Hörorgan (Organum vestibulocochleare).

* Öffnung des Canaliculus posterior

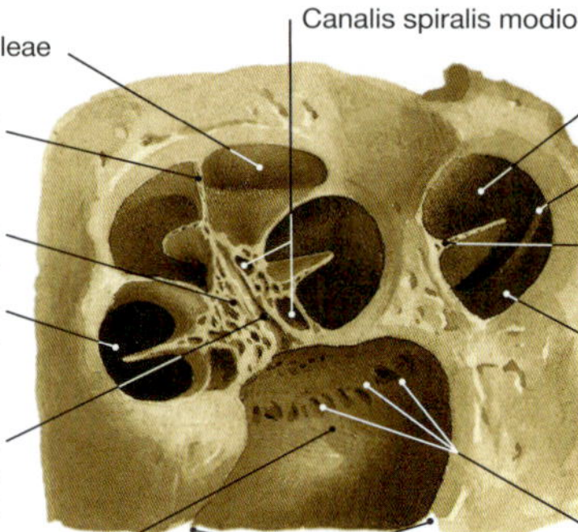

Abb. 10.42 Schneckengang, Canalis spiralis cochleae, rechts; Ansicht von oben; in der Achse des Modiolus aufgefräst.
Die Cochlea besteht aus einem Kanal (Canalis spiralis cochleae), der in 2½ Windungen um die Schneckenspindel (Modiolus cochleae) gewunden ist. In den Canales spiralis und longitudinalis modioli sitzt das Ganglion spirale cochleae mit den Perikarya der bipolaren Nervenzellen des N. cochlearis. Vom Modiolus springt die Lamina spiralis ossea in den Schneckenkanal vor.

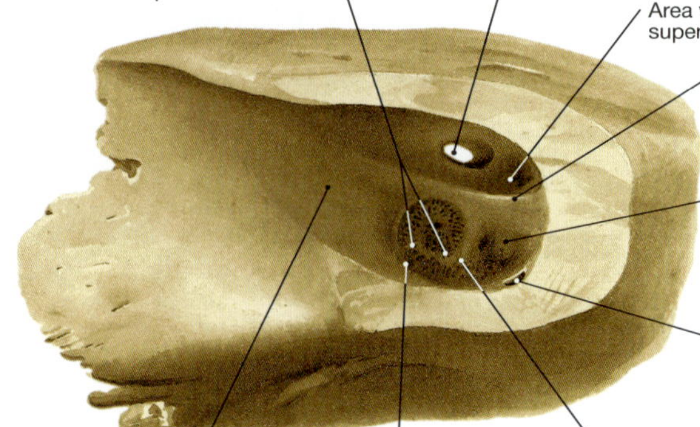

Abb. 10.43 Innerer Gehörgang, Meatus acusticus internus, und Boden des inneren Gehörgangs, Fundus meatus acustici interni, rechts; Ansicht von medial; nach teilweiser Abtragung der Hinterwand.
Der innere Gehörgang beginnt am Porus acusticus internus und setzt sich etwa 1 cm nach lateral fort. Hier endet er in einer löchrigen Knochenplatte. In dem 1 cm langen Segment verlaufen N. facialis [VII] und N. vestibulocochlearis [VIII].

Klinik

Das **Akustikusneurinom** (Vestibularis-Schwannom) ist ein gutartiger Tumor der SCHWANN-Zellen, der besonders häufig den N. vestibularis betrifft. Es entsteht im Meatus acusticus internus und wächst verdrängend in die hintere Schädelgrube (Kleinhirn-Brückenwinkel-Tumor). Frühsymptome sind Hörminderung und Gleichgewichtsstörungen.

Knöchernes Labyrinth

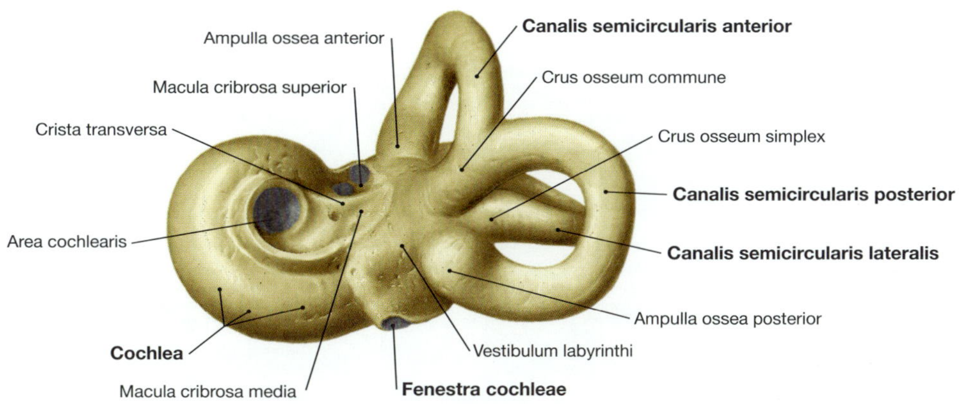

Abb. 10.44 Knöchernes Labyrinth, Labyrinthus osseus, rechts; Ansicht von schräg hinten; knöcherne Umhüllung des häutigen Labyrinths aus dem Felsenbein herausgefräst.

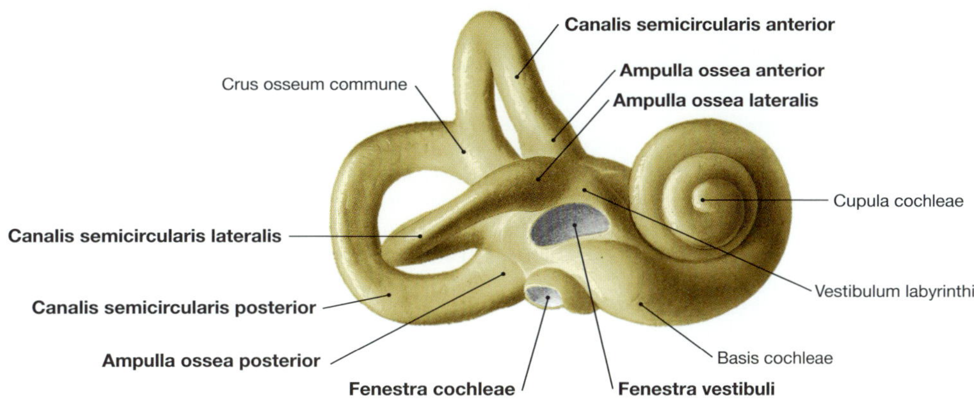

Abb. 10.45 Knöchernes Labyrinth, Labyrinthus osseus, rechts; Ansicht von lateral; knöcherne Umhüllung des häutigen Labyrinths aus dem Felsenbein herausgefräst.

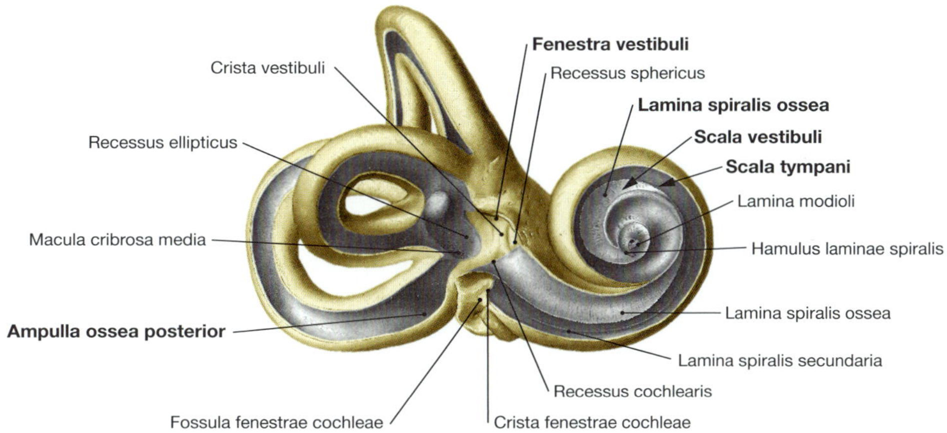

Abb. 10.46 Knöchernes Labyrinth, Labyrinthus osseus, rechts; Ansicht von lateral vorne; Hohlräume aufgefräst.
Das knöcherne Labyrinth besteht aus dem Vestibulum, drei knöchernen Bogengängen (Canales semicirculares ossei), der knöchernen Schnecke (Cochlea) und dem inneren Gehörgang (Meatus acusticus internus). Das Vestibulum ist Ausgangspunkt für Cochlea und Bogengänge. Es steht über das ovale Fenster mit der Paukenhöhle in Verbindung.

Häutiges Labyrinth

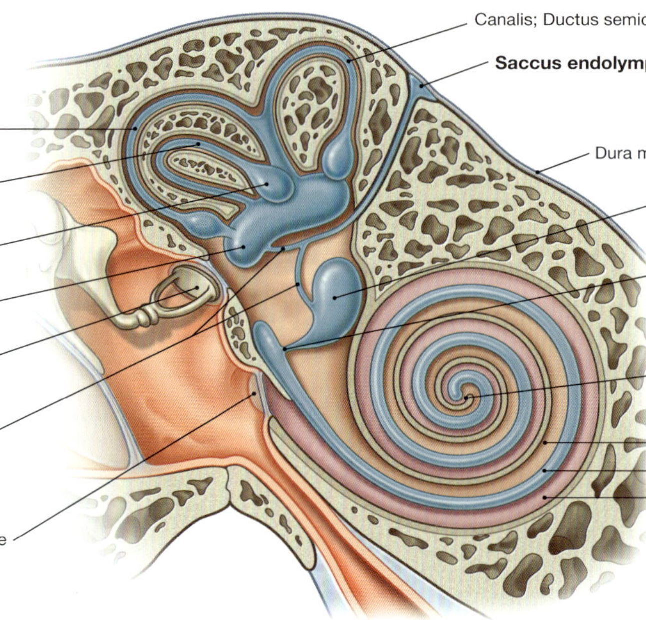

Abb. 10.47 Häutiges Labyrinth, Labyrinthus membranaceus, rechts; Längsschnitt durch das Felsenbein; Ansicht von vorne, schematische Darstellung. [8]

Das häutige Labyrinth ist mit kaliumreicher und natriumarmer Endolymphe gefüllt. Es liegt dem knöchernen Labyrinth nicht unmittelbar an, sondern ist durch den mit Perilymphe gefüllten perilymphatischen Raum von diesem getrennt. Nach der Funktion unterteilt man das häutige Labyrinth in einen vestibulären und in einen kochleären Anteil. Das **vestibuläre Labyrinth** umfasst die im Vestibulum lokalisierten Strukturen Sacculus und Utriculus, den Ductus utriculosaccularis, die drei Bogengänge und den Ductus endolymphaticus mit dem Saccus endolymphaticus. Letzterer stellt eine an der Felsenbein-Hinterfläche gelegene epidurale Aussackung dar, in der die Endolymphe resorbiert wird. Das **kochleäre Labyrinth** wird vom Ductus cochlearis gebildet. Vestibuläres und kochleäres Labyrinth kommunizieren über den Ductus reuniens.

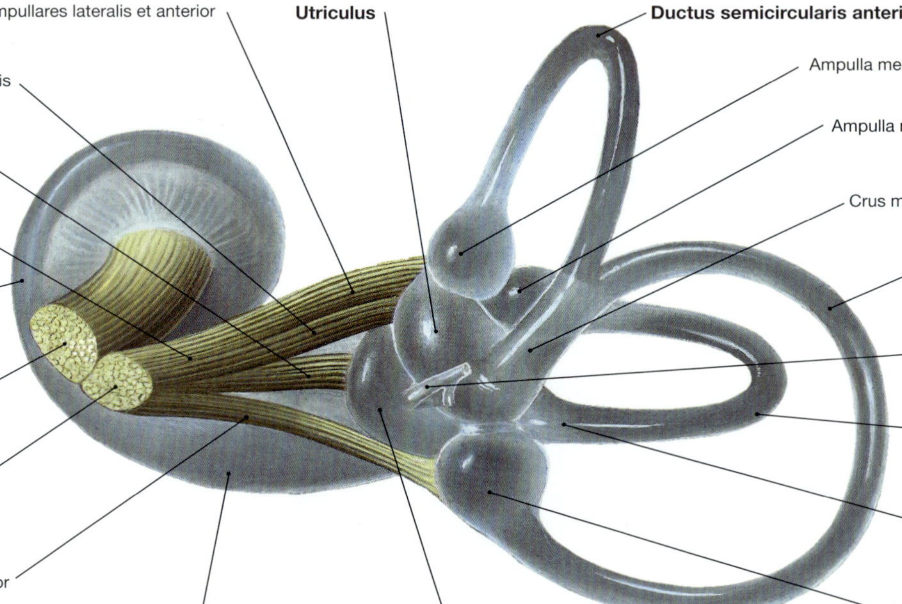

Abb. 10.48 N. vestibulocochlearis [VIII] und häutiges Labyrinth, Labyrinthus membranaceus; halbschematische Übersicht, Ansicht von dorsal.

Das häutige Labyrinth umfasst den Ductus cochlearis, den Sacculus, den Utriculus sowie die drei häutigen Bogengänge (Ductus semicirculares). Letztere stehen mit dem Utriculus in Verbindung. Jeder Bogengang bildet am Übergang zum Utriculus eine Erweiterung (Ampulla membranacea). Oberer und hinterer Bogengang vereinigen sich zu einem gemeinsamen Schenkel (Crus commune). Jede Ampulle enthält Sinnesepithel (Crista ampullaris, nicht dargestellt).

Blutversorgung und Innervation des häutigen Labyrinths

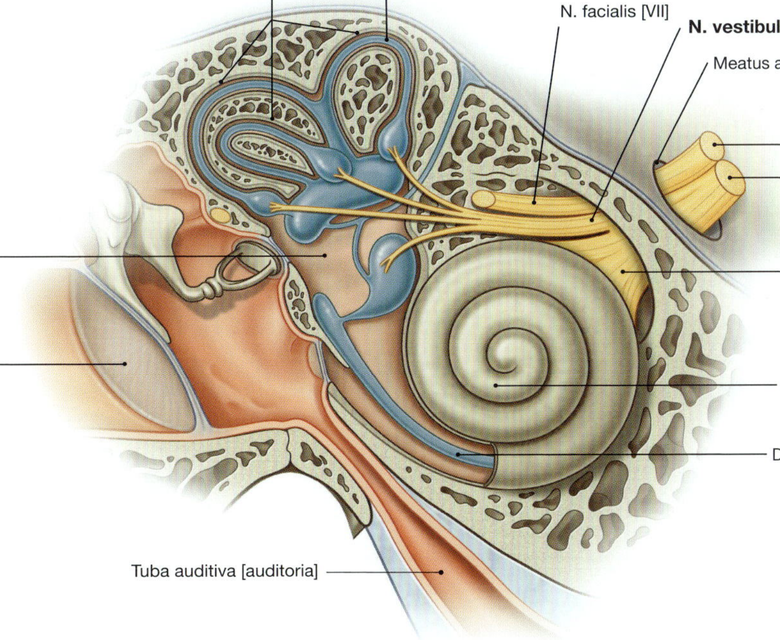

Abb. 10.49 Innervation des Innenohrs, Auris interna, rechts; Längsschnitt durch das Felsenbein; Ansicht von vorne, schematische Darstellung. [8]

Das Innenohr gliedert sich in das vom kompakten Knochen des Felsenbeins umgebene **knöcherne Labyrinth** (Labyrinthus osseus) und das darin enthaltene **häutige Labyrinth** (Labyrinthus membranaceus), ein System aus Membranschläuchen.

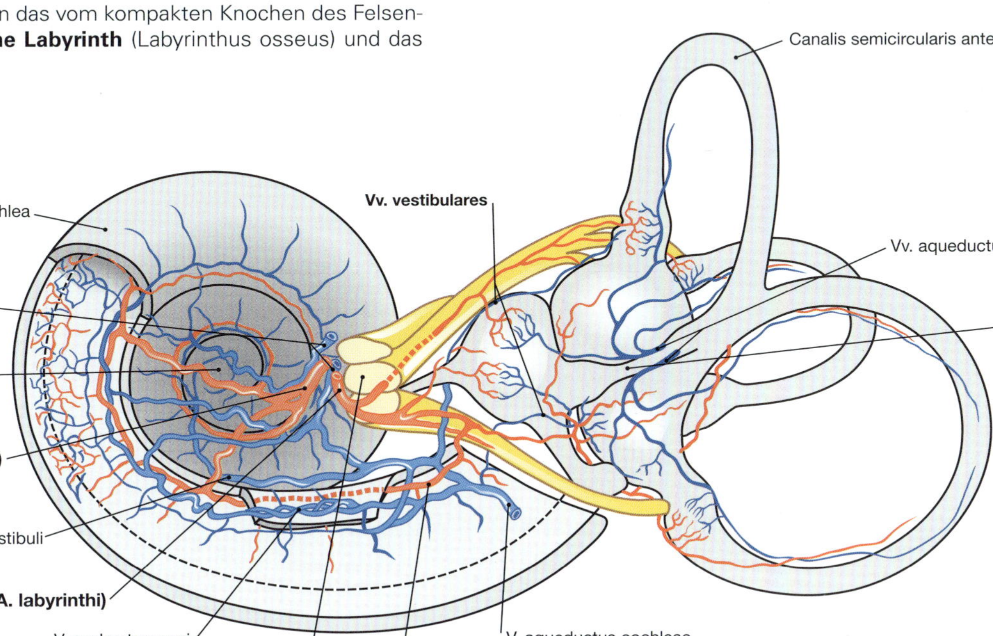

Abb. 10.50 Blutversorgung und Innervation des Innenohrs, Auris interna, der rechten Seite; Ansicht von medial. (nach [2])

Die gesamte Blutversorgung des Innenohrs erfolgt aus Ästen der **A. labyrinthi**; der Blutabfluss über Vv. labyrinthi. A. und V. inferior anterior cerebelli schlingen sich meist wenige Millimeter in den inneren Gehörgang hinein (nicht dargestellt) und geben hier die A. und Vv. labyrinthi zur Blutversorgung des Labyrinths ab (**Cave:** Endarterie).

Klinik

Thrombotische Verschlüsse der A. labyrinthi oder ihrer zuführenden Äste gehen mit Gleichgewichtsstörungen und Hörausfall einher, da die A. labyrinthi eine Endarterie ist.

Die Trias aus anfallsartigen Schwindelattacken, einseitigem Hörverlust sowie einseitigem Tinnitus wird als **Morbus MENIÈRE** bezeichnet. Als Ursache wird eine Rückresorptionsstörung der Endolymphe mit Aufblähung des häutigen Labyrinths (Hydrops cochleae) diskutiert. Daraus resultieren pathologische Veränderungen an den Sinneszellen.

Schnecke

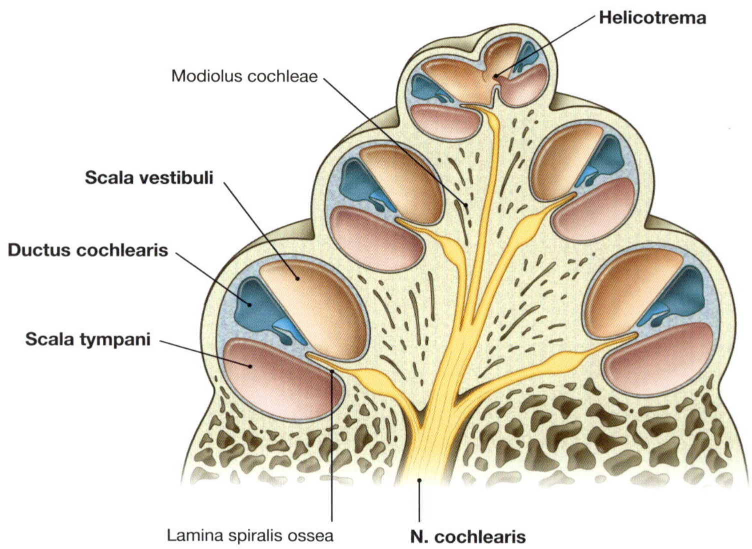

Abb. 10.51 Schnecke, Cochlea; Querschnitt; schematische Darstellung. [8]
Der Canalis spiralis cochleae wird durch die REISSNER-Membran und durch die Basilarmembran in drei Räume unterteilt:

- die mit Perilymphe gefüllte **Scala vestibuli** (Vorhoftreppe), die vom Vestibulum bis zum Helicotrema reicht
- den mit Endolymphe gefüllten **Ductus cochlearis**
- die mit Perilymphe gefüllte **Scala tympani** (Paukentreppe), die vom Helicotrema bis zum runden Fenster in der medialen Paukenhöhlenwand reicht. Am Helicotrema stehen Scala vestibuli und Scala tympani miteinander in Verbindung.

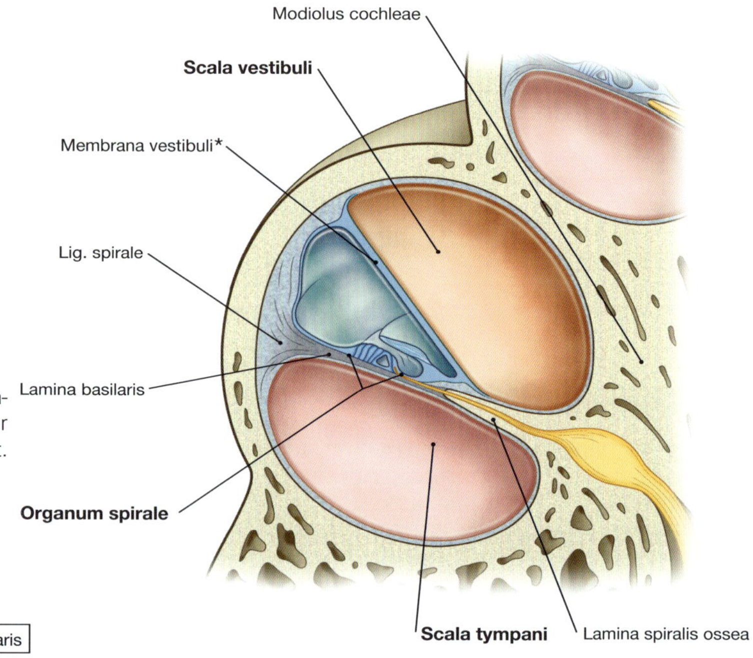

Abb. 10.52 Schnecke, Cochlea. Querschnitt durch eine Windung; schematische Darstellung. [8]
Der Boden des Ductus cochlearis ist die Basilarmembran (Lamina basilaris), die das Hörorgan (CORTI-Organ) trägt. Die Endolymphe wird von der Stria vascularis an der lateralen knöchernen Wand der Cochlea gebildet.

* REISSNER-Membran

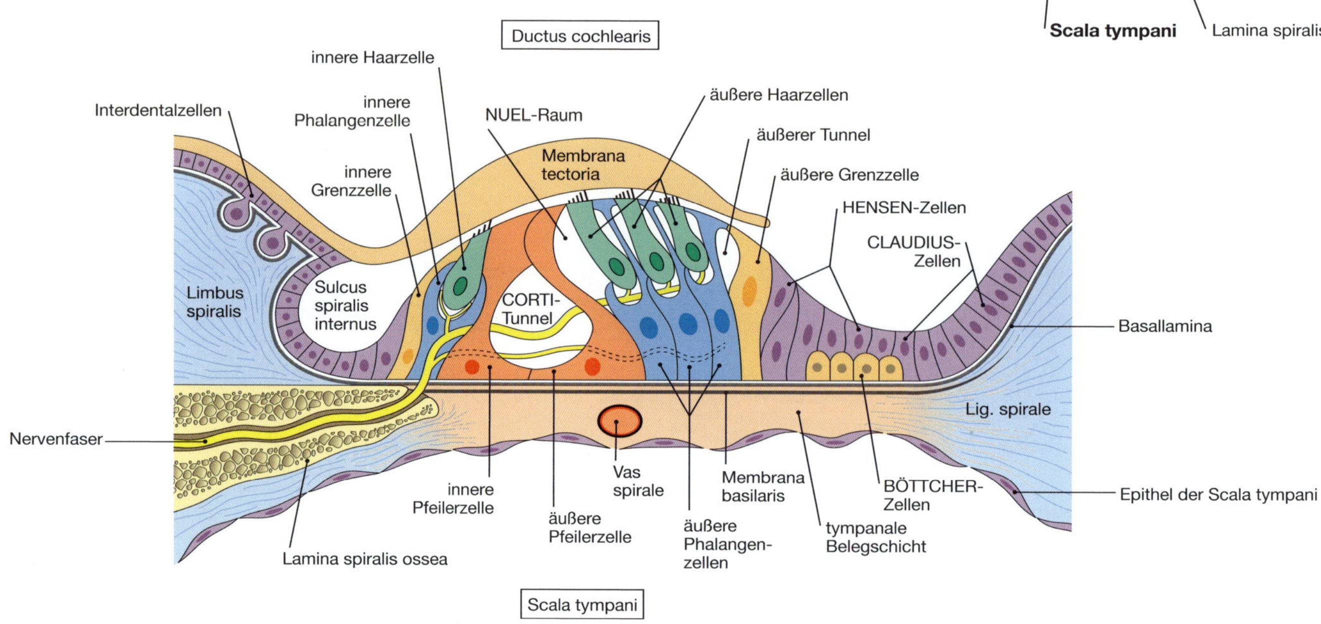

Abb. 10.53 Organum spirale (CORTI-Organ); schematische Darstellung. [24]
Die komplexe afferente und efferente Innervation der Haarzellen ist hier sehr vereinfacht dargestellt.

Das CORTI-Organ stellt das eigentliche Hörorgan dar. Hier sitzen Hörsinneszellen (Haarzellen) gemeinsam mit Stützzellen auf der Basilarmembran und werden von einer gallertigen Membran (Membrana tectoria) überdeckt. Das CORTI-Organ erstreckt sich über die gesamte Länge des Ductus cochlearis.

Klinik

Schädigungen der Haarzellen gehen z. B. nach zu lautem Musik hören oder nach einer Explosion (Knalltrauma) sehr häufig mit **Tinnitus** einher. Dabei bezeichnet der Begriff Tinnitus aurium („Klingeln der Ohren") oder kurz Tinnitus ein Symptom, bei dem der Betroffene Geräusche wahrnimmt, die keine äußere, für andere Personen wahrnehmbare Ursache besitzen.

Schallleitung und Gleichgewichtsorgan

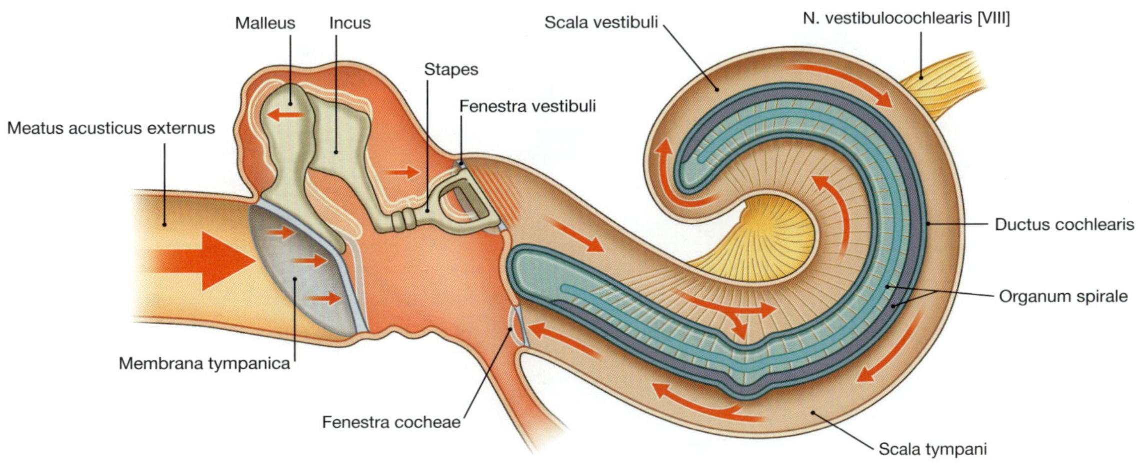

Abb. 10.54 Schallleitung. [8]
Die Schallleitung erfolgt über Schallwellen, die über das äußere Ohr (Ohrmuschel und äußerer Gehörgang) aufgenommen und über das Trommelfell und die Gehörknöchelchenkette via Steigbügelfußplatte auf die Perilymphe übertragen werden. Dies ruft Wellenbewegungen hervor, die entlang den Wänden des Ductus cochlearis (insbesondere der Basilarmembran) wandern **(Wanderwellen).** Hierdurch kommt es zu Scherbewegungen am CORTI-Organ. Die Stereozilien der inneren Haarzellen werden abgeknickt (Deflexion). Diese biomechanischen Ereignisse werden von den Sinneszellen in Rezeptorpotenziale umgewandelt (mechanoelektrische Transduktion).

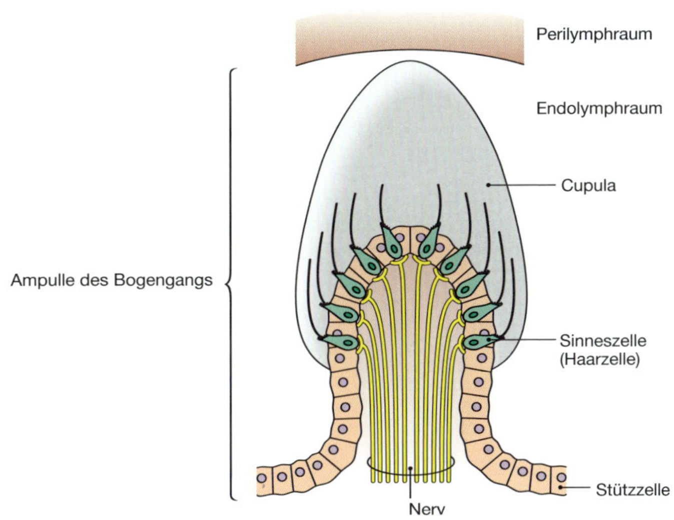

Abb. 10.55 Struktur der Crista ampullaris. (nach [25])
Das mit Endolymphe gefüllte vestibuläre Labyrinth besteht aus **Sacculus** (Macula sacculi – senkrechte Linearbeschleunigungen), **Utriculus** (Macula utriculi – waagerechte Linearbeschleunigungen) und den **drei Bogengängen** (Cristae ampullares mit ihren Cupulae – Drehbeschleunigungen). Die Sinneszellen der Vestibularorgane besitzen ein langes Kinozilium sowie Stereozilien, die in eine gallertige Masse (Cupula) hineinragen. Bewegungen der Cupula führen zum Abknicken der Sinneszellfortsätze. Dieser Reiz führt zur synaptischen Aktivierung afferenter Fasern des N. vestibularis.

Klinik

Bei Cholesteatom (Syn.: Perlgeschwulst des Ohrs; eine Einwucherung von mehrschichtig verhornendem Plattenepithel in das Mittelohr mit nachfolgender chronisch-eitriger Entzündung des Mittelohrs), akuter Otitis media, Mastoiditis und nach Schädeltraumata kann es zu einer **Labyrinthitis** mit Schwindel, Reiz- oder Ausfallnystagmus kommen. Infektionswege sind rundes und ovales Fenster, Lücken im knöchernen Labyrinth (nach Verletzung und Knochenarrosion von infizierten pneumatischen Räumen) oder fortgeleitete Entzündungen über Nerven und Gefäße, Canaliculus cochleae oder Canaliculus vestibuli zu den Hirnhäuten. Folgen sind **Schallempfindungsschwerhörigkeit** bis Hörverlust und Zerstörung des Gleichgewichtsapparats.

Hören und Gleichgewicht

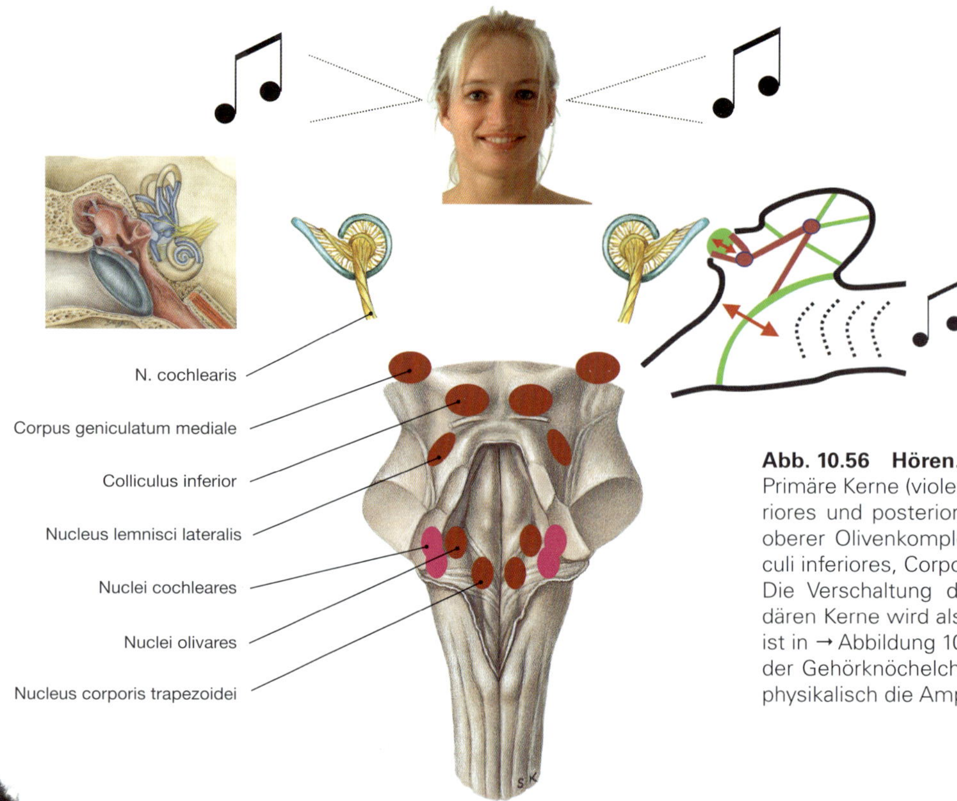

Abb. 10.56 Hören.
Primäre Kerne (violett): Nuclei cochlearis anteriores und posteriores; übrige Kerne (braun): oberer Olivenkomplex, Nuclei lemnisci, Colliculi inferiores, Corpora geniculata medialia. Die Verschaltung der primären und sekundären Kerne wird als Hörbahn bezeichnet und ist in → Abbildung 10.58 dargestellt. Die Kette der Gehörknöchelchen im Mittelohr verstärkt physikalisch die Amplitude der Schallwellen.

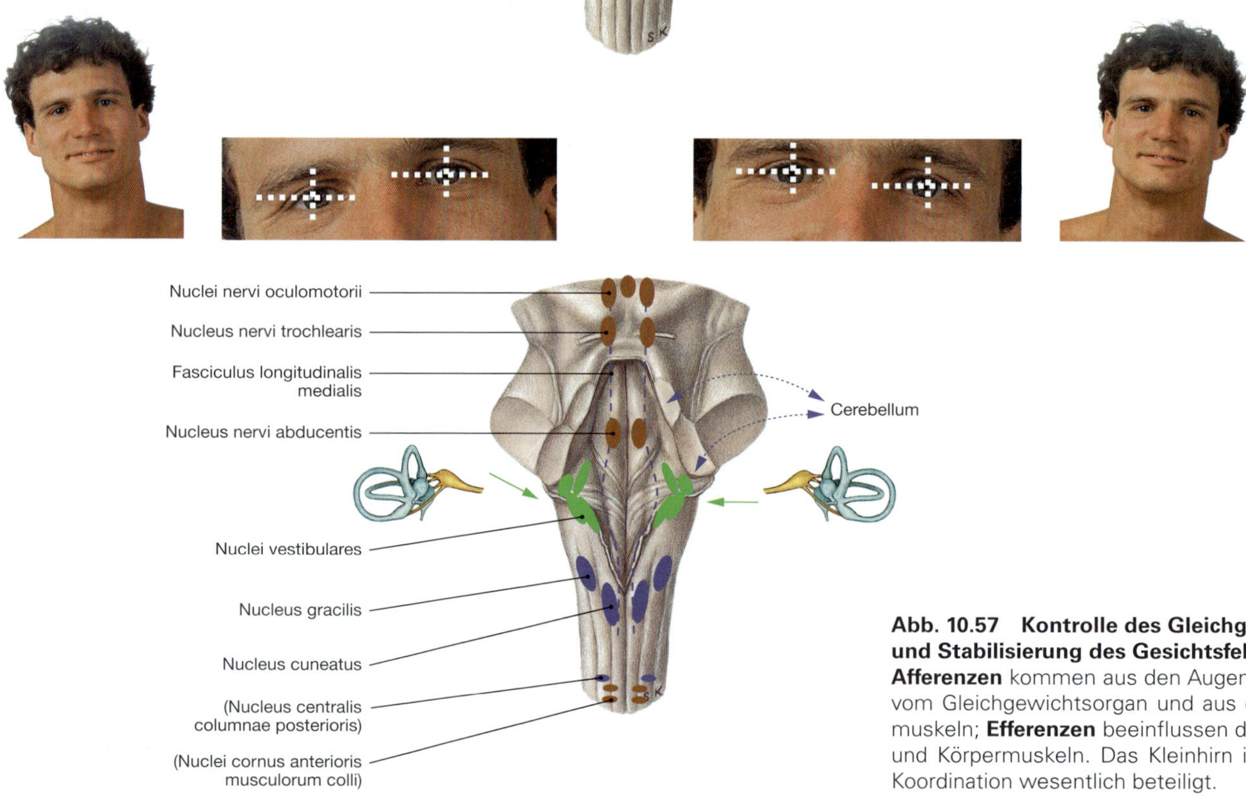

Abb. 10.57 Kontrolle des Gleichgewichts und Stabilisierung des Gesichtsfelds.
Afferenzen kommen aus den Augenmuskeln, vom Gleichgewichtsorgan und aus den Halsmuskeln; **Efferenzen** beeinflussen die Augen- und Körpermuskeln. Das Kleinhirn ist an der Koordination wesentlich beteiligt.

Klinik

Zur Objektivierung eines vom Patienten empfundenen **Schwindels** und zur Lokalisation einer Läsion muss das Vestibularorgan getestet werden. Verbreitete Tests sind der **ROMBERG-Versuch** (Patient steht mit geschlossenen Augen und vorgehaltenen Armen) und der **UNTERBERGER-Tretversuch** (Patient marschiert mit geschlossenen Augen auf der Stelle), um eine Fallneigung auszuschließen. Ein weiterer Test ist die **Nystagmusprüfung** (Nystagmus = Augenzittern) mittels Lupenbrille (FRENZEL-Brille). Rasches Schütteln des Patientenkopfs durch den Untersucher testet die Auslösbarkeit eines Provokationsnystagmus. Der Provokationsnystagmus wird in verschiedenen Positionen vom Untersucher ausgelöst. So kommt auch ein evtl. bestehender latenter Nystagmus zum Vorschein. Die **kalorische Nystagmusprüfung** dient der Testung des Labyrinths jeweils einer Seite. Hierzu wird dem liegenden Patienten im abgedunkelten Raum mit angehobenem Kopf jeweils mit kaltem und warmem Wasser das Ohr gespült. Kaltes Wasser löst dabei physiologisch einen Nystagmus zur Gegenseite, warmes Wasser zur gleichen Seite aus. Eine pathologische Unter- oder Unerregbarkeit einer Seite weist auf eine periphere Funktionsstörung hin.

Hörbahn

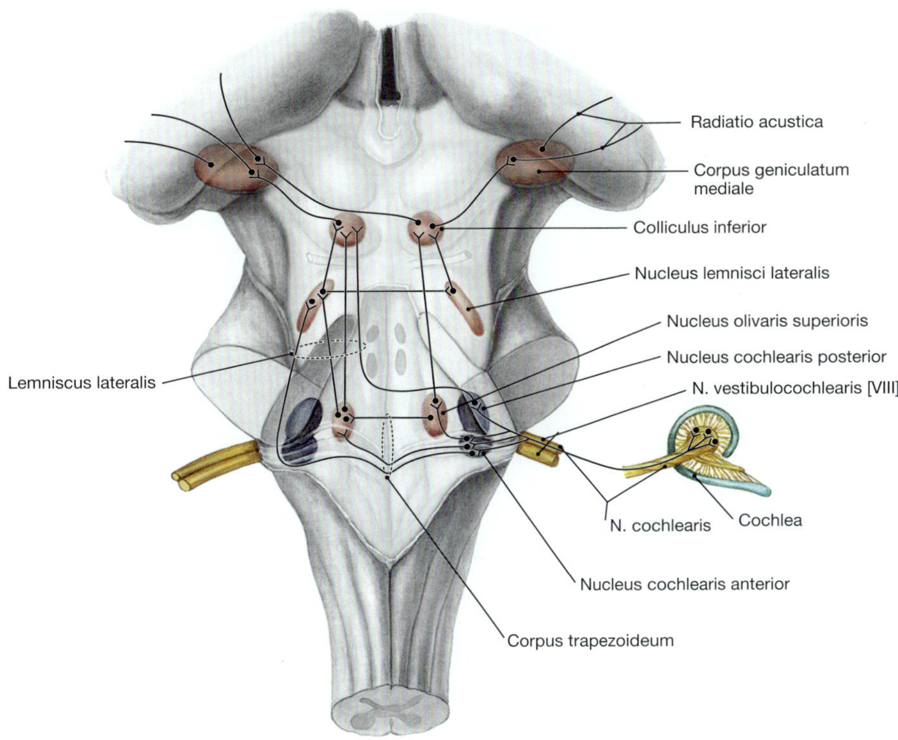

Abb. 10.58 Hörbahn; Übersicht.
Funktion der aufsteigenden Hörbahn ist, akustische Signale an das Gehirn weiterzuleiten, dort zu verarbeiten und zum Bewusstsein zu bringen.

1. Neuron: bipolare Zellen des Ganglion spirale cochleae.
- Nach Austritt aus den kleinen Öffnungen des Tractus spiralis foraminosus in der Tiefe des inneren Gehörgangs schließen sich die Fasern als N. cochlearis dem N. vestibularis an und bilden mit ihm den auf dem Boden des inneren Gehörgangs verlaufenden N. vestibulocochlearis [VIII].
- Die Fasern aus den basalen Anteilen der Schnecke ziehen zum Nucleus cochlearis posterior, die Fasern aus den apikalen Anteilen zum Nucleus cochlearis anterior.

2. Neuron: multipolare Zellen der Nuclei cochleares.
- Die Fasern aus dem Nucleus cochlearis anterior ziehen größtenteils zum gleichseitigen oder gegenseitigen Olivenkomplex.
- Ein Teil der Fasern kreuzt zur Gegenseite und gelangt ohne Umschaltung über den Lemniscus lateralis bis in den Colliculus inferior.
- Die Fasern, die den gleichseitigen Olivenkomplex erreicht haben, steigen entweder zum Nucleus lemnisci lateralis auf, werden umgeschaltet und kreuzen zur Gegenseite, werden wieder umgeschaltet und erreichen ebenfalls den Colliculus inferior oder steigen direkt im Lemniscus lateralis zum Colliculs inferior auf.

3. oder 4. Neuron: Vom Colliculus inferior aus werden Verbindungen zum Corpus geniculatum mediale hergestellt.

4. oder 5. Neuron: Die Radiatio acustica verbindet das Corpus geniculatum mediale mit der HESCHL-Querwindung und dem WERNICKE-Zentrum des Schläfenlappens.

Gleichgewichtsbahn

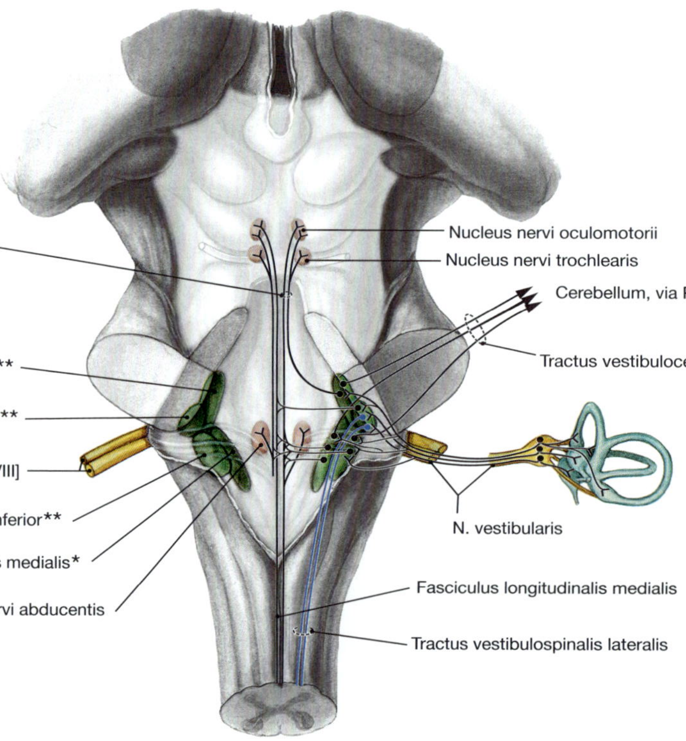

Abb. 10.59 Gleichgewichtsbahn; Übersicht.
Durch die Verbindungen der Gleichgewichtsbahn werden Augenbewegungen und Bewegungen von Rumpf, Hals und Extremitäten koordiniert.

1. Neuron:
- Die Afferenzen des Ganglion vestibulare projizieren zum größten Teil in den Nucleus vestibularis medicalis (SCHWALBE), den Nucleus vestibularis superior (BECHTEREW) und den Nucleus vestibularis inferior (ROLLER).
- Afferenzen der Cristae ampullares der Bogengangorgane enden hauptsächlich in den Nuclei BECHTEREW und SCHWALBE sowie über die direkte sensorische Kleinhirnbahn im Vestibulocerebellum.
- Afferenzen des Utriculus ziehen zum medialen Vestibulariskern, Afferenzen des Sacculus projizieren zum lateralen Vestibulariskern.
- Der laterale Vestibulariskern (DEITERS) erhält ebenfalls Kollateralen der Vestibularisbahn, besonders aber Verbindungen aus dem Kleinhirn.

2. Neuron: von den Vestibulariskernen führen Efferenzen
- zum Kleinhirn (Tractus vestibulocerebellaris)
- zum Rückenmark (Tractus vestibulospinalis)
- zu den Augenmuskelkernen (Fasciculus longitudinalis medialis)
- und zum Thalamus (über den Tractus vestibulothalamicus zum Nucleus ventralis posterior inferior und von dort über die Radiatio thalami zum Gyrus postcentralis)

* SCHWALBE
** ROLLER
*** DEITERS
**** BECHTEREW

Anhang

Glossar anatomischer Begriffe 162

Register 172

Glossar

Erläuterungen zum Glossar

Abkürzungen:

f	femininum
m	masculinum
n	neutrum
(Pl)	Plural
P.p.a.	Partizip Präsens aktiv
P.p.p.	Partizip Präsens passiv
Adj.	Adjektiv
Dim.	Diminutiv (Verkleinerungsform)
Komp.	Komparativ
Sup.	Superlativ
(ahd)	althochdeutsch
(altind)	altindisch
(altiran)	altiranisch
(altnord)	altnordisch
(arab)	arabisch
(etrusk)	etruskisch
(got)	gotisch
(gr)	griechisch
(idg)	indogermanisch
(l)	lateinisch
(lit)	litauisch
(mhd)	mittelhochdeutsch

Allgemeine, d. h. nicht fachspezifische Vorsilben (Präfixe):

a- (gr)	(verneinendes Präfix)
a-, ab-, abs- (l)	von, von...her
ac-, ad-, af- (l)	zu, zu...hin, an, bei, heran
amphi- (gr)	ringsum, herum, zu beiden Seiten
ana- (gr)	auf, hinauf
ante- (l)	vor, vorher
anti- (l)	gegen
apo- (gr)	von...weg, von...her, voran, gleich nach
bi- (l)	zweifach
circum- (l)	rundum, um...herum
co-, col-, con-, com- (l)	mit, zusammen
de- (l)	weg, von, herab
dia- (gr)	durch, hindurch, auseinander
di-, dis- (gr)	zwei
e-, ex- (l)	aus, heraus
en- (gr)	innen, drin, hinein
endo- (gr)	innen, drinnen
ep-, epi- (gr)	auf, drauf, über
hemi- (gr)	halb
hyper- (gr)	über, darüber, oberhalb
hypo- (gr)	darunter, unter, unterhalb
infra- (l)	unterhalb von, unten, gering
in-, im- (l)	hinein
inter- (l)	zwischen
intra-, intro- (l)	innerhalb von
meso- (gr)	mittlere, zwischen; Mitte
meta- (gr)	nach, hinter
ob-, op- (l)	entgegen, gegenüber
par-, para- (gr)	neben, bei
per- (l)	durch, hindurch, ganz, völlig
peri- (gr)	um, herum, ringsum
post- (l)	nach, hinter, hinten
prae-, pre- (l)	vor, vorne, wegen, vor...her
pro- (l)	vorne hin, voran, für
pro-, pros- (gr)	vorwärts, vorne
quadri- (l)	vier(fach)
re- (l)	hinten, wieder
retro- (l)	zurück, dahinter
semi- (gr)	halb
sub- (l)	unter, unterhalb
super- (l)	über, nach oben
supra- (l)	oberhalb, über, darüber
syn-, sym- (gr)	mit, zusammen
tri-, tris- (l)	drei(fach)

Allgemeine, d. h. nicht fachspezifische Nachsilben (Suffixe):

-aris, -e (l), -alis, -e (l), -eus, -a, -um (l): -isch, -ig Herkunft oder Zugehörigkeit ausdrückend)
-ideus, -a, -um (l): -förmig, -artig (Ähnlichkeit ausdrückend)
-icus, -a, -um (l), -ivus, -a, -um (l): (betreffend)
-osus, -a, -um (l): (reich an etwas)
-ulus, -a, -um (l): (Verkleinerungsform)

Glossar anatomischer Begriffe

Abdomen, -inis n *(l)* = Bauch, Unterleib. – abdere (l): wegtun, verbergen.

abducens, -entis *(l)* = wegführend. – P.p.a. von abducere (l): wegführen, wegziehen.

Abductor, -oris m *(l)* = der Abzieher, Wegführer.

aberrans *(l)* = abirrend. – P.p.a. von aberrare (l): abirren, sich irren, abkommen.

accessorius, -a, -um *(l)* = hinzukommend, zusätzlich. – accedere (l): dazugeben, dazutreten; cedere (l): treten, gehen, zuteil werden.

Acetabulum, -i n *(l)* = Hüftgelenkspfanne; urspr. das Essigschälchen.

Achilles, -is m *(l)* = Achilleus: griechischer Held vor Troja; wurde von Paris durch einen von Apoll gelenkten Pfeil an der Ferse tödlich verwundet.

acromialis, -e *(l)* = zur Schulterhöhe gehörend. – Adj. zu Acromion, -ii n *(l)*.

Acromion, -ii n *(l)* = Akrómion *(gr)*: Schulterhöhe, Schulterspitze. – akros *(gr)*: das Äußerste; ṓmos *(gr)*: die Schulter, die höchstgelegene Stelle an der Schulter.

acusticus, -a, -um *(l)* = das Hören betreffend. – akoúein *(gr)*: hören.

Adductor, -oris m *(l)* = Heranführer, Hinzuziehender. – adducere *(l)*: heranführen, hinzuziehen; ducere *(l)*: führen, ziehen.

Adhesio, -onis f *(l)* = Anhaften. – adhaerere *(l)*: an etwas hängen, festhängen, angrenzen, anhaften.

adiposus, -a, -um *(l)* = fettreich, fetthaltig. – Adeps, -ipis m u. f *(l)*: weiches Fett.

Aditus, -us m *(l)* = Zugang, Eingang. – adire *(l)*: hinzugehen, herangehen.

Adminiculum, -i n *(l)* = Stütze, Beihilfe. – Minae, -arum f *(l)*: die Zinnen, die Mauern.

Aequator [Equator], -oris m *(l)* = größter Breitenkreis, Äquator.

afferens, -entis *(l)* = herbeitragend. – P.p.a. von afferre (ad-ferre) *(l)*: herbeitragen, herbeibringen, herantragen.

affixus, -a, -um *(l)* = angeheftet, befestigt. – P.p.p. von affigere (ad-figere) *(l)*: anheften.

Agger, -eris m *(l)* = Wall, Damm. – aggerere (adgerere) *(l)*: aufdämmen, vermehren.

aggregatus, -a, -um *(l)* = zusammengeschart, nahe beieinanderliegend. – P.p.p. von aggregare (ad-gregare) *(l)*: zusammenscharen, beigesellen.

Ala, -ae f *(l)* = 1. der Flügel a) als Bewegungsorgan, b) als Ruder der Segelschiffe, c) als Flanken der Legionen; 2. die Achsel: als Reproduktion der Ala (Flügel) des Vogels.

albicans *(l)* = weiß schimmernd. – P.p.a. von albicare *(l)*: weiß sein, schimmern.

albugineus, -a, -um *(l)* = weiß schimmernd. – Adj. zu Albugo, Tunica albuginea: derbe, weiße Bindegewebshülle.

Albugo, -inis f *(l)* = weißer Fleck. – albus *(l)*: weiß.

albus, -a, -um *(l)* = weiß, weißglänzend. – Alphós *(gr)*: weißer Ausschlag (Hautausschlag).

Allantois f *(gr)* = wurstähnliche Haut, Harnsack. – Állas *(gr)*: Wurst.

Alveolus, -i m *(l)* = kleine Mulde, Bienenzelle.

ambiguus, -a, -um *(l)* = sich nach zwei Seiten neigend. – ambigere *(l)*: nach zwei Seiten treiben, schwanken.

Amnion, -ii n oder **Amnios, -ii** m *(l)* = Schafhaut. – Ámnos *(gr)*: Schaf.

Amphiarthrosis, -is f *(l)* = ringsum bebändertes Gelenk. – amphi *(gr)*: ringsum, herum, zu beiden Seiten; Arthron *(gr)*: Glied, Gelenk.

Ampulla, -ae f *(l)* = Gefäß aus Ton/Glas mit engem Hals und blasig aufgetriebenem Bauch; kolbenförmige Verdickung. – Amphora, -ae f *(l)*: zweihenkeliger Krug mit engem Hals; Amphoreús *(gr)*: zweihenkeliges Gefäß; nach Hyrtl von Ampha, -ae f *(l)* (Griff) und Bulla, -ae f *(l)* (Blase).

amygdaloideus, -a, -um *(l)* = mandelähnlich, zu etwas Mandelähnlichem gehörend. – Amýgdale *(gr)*: Mandel.

analis, -e *(l)* = zum After gehörend. – Adj. zu Anus.

Anastomosis, -is f *(l)* = Vereinigung oder Verbindung zweier Kanäle. – anastomóein *(gr)*: eine Mündung herstellen, öffnen, eröffnen.

Anatomia, -ae f *(l)* = die Kunst des Zergliederns. – anatemnein *(gr)*: zerschneiden, zergliedern.

anconeus, -a, -um *(l)* = zum Ellenbogen gehörig. – Ankōn *(gr)*: der gebogene Arm, Ellenbogen.

Angiologia, -ae f *(l)* = Gefäßlehre. – Angeion *(gr)*: (Blut-)Gefäß; Logos *(gr)*: Wort, Sprache, Lehre.

Ansa, -ae f *(l)* = Öse, Schlinge, Henkel. – Hänia oder Ansia *(gr)*: Zügel, der dem Zugvieh durch die Nase gezogene Zügel.

ante *(l)* = 1. Präp.: vor, voran, voraus; 2. Adv.: vorne, vorwärts, vorher.

Angulus, -i m *(l)* = Winkel, Ecke. – Etym. unsicher; ankylos *(gr)*: krumm.

Antebrachium, -ii n *(l)* = Unterarm, Vorderarm. – **Brachium, -ii** n *(l)*: Arm.

anterior, -ius *(l)* = vorderer. – Komp. zu ante *(l)*: vor, vorn gelegen.

Anthelix, -icis f *(l)* = Gegenwindung. – antí *(gr)*: gegen; Hélix *(gr)*: Windung.

Antitragus, -i m *(l)* = kleiner Höcker gegenüber dem Tragus. – Trágos *(gr)*: Bock.

Antrum, -i n *(l)* = Grotte, Höhlung, Höhle. – Ántron *(gr)*: Höhle.

Anulus, -i m *(l)* = kleiner Ring.

Anus, -i m *(l)* = Kreis, Ring, After(ring).

Aorta, -ae f *(l)* = Hauptschlagader. – aéirein *(gr)*: etwas in die Höhe heben, um es zu tragen.

Apertura, -ae f *(l)* = Öffnung, Loch. – aperire *(l)*: öffnen, erschließen, aufdecken.

Apex, -icis m *(l)* = äußerste Spitze.

apicalis, -e *(l)* = zur Spitze gehörend. – Adj. zu Apex.

Aponeurosis, -is f *(l)* = flächenhafte, platte Sehne. – neuróein *(gr)*: die Sehne anspannen.

Appendix, -icis f *(l)* = Anhang, Anhängsel, Zugabe. – pendere: hängen, schweben.

Aqu(a)eductus, -us m *(l)* = Wasserleitung. – Aqua, -ae f *(l)*: Wasser; Ductus, -us m *(l)*: Zug, Leitung.

Arachnoidea, -ae f *(l)* = Spinnwebenhaut. – Aráchne *(gr)*: Spinne.

Arbor, -oris f *(l)* = Baum.

arcuatus, -a, -um u. **arcualis, -e** *(l)* = bogenförmig gekrümmt. – Adj. zu Arcus.

Arcus, -us m *(l)* = Bogen, Kreisbogen.

Area, -ae f *(l)* = Bezirk, freie Fläche, Stelle.
Areola, -ae f *(l)*: Dim. zu Area.
Arteria, -ae f *(l)* = Schlagader, Arterie. – von Áer *(gr)*: Luft u. täréein *(gr)*: enthalten, bewahren.
Articulatio, -onis f *(l)* = Gelenk. – Articulus, -i m *(l)*: Fingerglied, Knoten; Dim. zu Artus, -us m *(l)*: Gelenk, Glied; artýein *(gr)*: zusammenfügen, gliedern; Arthron *(gr)*: Glied, Verbindung.
arytenoideus, -a, -um *(l)* = dem Schnabel einer Gießkanne ähnlich. – Arytaina *(gr)*: Gießbecken, Gießkanne.
ascendens *(l)* = aufsteigend. – P.p.a. von ascendere *(l)*: aufsteigen, sich erheben, emporsteigen.
asper, -era, -erum *(l)* = rau, uneben.
Atlas, -antis m *(l)* = 1. Halswirbel. – Atlas: griechischer Heros, der die Säulen des Himmels trug. – tlas: P.p.a. von tlenai *(gr)*: tragen; der starke Träger.
atrioventricularis, -e *(l)* = zum Vorhof und zur Kammer gehörig. – Atrium, -ii n *(l)*: Vorhof, Vorraum; Ventriculus, -i m *(l)*: Dim. zu Venter: Hohlraum, 1. Magen, 2. Herzkammer, 3. Hirnkammer; ventricularis, -e *(l)*: Adj. zu Ventriculus.
Atrium, -ii n *(l)* = Vorhof, Halle. – etrusk. Ursprungs; Atarr *(etrusk)*: befestigtes Gebäude.
auditivus, -a, -um *(l)* = das Hören betreffend. – audire: hören.
Auricula, -ae f *(l)* = „kleines Ohr". 1. Ohrmuschel, 2. Herzohr. – Dim. zu Auris.
Auris, -is f *(l)* = Ohr. – Ous *(gr)*: Ohr.
autonomicus, -a, -um *(l)* = unabhängig. – autónomos *(gr)*: selbständig, autonom.
Avis, -is f *(l)* = Vogel, Vorbedeutung.
axillaris, -e *(l)* = zur Achselhöhle gehörig. – Adj. zu Axilla, -ae f *(l)*: die Achselhöhle; Dim. zu Ala.
Axis, -is m *(l)* = 1. Achse, 2. zweiter Halswirbel; er gibt die ruhende Achse an, um welche sich der 1. Halswirbel dreht. – Áxon *(gr)*: Wagenachse, Himmelsachse.
azygos, -on *(gr)* = unpaar, nicht gepaart, nicht verbunden.

basalis, -e u. **basilaris, -e** *(l)* = zur Basis gehörend, an der Basis liegend. – Adj. zu Basis.
basilicus, -a, -um *(l)* = königlich. – basilikos *(gr)*: königlich; *(arab)*: innen. – Basileus *(gr)*: König.
Basis, -eos f *(gr)* = Grundfläche, Untergrund, Grundlage, „Basis".
biceps, -itis m *(l)* = zweiköpfig. – Caput, -itis n *(l)*: der Kopf.
Bifurcatio, -onis f *(l)* = Gabelung. – Furca, -ae f *(l)*: Gabel.
bilifer, -fera, -ferum *(l)* = Galle leitend. – Bilis, -is f *(l)*: Galle; ferre (l): tragen, führen.
biliosus, -a, -um *(l)* = reich an Galle.
bipartitus, -a, -um *(l)* = zweigeteilt. – Pars, -tis f *(l)*: Teil.
Brachium, -ii n *(l)* = Arm, Zweig, Stiel. – Brachion *(gr)*: Oberarm, Arm.
Bregma, -atis n *(l)* = Vereinigungsstelle von Kranz- und Pfeilnaht. – Brégma *(gr)*: Vorderkopf.
brevis, -e *(l)* = kurz, klein, schmal. – brachýs *(gr)*: kurz.
bronchialis, -e *(l)* = zum Bronchus gehörend. – Adj. zu Bronchus.
Bronchus, -i m *(l)* = Hauptast der Luftröhre. – Bronchós *(gr)*: Luftröhre, Kehle.
Bucca, -ae f *(l)* = Wange, Backe, Mund. – byktäs *(gr)*: heulend (vom Wind); bu *(idg)*: aufblasen, schwellen.
Buccinator (richtig: **Bucinator), -oris** m *(l)* = Hornbläser. – Bucina, -ae f *(l)* = Hirten- und Waldhorn; Bykänä *(gr)*: Horn, Trompete; Bos, bovis m *(l)*: das Rind; canere *(l)*: singen.
buccopharyngeus, -a, -um *(l)* = von der Wange zum Pharynx verlaufend.
bulbospongiosus, -a, -um *(l)* = zum schwammigen Schwellkörper gehörend.
bulbourethralis, -e *(l)* = zum Schwellkörper und zur Harnröhre gehörig.
Bulbus, -i m *(l)* = zwiebel- oder knollenförmige Anschwellung bzw. Verdickung. – Bólbos *(gr)*: Anschwellung.
Bulla, -ae f *(l)* = Blase, Kapsel, Knospe.
Bursa, -ae f *(l)* = Beutel, Tasche, „Börse". – Býrsa *(gr)*: abgezogene Haut, Fell, Schlauch.

Caecum, -i n *(l)* = das Blinde. – caecus, -a, -um *(l)*: blind, dunkel; Kaikias *(gr)*: Nordostwind als der dunkle; kaikos *(idg)*: blind, einäugig.
caeruleus, -a, -um *(l)* = blau, bläulich. – Caelum, -i n *(l)*: Himmel.
Calamus, -i m *(l)* = Rohr, Schreibfeder, Halm, Stängel. – Kálamos *(gr)*: Rohr, Halm.
Calcaneus, -i m, auch Calcaneum, -i n *(l)* = Fersenbein. – Calx, -cis f *(l)*: Ferse, Fuß; calcare *(l)*: mit Füßen treten, stoßen.
calcaneus, -a, -um *(l)* = zum Calcaneus gehörig. – Adj. zu Calcaneus.
Calcar, -aris n *(l)* = Sporn (z. B. des Hahns). – calcare *(l)*: treten, betreten, mit Füßen treten.
callosus, -a, -um *(l)* = schwielig, dickkantig. – Callum, -i n *(l)*: Schwiele, Schwarte.
Calvaria, -ae f *(l)* = Hirnschale, Schädel, Schädeldach. – Calva, -ae f *(l)*: Hirnschale. – calvus, -a, -um *(l)*: kahl, haarlos.
Calyx (richtig: **Calix), -icis** f *(l)* = Kelch, Blumenkelch, Knospe. – Kályx *(gr)*: Becher, Trinkbecher.
Camera, -ae f *(l)* = Kammer, Gewölbe. – Kamara *(gr)*: Gewölbe.
Canaliculus, -i m oder Canalicula, -ae f *(l)*: Dim. zu Canalis; urspr.: Kánna *(gr)*: Rohr.
canalis, -e *(l)* = röhrenförmig. – Adj. zu Canna, -ae f *(l)*: die Röhre, der Kanal; ebenso
Canalis, -is m u. f *(l)* = Röhre, Kanal, Rinne.
caninus, -a, -um *(l)* = zum Hunde gehörig. – Canis, -is m u. f. *(l)*: Hund.
capitalis, -e u. **capitatus, -a, -um** *(l)*: Adj. zu Caput.
Capitulum, -i n *(l)* = Köpfchen. – Dim. zu Caput.
Capsula, -ae f *(l)* = kleine Kapsel. – Dim. zu Capsa, -ae f *(l)*: Kapsel (für die Bücherrollen); capere *(l)*: fassen, packen; Kápsa *(gr)*: die Kapsel; káptein *(gr)*: fassen, greifen.
Caput, -itis n *(l)* = Kopf, Haupt, Hauptsache. – Kephalé *(gr)*: Kopf.
Cardia, -ae f *(l)* = Magenmund, Öffnung. – Kardía *(gr)*: 1. Herz, 2. Magenmund.
Carina, -ae f *(l)* = Kiel; vorspringende Leiste. – Káronon *(gr)*: Nuss, Nussbaum.
Carotis, -idis f *(l)* = Kopfschlagader. – Kar(a) *(gr)*: Kopf; Karos *(gr)*: Schwindel; karoein *(gr)*: betäuben.
Carpus, -i m *(l)* = Handgelenk, Handwurzel, urspr.: Abgepflücktes, Frucht. – carpere (l): pflücken, ernten; karpízesthai *(gr)*: ernten; Karpós *(gr)*: Stelle, durch welche die Hand mit dem Vorderarm beweglich zusammenhängt.
Cartilago, -inis f *(l)* = Knorpel am menschlichen und tierischen Körper sowie an Pflanzen.
Caruncula, -ae f *(l)* = Fleischwärzchen, warzenförmige Erhebung. – Dim. zu Caro, carnis f *(l)*: das Fleisch; Kréas *(gr)*: Fleisch.
Cauda, -ae f *(l)* = Schwanz, Schweif; anat.: allgemein Endabschnitt (von allen Organen).
caudalis, -e *(l)* = zum Schwanz (nach unten) weisend. – Adj. zu Cauda.
caudatus, -a, -um *(l)* = geschwänzt.
Caverna, -ae f *(l)* = Höhle, Kaverne. – vgl. Cavum.
cavernosus, -a, -um *(l)* = höhlenreich. – Adj. zu Caverna. Corpus cavernosum penis: Penisschwellkörper.
Cavitas, -atis f *(l)* = Höhlung.
Cavum, -i n, auch Cavus, -i m *(l)* = Hohlraum, Höhlung, Loch. – kóilos *(gr)*: hohl.
centralis, -e *(l)* = im Mittelpunkt liegend, in der Mitte befindlich. – Adj. zu Centrum, -i n *(l)*: Mittelpunkt.
cephalicus, -a, -um *(l)* = den Kopf betreffend.
cerato- *(l)* = anat. in Zusammensetzungen für das große Zungenbeinhorn und für das untere Horn des Schildknorpels gebrauchte Bezeichnung. – Kéras *(gr)*: Horn, Bogen, Geweih.
ceratopharyngeus, -a, -um *(l)* = vom Zungenbein zum Pharynx ziehend.
Cerebellum, -i n *(l)* = kleines Gehirn, Kleinhirn. – Dim. zu Cerebrum.
Cerebrum, -i n *(l)* = Gehirn, Großhirn. – Von Kárára und Kára *(gr)*: Kopf.
Cervix, -icis f *(l)* = Hals, Nacken. – Kerbikárion *(gr)*: Kopfbänder, Kopfhalter.
Chiasma, -atis n *(l)* = Zeichen eines schiefen Kreuzes ähnlich dem des griechischen Buchstabens Chi: X. – chiazein *(gr)*: spalten, ritzen.
Choana, -ae f *(l)* = hintere Nasenöffnung. – Choáne *(gr)*: Trichter, Schmelzgrube, Schmelztiegel.
choledochus, -a, -um *(l)* = galleführend. – Chole *(gr)*: Galle; déchesthai *(gr)*: aufnehmen, enthalten.
chondro- *(gr)*: Vorsilbe, von Chondros *(gr)*: Knorpel, Korn, Graupe.
chondropharyngeus, -a, -um *(l)* = vom Zungenbein zum Pharynx ziehend; siehe chondro- u. pharyngeus.
Chorda, -ae f *(l)* = Darmsaite; anat.: Strang, Saite. – Chórde *(gr)*: Darm.
Choroidea, -ae f *(l)* = Aderhaut des Auges. – Chórion *(gr)*: Haut; -eidés *(gr)*: ähnlich; Corium, -i n *(l)*: Haut.
Chylus, -i m *(l)* = Darmlymphe. – Chylos *(gr)*: Saft, Brühe, Feuchtigkeit.
ciliaris, -e *(l)* = zum Augenlid, zu den Wimpern gehörend, wimpernähnlich.
Cilium, -ii n *(l)* = Wimper; urspr. Augenlid.
cinereus, -a, -um *(l)* = aschgrau. – Adj. zu Cinis, -eris m *(l)*: Asche, Totenasche; Konis *(gr)*: Staub.
Cingulum, -i n *(l)* = Gürtel. – Kinklís *(gr)*: Gitter, Umfriedung; cingere *(l)*: gürten.
Circulus, -i m *(l)* = Kreis. – Dim. zu Circus, -i m *(l)*: Kreis, Ring; Kirkos *(gr)*: Ring, Kreis.
Circumferentia, -ae f *(l)* = Umkreis, Umfang. – circum *(l)*: Adv. von Circus: im Kreis; Vorsilbe für: ringsumher, ringsum; ferentia von ferre *(l)* u. pherein *(gr)*: tragen, bringen.
circumflexus, -a, -um *(l)* = umgebogen. – als Subst. (Wölbung) oder als P.p.p. von circumflectere *(l)*: umbiegen, umfahren.
Cisterna, -ae f *(l)* = Zisterne, unterirdischer Behälter für Ansammlung des Regenwassers. – Cista, -ae f *(l)*: die Kiste; Kístä *(gr)*: Korb, Kiste.
Claustrum, -i n *(l)* = Schloß, Riegel, Schranke. – claúdere *(l)*: schließen, zumachen; kleíein *(gr)*: absperren.
Clavicula, -ae f *(l)* = Schlüsselchen; anat.: Schlüsselbein. – Dim. von Clavis, -is f *(l)*: der Schlüssel. Kleis *(gr)*: Riegel, hakenförmige Öse, Ruderrolle, Schlüsselbein; kleíein *(gr)*: verschließen mit einem Riegel, Balken.
clinoideus, -a, -um *(l)* = lagerähnlich, bettlägerig. – klinoeides *(gr)*: lagerähnlich; Klínä: Lager, Bett, Sofa; -eidés: ähnlich, -förmig.
Clitoris, -idis f *(l)* = Kitzler. – Kleitoris *(gr)*: Kitzler.
Clivus, -i m *(l)* = Hügel, Abhang. – clivis *(l)*: ansteigend, abschüssig, geneigt; klinein *(gr)*: neigen, beugen.
Clunis, -is m *(l)* = Hinterbacke. – Clunes, -ium (Pl): Gesäß; Klónis *(gr)*: Steißbein.
coccygeus, -a, -um *(l)* = zum Steißbein gehörend. – Adj. zu Coccyx, -igis m *(l)*: der Kuckuck.
Cochlea, -ae f *(l)* = Schnecke mit gewundener Schale, Wendeltreppe. – Kochlías *(gr)*: Schnecke; Cochlear, -aris m *(l)*: Löffel.
cochlearis, -e *(l)* = zur Schnecke gehörend. – Adj. zu Cochlea.
coeliacus, -a, -um *(l)* = zur Bauchhöhle gehörend. – Koilia *(gr)*: Höhle, jede Höhle im menschlichen Leib, Bauchhöhle, Unterleib; koiliakos *(gr)*: Adj. zu Koilia.
colicus, -a, -um *(l)*: Adj. zu Colon.
collateralis, -e *(l)* = seitlich, zusammen auf einer Seite. – lateralis, -e *(l)*: Adj. zu Latus, -eris n *(l)*: Seite, Flanke.
Colliculus, -i m *(l)* = kleiner Hügel. – Dim. zu Collis.
Collis, -is m *(l)* = Anhöhe, Hügel. – Kolonós *(gr)*: Hügel, Gipfel, Spitze.

Collum, -i n oder Collus, -i m *(l)* = Hals von Menschen und Tieren. – Kýklos *(gr)* u. Colxs *(got)*: Kreis, Hals.

Colon, -i n *(l)* = Hauptteil des Dickdarms: der Grimmdarm. Vielleicht von cholázesthai *(gr)*: winden, krümmen (Kolikschmerz) oder von kohlýein *(gr)*: zurückhalten, wehren.

Columna, -ae f *(l)* = kleine Säule, Fuß, Zäpfchen. – Kylindros *(gr)*: Rundholz, Walze.

comitans, -antis *(l)* = begleitend. – P.p.a. von comitare *(l)*: begleiten; Comes, -itis, m u. f *(l)*: Begleiter; ire *(l)*: gehen.

Commissura, -ae f *(l)* = Verbindung. – committere *(l)*: zusammenfügen, vereinigen, verbinden.

communicans: P.p.a. von communicare *(l)*: verbinden.

communis, -e *(l)* = gemeinsam, mitleistend, mitpflichtend. – Adj. zu Commune, -is n *(l)*: gemeinsames Gut, Gemeingut; co-, com- *(l)*: mit, zusammen; Moenia, -ium n *(l)*: Leistungen, Pflichten.

Compages, -is f *(l)* = Zusammenfügung, Gefüge. – compingere *(l)*: zusammenfügen. Compages thoracis: Brustkorb.

Concha, -ae f *(l)* = Muschel, Höhle. – Kónche *(gr)*: Muschel, Schnecke.

Condylus, -i m *(l)* = Gelenkhöcker, Gelenkkopf. – Kondylos *(gr)*: Fingerknöchel, Gelenkkopf; kondos *(gr)*: rundlich.

condyloideus, -a, -um *(l)* = einem Höcker ähnlich.

condylaris, -e *(l)* = höckerig.

Confluens, -entis m *(l)* = Zusammenfluss. – confluere *(l)*: zusammenfließen, zusammenkommen.

conicus, -a, -um *(l)* = kegelförmig, konisch. – Adj. zu Conus.

Coniotomia, -ae f *(l)* = Querschnitt durch das Lig. cricothyroideum medianum zwischen Schild- u. Ringknorpel in den Conus laryngis hinein.

Conjugatio, -onis m u. Conjugata, -ae f *(l)* = Verbindung. – conjugare = conjungere *(l)*: verbinden, zusammenhängen; con- *(l)*: zusammen, mit; jugare *(l)*: jochen, paaren.

conjunctivus, -a, -um *(l)* = der Verbindung dienend. – conjungere *(l)*: verbinden, vereinigen.

connexus, -a, -um *(l)* = verbunden, verknüpft. – P.p.p. von connectere *(l)*: verbinden; con- *(l)*: zusammen, mit; nectere *(l)*: knüpfen, binden, fassen.

conoideus, -a, -um *(l)* = kegelförmig. – konoides *(gr)*: kegelähnlich; Kónos: Keil; -eidés: ähnlich.

Constrictor, -oris m *(l)* = Zusammenzieher. – constringere *(l)*: zusammenziehen, zusammenschnüren.

contortus, -a, -um *(l)* = gewunden, schwungvoll, kräftig. – P.p.p. von contorquere *(l)*: winden, herumdrehen, schwingen, herumwenden.

Conus, -i m *(l)* = Kegel, Konus. – Kónos *(gr)*: Kegel.

Cor, cordis n *(l)* = Herz als Organ und als Gemüt; anat.: Herz. – Kár *(idg)*: Herz, Gemüt.

coracobrachialis, -e *(l)* = zum Rabenschnabelfortsatz und zum Arm gehörend.

coracoideus, -a, -um *(l)* = rabenschnabelähnlich. – Korax *(gr)*: Rabe; -eidés *(gr)*: ähnlich.

Corium, -i n *(l)* = Haut, Lederhaut, dicke Haut. – Chórion *(gr)*: Haut, Leder, besonders die Haut der Eingeweide.

Cornea (ergänze Membrana ...) = Hornhaut des Auges. – Cornu, -us n *(l)*: Horn.

corniculatus, -a, -um *(l)* = mit einem Hörnchen versehen. – Corniculus, -i m *(l)*: Hörnchen, Dim. zu Cornu.

Corona, -ae f *(l)* = Kranz, Krone, Haken. – Koróne *(gr)*: 1. Krähe; 2. Bezeichnung für verschiedene gekrümmte und gerundete Gegenstände; 3. Haken am Ende des Bogens, an welchem die Bogensehne mittels eines Ringes eingehängt wird.

Corpus, -oris n *(l)* = Körper, Leib, Rumpf.

Corrugator, -oris m *(l)* = Runzeler. – corrugare *(l)*: runzelig machen, zusammenrümpfen; cor-, con- *(l)*: zusammen, mit; Ruga, -ae f *(l)*: Hautfalte.

Cortex, -icis m *(l)* = Rinde, Baumrinde, Schale, Kork.

Costa, -ae f *(l)* = Rippe.

costalis, -e *(l)* = zur Rippe gehörend, die Rippe betreffend. – Adj. zu Costa.

costodiaphragmaticus, -a, -um *(l)* = von der Rippe zum Zwerchfell ziehend.

costomediastinalis, -e *(l)* = von der Rippe zum Mittelfell ziehend.

Coxa, -ae f *(l)* = Hüfte; eigentl. Schenkelbein. – Káksa *(altind)*: Achselgrube.

cranialis, -e *(l)* = kopfwärts, zum Schädel gehörend oder weisend. – Adj. zu Cranium.

Cranium, -ii n *(l)* = Schädel, knöcherner Schädel. – Kránion *(gr)*: Schädel, Hirnschale, eigentl.: Helm.

crassus, -a, -um *(l)* = dick, fett, stark. – Vielleicht von: krátos *(gr)*: stark, hart.

Cremaster, -eris m *(l)* = Aufhänger. – kremánnymi *(gr)*: aufhängen, schweben lassen.

crenatus, -a, -um *(l)* = gekerbt. – Crena, -ae f *(l)*: Kerbe, Spalte, Einschnitt.

cribrosus, -a, -um *(l)* = siebartig, reich an Sieben. – Cribrum, -i m *(l)*: Sieb; cernere *(l)* u. krínein *(gr)*: unterscheiden, scheiden, sich entscheiden.

cricoarytenoideus, -a, -um *(l)* = vom Ringknorpel zum Gießbeckenknorpel verlaufend; siehe cricoideus u. arytenoideus.

cricoideus, -a, -um *(l)* = ringförmig. – Kríkos *(gr)*: Ring.

cricopharyngeus, -a, -um *(l)* = vom Ringknorpel zum Pharynx verlaufend; siehe cricoideus u. pharyngeus.

cricothyroideus, -a, -um *(l)* = vom Ringknorpel zum Schildknorpel verlaufend.

cricotrachealis, -e *(l)* = vom Ringknorpel zur Trachea verlaufend; siehe cricoideus u. trachealis.

Crista, -ae f *(l)* = Leiste, Kante, Kamm auf dem Helm, eigentl.: Federbusch auf dem Kamm.

cruciatus, -a, -um *(l)* = gekreuzt; 1. gemartert; 2. anat.: gekreuzt im Sinne des X. – P.p.p. von cruciare *(l)*: kreuzigen, martern; Crux, crucis f *(l)*: Kreuz sowohl in Form eines T als auch X (meist T), Marterholz.

cruciformis, -e = kreuzähnlich, kreuzförmig. – Crux, crucis f *(l)*: Kreuz; Forma, -ae f *(l)*: Form.

Crus, cruris n *(l)* = 1. Unterschenkel, Bein; 2. Gebilde, die nach Form und Anordnung mit Schenkeln verglichen werden.

Cubitus, -i m *(l)* oder Cubitum, -i n *(l)* = Ellenbogen, Ellenbogengelenk, Unterarm. – cubare *(l)*: liegen; Kybiton *(gr)*: Ellenbogen, Schale, Schüssel, daraus Cubus, -i m *(l)*: Kubus, Würfel (Kubik); Kybos *(gr)*: Höhlung vor der Hüfte beim Vieh, Wirbelknochen, Würfel, eigentl.: Auge auf dem Würfel.

cuboideus, -a, -um *(l)* = würfelförmig.

Culmen, -inis n *(l)* = Gipfel, Spitze, der höchste Punkt. – Columna, -ae f *(l)*: Säule.

Cumulus, -i m *(l)* = Hügel, Masse, Gipfel, Schwall. – cumulare *(l)*: anhäufen, zunehmen, wachsen; Kýma *(gr)*: Wall; Kymelos *(idg)*: Anschwellung, Zuwachs.

cuneiformis, -e *(l)* = keilförmig. – Cuneus, -i m *(l)*: Keil, keilförmige Anordnung; Forma, -ae f *(l)*: Form.

Cuneus, -i m *(l)* = Keil, keilförmige Anordnung.

Cupula, -ae f *(l)* = Kuppel. – Dim. zu Cupa, -ae f *(l)*: die Tonne, das Grab; Kýpae *(gr)*: Grube, Gewölbe, Dach in Form einer Halbkugel, Kuppe.

Curvatura, -ae f *(l)* = Krümmung, Biegung. – curvare *(l)*: krümmen, biegen, beugen; korónos *(gr)*: gekrümmt; kýrtos *(gr)*: krumm.

Cuspis, -idis f *(l)* = Spitze, Spieß, Stachel; anat.: Zipfel, Segel.

cutaneus, -a, -um: Adj. zu Cutis.

Cutis, -is f *(l)* = Haut, Hülle, Oberfläche. – Kýtos *(gr)*: Hülle, Haut, Gefäß, Urne; Skýtos *(gr)*: Haut, Leder; vgl. Corium.

Cymba, -ae f *(l)* = anat.: nachenartige Vertiefung an der Ohrmuschel. – Kymbe *(gr)*: Nachen.

cysticus, -a, -um *(l)* = zur Blase gehörend. – Adj. zu Cystis, -is f *(l)*: Blase, Gallen-, Harnblase; Kýstis *(gr)*: Harnblase.

dartos *(gr)* = anat.: in Tunica dartos: Fleischhaut des Hodensacks. – dartós *(gr)*: abgehäutet, und zwar abgehäutete Haut; dárein *(gr)*: abhäuten, schinden.

deciduus, -a, -um *(l)* = abfallend, hinfällig. – decidere *(l)*: abfallen, wegfallen.

Declive, -is n *(l)* = Abhang. – declivis, -e *(l)*: abschüssig; de *(l)*: ab, herab; Clivus, -i m *(l)*: Hügel, Lehne; clinare *(l)* u. klínein *(gr)*: lehnen, sich neigen.

Decussatio, -ionis *(l)* = Kreuzung. – decussare *(l)*: in die Form eines X bringen.

decussatus, -a, -um *(l)* = X-geformt. – P.p.p. von decussare *(l)*.

deferens, -entis *(l)* = herabtragend, herabführend. – P.p.a. von deferre *(l)*: herabtragen, herabführen, abführen, wegtragen.

deltoideopectoralis, -e *(l)* = zum M. deltoideus und M. pectoralis gehörend.

deltoideus, -a, -um *(l)* = deltaförmig. – Délta *(gr)*: dreieckiger griech. Buchstabe.

Dens, dentis m *(l)* = Zahn, Zinke. – Odoús *(gr)*: Zahn, Zinke.

dentalis, -e *(l)* = zum Zahn gehörend. – Adj. zu Dens.

dentatus, -a, -um *(l)* = mit Zähnen versehen.

denticulatus, -a, -um *(l)* = mit Zähnchen bzw. Zacken versehen. – Denticulus: Zähnchen, Zacke; Dim. zu Dens.

Dentinum, -i n *(l)* = Zahnbein. – Dens, dentis m *(l)*: der Zahn; Dentinum ist Substantiv. Adj. dentinus, -a, -um *(l)*: zum Zahn gehörig.

depellatus, -a, -um *(l)* = hinabgetrieben, weggeführt. – P.p.p. von depellare *(l)*: hinabtreiben, weg-, fortleiten; de- *(l)*: weg, von, herab; pellere *(l)*: treiben.

Depressor, -oris m *(l)* = Herabdrücker. – deprimere *(l)*: herabdrücken.

descendens, -entis *(l)* = herabsteigend. – P.p.a. von descendere *(l)*: herabsteigen, herabgehen, sich herablassen.

dexter, -tra, -trum *(l)* = rechts, günstig, (der, die, das) Rechte. – dexios *(gr)*: rechts, günstig.

diagonalis, -e *(l)* u. Diagonalis, -is f *(l)* = schräg und die Schräge; diá- *(gr)*: durch, hindurch; Gōnia *(gr)*: Winkel, Ecke.

Diameter, -tri f *(l)* = Durchmesser. – diá- *(gr)*: durch, hindurch; Metron *(gr)*: Maß.

Diaphragma, -atis n *(l)* = Scheidewand, Grenzwand, Zwerchfell. – diaphrássein *(gr)*: durch eine Scheidewand trennen; phrássein: abtrennen, umzäunen.

Diaphysis, -is f *(l)* = Diaphyse, Mittelstück des Röhrenknochens. – diaphýsthai *(gr)*: dazwischenwachsen, durchwachsen, auseinander wachsen.

Diarthrosis, -is f *(l)* = freie Gelenkverbindung. – Diárthrosis *(gr)*: das Zerlegen in Glieder; Árthron *(gr)*: Gelenk, Glied.

Diencephalon, -i n *(l)* = Zwischenhirn. – diá- *(gr)*: durch, zwischen; Enképhalos *(gr)*: das, was im Kopf ist (Gehirn).

Digastricus, -i m *(l)* = der Zweibäuchige. – Gastár *(gr)*: Bauch, Magen.

digitalis, -e *(l)* = zum Finger gehörend. – Adj. zu Digitus.

Digitatio, -onis f *(l)* = finger-, (klauen)artige Bildung. – Digitus, -i m *(l)*: Finger, zehenförmige Eindrücke.

digitatus, -a, -um u. **digitus, -a, -um** = mit fingerartigen Gebilden versehen. – Adj. zu Digitus.

Digitus, -i m *(l)* = Finger, Zehe. – Dáktylos *(gr)*: Finger, Zehe.

Dilatator [Dilator], -oris m *(l)* = Erweiterer, Auseinanderzieher. – dilatare *(l)*: erweitern, ausbreiten, ausdehnen.

Diploe, -oes f *(l)* = Diploë. – Diplóä *(gr)*: Doppelteil, das zwischen den Tafeln Liegende.

diploicus, -a, -um *(l)* = zur Diploë gehörend. – Adj. zu Diploë.

Discus, -i m *(l)* = (Wurf-)Scheibe. – Diskos *(gr)*: Scheibe, Wurfscheibe.

distalis, -e *(l)* = distal, weiter vom Rumpf entfernt liegend; Gegensatz zu proximal. – di- *(l)*: auseinander; stare *(l)*: stehen.

Diverticulum,-i n *(l)* = Seitenweg, Abzweigung, Herberge, Divertikel; anat.: Ausstülpung umschriebener Wandteile eines Hohlorgans. – divertere *(l):* abwenden, vom Weg gehen, einkehren.

dorsalis, -e *(l)* = 1. zum Rücken gehörend; 2. dorsal, zum Rücken hin, rückenwärts. – Adj. zu Dorsum.

Dorsum, -i n *(l)* = Rücken, Bergrücken. – De(i)rás *(gr):* Anhöhe, Hügel.

Ductus, -us m *(l)* = Führung, Leitung; anat.: Gang, Kanal. – deuco *(idg)* u. ducere *(l):* führen, leiten, ziehen.

Duodenum, -i n *(l)* = das Zwölffache; anat.: Zwölffingerdarm. – duodenus *(l):* zwölffach; duodeni *(l):* je zwölf; dodekadáktylon *(gr):* zwölf Finger.

durus,-a,-um *(l)* = hart, derb. – Drýs *(gr):* Eiche.

efferens,-entis *(l)* = herausführend, abführend. – P.p.a. von efferre *(l):* herausführen, emporsteigen, hervorbringen, abführen.

ejaculatorius,-a,-um *(l)* = dem Herausschleudern dienend. – eiaculári *(l):* herausschleudern, auswerfen; eicere *(l):* herauswerfen; vgl.: Ejakulat.

elasticus,-a,-um *(l)* = elastisch im Sinne reversibler Dehnbarkeit. – elaúnein *(gr):* treiben, in die Länge ziehen.

emboliformis,-e *(l)* = pfropfenförmig. – Émbolos *(gr):* Pfropf; Forma,-ae f *(l):* Gestalt, Form.

Eminentia, -ae f *(l)* = Erhöhung, das Hervorragende. – eminere *(l):* hervor-, herausragen; Mons,-tis m *(l):* Berg.

Emissarium,-ii n *(l)* = Abflusskanal, Abzugsgraben. – mittere *(l):* schicken, senden.

enamelum, -i n *(l)* = Zahnschmelz. – Enamel *(engl):* Schmelz; willkürliche moderne Wortschöpfung über altfranzösisch: esmail und althochdeutsch: smelzen.

encephalicus,-a,-um: Adj. zu Encephalon.

Encephalon,-i n *(l)* = Gehirn, was im Kopf ist. – Kephalé *(gr):* Kopf.

Endocardium,-ii n *(l)* = Herzinnenhaut, Endokard. – Kardía *(gr):* Herz.

Endolympha, -ae f *(l)* = Flüssigkeit innerhalb des häutigen Labyrinths. – Lympha: Quellwasser, klare Flüssigkeit.

Endometrium, ii n *(l)* = Schleimhaut der Gebärmutter. – Mátra *(gr):* Gebärmutter.

endothoracicus, -a, -um *(l)* = innerhalb des Brustkorbs gelegen. – Thórax *(gr):* Brustharnisch.

entericus, -a, -um *(l)* = zu den Eingeweiden gehörend. – Énteron *(gr):* Darm, Eingeweide.

Ependyma,-atis n *(l)* = gliöse Auskleidung der Binnenräume des Zentralnervensystems. – Epéndyma *(gr):* Oberkleid, Überzug; endýein *(gr):* bekleiden.

Epicardium,-ii n *(l)* = dem Herz aufliegendes, viszerales, seröses Blatt des Herzbeutels. – Kardía *(gr):* Herz.

Epicondylus,-i m *(l)* = der auf dem Condylus liegende Fortsatz. – Kondylos *(gr):* Knorren, Condylus.

epicranius, -a, -um *(l)* = auf dem Schädel befindlich. – Kraníon *(gr):* Kopf, Schädel.

Epidermis, -idis f *(l)* = Oberhaut, epithelialer Anteil der Haut. – Dérma *(gr):* Haut.

Epididymis,-idis f *(l)* = Nebenhoden. – Dídymoi *(gr):* Zwillinge, Hoden.

epiduralis,-e *(l)* = auf der Dura mater liegend.

Epigastrium, -i n *(l)* = Magengrube. – Gastár *(gr):* Magen.

epigastricus,-a,-um *(l)* = auf dem Magen befindlich, zur Bauchwand gehörend. – gastricus *(l):* Adj. zu Gaster.

epiglotticus,-a,-um *(l):* zum Kehldeckel gehörend. – Adj. zu Epiglottis.

Epiglottis,-idis f *(l)* = Kehldeckel. – Glṓtta *(gr):* Stimmapparat, Sprache.

Epipharynx,-yngis f *(l)* = Nasenrachen.

Epiphysis,-eos f *(l)* = 1. Gelenkende des Röhrenknochens; 2. Zirbeldrüse. – Epiphýsis *(gr):* Zuwachs, Ansatz; epiphýomai *(gr):* auf etwas wachsen, anwachsen; phýein: wachsen lassen.

epiploicus, -a, -um *(l)* = zum großen Netz gehörend. – Epiplóon *(gr):* das darauf Schwimmende; pleéin *(gr):* schwimmen, segeln.

episcleralis, -e *(l)* = auf der Sclera liegend. – Skléra *(gr):* feste Hülle des Augapfels; skléros *(gr):* hart.

Epistropheus, -ei m *(l)* = 2. Halswirbel, jetzt Axis.– Epistrópheus *(gr):* Umdreher; stréphein *(gr):* wenden.

Epithalamus,-i m *(l)* = auf dem Thalamus liegender Gehirnabschnitt. – Thálamos *(gr):* Schlafgemach, Hohlraum.

epitympanicus, -a, -um *(l)* = auf der Paukenhöhle befindlich. – Týmpanon *(gr):* Handpauke, Tamburin.

Eponychium,-ii n *(l)* = am hinteren Nagelrand liegender Epithelstreifen. – Ónyx *(gr):* Nagel, Nagelbett, Kralle, Klaue.

Epoophóron, -i n *(l)* = Nebeneierstock. – ōophóros *(gr):* Eier tragend; Ōón *(gr):* Ei; phérein *(gr):* tragen, bringen.

equinus,-a,-um *(l)* = zum Pferde gehörend. – Equus,-i m *(l):* Pferd; Híppos *(gr):* Pferd.

Erector,-oris m *(l)* = Aufrichter (Erektion). – erigere *(l):* aufrichten; regere *(l):* lenken, richten (regieren).

ethmoidalis, -e *(l)* = siebähnlich, siebartig. – Éthmos *(gr):* Sieb, Seihetuch.

Excavatio,-onis f *(l)* = Aushöhlung. – excavare *(l):* aushöhlen.

excretorius,-a,-um *(l)* = der Ausscheidung dienend. – excernere *(l):* ausscheiden, aussondern, absondern.

Extensor,-oris m *(l)* = Strecker, Ausspanner. – extendere *(l):* ausstrecken, ausspannen; – tendere *(l):* spannen, strecken, ziehen; teínein *(gr):* spannen, strecken, ziehen.

externus,-a,-um *(l)* = äußere, äußerlich. – exter *(l):* außerhalb, außen.

Extremitas,-atis f *(l)* = äußerster Punkt, Ende. – extremus, -a, -um *(l):* später, äußerstes Ende, Gliedmaße (extrem).

facialis,-e *(l):* Adj. zu Facies.

Facies,-ei f *(l)* = Gestalt, Körperbau, Figur, Aussehen, Erscheinung, Gesicht. – facere *(l):* tun, machen, bewirken, hervorbringen.

falciformis,-e *(l)* = sichelförmig. – Adj. zu Falx.

Falx, falcis f *(l)* = Sichel. – Zánklon *(gr):* Sichel.

Fascia,-ae f *(l)* = Binde, Band. – Fascis,-is m *(l):* Bündel, Rutenbündel; Phákelos *(gr):* Bündel.

Fasciculus,-i m *(l):* Dim. zu Fascia.

fasciolaris,-e *(l)* = zum Band gehörend, bandähnlich. – Adj. zu Fasciola,-ae f *(l):* kleine Binde, Bändchen; Dim. zu Fascia.

Fastigium,-i n *(l)* = Giebel, Steigung, Erhebung. – fastigo *(l)* u. farstigo *(idg):* aufsteigen lassen.

Fauces, faucium f *(l)* = Schlund, Kehle.

felleus,-a,-um *(l)* = gallig. – Adj. zu Fel, Fellis n *(l):* Galle.

femoralis,-e *(l):* Adj. zu Femur.

Femur,-oris n *(l)* = Oberschenkel, Oberschenkelbein.

Fenestra, -ae f *(l)* = Fenster, Öffnung, Loch. – phanerós *(gr):* hell, klar, sichtbar, vor allen Augen sichtbar.

ferrugíneus,-a,-um *(l)* = schwarz, schwärzlich, dunkel, rostfarbig. – Ferrúgo,-inis f *(l):* Eisenrost, rostbraune Farbe; Ferrum *(l):* Eisen; Aerugo,-inis f *(l):* Grünspan.

Fetus,-us m *(l)* = Leibesfrucht, Gebären, Zeugung, Brut, Frucht. – féo *(l):* trächtig sein, ergiebig sein.

Fibra,-ae f *(l)* = Faser (Pflanzen-, Wurzelfaser).

fibrinus,-a,-um *(l):* Adj. zu Fiber,-bri m *(l):* Biber (Fibrin).

Fibrocartilago,-inis m *(l)* = Faserknorpel.

fibrosus,-a,-um *(l)* = faserig, fibrös. – Adj. zu Fibra.

Fibula, -ae f *(l)* = Spange, Klammer, Schnalle, Wadenbein. – fibulare *(l):* heften; Fibulatio: Verbolzung.

filiformis,-e *(l)* = fadenförmig. – Adj. zu Filum: Faden und Forma,-ae f *(l):* Gestalt, Form.

Filum,-i n *(l)* = Faden, Saite.

Fimbria, -ae f *(l)* = Franse, Haargekräusel. – evtl.: Fibra.

fimbriatus,-a,-um *(l):* Adj. zu Fimbria.

Fissura,-ae f *(l)* = Spalte, Ritze, Fissur. – findere *(l):* spalten.

flaccidus,-a,-um *(l)* = schlaff, welk, mit herabhängenden Ohren, schlapp. – bláx *(gr):* schlaff.

Flexor,-oris m *(l)* = Beuger. – flectere *(l):* beugen, biegen.

Flexura,-ae f *(l)* = Biegung, Flexur, Krümmung. – flectere *(l):* beugen, biegen, krümmen.

Flocculus,-i m *(l)* = (kleine) Flocke. – Dim. zu Floccus,-i m *(l):* Flocke; phlázo *(gr):* zerreißen.

Flumen,-inis n *(l)* = Fluss, Strömung, Fluten. – fluere *(l):* fließen, strömen.

foliatus, -a, -um *(l)* = mit Blättern versehen, blattähnlich. – Adj. zu Folium,-ii n *(l):* Blatt, Folie; Phýllon *(gr):* Blatt, Laub.

Folliculus,-i m *(l)* = kleiner Schlauch, Beutel, Ledersack, Bläschen, Knötchen, Follikel. – Dim. zu Follis,-is m *(l):* Blasebalg; Thýllis *(gr):* Blasebalg.

Fonticulus,-i m *(l)* = kleine Quelle. – Dim. zu Fons, fontis m *(l):* Quelle; fundere *(l):* gießen, strömen.

Foramen,-inis n *(l)* = Loch, gebohrte Öffnung. – forare *(l):* durchbohren, graben.

Forceps,-ipis m u. f *(l)* = Zange, Feuerzange. – Formus *(idg)* u. Thérmes *(gr):* Feuerzange.

Formatio,-onis f *(l)* = Bildung; Gestaltung, Formation. – formare *(l):* bilden, gestalten, formen. – anat.: Formatio reticularis.

Fornix,-icis m *(l)* = Bogen, Gewölbe, Wölbung. – fórnikos *(idg):* ofenartig gewölbt; Fornus *(idg):* Ofen, Kuppelform des Ofens.

Fossa,-ae f *(l)* = Graben, Abzugsgraben, Kanal. – fodere *(l):* stechen, graben, stochern.

Fossula,-ae f *(l):* Dim. zu Fossa.

Fovea,-ae f *(l)* = (rundliche) Grube, Fallgrube für Wild.

Frenulum,-i n *(l)* = kleiner Zügel; Bändchen. – Dim. zu Frenum,-i n *(l):* Zaum, Zügel; frénom *(idg):* das, womit man einhält.

Frons, frontis m *(l)* = Stirn, Stirnseite, Vorderseite, Front. – bhront *(idg):* hervorstehen.

frontalis,-e *(l)* = 1. zur Stirn gehörig; 2. stirnwärts, frontal. – Adj. zu Frons.

fundiformis, e *(l)* = schleuderförmig. – Adj. zu Funda,-ae f *(l):* Schleuder, Schleuderriemen; Forma,-ae f *(l):* Form, Gestalt.

Fundus,-i m *(l)* = Boden, Grund (Fundament). – Pythmán *(gr):* Basis von Körperteilen; Pýndax *(gr):* Grund, Gefäßboden.

fungiformis,-e *(l)* = pilzförmig. – Adj. zu Fungus,-i m *(l):* Pilz u. Forma,-ae f *(l):* Gestalt, Aussehen; Spóngos oder Sphóngos *(gr):* Schwamm, Pilz.

Funiculus,-i m *(l)* = kleiner Strang. – Dim. zu Funis,-is m *(l):* Seil, Tau, Strick; Dhumis *(idg)* u. Thómis *(gr):* Strick, Schnur, Bogensehne.

Galea,-ae f *(l)* = (lederner) Helm, Haube. – Galeá *(gr):* die aus dem Wieselfell gemachte Sturmhaube.

Gallus,-i m *(l)* = Hahn.

Ganglion,-ii n (l) = 1. Überbein; 2. anat.: Nervenknoten. – Ganglíon *(gr):* Überbein, Nervenknoten.

Gaster, gastris f *(l)* = Bauch; anat.: Magen. – Gastár *(gr):* Magen, Bauch, Unterleib.

gastricus,-a,-um *(l)* = mit dem Magen in Verbindung stehend. – Adj. zu Gaster.

gastrocnemius,-a,-um *(l)* = zur Wade gehörig. – Gastroknāmion *(gr):* Wadenmuskel; Gastár *(gr):* Bauch; Knemä *(gr):* Wade.

gelatinosus,-a,-um *(l)* = gallertig. – Gelatina; Gallerte; gelare *(l):* gefrieren; Gelu, -us n *(l)* u. Gelandrón *(gr):* Eis, Frost, Erstarrung.

Gemellus,-i m u. **gemellus,-a,-um** *(l)* = Zwillingsbruder; doppelt. – Dim. zu Geminus: Zwilling, zweifach; geminare *(l):* verdoppeln; Etym. unsicher.

Geniculum, -i n *(l)* = 1. kleines Knie; 2. Knoten. – Dim. zu Genu.

genioglossus, -a, -um *(l)* = vom Kinn zur Zunge verlaufend. – Géneion *(gr):* Kinn u. Glõssa *(gr):* Zunge, Sprache.

geniohyoideus, -a, -um *(l)* = vom Kinn zum Zungenbein verlaufend. – Géneion *(gr):* Kinn; hyoeidés *(gr):* ypsilonförmig; anat.: zum Zungenbein gehörend.

genitalis, -e *(l)* = zur Zeugung gehörig; anat.: in Zusammensetzungen: genito- = zu den Geschlechtsorganen gehörend. – gignere *(l)* u. gígnomai *(gr):* erzeugen, zeugen, hervorbringen.

genitofemoralis, -e *(l)* = von den Geschlechtsteilen zum Oberschenkel verlaufend.

Genu, genus n *(l)* = Knie. – Góny *(gr):* Knie.

Gingiva, -ae f *(l)* = Zahnfleisch. – Geng *(idg):* Beule, Buckel u. (Sal)iva: Suff.

Glabella, -ae f *(l)* = 1. der unbehaarte Raum zwischen den behaarten Augenbrauen über der Nasenwurzel, 2. Stirnglatze.

Glandula, -ae f *(l)* = kleine Eichel; anat.: Drüse. – Dim. zu Glans, glandis f *(l):* Eichel, eichelähnliche Früchte.

Glia, -ae f *(l)* = Kitt. – Glía *(gr):* Leim, Kitt.

Globus, -i m *(l)* = Ball, Kugel, Klumpen. – Gleba, -ae f *(l):* Erdscholle; globosus, -a, -um *(l):* kugelförmig, kugelrund.

Glomus, -eris n *(l)* = Knäuel. – glomerare *(l):* zu einem Knäuel zusammenrollen, ballen; Glãma *(gr):* Augenbutter.

Glomerulus, -i m u. **Glomerulum, -i** n *(l)* = kleines Knäuel. – Dim. zu Glomus.

glossoepiglotticus, -a, -um *(l)* = von der Zunge zum Kehldeckel verlaufend.

glossopharyngeus, -a, -um *(l)* = von der Zunge zum Pharynx verlaufend.

glossus, -a, -um *(l)* = zur Zunge gehörend. – Glõssa *(gr):* Zunge.

gluteus, -a, -um *(l)* = zum Gesäß gehörig. – Gloutós *(gr):* Gesäß, Hinterbacke.

gracilis, -e *(l)* = schlank, dünn, zart *(grazil)*. – sicher nicht von Gratia, -ae f *(l):* Anmut.

Granulatio, -onis f *(l)* = Körnelung, Granulation.

Granulum, -i n *(l)* = Körnchen. – Dim. zu Granum, -i n *(l):* Korn, Kern, Granulat.

griseus, -a, -um *(l)* = grau. – gris *(franz):* grau; greis *(mhd):* grau.

Gubernaculum, -i n *(l)* = Steuerruder, Lenkung, Leitung. – gubernare *(l):* steuern, lenken; kybernáein *(gr):* steuern.

gustatorius, -a, -um *(l)* = dem Schmecken dienend. – gustare *(l):* schmecken; geúein *(gr):* u. geúsein *(idg):* kosten lassen.

Gyrus, -i m *(l)* = Windung. – Gýros *(gr):* Krümmung, Kreis, Windung.

Habenula, -ae f *(l)* = kleiner Zügel. – Dim. zu Habena, -ae f *(l):* Zügel, Halter; habere *(l):* halten.

Hallux, -ucis m *(l)* = Großzehe.

hamatus, -a, -um *(l)* = 1. mit Haken versehen; 2. hakenförmig gekrümmt. – Adj. zu Hamus, -i m *(l):* Haken, Angelhaken.

Hamulus, -i m *(l)* = kleiner Haken, Häkchen. – Dim. zu Hamus, -i m *(l):* Haken.

Haustrum, -i n *(l)* = Schöpfrad, Eimer; Ausbuchtung. – haurire *(l):* schöpfen.

helicinus, -a, -um *(l)* = gewunden, geschraubt. – Adj. zu Helix, -icis f *(l):* Spirale, Windung, Schnecke.

Helicotrema, -atis n *(l)* = Schneckenloch; Verbindung zwischen Scala vestibuli und Scala tympani. – Hélix *(gr):* Schnecke; Tréma *(gr):* Loch.

hemiazygos, -on *(gr)* = der halben Vena azygos entsprechend. – hemí- *(gr):* halb; azygos *(gr):* unpaar.

Hemispherium, -i n *(l)* = Halbkugel, Hemisphäre. – Hemisphairion *(gr):* Halbkugel; hemí- *(gr):* halb; Sphaíra *(gr):* Kugel.

hemorrhoidalis, -e *(l)* = zur Hämorrhoide gehörig. – Haimorrhoídes *(gr):* Gefäße, in denen Blut fließt; Haíma *(gr):* das Blut; rhéein *(gr):* fließen.

Hepar, -atis n *(l)* = Leber. – Hãpar *(gr):* Leber.

hepaticus, -a, -um *(l)* = zur Leber gehörend. – Adj. zu Hepar.

Hernia, -ae f *(l)* = Leibschaden, Bruch, Eingeweidebruch. – Enterokälä *(gr):* Darmbruch, Eingeweidebruch; Énteron *(gr):* Darm, Eingeweide; Kälís *(gr):* Fleck, Schandfleck.

Hiatus, -us m *(l)* = klaffende Öffnung. – hiare *(l):* klaffen, offenstehen; chásko *(gr):* gähnen, klaffen.

Hilus, -i m *(l)* = Eintrittsstelle, Tor. – Wahrscheinlich von Hilum, -i n *(l):* Faser, Fädchen.

Hippocampus, -i m *(l)* = Fabeltier der griechischen Mythologie (mit Pferdevorderleib und geringeltem Fischschwanz). – Híppos *(gr):* Pferd; kámptein *(gr):* biegen.

Hirci, -orum *(Pl)* m *(l)* = Achselhaare – Hircus, -i m *(l):* Bock (wegen des spezifischen Geruchs des Achselschweißes).

horizontalis, -e *(l)* = horizontal, waagerecht. – Adj. zu Horizon *(gr):* Gesichtskreis, Horizont; horízo *(gr):* die Grenze bestimmen, begrenzen.

Humerus, -i m *(l)* = Oberarmbein, Knochen des Oberarms, Oberarm, Schulter. – Ómos *(gr):* Schulter, Bergrücken; vgl. Brachium: der ganze Arm.

hyaloideus, -a, -um *(l)* = glasartig, zu etwas Glasartigem gehörend. – Hýalos *(gr):* Glas; -eidés *(gr):* ähnlich.

Hymen, -enis n *(l)* = Haut, dünne Haut; anat.: Jungfernhäutchen. – Hýmen *(gr):* Haut, Häutchen, Band.

hyo- Vorsilbe *(gr)* = anat. in Zusammensetzungen: zum Zungenbein gehörig. – Hŷs *(gr):* Schwein.

hyoepiglotticus, -a, -um *(l)* = vom Zungenbein zum Kehldeckel verlaufend.

hyoideus, -a, -um *(l)* = ypsilonförmig, zum Zungenbein gehörig.

hyothyroideus, -a, -um *(l)* = vom Zungenbein zur Schilddrüse verlaufend.

Hypochondrium, -ii n *(l)* = das unter dem Brustknorpel Befindliche. – hypó- *(gr)* u. sub- *(l):* unter, darunter, unterhalb; Chóndros *(gr):* Knorpel. – Hypochonder: schwermütiger, eingebildeter Kranker.

hypochondriacus, -a, -um *(l)* = zum Hypochondrium gehörig. – Adj. zu Hypochondrium.

Hypogastrium, -i *(l)* = das unter dem Magen Gelegene. – Gastär *(gr)* = Magen.

hypogastricus, -a, -um *(l)* = unterhalb des Magens gelegen, zum Unterbauch gehörend. – hypó- *(gr):* unter; Gastär *(gr):* Magen, Bauch, Unterleib.

hypoglossus, -a, -um *(l)* = unter der Zunge liegend. – Glõssa *(gr):* Zunge.

Hyponychium, -i n *(l)* = Nagelbett. – Ónyx *(gr):* Nagel.

Hypopharynx, -yngis f *(l)* = der hinter dem Kehlkopf gelegene Schlundanteil, die Pars laryngea pharyngis. – Phárynx *(gr):* Rachen, Schlund; vgl. auch Epipharynx.

Hypophysis, -eos f *(l)* = Hirnanhangsdrüse, Hypophyse. – phyein *(gr):* wachsen; Hypophysis *(gr):* Anhängsel an der Unterseite.

Hypothalamus, -i m *(l)* = unterhalb des Thalamus gelegener Teil des Diencephalon. – hypó- *(gr):* unter; Thálamos *(gr):* Schlafgemach, Hohlraum.

Hypothenar, -aris m *(l)* = unterhalb der Handfläche, Kleinfingerballen. – Thénar *(gr):* Handfläche.

ileocaecalis, -e *(l)* = vom Krummdarm zum Blinddarm verlaufend.

Ileum, -ei n *(l)* = Krummdarm. – Ileus = Darmverschlingung. – eileõ *(gr):* winden, krümmen.

Ilia, ilium *(Pl)* n *(l)* = Weiche, Unterleib, Eingeweide. – Ilii = Ilia = Ilei *(Nom. Pl)* = die breiten Knochen der Bauchweichen. – Íxys *(gr):* Wechen, Gegend über den Hüften.

iliacus, -a, -um *(l)* = zur Weiche, zum Darmbein gehörend. – Adj. zu Ilia.

Impressio, -onis f *(l)* = Eindruck, Abdruck, Einstellung. – in- *(l):* hinein; primere *(l):* drücken, pressen.

imus, -a, -um *(l)* = unterster, letzter.

incisivus, -a, -um *(l)* = zum Schneiden geeignet, zu den Schneidezähnen gehörend.

Incisura, -ae f *(l)* = Einschnitt, Abschnitt. – incidere *(l):* einschneiden; in- *(l):* hinein; caedere *(l):* schneiden, graben, meißeln.

Inclinatio, -onis f *(l)* = Neigung, Biegung, Zuneigung. – inclinere *(l):* neigen, beugen, hinwenden, hinneigen; klínein *(gr):* neigen, wenden, beugen.

Incus, -udis f *(l)* = Amboss, das vom Hammer = Malleus getroffene Gehörknöchelchen. – incudere *(l):* hineinschlagen, hämmern, boxen.

Index, -icis m *(l)* = Angeber, Anzeiger, Verräter; anat.: Zeigefinger. – indicare *(l):* anzeigen, melden; vgl.: Indikator.

Indusium, -ii n *(l)* = obere Tunika, Schleier. – induere *(l):* anziehen, anlegen.

inferior, -ius *(l)* = niedriger, tiefer gelegen, geringer, schwächer. – infra *(l):* unten, unterhalb.

Infundibulum, -i n *(l)* = Trichter. – infundere *(l):* hineingießen, hineinschütten.

Inguen, -inis m *(l)* = Leistengegend, Schamgegend; eigentl.: die Stelle, wo der Zweig am Stamm sitzt. – inquinare *(l):* besudeln; unguere *(l):* beschmieren.

inguinalis, -e *(l):* Adj. zu Inguen.

Inscriptio, -onis f *(l)* = Aufschrift, Überschrift; anat.: Einzeichnung (figürlich gemeint). – inscribere *(l):* auf etwas schreiben, betiteln, bezeichnen.

Insertio, -onis f *(l)* = Anzeige, Ansatz, Ansatzstelle eines Muskels.

Insula -ae f *(l)* = Insel, Eiland.

Integumentum, -i n *(l)* = Decke, Hülle. – intégere *(l):* bedecken; anat.: Integumentum commune: die aus drei Schichten bestehende äußere Haut.

internus, -a, -um *(l)* = innere, innen befindlich. – inter: zwischen.

Intersectio, -onis f *(l)* = Einschnitt; anat.: Zwischensehne. – intersecare *(l):* ein-, durchschneiden. Intersectiones tendineae: Unterbrechungen des Muskelgewebes (Zwischensehnen).

Intestinum, -i n *(l)* = Darmkanal, Eingeweide. – intus *(l):* innen, inwendig, innerlich; Énteron *(gr):* das Innere, Eingeweide.

intimus, -a, -um *(l)* = der Innerste, innerst. – Sup. zu inter.

Intumescentia, -ae f *(l)* = Anschwellung. – intumescere *(l):* anschwellen; Tumor, -oris m *(l):* Geschwulst; Týlä *(gr):* Schwiele, Wulst.

iridicus, -a, -um *(l):* Adj. zu Iris.

Iris, -idis f *(l)* = Regenbogenhaut des Auges. – Íris *(gr):* Regenbogen; von Íris: Göttin des Regenbogens.

ischiadicus, -a, -um *(l)* = zum Sitzbein gehörig. – Adj. zu Ischium, -ii n: Gesäß, Sitzhöcker, Sitzbein; Íschion *(gr):* Gesäß, Sitzbein, Hinterbacke; Íschias *(gr):* Hüftschmerz.

ischioanalis, -e *(l)* = vom Sitzbein zum After verlaufend.

ischiocavernosus, -a, -um *(l)* = vom Sitzbein zum Schwellkörper verlaufend.

Ischium, -ii n *(l)* = Gesäß, Hüftgelenk. – Íschion *(gr):* Gesäß, Pfanne des Hüftgelenks, Hinterbacke, Sitzhöcker, Sitzbein.

Isthmus, -i m *(l)* = enge Stelle, enge Verbindung zwischen zwei Räumen. – Isthmós *(gr):* Landenge, Isthmus, schmale Verbindung.

jejunalis, -e *(l)* = zum Jejunum gehörig; Adj. zu Jejunum.

Jejunum, -i n *(l)* = Leerdarm. – Substant. Adj. von jejunus, -a, -um: nüchtern, leer, hungrig. – Nãstis *(gr):* Leerdarm.

jugularis, -e *(l)* = zur Drosselgrube gehörend. – Adj. zu Jugulum.

Jugulum, -i n *(l)* = 1. Grube oberhalb des Schlüsselbeins; 2. Schlüsselbein, verglichen mit einem kleinen Joch; 3. vordere Halsgegend, Kehle. – Dim. zu Jugum, -i n *(l):* Joch; jugulare *(l):* 1. erstechen (Gefäße); 2. erdrosseln (Luftröhre); Zýgon *(gr):* Joch.

Junctura, -ae f *(l)* Verbindung. – jungere *(l):* verbinden.

Labium, -ii n *(l)* oder Labrum, -i n *(l)* = 1. Lippe; 2. glatter, umgebogener Rand eines Gefäßes. – lambo *(l):* lecken, berühren; láptō *(gr):* lecken.

Labyrinthus, -i m *(l)* = großes Bauwerk mit vielen verschlungenen Gängen, Ohrlabyrinth. – Labýrinthos *(gr):* Labyrinth; Etym. unsicher.

lacer, -era, -erum *(l)* = zerrissen, zerfetzt. – Lákis *(gr):* Felsen, Zipfel; lakízō *(gr):* zerreißen; lacerare *(l):* zerreißen.

lacinatus, -a, -um *(l)* = in Zipfel auslaufend. – Lacinia, -ae f *(l):* Zipfel, Fetzen; siehe lacer.

lacrimalis, -e *(l)* = zu den Tränenorganen gehörend. – Adj. zu Lacrima.

lactifer, -fera, -ferum *(l)* = milchführend. – Lac, lactis n *(l):* Milch; ferre *(l):* tragen; Glágos *(gr):* Milch.

Lacuna, -ae f *(l)* = Lücke, Loch; speziell eine mit Wasser gefüllte Vertiefung.

Lacus, -us m *(l)* = See, Lache. – Lákkos *(gr):* See, Loch, Grube, Teich.

lambdoideus, -a, -um oder **lambdoides, -is** *(l)* = lambdaähnlich. – Lambda: 11. Buchstabe des griech. Alphabets.

Lamella, -ae f *(l):* Dim. zu Lamina.

Lamina, -ae f *(l)* = Platte, Schicht, Scheibe; Lamelle.

Lanugo, -inis f *(l)* = Wolle, Wollhaar, Flaum. – Lana, -ae f *(l):* Wolle; Lânos *(gr)* u. Vlana *(idg):* Wolle.

Laryngotomia, -ae f *(l)* = Eröffnung des Kehlkopfs durch Schnitt. – Lárynx *(gr):* Kehlkopf; témnein *(gr):* schneiden, aufschneiden.

Larynx, -yngis f *(l)* = Kehlkopf. – Lárynx *(gr):* Kehlkopf.

lateralis, -e *(l)* = seitlich. – Adj. zu: Latus.

latissimus, -a, -um *(l)* = der breiteste. – Sup. zu latus, -a, -um.

latus, -a, -um *(l)* = breit. – Adj. zu Latus.

Latus, -eris n *(l)* = Seite, Breite, Brust.

Lemniscus, -i m *(l)* = Schleife; anat.: Faserzüge im Gehirn. – Lâmnískos *(gr):* Band.

Lens, lentis f *(l)* = Linse.

lenticularis, -e *(l):* Adj. zu Lens.

lentiformis, -e = linsenförmig. – Lens, lentis f *(l):* Linse; Forma, -ae f *(l):* Gestalt, Form.

Leptomeninx, -ingis f *(l)* = weiche, zarte Hirnhaut; zusammenfassender Begriff für Arachnoidea mater und Pia mater. – leptós *(gr):* zart; Méninx *(gr):* Hirnhaut.

Levator, -oris m *(l)* = Heber. – levare *(l):* heben.

liber, -era, -erum *(l)* = frei, ungebunden, offen. – liberare *(l):* befreien.

Lien, lienis m *(l)* = Milz.

ligamentosus, -a, -um = bänderreich; anat.: bandartig. – Adj. zu Ligamentum.

Ligamentum, -i n *(l)* = Band, Binde; anat.: 1. bandartige Struktur; 2. häutige Verbindung zweier Gelenke. – ligare *(l):* binden.

Limbus, -i m *(l)* = Saum, Besatzstreifen, Rand.

Limen, -inis n *(l)* = Schwelle, Grenzwall. – Leímen *(idg):* Querholz.

limitans, -antis *(l)* = begrenzend. – P.p.a. von limitare *(l):* begrenzen; Limes, -itis m *(l):* Grenzrain.

Linea, -ae f *(l)* = 1. Linie, Richtschnur; 2. Strich; 3. anat.: Knochenleiste. – Linus oder Linum, -i n *(l):* Lein, Flachs, später: leinener Faden, Schnur.

Lingua, -ae f *(l)* = Zunge, Sprache. – lingere *(l)* u. leíchein *(gr):* lecken, schmecken.

Lingula, -ae f *(l)* = Zünglein, zungenähnliches Gebilde. – Dim. zu Lingua.

Liquor, -oris m *(l)* = Flüssigkeit, flüssiger Zustand. – liquere *(l)* = flüssig, klar sein.

lobaris, -e *(l)* = zum Lappen gehörend. – Adj. zu Lobus.

lobularis, -e *(l)* = zum Läppchen gehörend. – Adj. zu Lobulus.

Lobulus, -i m *(l)* = Läppchen. – Dim. zu Lobus.

Lobus, -i m *(l)* = Lappen, Hülse, Schote. – Lóbos *(gr):* Lappen.

Locus, -i m *(l)* = Ort, Platz, Stelle. – locare *(l)* = setzen, legen, stellen.

longitudinalis, -e *(l)* = längsgerichtet. – Longitudo, -inis f *(l):* Länge.

longus, -a, -um *(l)* = lang, weit. – Lónchä *(gr):* Lanze; laggs *(got):* lang. longissimus: Superlativ zu longus.

lucidus, -a, -um *(l)* = hell, glänzend, leuchtend. – lucere *(l):* leuchten; Leukos *(gr):* Licht, Helle.

lumbalis, -e *(l)* = zur Lende gehörig. – Adj. zu Lumbus *(l):* Lende; Psóas *(gr),* Lentin *(ahd):* Lende.

lunatus, -a, -um *(l)* = mondförmig. – Adj. zu Luna, -ae f *(l):* Mond; lucere *(l):* leuchten; Lux *(l):* Licht.

Lunula, -ae f *(l)* = kleiner Mond. – Dim. zu Luna, -ae f *(l):* Mond; Luc-sna *(idg):* Mond, Mondschein.

luteus, -a, -um *(l)* = gelb. – Lutum, -i n *(l):* Lehm, Kot; luo bzw. polluere (l): verschmutzen.

Lympha, -ae f *(l)* = Quellnymphe, klares Wasser; anat.: Lymphe. – Lýmphä *(gr):* Wassergöttin, Wasser.

lymphaticus, -a, -um *(l)* = zur Lymphe gehörend. – Adj. zu Lympha.

Macula, -ae f *(l)* = Fleck, Makel. – maculare *(l):* beflecken, besudeln.

maculosus, -a, -um = reich an Flecken, buntgefleckt, besudelt. – Adj. zu Macula.

magnus, -a, -um *(l)* = groß, gewaltig, stark. – mégas *(gr):* groß, gewaltig.

maior, -oris = größer, stärker. – Komp. zu magnus.

Mala, -ae f *(l)* = Wange, Kinnbacken, eigentl.: Oberkiefer.

malaris, -e: Adj. zu Mala.

mallearis, -e *(l)* = zum Hammer gehörend. – Adj. zu Malleus, -ei m *(l):* Hammer.

malleolaris, -e *(l)* = zum kleinen Hammer gehörend, zum Knöchel gehörend. – Adj. zu Malleolus.

Malleolus, -i m *(l)* = 1. kleiner Hammer; 2. Brandpfeil, Ähnlichkeit mit einem rundköpfigen Hammer, Knöchel. – Dim. zu Malleus, -ei m *(l):* 1. Hammer; 2. Gehörknöchelchen.

Mamilla, -ae f *(l)* = Brustwarze, Mamille. – Dim. zu Mamma.

mamillothalamicus, -a, -um *(l)* = zum Corpus mamillare u. zum Thalamus gehörend. – mamillaris, -e *(l):* brustwarzenähnlich; Thalamus, -i m *(l):* Sehhügel.

Mamma, -ae f *(l)* = 1. Mutter, Amme; 2. Mutterbrust, Euter, Zitze; 3. anat.: weibliche Brust(-drüse). – mammare *(l):* säugen, saugen; mammáein *(gr):* nach der Mutterbrust verlangen.

Mandibula, -ae f oder **Mandibulum, -i** n *(l)* = Unterkiefer, Kinnlade als Kauwerkzeug. – mandere *(l):* kauen.

Manubrium, -i n *(l)* = Griff, Stiel, Henkel; der mit der Hand zu fassende Griff, Handgriff. – Manus, -us f *(l):* Hand.

Manus, -us f *(l)* = Hand, eigentl. Arm.

Margo, -inis m *(l)* = Rand, Einfassung. – Marka *(got)* u. *(ahd):* Grenze, Mark.

masculinus, -a, -um *(l)* = männlich, groß. – **Mas, maris** m *(l):* Mann, männlich.

Massa, -ae f *(l)* = Masse, Klumpen. – Máza *(gr):* Teig, Brei aus Gerstenmehl.

Masseter, -eris m *(l)* = anat.: der Kaumuskel. – Massetär *(gr):* der Kauende; mássein *(gr):* kauen, kneten.

masticatorius, -a, -um *(l)* = dem Kauen dienend. – masticare *(l):* kauen; Mastix, -icis f *(l):* wohlriechendes Harz vom Mastixbaum, das zum Kauen benutzt wurde; Mastichâ *(gr):* Mastixbaum.

mastoideus, -a, -um *(l)* = brustwarzenähnlich. – Mastós *(gr):* Mutterbrust, Brustwarze, Anhöhe, Hügel; -eidés: ähnlich.

Mater, -tris f *(l)* = Mutter, anat.: ernährende u. umschützende Umhüllung. – Mātär *(gr)* u. Muoter *(ahd):* Mutter; nach ali al abbas *(arab):* die beiden Hüllen, die als Mutter des Gehirns bezeichnet wurden: 1. die dickere als Dura mater, die harte Hirnhaut; 2. die dünne als Pia mater, die weiche Hirnhaut.

Matrix, -icis f *(l)* = Mutterboden, Matrix. – Mater, -tris f *(l):* Mutter; eigentl. Gebärmutter.

Maxilla, -ae f *(l)* = Oberkiefer. – Dim. zu Mala.

maximus, -a, -um *(l)* = größte. – Superlativ zu magnus.

Meatus, -us m *(l)* = Gang, Durchgang. – meare *(l):* gehen, ziehen, fließen.

medialis, -e *(l)* = in der Mitte befindlich, zur Mitte gehörig; anat.: medial, zur Mitte hin; Gegensatz zu lateral. – Mésos *(gr):* mittlerer, Mitte.

medianus, -a, -um *(l)* = in der Mitte befindlich, zur Mitte gehörig. – Mésos *(gr):* mittlerer, Mitte.

Mediastinum, -i n *(l)* = Mittelfell, Raum zwischen rechter und linker Lunge, eigentl. zwei senkrecht stehende Platten (Pleura), welche die Brusthöhle in eine re. u. li. Hälfte teilen und das Herz zwischen sich enthalten.

medius, -a, -um *(l)* = in der Mitte befindlich, zur Mitte gehörig, dazwischenliegend. – Mésos *(gr):* mittlerer, Mitte.

Medulla, -ae f *(l)* = Mark, Innerstes. – Wohl von medius abzuleiten.

Membrana, -ae f *(l)* = zarte Haut, Häutchen. – Substantiviertes Adj. von Membrum, -i n *(l):* 1. das fleischige Körperglied; 2. Glied, Teil, Extremität.

meningeus, -a, -um *(l)* = zur Hirnhaut gehörig. – Adj. zu Meninx.

Meninx, -ingis f *(l)* = Hirnhaut. – Mâninx *(gr):* Haut.

Meniscus, -i m *(l)* = Halbmond; anat.: Zwischenknorpel. – Meniskos *(gr):* kleiner Mond; Dim. zu Meís *(gr):* runde Bedeckung über Statuen, gebogenes Schirmdach, Monat, Mond. Meniscus articularis: halbmondförmige Gelenkzwischenscheibe.

mentalis, -e *(l)* = zum Kinn gehörend. – Adj. zu Mentum.

Mentum, -i n *(l)* = Kinn, Kinnbart, hervorragende Ecke. – prominere *(l):* hervorragen.

Mesencephalon, -i n *(l)* = Mittelhirn. – Mésos *(gr):* Mitte; Enképhalos *(gr):* das, was im Kopf ist (Gehirn).

Mesenterium, -ii n *(l)* = Dünndarmgekröse. – Mesenterion *(gr):* mittleres Eingeweide; Mésos *(gr):* Mitte; Énteron *(gr):* Eingeweide.

Mesopharynx, -yngis f *(l)* = Mundrachen.

Metacarpus, -i m *(l)* = Mittelhand, Zwischenhand. – meta- *(gr):* nach, hinter, zwischen, inmitten; Karpós *(gr):* Hand.

metatarsalis, -e *(l)* = zum Mittelfuß gehörend. – Adj. zu Metatarsus.

Metatarsus, -i m *(l)* = Mittelfuß, Fußwurzel.

Metencephalon, -i n *(l)* = Hinterhirn.

minor, minus (Gen.: -oris) *(l)* = kleiner, geringer. – Komp. zu parvus *(l):* klein, gering.

mitralis, -e *(l)* = einer Mitra ähnlich. – Adj. zu Mitra, -ae f *(l):* Kopfbinde, Turban; Mítra *(gr):* Leibbinde, Hauptbinde.

Modiolus, -i m *(l)* = die im Innern ausgehöhlte Schneckenachse. – Dim. zu Modius: Hohlkörper, Radnabe, Zylinder, Scheffel.

molaris, -e *(l)* = zum Mahlen gehörend; dem Mahlen dienend. – Adj. zu Mola, -ae f *(l):* Mühlstein, Mühle; molare *(l)* u. mýllein *(gr):* mahlen.

mollis, -e *(l)* = weich, lind, sanft; vgl. mollig. – moldvis *(idg):* weich; molliri *(l):* weich machen, zähmen.

Mons, montis m *(l)* = Berg, Fels. – men *(idg):* emporragen.

motorius, -a, -um *(l)* = anat.: zur Bewegung gehörend, der Bewegung dienend. – movere *(l)* = bewegen, in Bewegung setzen.

mucosus, -a, -um *(l)* = schleimig, mukös. – Adj. zu Mucus, -i m oder Muccus, -i m *(l):* Schleim, Rotz; mýssein *(gr):* schneuzen.

multifidus, -a, -um *(l)* = vielfach gespalten. – multus, -a, -um *(l):* viel u. findere *(l):* spalten.

muscularis, -e *(l)* = zum Muskel gehörend. – Adj. zu Musculus.

musculocutaneus, -a, -um *(l)* = zum Muskel und zur Haut gehörend.

musculotubarius, -a, -um *(l)* = zum Musculus tensor tympani und zur Ohrtrompete gehörend.

Musculus, -i m *(l)* = kleine Maus, Mäuschen, Muskel. – Dim. zu Mus, muris m *(l)* u. Mýs *(gr):* Maus.

Myelencephalon, -i n *(l)* = Markhirn, verlängertes Mark; Bezeichnung für Medulla oblongata. – Myelós *(gr):* Mark, Rückenmark.

myentericus, -a, -um *(l)* = zur Darmmuskulatur gehörend. – Mýs *(gr):* Maus, Muskel; enterikós *(gr):* zu den Eingeweiden gehörend.

mylohyoideus, -a, -um *(l)* = vom Unterkiefer zum Zungenbein verlaufend. – Mýlos *(gr):* Mahlstein, Backenzahn.

mylopharyngeus, -a, -um *(l)* = vom Unterkiefer zum Pharynx verlaufend. – Mýlos *(gr):* Mahlstein; Phárynx *(gr):* Rachen.

myo- *(gr)* = anat. in Zusammensetzungen: Muskel-. – Mýs *(gr):* Maus, Muskel.

Myocardium, -ii n *(l)* = Herzmuskulatur.

Myologia, -ae f *(l)* = Muskellehre. – myo- *(gr):* Muskel-; Lógos (gr): Wort, Sprache, Lehre.

Myometrium, -ii n *(l)* = Gebärmuttermuskulatur. – myo- *(gr):* Muskel- u. Mãtra *(gr):* Gebärmutter.

Naris, -is f *(l)* = Nasenloch.

nasalis, -e *(l)* = zur Nase gehörend. – Adj. zu Nasus.

Nasus, -i m *(l)* = äußere Nase. – Nasos *(idg)* u. Naris *(l):* Nasenloch.

navicularis, -e *(l)* = kahnförmig, schiffförmig. – Adj. zu Navicula, -ae f *(l):* kleines Schiff; Dim. zu Navis, -is f (l): Schiff.

neonatus, -a, -um *(l)* = neugeboren. – néos *(gr):* neu; nasci *(l):* geboren werden, entstehen.

nervosus, -a, -um *(l)* = nervenreich, zum Nerven gehörig; früher: sehnig, kraftvoll. – Adj. zu Nervus.

Nervus, -i m *(l)* = Nerv; früher für alles weißliche Faserige: Sehne, Band, Flechse verwendet. – Neûron *(gr):* Sehne, Band, Nerv.

Nidus, -i m *(l)* = Nest, Wohnsitz, Ursprung. – Nidos *(idg):* Ruheplatz.

niger, -gra, -grum *(l)* = schwarz, dunkel.

Nodulus, -i m *(l)* = kleiner Knoten. – Dim. zu Nodus.

Nodus, -i m *(l)* = Knoten, Gelenk, Knorren, Verbindung. – nodere *(l):* in einen Knoten knüpfen; Nódes *(idg):* großes Netz.

Norma, -ae f *(l)* = Winkelmaß.

Nucha, -ae f *(l)* = Nacken. – Nugrah *(arab):* Nacken, Nackengrube.

Nucleus, -i m *(l)* = Nuß, kleiner Kern; 1. Zellkern; 2. Anhäufung von Nervenzellen im ZNS. – Dim. zu Nux, nucis f *(l):* Nuß, Kern.

nutricius [nutritius], -a, -um *(l)* = ernährend, aufziehend. – nutrire *(l):* säugen, nähren, aufziehen.

Obex, -icis m *(l)* = Riegel, Querbalken, Damm. – obicere *(l):* entgegenwerfen, entgegentreten.

obliquus, -a, -um *(l)* = schräg, tief, seitwärts gerichtet. – ob-, op- *(l):* entgegen, gegen, hin; Limen, -inis n (l): Schwelle.

oblongatus, -a, -um *(l)* = verlängert.

oblongus, -a, -um *(l)* = länglich.

obturatorius, -a, -um *(l)* = dem Verstopfen dienend. – obturare *(l):* verstopfen.

obturatus, -a, -um *(l)* = verstopft. P.p.p. zu obturare *(l):* verstopfen.

obtusus, -a, -um *(l)* = stumpf, schwach. – P.p.p. zu obtúndere *(l):* stumpf machen, stumpf werden.

occipitalis, -e *(l)* = zum Hinterhaupt gehörig. – Adj. zu Occiput.

Occiput, -itis n *(l)* = Hinterhaupt. – ob- *(l):* entgegen, gegenüber; Caput, -itis n *(l):* Haupt, Kopf.

octavus, -a, -um *(l)* = der (die, das) achte (Hirnnerv). – ógodes *(idg):* der Achte.

oculomotorius, -a, -um *(l)* = die Augenbewegung betreffend.

Oculus, -i m *(l)* = Auge. – Wahrscheinlich Dim. zu Ocus *(idg)*, Okje *(idg)* u. Óktallos oder Ophthalmós *(gr):* Auge, Augenhöhle.

Oesophagus, -i m *(l)* = Speiseröhre. – oíso *(gr):* Futur zu phérein: tragen, transportieren; phageîn *(gr):* essen, verdauen.

Olecranon, -i n *(l)* = (Haken-)Fortsatz der Elle, Ellenbogen. – Olékranon *(gr):* Ellenbogenkopf; Olenä/olän *(gr):* Ellenbogen, Unterarm; Kranon *(gr):* Kopf.

olfactorius, -a, -um *(l)* = dem Riechen dienend. – ólfacere *(l):* riechen, wittern; olere *(l)* u. ozein *(gr):* riechen.

Oliva, -ae f *(l)* = Olive. – Elaía *(gr):* Olive, Ölbaum.

Omentum, -i n *(l)* = Netzhaut um die Eingeweide, Fette; Eingeweidenetz.

omentalis, -e *(l)* = zum großen Netz gehörig. – Adj. zu Omentum.

omoclavicularis, -e *(l)* = von der Schulter zur Clavicula ziehend. – Ômos *(gr):* Schulter; Clavicula: Schlüsselbein.

omohyoideus, -a, -um *(l)* = von der Schulter zum Zungenbein ziehend. – Ômos *(gr):* Schulter.

omphaloentericus, -a, -um *(l)* = zum Dottergang gehörig. – Omphalós *(gr):* Nabel; Énteron *(gr):* Därme, Eingeweide.

oóphorus, -a, -um *(l)* = eitragend. – Ōón *(gr):* Ei; phérein *(gr):* tragen, bringen.

Operculum, -i n *(l)* = Deckel; anat.: die die Insula bedeckenden Gehirnlappenteile. – operire *(l):* bedecken, verhüllen, zudecken.

opercularis, -e *(l):* Adj. zu Operculum.

ophthalmicus, -a, -um *(l)* = zum Auge gehörig. – Ophthalmós *(gr):* Auge.

opponens, -entis *(l)* = gegenüberstehend, gegenüberstellend. – P.p.a. von opponere *(l):* entgegenstellen, entgegensetzen; ob-, op- *(l):* entgegen, gegenüber; ponere *(l):* legen, setzen, stellen.

opticus, -a, -um *(l)* = das Sehen betreffend. – Ópsis *(gr):* Sehen.

Ora, -ae f *(l)* = Rand, Saum, Küste. – Mit Os, oris n *(l):* Mund verwandt.

orbicularis, -e *(l)* = kreisförmig. – Adj. zu Orbiculus, -i m *(l):* kleiner Kreis; Dim. zu Orbis, -is m *(l):* Kreis.

Orbita, -ae f *(l)* = Augenhöhle; eigentl.: Kreisbahn, Wagengleis, Rad, Kreisfurche.

Orificium, -ii n *(l)* = Öffnung, eigentl.: etwas, das das Aussehen des Mundes hat. – Os, oris n *(l):* der Mund; Facies, -ei f *(l):* Gestalt, Aussehen.

Os, oris n *(l)* = Mund, Eingang, Mündung. – ah, asan, ayam *(altind):* Mund, Öffnung.

Os, ossis n *(l)* = Knochen, Bein, Gebein. – Ostéon oder Óstion *(gr):* Bein, Knochen.

Osteologia, -ae f *(l)* = Knochenlehre. – Ostéon *(gr):* Knochen; Lógos *(gr):* Wort, Lehre.

Ostium, -ii n *(l)* = Mündung, Eingang, Tür. – Os, oris n *(l):* der Mund.

oticus, -a, -um *(l)* = zum Ohr gehörend. – Oús, otós *(gr):* Ohr.

ovalis, -e *(l)* = eiförmig, oval. – Adj. zu Ovum.

Ovarium, -ii n *(l)* = Eierstock. – Substant. Adj. zu Ovum.

Ovum, -i n *(l)* = Ei. – Ōón *(gr):* Ei.

Pachymeninx, -ingis f *(l)* = derbe, faserreiche Hirnhaut. – pachýs *(gr):* dick, derb; Mãninx *(gr):* Hirnhaut.

palatinus, -a, -um: *(l)* = zum Gaumen gehörend. – Adj. zu Palatum.

Palato- *(l)* = vom Gaumen entspringend.

Palatum, -i n *(l)* = Gaumen. – Pala *(idg):* Wölbung.

pallidus, -a, -um *(l)* = blass, bleich. – pallére *(l):* blass sein, fahl sein; poliós *(gr):* grau.

Pallium, -ii n *(l)* = Hülle, Mantel; anat.: Hirnmantel. – Palla, -ae f *(l):* das mantelartige Gewand römischer Frauen.

Palma, -ae f *(l)* = Handfläche. – Pálamä *(gr):* flache Hand, Hohlhand.

palmaris, -e *(l)* = zur Handfläche gehörend. – Adj. zu Palma.

palmatus, -a, -um *(l)* = palmenzweigähnlich. – Palma, -ae f *(l):* flache Hand, Palme; Pálamä *(gr):* flache Hand, Hohlhand.

Palpebra, -ae f *(l)* = Augenlid. – palpitare *(l):* zucken (wegen des Lidschlags) oder palpari *(l):* streicheln (das Lid streichelt sanft über den Augapfel).

pampiniformis, -e *(l)* = rankenförmig. – Pampinus, -i m *(l):* die Weinranke; Forma, -ae f *(l):* Gestalt, Form.

Pancreas, -atis f *(l)* = Bauchspeicheldrüse. – pân *(gr):* alles, ganz; Kréas *(gr):* Fleisch, Drüsensubstanz.

Panniculus, -i m *(l)* = Haut, Schicht. – Dim. zu Pannus, -i m *(l):* Kleid, Tuch, Lappen; Pânos *(gr):* Zeug, Tuch.

Papilla, -ae f *(l)* = warzenförmige Erhebung, Papille (der Haut, Niere und Zunge), urspr. nur Brustwarze. – Papula, -ae f *(l):* Blatter, Bläschen.

Paradidymis, -idis f *(l)* = neben dem Hoden liegendes rudimentäres Organ (Urnierenrest), anat.: beiderseits blind endende Kanälchen oberhalb des Nebenhodenkopfs vor dem Samenstrang. – pará *(gr):* neben; Dídymoi *(gr):* Zwillinge, Hoden.

Parametrium, -i n *(l)* = Bereich neben der Gebärmutter. – Mãtra *(gr):* Gebärmutter.

parasympathicus, -a, -um *(l)* = der Pars sympathica des autonomen oder vegetativen Nervensystems entgegenwirkend.

Parenchyma, -atis n *(l)* = organspezifisches Gewebe. – Parénchyma *(gr):* das daneben Hineingegossene; chéein *(gr):* gießen.

Paries, -etis m *(l)* = Wand. – Etym. unsicher.

parietalis, -e *(l)* = parietal, seitwärts; anat.: zum Os parietale (Scheitelbein) gehörend. – Adj. zu Paries.

Paroóphoron *(gr)* = medial vom Eierstock liegendes rudimentäres Organ (Urnierenrest).

parotideus, -a, -um *(l)* = zur Ohrspeicheldrüse gehörend. – Adj. zu Parotis.

Parotis, -idis f *(l)* = Anschwellung neben dem Ohr (urspr. Mumps); Glandula parotidea = Ohrspeicheldrüse. – Oús *(gr):* Ohr.

Pars, partis f *(l)* = Teil, Anteil, Stück, Körperteil, Seite. – partiri *(l):* teilen.

parvus, -a, -um *(l)* = klein. – pauros *(gr):* klein, gering, wenig.

Patella, -ae f *(l)* = Schale, Opferschale; anat.: Kniescheibe. – Dim. zu Patera, -ae f *(l):* flache Schale; patere *(l):* offenstehen.

Pecten, pectinis m *(l)* = Kamm, Grat. – pectare *(l)* u. pékein *(gr):* kämmen.

pectinatus, -a, -um u. **pectineus, -a, -um** *(l):* Adj. zu Pecten.

pectoralis, -e = zur Brust gehörig. – Adj. zu Pectus.

Pectus, -oris n *(l)* = Brust, Herz, Sinn. – Paksa *(altind):* Flügel, Achsel.

Pedunculus, -i m u. **Pediculus, -i** m *(l)* = Füßchen, Stiel. – Dim. zu Pes, pedis m *(l):* Fuß.

pellucidus, -a, -um *(l)* = durchsichtig. – perlucere *(l):* hervorschimmern, durchsichtig sein; per- *(l):* völlig, hindurch; lucere *(l):* scheinen, leuchten.

pelvinus, -a, -um *(l):* Adj. zu Pelvis.

Pelvis, ís f *(l)* = Becken, Schüssel. – Pellís *(gr):* Schüssel, Becken; Pélla *(gr)* u. Palavi *(altind):* Geschirr.

Penis, -is m *(l)* = Schwanz, männliches Glied. – Pés *(gr):* männl. Glied.

perforans, -tis *(l)* = durchbohrend. – P.p.a. von perforare *(l):* durchbohren; per- *(l):* durch, hindurch; forare *(l):* bohren, graben.

perforatus, -a, -um *(l)* = durchbohrt. – P.p.p. von perforare *(l):* durchbohren.

Pericardium, -ii n *(l)* = Herzbeutel.

Perilympha, -ae f *(l)* = die das häutige Gehörlabyrinth umgebende Flüssigkeit. – perí- *(gr):* um, herum; Lympha *(l):* Quellwasser.

Perimetrium, -ii n *(l)* = Bauchfellüberzug der Gebärmutter. – Mãtra *(gr):* Gebärmutter.

perinealis, -e *(l):* Adj. zu Perinéum.

Perinéum, -i n *(l)* = Damm, Mittelfleisch, Gegend zwischen After und Scheide bzw. Hodensack. – Vielleicht von perinéin *(gr):* anhäufen, aufschichten.

Periodontium, -ii n *(l)* = Wurzelhaut des Zahnes. – Odoús, odóntos *(gr):* Zahn.

Periorbita, -ae f *(l)* = das die Augenhöhle auskleidende Periost.

Periorchium, -ii n *(l)* = parietales Peritonealblatt des Hodens. – Órchis *(gr):* Hoden.
Periosteum, -i n *(l)* = Knochenhaut, Periost. – Os, ossis m *(l):* Knochen.
Peritoneum, -ii n *(l)* = Bauchfell. – Peritonáion *(gr):* die über die Därme gespannte Haut; teínein *(gr):* spannen.
permanens, -entis *(l)* = bleibend, verbleibend. – P.p.a. von permanere *(l):* bleiben, verbleiben, fortdauern.
peroneus, -a, -um u. peronealis, -e *(l)* = zum Wadenbein gehörend, auf der Seite des Wadenbeins gelegen. – Pero, -onis m *(l):* Stiefel aus rohem Leder; Perónä *(gr):* Spange, Stachel.
perpendicularis, -e *(l)* = senkrecht, lotrecht. – Perpendiculum, -i n *(l):* Richtblei, Lot; perpendere *(l):* genau abwägen.
Pes, pedis m *(l)* = Fuß, Bein. – Poús *(gr):* Fuß, Bein.
Petiolus, -i m *(l)* = Stiel, Füßchen. – Dim. zu Pes; statt Pediolus später Petiolus.
petrosus, -a, -um *(l)* = felsig, steinig. – Pétra *(gr):* Fels, Stein.
petrotympanicus, -a, -um *(l)* = vom Felsenbein zur Paukenhöhle ziehend.
Phalanx, -angis f *(l)* = Walze, Stamm, Ballen, Schlachtreihe; anat.: Phalanx, Finger-, Zehenglied. – Phálanx *(gr):* 1. Rundholz, Balken; 2. Finger-, Zehenglied; 3. Schlachtreihe.
pharyngeus, -a, -um *(l)* = zum Rachen gehörend. – Adj. zu Pharynx.
Pharynx, -ngis m u. f *(l)* = Rachen, Schlund. – Phárynx *(gr):* Rachen, Kehle, Schlund.
Philtrum, -i n *(l)* = Nasen-Lippen-Rinne. – Phíltron *(gr):* Liebeszauber, Liebestrunk.
phrenicus, -a, -um *(l)* = zum Zwerchfell gehörend. – Phrenes, -um f *(l):* Zwerchfell; Phrän *(gr):* Zwerchfell, Sitz des Gemüts.
Pigmentum, -i n *(l)* = Farbstoff; Schminke. – pingere *(l):* malen; poíkilos *(gr):* bunt.
Pilus, -i m *(l)* = einzelnes Haar. – Pîlos *(gr):* Filz.
pinealis, -e (l) = zum Fichtenzapfen gehörend, fichtenzapfenähnlich. – Pinus, -us f *(l)* und picsmus *(idg):* Fichte.
piriformis, -e *(l)* = birnenförmig. – Pirum, -i n *(l):* Birne; Forma, -ae f *(l):* Form, Gestalt.
pisiformis, -e *(l)* = erbsenförmig. – Pisum, -i n *(l)* u. Píson *(gr):* Erbse; Forma, -ae f *(l):* Form, Gestalt.
pituitarius, -a, -um *(l)* = schleimig. – Pituita, -ae f *(l):* der Schleim. – Glandula pituitaria.
pius, -a, -um *(l)* = fromm, zart. – Pia mater: weiche Hirnhaut.
Placenta, -ae f *(l)* = Mutterkuchen, Nachgeburt, Plazenta. – Plakoûs *(gr):* Kuchen, eigentl.: mit Fläche versehen.
Planta pedis *(l)* = Fußsohle. – Planta, -ae f *(l):* Fußfläche; Pes, pedis m *(l):* Fuß; Plátos *(gr):* Breite; platýs *(gr):* breit, weit.
Planum, -i n *(l)* = Fläche, Ebene. – placére *(l):* ebnen, glätten; planare *(l):* platzieren, planieren.
planus, -a, -um *(l)* = flach, eben, plan.
Platysma, -atis n *(l)* = Platte, ausgebreiteter Körper; anat.: großflächiger Hautmuskel am Hals. – platýs *(gr):* breit, weit.
Pleura, -ae f *(l)* = Seite, Rippe; anat.: Rippenfell, Brustfell. – Pleurá *(gr):* die Seite eines Gegenstands.
Plexus, -us m *(l)* = Geflecht. – plectere *(l)* u. plékein *(gr):* flechten.
Plica, -ae f *(l)* = Falte, alle Faltenbildungen. – plicare *(l):* falten; plékein *(gr):* flechten, schlingen oder ptýssein *(gr):* falten.
Pollex, -icis m *(l)* = Daumen. – pollere *(l):* vermögen, ausrichten.
Pons, pontis m *(l)* = Brücke, Steg. – Paíos *(gr):* Pfad.
pontinus, -a, -um = zur Brücke gehörig. – Adj. zu Pons.
Poples, -itis m *(l)* = Kniekehle, Kniebeuge.
popliteus, -a, -um *(l):* Adj. zu Poples.
Porta, -ae f *(l)* = Pforte, Tür, Eingang. – Póros *(gr):* Durchgang; peírein *(gr):* durchdringen.
Portio, -ionis f *(l)* = Teil, Abschnitt, Anteil, Portion. – Pars *(l)* u. Époron *(gr):* zugemessener Anteil.
Porus, -i m *(l)* = Gang, Kanal, Röhre; anat.: Öffnung eines Gangs. – Póros *(gr):* Öffnung, Weg, Durchgang; peírein *(gr):* durchdringen.
postcentralis, -e *(l)* = anat.: hinter der Zentralfurche des Gehirns liegend.
posterior, -ius *(l)* = hinterer, späterer, folgender. – Komp. zu post *(l):* hinten, hernach.
posterolateralis, -e *(l)* = weiter hinten seitlich.
praecentralis [precentralis], -e *(l)* = vor der Zentralfurche des Gehirns gelegen.
Praeputium [Preputium], -i n *(l)* = Vorhaut. – Pósthion *(gr)* als Dim. zu Pósthä *(gr):* männliches Glied oder prae- *(l):* vorne u. putare *(l):* beschneiden, ins Reine bringen.
Princeps, -ipis m *(l)* = Erster, Wichtigster. – aus primi-ceps: die erste Stelle einnehmend; primus *(l):* Erster; capere (l): nehmen.
principalis, -e *(l)* = ursprünglich, Erster. – Adj. zu Princeps.
procerus, -a, -um *(l)* = hoch, schlank, gestreckt, lang. – crescere *(l):* wachsen, entstehen.
Processus, -us m *(l)* = Fortschritt, Fortgang; anat.: Fortsatz. – procedere *(l):* vorgehen, hervortreten, vorrücken; cedere *(l):* weichen, gehen.
profundus, -a, -um *(l)* = tief, bodenlos. – siehe pro- *(l)* u. Fundus, -i m *(l):* in der Nähe des Bodens, in der Tiefe.
Prominentia, -ae f *(l)* = Vorsprung, Erhebung, Prominenz. – prominere *(l):* hervorspringen, hervorragen; minere *(l):* ragen, drohen.
Promontorium, -i n *(l)* = Vorgebirge, Vorwölbung.
Pronator, -oris m *(l)* = Neiger; anat.: Muskeln, die bei Drehung des Unterarms die Handfläche nach unten bzw. dorsal richten. – pronare *(l):* vornüberneigen.
Pronephros, -i m *(l)* = Vorniere, die zuerst gebildete Niere. – Néphros *(gr):* Niere.
pronus, -a, -um u. **pronatus, -a, -um** = abschüssig, vornüber geneigt. – Adj. zu Pronator.
proprius, -a, -um *(l)* = beständig, dauernd, eigen, wesentlich.
Prosencephalon, -i n *(l)* = Vorderhirn. – Enképhalos *(gr):* Gehirn.
Prostata, -ae f *(l)* = Vorsteherdrüse. – Prostátäs *(gr):* Vordermann, Beschützer, Vorsteher.
prostaticus, -a, -um *(l):* Adj. zu Prostata.
Protuberantia, -ae f *(l)* = Arten von Hervorragungen u. Erhabenheiten, Protuberanz. – protuberare *(l):* hervorragen.
proximalis, -e *(l)* = anat.: näher zum Rumpf gelegen, rumpfwärts, proximal. – proximus, -a, -um *(l):* nächster; Sup. zu prope *(l):* nahe, bei.
Psoas, psoae m *(l)* = Lende. – Psóa *(gr):* Lende, Lendengegend, Lendenfleisch.
pterygoideus, -a, -um *(l)* = flügelförmig. – Pteryx *(gr):* Flügel; -eidés *(gr):* ähnlich in Gestalt, Form.
pudendus, -a, -um *(l)* = zur Scham gehörend, schimpflich, schändlich. – pudére *(l):* sich schämen.
Pulmo, -onis m *(l)* = Lunge. – Pleumon, Pneumon *(gr):* die Lunge.
pulmonalis, -e *(l):* Adj. zu Pulmo.
Pulpa, -ae f *(l)* = Weichheit; anat.: weiche Substanz, Mark, Parenchym.
Pulvinar, -aris n *(l)* = Kissen, Polster.
Pupilla, -ae f *(l)* = Pupille, Augenstern, Sehloch. – Dim. zu Pupa, -ae f *(l):* Mädchen, Puppe; eigentl.: das verkleinerte Spiegelbild, das man im Auge eines anderen sieht.
Putamen, -inis n *(l)* = Schale; anat.: äußerer Teil des Nucleus lentiformis = Linsenkern. – putare *(l):* beschneiden, ins Reine bringen, ordnen.
Pýelos *(gr)* = Trog, Mulde, Wanne; anat.: Nierenbecken.
pyloricus, -a, -um *(l):* Adj. zu Pylorus.
Pylorus, -i m *(l)* = Pförtner, Magenausgang; anat.: Übergang zwischen Magen u. Dünndarm. – Pylōrós *(gr):* Pförtner, Torhüter.
pyramidalis, -e *(l):* Adj. zu Pyramis.
Pyramis, -idis f *(l)* = Pyramide; anat.: pyramidenähnl. Gebilde. – Pyramís *(gr):* Pyramide.
quadrangularis, -e *(l)* = vierwinklig, viereckig. – quattuor *(l):* vier; Angulus, -i m *(l):* Winkel.
quadratus, -a, -um *(l)* = viereckig. – quadrare *(l):* rechteckig machen.
quadriceps, -cipitis *(l)* = vierköpfig.

radialis, -e *(l)* = zur Speiche (Unterarmknochen) gehörig. – Adj. zu Radius.
Radiatio, -onis f *(l)* = Ausstrahlung. – Radius, -ii m *(l):* Strahl, Lichtstrahlung.
radicularis, -e *(l)* = zur Wurzel gehörend. – Adj. zu Radicula, -ae f *(l):* kleine Wurzel.
Radius, -ii m *(l)* = Radspeiche, Halbmesser des Kreises, Sonnenstrahl; anat.: Unterarmknochen: Speiche.
Radix, -icis f *(l)* = Wurzel. – Radix *(gr):* Zweig, Rute, Wurzel.
Ramus, -i m *(l)* = Ast, Zweig.
Raphe, -es f *(l)* = Naht, Hautnaht. – Raphä́ *(gr):* Naht, Kleidernaht; ráptō *(gr):* zusammennähen.
Recessus, -us m *(l)* = Zurückgehen, Einbiegung, Vertiefung, Winkel, Nische. – recedere *(l):* zurückweichen; re-: zurück; cedere: weichen, gehen.
Rectum, -i n *(l)* = Enddarm, Mastdarm. – rectus *(l):* gerade.
rectus, -a, -um *(l)* = gerade. – regere *(l):* richten, lenken.
recurrens, -entis *(l)* = zurücklaufend, kreisend. – P.p.a. von recurrere *(l):* zurücklaufen, zurückkommen, kreisen.
Regio, -onis f *(l)* = Gegend, Lage, Richtung. – regere *(l):* lenken, richten, regieren; orégō *(gr):* recken, sich recken.
Ren, renis m *(l)* = Niere.
renalis, -e *(l):* Adj. zu Ren.
respiratorius, -a, -um *(l)* = der Atmung dienend. – respirare *(l):* atmen.
Rete, retis n *(l)* = Netz, Fischnetz. – ére *(idg)* u. rarus, -a, -um *(l):* dünn, locker, undicht.
Retina (ergänze tunica) *(l)* = die Netzhaut des Auges. – evtl.: retinere *(l):* zurückhalten; oder: Rete, retis n *(l):* Netz; retinus *(l):* netzartig.
Retinaculum, -i n *(l)* = Halter, Klammer, Seil, das zum Halten dienende Band; anat.: 1. Werkzeug zum Aufheben und Festhalten von Weichteilen; 2. fibröse Gebilde, welche andere festhalten, damit sie nicht aus der Lage abweichen. – retinere *(l):* zurückhalten, festhalten.
retroperitonealis, -e *(l)* = hinter dem Bauchfell gelegen.
Rhinencephalon, -i n *(l)* = Riechhirn. – Rhís *(gr):* Nase; Enképhalos *(gr):* das, was im Kopf ist (Gehirn).
Rhombencephalon, -i n *(l)* = Rautenhirn; nach der Rautengrube benannt. – Rhómbos *(gr):* Raute; Enképhalos *(gr):* das, was im Kopf ist (Gehirn).
rhomboideus, -a, -um *(l)* = rautenähnlich. – Rhómbos *(gr):* kreisförmiger Körper, Kreisel, später: Raute; -eidés *(gr):* ähnlich.
Rima, -ae f *(l)* = Spalte, Riss, Strich, Ritze. – Rícoma *(idg):* Riss; ereíkein *(gr):* aufreißen.
risorius, -a, -um *(l)* = zum Lachen dienend. – ridere *(l):* lachen, grinsen; Risor, -oris m *(l):* Lacher, Spötter.
rostralis, -e *(l)* = zum vorderen Körperende hin gelegen.
Rostrum, -i n *(l)* = Schnabel, Rüssel. – rodere *(l):* nagen, verzehren.
Rotator, -oris m *(l)* = der (Herum-)Dreher; vgl. Rotation. – rotare *(l):* herumdrehen, rotieren; Rota, -ae f *(l):* Rad, Wagenrad.
rotundus, -a, -um *(l)* = rund, kugelrund. – Rota, -ae f *(l):* Rad; siehe Rotator.
ruber, -bra, -brum *(l)* = rot. – erythrós *(gr):* rot; rubére *(l):* rot sein.
Ruga, -ae f *(l)* = Runzel, Hautfalte, Falte. – rúksas *(altind):* rau; rysós *(gr):* runzelig.

Saccus, -i m *(l)* = Sack, Tasche. – Sák(k)os *(gr):* Sack.

sacer, sacra, sacrum *(l)* = heilig. – Sacrum,-i n *(l)*: Heiligtum. – Os sacrum: Kreuzbein.

sacralis, e *(l)* = zum Kreuzbein gehörig. – Adj. zu Sacrum.

sagittalis, -e *(l)* = in Pfeilrichtung, sagittal, von ventral nach dorsal. – Adj. zu Sagitta,-ae f *(l)*: Pfeil.

salivatorius,-a,-um *(l)* = zum Speichel gehörig. – Saliva,-ae f *(l)*: Speichel, Schleim.

Salpinx, -ingis f *(l)* = Trompete; anat.: 1. Eileiter (Tuba uterina [Salpinx]); 2. Ohrtrompete (Tuba auditiva). – Salpinx *(gr)*: Trompete.

saphenus, -a, -um *(l)* = verborgen. – al safin *(arab)*: verborgen, der Verbergende; nicht von saphấs *(gr)*: deutlich, sichtbar.

sartorius,-a,-um *(l)* = zum Schneidern dienlich. – Sartor,-oris m *(l)*: Schneider; sarcire *(l)*: ausbessern.

Scala,-ae f *(l)* = Treppe, Stufe. – Scalae,-arum *(Pl)*: Treppe, Leiter, Stiege; scand-sla *(idg)*: steigen.

scalenus, -a, -um *(l)* = schief, ungleichseitig, dreieckig. – skalänós *(gr)*: ungerade, schief.

Scapha, -ae f *(l)* = Nachen; anat.: die zwischen Helix und Anthelix liegende Furche der Ohrmuschel. – Skáphä *(gr)*: ausgehöhlter Körper, Kahn, Boot.

scaphoideus,-a,-um *(l)* = kahnförmig. – Skáphä *(gr)*: ausgehöhltes, muldenartiges Gefäß, Wanne, Boot; skáptō *(gr)*: graben.

Scapula, -ae f *(l)* = Schulterblatt, Schulter, Rücken. – Kápetos *(gr)*: Grube, Graben.

Sclera (ergänze tunica oculi) *(l)* = harte oder feste Augenhaut. – sklärós *(gr)*: hart, derb.

scriptorius,-a,-um *(l)* = zum Schreiben dienend. – scribere *(l)*: schreiben, zeichnen.

scrotalis,-e *(l)*: Adj. zu Scrotum.

Scrotum,-i n *(l)* = Sack, Hodensack. – skrýdda *(altnord)*: geschrumpfte Haut.

secundarius,-a,-um *(l)* = der (die, das) Zweite. – secundus,-a,-um *(l)*: der (die, das) Zweite, Folgende; sequi *(l)*: folgen, nachfolgen, nachsetzen.

segmentalis,-e *(l)*: Adj. zu Segmentum.

Segmentum, -i n *(l)* = Abschnitt, Teilbereich, Segment. – secare *(l)*: schneiden, teilen.

Sella, -ae f *(l)* = Sattel, Stuhl, Sessel. – sedere *(l)*: sitzen, setzen; Hélla *(gr)*: Sitz.

Semicanalis,-is m *(l)* = Halbkanal, Rinne.

semicircularis,-e *(l)* = halbkreisförmig.

semilunaris,-e *(l)* = halbmondförmig. – semi- *(l)*: halb; Luna,-ae f *(l)*: Mond.

semimembranosus,-a,-um *(l)* = halbhäutig.

seminalis,-e *(l)* = zum Samen gehörig. – Adj. zu Semen,-inis n *(l)*: Same, Stamm; se, saen *(idg)* u. serere *(l)*: säen, pflanzen.

semiovalis,-e *(l)* = halbeiförmig.

semispinalis,-e *(l)* = zur Hälfte zum Dorn(fortsatz der Wirbel) gehörend; Bezeichnung für Muskeln, die von den Querfortsätzen der Wirbel zu Dornfortsätzen anderer Wirbel ziehen.

semitendinosus,-a,-um *(l)* = halbsehnig.

septalis,-e *(l)*: Adj. zu Septum.

Septum, -i n *(l)* = Scheidewand, eigentl. Umzäunung, Einfriedung. – saepire *(l)*: umzäunen, umhegen, einfrieden.

serratus, -a, -um *(l)* = gezähnt, gesägt. – P.p.p. von serrare *(l)*: sägen; Serra,-ae f *(l)*: Säge.

sesamoideus, -a, -um *(l)* = sesamkornähnlich. – Sā̈samon *(gr)*: Schotenfrucht der aus Ägypten und Arabien stammenden Sesampflanze.

sigmoideus,-a,-um *(l)* = sigmaähnlich. – Sígma *(gr)*: halbmondförmiges Gebilde.

simplex,-icis *(l)* = einfach, unvermischt, einzeln. – sém *(idg)*: eins.

sinister,-tra,-trum *(l)* = links, ungünstig.

sinuatrialis,-e *(l)* = zum Sinus venarum cavarum u. zum Vorhof des Herzens gehörend.

Sinus,-us m *(l)* = Busen, Vertiefung, Bucht, Biegung, Krümmung. – sinuáre *(l)*: krümmen, bogenförmig machen.

soleus,-a,-um *(l)* = seezungenähnlich, schollenähnlich. – Solea,-ae f *(l)*: Seezunge, Scholle; urspr.: Sandale, Sohle.

solitarius,-a,-um *(l)* = alleinstehend, abgesondert, einsam. – solus,-a,-um *(l)*: allein.

Spatium,-ii n *(l)* = Zwischenraum, Raum, Bahn, Rennbahn. – Spádion, Stadion *(gr)*: Rennbahn.

spermaticus,-a,-um *(l)* = zum Samen gehörig. – Adj. zu Spérma *(gr)*: Same, Keim; speírein *(gr)*: aussäen, ausstreuen.

sphenoidalis, -e *(l)* = keilförmig. – Sphấn *(gr)*: Keil.

Sphincter,-eris m *(l)* = Schnürer, Schnürmuskel. – sphingein *(gr)*: zusammenschnüren, würgen, zusammenziehen; Sphinx: zusammenschnürende Todesdämonin.

Spina,-ae f *(l)* = Dorn, Rückgrat, Wirbelsäule.

spinalis,-e u. **spinosus,-a,-um** *(l)*: Adj. zu Spina.

spinocostalis, -e *(l)* = vom Rückgrat zur Rippe verlaufend.

spiralis,-e *(l)* = gewunden. – Adj. zu Spira,-ae f *(l)*: Windung, Spirale; Speîra *(gr)*: Windung.

splanchnicus,-a,-um *(l)* = zu den Eingeweiden gehörend. – Splánchnon *(gr)*: Eingeweide.

Splanchnologia,-ae f *(l)* = Eingeweidelehre. – Splánchnon *(gr)*: Eingeweide; Lógos *(gr)*: Wort, Sprache, Lehre.

Splen,-enis m *(l)* = Milz. – Splấn *(gr)*: Milz.

Splenium,-ii n *(l)* = Wulst, Bausch, Schönheitspflästerchen. – Splenion *(gr)*: Wundverband, Pflasterstreifen, Kompresse.

splenius,-ia,-ium *(l)* = pflasterförmig, bauschig.

spongiosus,-a,-um *(l)* = schwammig, porös. – Spongiá *(gr)*: Schwamm.

Squama,-ae f *(l)* = Schuppe (des Fisches, der Schlange). – squaleo *(l)*: schuppig, rau sein.

squamosus,-a,-um *(l)*: Adj. zu Squama.

stapedius,-a,-um *(l)*: Adj. zu Stapes.

Stapes,-edis m *(l)* = Steigbügel, das kleinste der drei Gehörknöchelchen.

stellatus,-a,-um *(l)* = sternförmig. – Stella,-ae f *(l)*: Stern, Gestirn; Astấr *(gr)*: Stern.

sternalis,-e *(l)*: Adj. zu Sternum.

sternoclavicularis, -e *(l)* = vom Brust- zum Schlüsselbein verlaufend.

sternocleidomastoideus, -a, -um *(l)* = Brustbein und Schlüsselbein mit dem Warzenfortsatz verbindend. – Sternum,-i n *(l)*: Brustbein; Kleís *(gr)*: Riegel, Schlüssel, Schlüsselbein; mastoideus *(l)*: brustwarzenähnlich.

sternocostalis,-e *(l)* = vom Brustbein zur Rippe verlaufend.

sternohyoideus, -a, -um *(l)* = vom Brust- zum Zungenbein verlaufend.

sternothyroideus,-a,-um *(l)* = vom Brustbein zur Schilddrüse ziehend.

Sternum,-i n *(l)* = Brustbein. – sternere *(l)*: ausbreiten, glätten; Stérnon *(gr)*: Brust, Brustbein.

Stratum,-i n *(l)* = Zone, Decke, Ausgebreitetes, Schicht. – sternere *(l)* u. stórnymi *(gr)*: ausbreiten, bedecken.

Stria,-ae f *(l)* = Streifen, Furche.

striatus,-a,-um *(l)* = gestreift. – Adj. zu Stria.

styloglossus, -a, -um *(l)* = vom Griffelfortsatz zur Zunge verlaufend.

stylohyoideus,-a,-um *(l)* = vom Griffelfortsatz zum Zungenbein verlaufend.

styloideus, -a, -um *(l)* = griffelförmig. – Stŷlos *(gr)*: Griffel, Stiel.

stylomastoideus,-a,-um *(l)* = vom Griffel- zum Warzenfortsatz verlaufend.

stylopharyngeus,-a,-um *(l)* = vom Griffelfortsatz zum Rachen verlaufend.

subcutaneus,-a,-um *(l)* = unter der Haut gelegen.

submucosus,-a,-um *(l)* = unter der Schleimhaut gelegen.

Substantia,-ae f *(l)* = Wesen, Beschaffenheit; anat.: Substanz, stoffliche Grundlage. – substare *(l)*: darunter sein, existieren, standhalten.

Sulcus,-i m *(l)* = Furche, Einschnitt. – Holkós *(gr)*: Zug, Zügel, gezogene Furche; hélkō *(gr)*: ziehen.

Supercilium,-ii n *(l)* = Augenbraue, das über dem Augenlid Befindliche.

superficialis,-e *(l)* = an der Oberfläche liegend, oberflächlich. – Facies,-ei f *(l)*: äußere Gestalt.

superior, -ius *(l)* = oberer, höher, weiter oben gelegen. – Komp. zu super.

Supinator, -oris m *(l)* = Aufwärtsdreher. – supinare *(l)*: rücklings beugen, nach oben drehen; durch Drehung des Unterarms wird die Handfläche nach oben bzw. vorne gerichtet; hýptios *(gr)*: zurückgelehnt, rücklings.

supremus,-a,-um *(l)* = der Oberste, Äußerste, Höchste. – Sup. zu super.

suralis,-e *(l)* = zum Wadenbein gehörig. – Adj. zu Sura,-ae f *(l)*: Wade, Unterschenkel.

suspensorius,-a,-um *(l)* = zum Aufhängen dienend. – suspéndere *(l)*: aufhängen, emporheben.

Sustentaculum, -i n *(l)* = Stütze, Hilfe, Unterstützung. – sustenare *(l)*: unterstützen, aufrechthalten, stützen, helfen.

Sutura,-ae f *(l)* = Naht, chirurg. Naht, Nahtverbindung zweier Schädelknochen, Wundnaht.

sympathicus,-a,-um *(l)* = sympathisch; anat.: sympathischer Teil des autonomen oder vegetativen Nervensystems. – Páthōs *(gr)*: Leiden, Empfindung.

Symphysis, -eos u. **-is** f *(l)* = Knochenverbindung durch Faserknorpel, vgl. Junctura cartilaginea. – symphýein *(gr)*: zusammenwachsen, vereinigen.

Synarthrosis,-eos u. **-is** f *(l)* = Knochenfuge. – Árthron *(gr)*: Gelenk.

Synchondrosis, -eos u. **-is** *(l)* = knorpelige Knochenverbindung. – Chóndros *(gr)*: der Knorpel.

Syndesmosis,-eos u. **-is** *(l)* = bindegewebige Knochenverbindung. – Desmós *(gr)*: Band, Verbindung.

Synostosis,-eos u. **-is** *(l)* = knöcherne Verbindung zweier Knochen. – Ostéon *(gr)*: Knochen.

Synovia,-ae f *(l)* = Gelenkschmiere.

Taenia,-ae f *(l)* = Streifen, schmales Band, Binde. – Tainía *(gr)*: Band, Binde; teínein *(gr)*: drehen, spannen, strecken.

talaris,-e *(l)*: Adj. zu Talus.

talocalcaneonavicularis,-e *(l)* = vom Sprung- u. Fersenbein zum Kahnbein verlaufend.

talocruralis,-e *(l)* = vom Sprungbein zum Unterschenkel ziehend.

talonavicularis,-e *(l)* = vom Sprung- zum Kahnbein verlaufend.

Talus,-i m *(l)* = Sprungbein; urspr.: der Würfel.

Tapetum,-i n *(l)* = Teppich, Vorhang. – Tapes,-itis m *(l)* u. Tápäs *(altiran)*: Teppich.

tarseus,-a,-um *(l)*: Adj. zu Tarsus.

tarsometatarsalis, -e *(l)* = von der Fußwurzel zum Mittelfuß verlaufend.

Tarsus, -i m *(l)* = 1. Fußwurzel; 2. Lidplatte. – Tarsós *(gr)*: flach ausgebreiteter Gegenstand.

tectorius,-a,-um *(l)* = dem Bedecken dienend; zum Decken. – Adj. zu Tectum.

Tectum,-i n *(l)* = Dach. – tegere *(l)* u. stégein *(gr)*: decken; Tégos *(gr)*: Dach; Stégä *(gr)*: Haus, Dach; Decchin *(ahd)*: Decke.

Tegmen,-inis n u. **Tegmentum,-i** n *(l)* = Decke, Haube, Dach. – tegere *(l)*: bedecken u. stégein *(gr)*: decken, bedecken, verbergen.

tegmentalis,-e *(l)*: Adj. zu Tegmentum.

Tela, -ae f *(l)* = Gewebe, Gewebeschicht. – téxere *(l)*: weben, flechten; Téxla *(idg)*: Gewebe.

Telencephalon, -i n *(l)* = Endhirn. – Télos *(gr)*: Ende; Enképhalos *(gr)*: das, was im Kopf ist (Gehirn).

temporalis,-e *(l)*: Adj. zu Tempus.

Tempus,-oris n *(l)* = Schläfe; Zeit.

tendineus,-a,-um *(l)*: Adj. zu Tendo.

Tendo,-inis m *(l)* = Sehne. – téndere *(l)* u. teínein *(gr)*: ziehen, spannen, strecken.

Tensor,-oris m *(l)* = Spanner, Strecker. – téndere *(l)* u. teínein *(gr)*: strecken, ziehen, spannen.

Tentorium,-i n *(l)* = Zelt. – téndere *(l)*: spannen, straff anziehen, zelten, lagern.

tenuis,-e *(l)* = dünn, fein. – téndere *(l)*: spannen, auseinanderziehen; tánus *(altind)* u. dúnni *(ahd)*: dünn, ausgedehnt.

teres, -etis *(l)* = rund, gedreht, länglich rund. – terere *(l)*: reiben, zerreiben; teírō u. tríbō *(gr)*: reiben, zerreiben.

terminalis, -e *(l)* = zur Grenze gehörig, die Grenze bzw. das Ende bezeichnend; vgl. Termin. – terminare *(l)*: begrenzen, abgrenzen, bestimmen.

testicularis, -e *(l)*: Adj. zu Testis.

Testis, -is m *(l)* = anat.: Hoden.

thalamicus, -a, -um *(l)*: Adj. zu Thalamus.

Thalamus, -i m *(l)* = anat.: sog. Sehhügel. – Thálamos *(gr)*: Gemach, Höhle, Schlafgemach.

Theca, -ae f *(l)* = Kapsel, Hülle, Kuppel. – Thā́kä *(gr)* = Behälter.

Thenar, -aris n *(l)* = Daumenballen. – Thénar *(gr)*: Handfläche, flache Hand, auch Vertiefung; theínō *(gr)*: schlagen.

thoracicus, -a, -um *(l)*: Adj. zu Thorax.

thoracoacromialis, -e *(l)* = vom Brustkorb zur Schulterhöhe verlaufend.

thoracolumbalis, -e *(l)* = vom Brustkorb zur Lende ziehend.

Thorax, -acis m *(l)* = Brustkorb. – Thṓrax *(gr)*: Brustkorb, Brustharnisch, Rüstung, die Brust und Bauch bedeckt.

thymicus, -a, -um *(l)*: Adj. zu Thymus.

Thymus, -i m *(l)* = Thymusdrüse, Bries. – Thymós *(gr)*: Leben, Lebenskraft, Gemüt, Mut, Herz, Geist, Verstand.

thyroarytenoideus, -a, -um *(l)* = von der Schilddrüse zu den Gießbeckenknorpeln verlaufend.

thyroepiglotticus, -a, -um *(l)* = von der Schilddrüse zum Kehldeckel verlaufend.

thyrohyoideus, -a, -um *(l)* = von der Schilddrüse zum Zungenbein verlaufend.

thyroideus, -a, -um *(l)* = schildförmig. – thyreoídes *(gr)*: schildähnlich; Thyreós *(gr)*: der lange, viereckige türähnliche Schild.

thyropharyngeus, -a, -um *(l)* = von der Schilddrüse zum Pharynx verlaufend.

Tibia, -ae f *(l)* = Pfeife, Flöte; anat.: Schienbein.

tibialis, -e *(l)*: Adj. zu Tibia.

Tonsilla, -ae f *(l)* = Mandel im Halse. – Dim. zu Toles, -ium f *(l)*: Kropf am Halse; tónsles *(idg)*: dehnen, ausdehnen.

Torus, -i m *(l)* = Wulst, Polster; ein Teilstrick, aus deren mehreren das Tau zusammengedreht wird.

Trabecula, -ae f *(l)* = Bälkchen. – Dim. zu Trabs, -is f *(l)*: der Balken.

Trachea, -ae f *(l)* = Luftröhre. – trachýs *(gr)*: rau.

tracheobronchialis, -e *(l)* = zur Luftröhre u. ihren (Haupt-)Ästen gehörig.

Tractus, -us m *(l)* = Verlauf, Strang, Bahn; vgl. Traktor. – trahere *(l)*: ziehen, schleifen, schleppen.

Tragus, -i m *(l)* = anat. die vor der Öffnung des äußeren Gehörgangs liegende Erhebung. – Trágos *(gr)*: Bock, Ziegenbock, vgl. Tragi: Ohrhaare.

transversus, -a, -um *(l)* = querverlaufend, querliegend. – transvertere *(l)*: wenden, sich wenden, hinwenden, von einem zum anderen wenden, hinüberwenden.

trapezius, -a, -um *(l)* = trapezförmig, tischförmig. – Trápeza *(gr)*: Tisch, Speise, Tafel.

triangularis, -e *(l)* = dreieckig. – tres, tri- *(l)*: drei; angularis, -e *(l)*: winkelig, eckig.

Triceps, -itis m *(l)* = dreiköpfig. – tres, tri- *(l)*: drei; Caput, -itis n *(l)*: Kopf.

tricuspidalis, -e *(l)* = mit drei Spitzen oder Zipfeln versehen. – tres, tri- *(l)*: drei; Cuspis, -idis f *(l)*: Spitze, Zipfel; anat.: Klappensegel einer Segelklappe.

trigeminus, -a, -um *(l)* = dreifach; anat.: aus drei Teilen bestehend. – tres, tri- *(l)*: drei; geminus *(l)*: doppelt, Zwilling.

Trigonum, -i n *(l)* = Dreieck. – tres, tri- *(l)*: drei; Gōnía *(gr)*: Winkel, Ecke.

Tripus, -odis m *(l)* = Dreifuß. – tres, tri- *(l)*: drei; Poús *(gr)*: Fuß.

triquetrus, -a, -um *(l)* = dreieckig. – tres, tri- *(l)*: drei; quartus bzw. quadrus *(l)*: eckig, eigentl.: viereckig.

triticeus, -a, -um *(l)* = weizenkornähnlich. – Adj. zu Triticum, -i n *(l)*: Weizen.

Trochanter, -eris m *(l)* = Rollhügel. – Trochus, -i m *(l)*: Rad; Tróchos *(gr)*: Lauf, Umlauf; trochazo *(gr)*: laufen, rennen, sich im Kreise drehen.

Trochlea, -ae f *(l)* = Rolle, Winde. – Trochilía *(gr)*: Rolle, Walze, Winde.

Truncus, -i m *(l)* = Stamm, Stock, Rumpf eines Menschen. – truncáre *(l)*: verstümmeln, der Glieder berauben.

Tuba, -ae f *(l)* = Trompete, Tuba.

tubarius, -a, -um *(l)*: Adj. zu Tuba.

Tuber, -eris n *(l)* = Höcker, Knorren, Beule. – tumére *(l)*: anschwellen.

Tuberculum, -i n *(l)*: Dim. zu Tuber.

Tuberositas, -atis f *(l)* = Vorsprung, Rauigkeit am Knochen.

Tunica, -ae f *(l)* = Hemd, Unterkleid, Tunica, Haut, Hülle; anat.: Gewebeschicht.

turcicus, -a, -um *(neulat)* = türkisch. – Sella turcica: Türkensattel.

tympanicus, -a, -um *(l)* = zum Trommelfell (Membrana tympanica) oder zur Paukenhöhle (Cavitas tympani) gehörend. – Adj. zu Tympanum.

Tympanum, -i n *(l)* = Trommel, Handpauke. – Týmpanon *(gr)*: Handpauke, Tamburin.

Ulna, -ae f *(l)* = Elle, einer der Unterarmknochen. – Ṓlénā *(gr)*: ganzer Arm, Elle als Maß, Unterarm.

umbilicalis, -e *(l)*: Adj. zu Umbilicus.

Umbilicus, -i m *(l)* = Nabel, Mittelpunkt. – Omphalós *(gr)*: Nabel, nabelähnliche Erhöhung, Mittelpunkt.

Umbo, -onis m *(l)* = Buckel, Nabel. – Umbalus *(idg)* u. Omphalós *(gr)*: Nabel, Mittelpunkt.

uncinatus, -a, -um *(l)*: Adj. zu Uncus.

Uncus, -i m *(l)* = Haken, Klammer. – Ónkos *(gr)*: Haken, Widerhaken.

unguicularis, -e *(l)*: Adj. zu Unguis (auch unguliformis = hufeisenförmig).

Unguis, -is m *(l)* = Nagel, Kralle. – Onyx *(gr)*: Kralle, Klaue, Fingernagel.

Urachus, -i m *(l)* = Harngang, Verbindung zwischen Blase und Allantois. – Oûron *(gr)*: Harn; chéein *(gr)*: gießen oder écheín *(gr)*: enthalten.

Ureter, -eris m *(l)* = Harnleiter. – ouréein *(gr)*: Harn lassen.

Urethra, -ae f *(l)* = Harnröhre. – Ouréthra *(gr)*: Harnröhre.

urethralis, -e *(l)*: Adj. zu Urethra.

urinarius, -a, -um *(l)* = zum Harn gehörend. – Adj. zu Urina, -ae f *(l)*: Harn.

urogenitalis, -e *(l)* = die Harn- und Geschlechtsorgane betreffend. – Oûron *(gr)*: Harn, Urin; genitalis *(l)*: die Geschlechtsorgane betreffend; genere u. gignere *(l)*: zeugen, erzeugen.

uterinus, -a, -um *(l)* = zur Gebärmutter gehörend. – Adj. zu Uterus.

Uterus, -i m *(l)* = Gebärmutter, Unterleib. – Udáram *(altind)*: Bauch.

Utriculus, -i m *(l)* = kleiner Schlauch; anat. z. B. Teil des häutigen Labyrinths. – Dim. zu Uter, utris m *(l)* = Schlauch; Hydría *(gr)*: Wasserkrug.

Uvula, -ae f *(l)* = Zäpfchen. – Dim. zu Uva, -ae f *(l)*: Traube; Ū́ga *(lit)*: Beere.

Vagina, -ae f *(l)* = Scheide des Schwertes, Hülle; anat.: weibl. Scheide.

vagus, -a, -um *(l)* = umherschweifend, ungenau, vage.

vallatus, -a, -um *(l)* = von einem Wall umgeben. – Adj. zu Vallum, -i n *(l)*: Wall; vallare *(l)*: umwallen, verschanzen.

Vallecula, -ae f *(l)* = kleines Tal; anat.: 1. Einsenkung zwischen Zunge u. Kehldeckel, 2. Einsenkungen am Gehirn. – Dim. zu Vallis, -is f *(l)*: das Tal.

Valvula, -ae f *(l)* = kleine Klappe. – Dim. zu Valva, -ae f *(l)*: Klappe, im Plural Türflügel, Doppeltür.

Vas, vasis n *(l)* = Gefäß, Gerät.

vascularis, -e *(l)* = zum Gefäß gehörend. – Adj. zu Vasculum, -i n *(l)*: kleines Gefäß;– Dim. zu Vas.

vastus, -a, -um *(l)* = groß, weit, gewaltig, plump. – vastare *(l)*: verwüsten.

Velum, -i n *(l)* = Segel, Tuch, Hülle. – velare *(l)*: verbergen, verhüllen.

Vena, -ae f *(l)* = Blutader, Vene; Blutgefäß, das Blut zum Herzen hinführt.

Venter, -tris m *(l)* = Bauch, Magen, Leib, Wanst.

ventralis, -e *(l)* = 1. zum Bauch gehörend; 2. bauchwärts liegend, ventral (Gegensatz zu dorsalis). – Adj. zu Venter.

Ventriculus, -i m *(l)* = kleiner Magen; anat.: 1. Magen, 2. Herzkammer, 3. Hirnkammer, 4. als Ventriculus laryngis: seitliche Aussackung des Kehlkopfraumes. – Dim. zu Venter.

vermiformis, -e *(l)* = wurmförmig. – Vermis, -is f *(l)*: Wurm; Forma, -ae f *(l)*: Gestalt, Form.

Vermis, -is f *(l)* = Wurm; anat.: mittlerer Abschnitt des Kleinhirns.

Vertebra, -ae f *(l)* = Wirbel; urspr.: Gelenk. – vertere *(l)*: drehen, wirbeln, sich im Kreise drehen.

verticalis, -e *(l)* = vertikal, senkrecht, scheitelrecht. – Vertex, -icis f *(l)*: Scheitel, Wirbel, Haarwirbel des Hauptes; vertere *(l)*: drehen, kreisen.

Vesica, -ae *(l)* = Blase. – vesicare *(l)*: Blasen werfen.

vesicalis, -e *(l)*: Adj. zu Vesica.

Vesicula, -ae f *(l)* = Bläschen. – Dim. zu Vesica.

vestibularis, -e *(l)* = zum Vorhof des knöchernen Labyrinths gehörend. – Adj. zu Vestibulum.

vestibulocochlearis, -e *(l)* = zum Gleichgewichts- und Hörorgan gehörend.

Vestibulum, -i n *(l)* = Vorhof, Vorplatz, Vorraum, Eingang.

Vibrissae, -arum *(Pl)* f *(l)* = Schnurrhaare; anat.: Haare im Vestibulum nasi. – vibrare *(l)*: zittern, schnurren.

villosus, -a, -um *(l)* = zottenreich, zottig. – Adj. zu Villus.

Villus, -i m *(l)* = Zotte, zottiges Haar. – Vellus, -eris n *(l)*: Wolle, Vlies; vellere (l): zupfen, rupfen.

Vinculum, -i n *(l)* = Band, Fessel. – vincire *(l)*: binden, fesseln.

visceralis, -e *(l)* = zu den Eingeweiden gehörend. – Adj. zu Viscera: Eingeweide.

Viscus, -eris (meist im Plural: Viscera) n *(l)* = Eingeweide, die edlen Eingeweide, das Innerste.

vitreus, -a, -um *(l)* = gläsern, glasartig. – Adj. zu Vitrum, -i n *(l)*: Glas.

vocalis, -e *(l)* = tönend, zur Stimme gehörend. – Adj. zu Vox, vocis f *(l)*: Stimme, Ton, Laut; Vac *(altind)*: Stimme, Sprache; vocare *(l)*: rufen, nennen.

Vomer, -eris m *(l)* = Pflugscharbein.

vomeronasalis, -e *(l)* = vom Pflugscharbein zur Nase verlaufend.

Vulva, -ae f *(l)* = 1. Hülle, 2. Gebärmutter; anat.: äußeres weibliches Genitale. – Volva, -ae f *(l)*: die Gebärmutter eines zum ersten Mal trächtigen Schweins; vólvere *(l)*: wälzen, rollen; letzteres bezieht sich auf die Eihäute.

xiphoideus, -a, -um *(l)* = schwertförmig. – Xíphos *(gr)*: Schwert.

Zona, -ae f *(l)* = Gürtel, Zone. – Zṓnä *(gr)*: Gürtel, der das Untergewand am Leibe festhält, Zone.

Zonula, -ae *(l)* = kleiner Gürtel. – Dim. zu Zona.

zygomaticus, -a, -um *(l)* = zum Jochbogen gehörig. – Adj. zu Zygón *(gr)*: Joch, Jochbein.

A

Abduktion, Kiefergelenk 37
Abduzensparese 114
Ablatio/Amotio retinae (Netzhautablösung) 125, 129, 131
Adduktion, Kiefergelenk 37
Aderhaut 125
Aditus
- laryngis 83
- orbitalis 107
Aequator lentis 125, 128
Agger nasi 65
Akrozephalie 21
Akustikusneurinom 152
Ala
- cristae galli 12
- major (Os sphenoidale) 6, 12, 14, 18, 27–31, 44, 78, 102–103, 109, 112, 114, 121, 149
- minor (Os sphenoidale) 6, 28–31, 102
- nasi 58
- vomeris 14, 24
Altersschwerhörigkeit (Presbyakusis) 99, 135
Alterssichtigkeit (Presbyopie) 128
Altersstar, grauer 128
Alveolus(-i)
- dentales 23, 29
- dentalis molaris 85
Amaurose, kortikale, Rindenblindheit 132
Amboss (Incus) 142
Ampulla 154
- canaliculi lacrimalis 111
- membranacea
- - anterior 154
- - lateralis 154
- - posterior 154
- ossea
- - anterior 153
- - lateralis 153
- - posterior 153
Angulus
- iridocornealis 125
- mandibulae 6, 34–36, 45
- oculi lateralis/medialis 104, 106
- sphenoidalis 6
Anophthalmie 101
Anosmie 67
- Septumdeviation 63
Ansa
- cervicalis 51
- - profunda 89
- - superficialis 47
- tendinis (M. digastricus) 84
Antihelix 139
Antitragus 139
Antrum mastoideum 145
Anulus
- fibrocartilagineus 141, 143–144, 146–147
- iridis major/minor 127
- tendineus communis (ZINN-Sehnenring) 112, 114–115
- tympanicus 18, 20
Apertura
- canaliculi
- - cochleae 33
- - vestibuli 33
- externa canalis carotici 15–16, 33, 81, 149
- interna
- - canalis carotici 17
- - canalis optici 13
- piriformis 5, 18, 26
- sinus
- - frontalis 25
- - sphenoidalis 25, 30, 65
Apex
- cuspidis 70
- linguae 82, 86–87
- partis petrosae 33, 152
- radicis dentis 70
Aplasie, Nasennebenhöhlen 63
Aponeurosis
- linguae 83
- palatina 81, 149
Apparatus lacrimalis 110–111
Aqueductus vestibuli 152
Arcus
- alveolaris (Mandibula) 34–35
- dentalis
- - mandibularis 69
- - maxillaris 69
- palatoglossus 68, 80–82
- palatopharyngeus 68, 80–81
- palpebralis inferior/superior 107, 118
- superciliaris 5, 22
- zygomaticus 5, 7, 14–15, 27, 42–44, 62, 76
Area
- cochlearis 152–153, 155
- nervi facialis 152
- striata 131
- vestibularis inferior/superior 152
Arteria(-ae)
- alveolaris(-es)
- - inferior 48–52, 63, 76, 94
- - superior posterior 49, 52, 76, 79
- - superiores anteriores 49, 52, 76, 79
- angularis 46, 48–52, 107
- auricularis
- - posterior 48, 51–52, 139
- - profunda 49, 52
- buccalis 48–52
- canalis pterygoidei 49, 79
- carotis
- - communis 43, 51–52, 56–57, 89
- - externa 48–50, 52–53, 76, 88, 107, 139
- - interna 45, 48, 50, 52, 77, 79, 91, 107, 109, 115–119, 121, 131–132, 147–148, 150–151
- centralis retinae 63, 100, 116, 118, 126, 131
- cerebri posterior 131
- choroidea anterior 131
- ciliaris(-es) 119, 131
- - anteriores 118, 126
- - posteriores
- - - breves 116, 126
- - - longae 116, 118, 126
- cochlearis 155
- conjunctivales
- - anteriores 118, 126
- - posteriores 118
- dorsalis nasi 50, 116, 118–119
- episclerales 118, 126
- ethmoidalis
- - anterior 66, 116–120
- - posterior 66, 116, 118–120
- facialis 46–52, 63, 90, 93
- - Äste 52
- hyaloidea 100–101
- infraorbitalis 49, 51–52, 76, 79, 107, 120, 124
- infratrochlearis 107
- labialis
- - inferior 52
- - superior 52, 66
- labyrinthi 155
- - thrombotische Verschlüsse 155
- lacrimalis 107, 109, 116–119
- laryngea superior 52, 87, 95
- lingualis 48, 50–52, 63, 88–89, 93, 95
- - Äste 52, 88
- masseterica 48–50, 52
- maxillaris 48–52, 76, 79
- - Äste 49, 52
- - Verlaufsvarianten 49
- meningea
- - media 49, 51–52, 117
- - posterior 52
- mentalis 48
- nasales posteriores laterales 52, 66
- nasopalatina 52, 66
- occipitalis 48, 51–52, 89, 91
- ophthalmica 115–121, 123–124, 131–132
- palatina(-ae)
- - ascendens 51–52
- - descendens 49, 52, 79
- - major 52, 66, 79–80
- - minores 52
- palpebrales laterales/mediales 107, 118
Arteria(-ae)
- pharyngea ascendens 52
- profunda linguae 52, 88
- pterygomeningea 49
- sphenopalatina 49, 51–52, 66, 79
- spiralis modioli 155
- stylomastoidea 52
- sublingualis 51–52, 88, 95
- submentalis 49, 51–52, 93
- supraorbitalis 47, 107, 116–119, 124
- supratrochlearis 48–49, 107, 116, 118–119
- temporalis
- - media 49, 51–52
- - profunda
- - - anterior 49, 52
- - - posterior 49, 51–52
- - superficialis 43, 46–49, 51–52, 107, 139
- thyroidea superior 52, 93
- transversa faciei 49, 52, 107
- tympanica
- - anterior 49, 52
- - inferior 52
- - posterior 52, 143
- - superior 52
- vertebralis 91
- vestibularis anterior 155
- zygomaticoorbitalis 48–49, 52
Arteriola
- macularis inferior/superior 129
- medialis retinae 129
- nasalis retinae inferior/superior 129
- temporalis retinae inferior/superior 129
Arthrose, Kiefergelenk 38
Articulatio(-nes)
- incudomallearis 142–143
- incudostapedialis 142–143
- ossiculorum auditus 143
- temporomandibularis 7, 36–39, 42–44
Atriumlöffel 66
Augapfel 125, 130
- Blutgefäße 126
- Maße 126
Auge 104
- Arterien 116
- Brechwert 126
- Computertomographie 130
- Entwicklung 100–101
- Magnetresonanztomographie 130
- Nerven 121
- Sonographie 130
- Tränenfilm, Spaltlampenuntersuchung 108
- trockenes 79, 99
- Venen 116
Augenbecher 100
Augenbecherstiel 100
Augenbläschen 100
Augenhintergrund 129
Augenhöhle 28, 102, 123
- Arterien 107, 116–120
- Boden 27, 103
- Eingang 107
- Frontalschnitt 124
- Horizontalschnitt 121
- laterale/mediale Wand 29, 102
- Nerven 107, 117–121
- topographische Beziehungen 122
- Venen 107, 116
Augenlider 106
Augenmuskeln, äußere 112, 114, 130
- Funktion 113
- Innervation 113
Augenmuskelparesen 114
- Orbitaspitzensyndrom 115
Augenoberfläche, Strukturen 106
Augenwinkelebene, Gebiss 7
Auricula 138–140
- interna 155
Aurikularhöckerchen 136
Auris 138
- interna 138, 151, 155
- media 138, 148
Axis
- externus bulbi 125–126

Axis
– internus bulbi 125–126
– lentis 128
– opticus 125

B

Basallamina 156
BASEDOW-Syndrom 123
Basis
– cochleae 153
– cranii
– – externa 14–16
– – interna 12–13, 17
– mandibulae 34
– stapedis 142
BECHTEREW-Kern (Ncl. vestibularis superior) 160
BELL-Phänomen, Fazialisparese 105
Berstungsfrakturen, Schädel 8
Bewusstlosigkeit, Zungenrückverlagerung 86
BICHAT-Fettpfropf bzw. Wangenfettkörper (Corpus adiposum buccae) 40, 42, 90
Bifurcatio carotidis 52
Bindehaut, Entzündung 104
BLANDIN-NUHN-Drüse (Glandula lingualis anterior) 83, 96
Blepharitis 108
– seborrhoische 108
Blickparese, Blow-out-Fraktur 103
blinder Fleck (Discus nervi optici) 125, 129
Blow-out-Fraktur 103
BÖTTCHER-Zellen, CORTI-Organ 156
Bogengänge 134, 157
BOWMAN-Membran (Lamina limitans anterior) 125
Brachium colliculi superioris 131
Brechwert, Cornea/Linse 126
Bregma 8
BRÜCKE-Muskel (M. ciliaris) 127
Bucca 68
Bulbus
– oculi 112, 119, 121, 124–126, 130–132
– – Motilitätsprüfung 113
– olfactorius 60, 67
Bulla ethmoidalis 65–66

C

Calvaria 10–11
Camera
– anterior bulbi 125, 127, 130
– articularis inferior/superior (Art. temporomandibularis) 37
– posterior bulbi 125, 127
– postrema (vitrea) bulbi 125, 130
CAMPER-Ebene, Gebiss 7
Canaliculus
– lacrimalis inferior /superior 110–111
– mastoideus 14, 16
– – Inhalt 16
– posterius (Labyrinthus osseus) 152
Canalis(-es)
– caroticus 13–17, 33, 81, 144–146, 149–150, 152
– condylaris 12, 14–17
– incisivus 10, 24–25, 59
– infraorbitalis 28–29, 76, 102
– mandibulae 75–76
– musculotubarius 33
– nasolacrimalis 26, 102
– nervi
– – facialis 145–147, 152
– – hypoglossi 10, 12–17, 36
– opticus 12–13, 17, 28–29, 31, 102, 115, 117, 120–121, 130
– palatinus major 29, 78
– palatovaginalis 78
– pterygoideus (VIDIANUS-Kanal) 29–30, 78
– radicis dentis 70

Canalis(-es)
– semicircularis(-es) 138, 143, 155
– – anterior 151–155
– – lateralis 146, 148, 151–154
– – posterior 151–154
– spiralis
– – cochleae 152
– – modioli 152
Capsula
– articularis (Art. temporomandibularis) 36–37, 42–45
– lentis 128
Caput
– inferius (M. pterygoideus lateralis) 44–45
– mallei 142, 144, 146
– mandibulae 34–35, 37–38, 44–45, 140
– stapedis 142, 146
– superius (M. pterygoideus lateralis) 44–45
Cartilago(-ines)
– alaris(-es)
– – major 58–60
– – minores 58
– auriculae 91
– cricoidea 95
– epiglottica 83
– nasi 58
– – accessoriae 58
– – lateralis 58, 60, 91
– septi nasi 58–59
– thyroidea 83, 87, 95
– tubae auditivae 81, 149–150
Caruncula
– lacrimalis 104, 110–111
– sublingualis 92, 94–95
Cataracta senilis 128
Cauda helicis 140
Cavitas
– conchae 139
– coronae 70
– dentis 70
– nasi 25, 28, 36, 60, 62, 66, 91, 122, 130
– oris 68, 80
– – propria 68, 81
– tympani 77, 137–138, 140–141, 143–147, 152
Cellulae
– ethmoidales 27–28, 61, 63–64, 103, 114, 121–122, 124, 130
– – anteriores/posteriores 60, 62
– – Zugang 60
– mastoideae 145, 148
– pneumaticae 150
– tympanicae 145, 152
Cementum 70
Cerebrum 131
Cerumen, Schallleitungsschwerhörigkeit 135
Cerumen obturans 141
Cervix dentis 70
Chalazion (Hagelkorn) 108
Chiasma opticum 112, 115, 131–132
Choana 15, 20, 36
Cholesteatom 135, 157
Chorda tympani 51, 89, 96, 143–144, 146–148
– Ausfall/Testung 147
Choroidea 100–101, 125–127
Ciliae 104, 106, 123
Circulus arteriosus iridis major/minor 126
CLAUDIUS-Zellen, CORTI-Organ 156
Clivus 12–13, 25, 31, 36
Cochlea 134, 137–138, 148, 151–153, 155–156
– Basalwindung 148
Colliculus
– inferior 158–159
– superior 131–132
Collum
– mallei 142, 147
– mandibulae 35, 37–38
Columella 58
Commissura
– lateralis palpebrarum 104, 106
– medialis palpebrarum 104, 106
Computertomographie
– Auge 130

Computertomographie
– Innen-/Mittelohr 148
– Sinusitis, chronische 64
Concha
– auriculae 139
– nasalis
– – inferior 5, 25–26, 28, 59–61, 63–64, 66, 110
– – media 6, 25, 28, 59–61, 63–64, 66, 91, 110, 124
– – superior 25, 60–61, 66
– sphenoidalis 30
Condylus occipitalis 7, 14–15, 149
Conjunctiva 106
Cornea 101, 123, 125, 127–128
– Brechwert 126
Cornu
– majus (Os hyoideum) 45, 51, 68, 84–87, 94
– minus (Os hyoideum) 68, 84–87
Corona
– ciliaris 127
– clinica dentis 70
Corpus(-ora)
– adiposum
– – buccae (BICHAT-Fettpfropf) 40, 42, 90
– – orbitae 63, 112, 115, 117, 123–124, 130
– cavernosum (Saccus lacrimalis) 110
– ciliare 125, 127, 130
– geniculatum
– – laterale 131–132
– – mediale 158–159
– incudis 142, 144, 146
– linguae 82, 86
– mandibulae 6, 34–35, 84
– maxillae 23, 102
– ossis
– – hyoidei 68, 84–86
– – sphenoidalis 25, 29–30, 36, 102
– vitreum 125, 130
Cortex lentis 128
CORTI-Organ (Organum spirale) 134, 156
– BÖTTCHER-Zellen 156
– CLAUDIUS-Zellen 156
– Grenzzellen, äußere/innere 156
– Haarzellen, äußere/innere 156
– HENSEN-Zellen 156
– Interdentalzellen 156
– Pfeilerzellen, äußere/innere 156
– Phalangenzellen, äußere/innere 156
– tympanale Belegschicht 156
CORTI-Tunnel 156
Cranium 5, 19–20
– Neugeborenes 18
Crista
– ampullaris 157
– conchalis 23
– ethmoidalis 23, 25
– fenestrae cochleae 153
– frontalis 11–12
– galli 10, 12, 24–25, 28
– infratemporalis 14, 30, 44
– lacrimalis
– – anterior 23, 28–29, 102, 111
– – posterior 28–29, 102, 111
– nasalis 5, 10, 26, 59
– occipitalis
– – externa 15
– – interna 12, 31
– sphenoidalis 24, 30
– supramastoidea 32
– transversa 152–153
– vestibuli 153
– zygomaticoalveolaris 23, 27
Crus(-ra)
– anterius (Stapes) 142, 146
– antihelicis 139
– breve (Incus) 142, 146
– helicis 139
– laterale (Cartilago alaris major) 58, 60
– longum (Incus) 141–142, 146–147
– mediale (Cartilago alaris major) 58–59
– membranaceum
– – commune 154

Crus(-ra) membranaceum
– – simplex 154
– osseum
– – commune 152–153
– – simplex 153
– posterius (Stapes) 142, 146
Cryptae tonsillares 82
Cupula 157
– cochleae 152–153
Cuspis dentis 70
Cymba conchae 139

D

Dakryoadenitis 108, 111
– Lidspalte, verengte 108
Dakryolithiasis 111
Dakryostenose 111
– HASNER-Membran, persistierende 111
Dakryozystitis 111
DEITERS-Kern (Ncl. vestibularis lateralis) 160
Dens(-tes)
– caninus 69–73, 75–76, 80, 92
– decidui 18, 71, 74
– extractus 85
– incisivus(-i) 69–73, 75–76, 80, 92
– molaris(-es) 28, 63, 69–73, 75–76, 80, 92
– – (serotinus) 69, 72–73, 75, 80, 92
– permanentes 72–74
– premolaris(-es) 69, 72–73, 75–76, 80, 92
Dentalfluorose 73
Dentinum 70
DESCEMET-Membran (Lamina limitans posterior) 125
Desmodontium 70
Diabetes mellitus, Retinopathie 99
Diaphragma oris 84
Diastasen 8
Diploë (Calvaria) 11
Diplopie (Doppelbilder)
– N. abducens, Schädigung 112
– N. trochlearis, Schädigung 112
– Okulomotoriusparese 113
Discus
– articularis (Art. temporomandibularis) 37–39, 44–45
– nervi optici (blinder Fleck) 125, 129
distal 69–70
Doppelbilder s. Diplopie
Dorsum
– linguae 68, 80–82, 86, 89
– sellae 10, 12–13, 24, 30, 36
Dreiecksknorpel, Nase 58
Drosselgrube (Fossa jugularis) 14, 33
Drosselvene, innere s. V. jugularis interna
Ductuli excretorii (Gl. lacrimalis) 107, 110
Ductus
– cochlearis 154–157
– endolymphaticus 154–155
– lymphaticus dexter 57
– nasolacrimalis 110–111
– – Zugang 60
– parotideus (STENON-Gang) 40, 42–43, 46, 90, 92–93
– reuniens 154
– semicircularis(-es) 137, 155
– – anterior 151, 154
– – lateralis 146, 151, 154
– – posterior 151, 154
– sublingualis(-es)
– – major 94–95
– – minores 94–95
– submandibularis (WHARTON-Gang) 63, 92–95
– utriculosaccularis 154
Dura mater 154
– cranialis 63, 115, 150
Dysostosis mandibulofacialis (FRANCESCHETTI-Syndrom) 137

E

Eckzahn, unterer, bleibender 70
Ectropium
– paralyticum 41
– senile 41
EDINGER-WESTPHAL-Kern (Ncl. accessorius nervi oculomotorii) 118
Eminentia
– arcuata 10, 33
– cruciformis 31
– pyramidalis 145–147
Enamelum 70
Endolymphraum 157
Enophthalmus, Blow-out-Fraktur 103
Epiduralhämatom 11
Epiglottis 82, 89
Epiphora 41, 111
Epithelium anterius 125
Epitympanon 143
Erblindung 99, 131
ERB-Punkt (Punctum nervosum) 47
EUSTACHIUS-Röhre (Tuba auditiva [auditoria]) 137–138, 141, 144, 146, 149–150, 155
– Entwicklung 136
Excavatio disci 125

F

Facies
– anterior
– – (Iris) 125
– – (Lens) 127–128
– – (Maxilla) 23
– – palpebrae 106
– – partis petrosae 12, 33
– articularis
– – (Art. temporomandibularis) 44
– – (Incus) 142
– – (Malleus) 142
– – (Os temporale) 32, 38
– cerebralis
– – (Os sphenoidale) 30
– – (Os temporale) 33
– contactus (Dens molaris) 70
– distalis (Dens molaris) 70
– externa
– – (Os frontale) 22
– – (Os parietale) 43
– inferior linguae 83, 87, 92
– infratemporalis (Maxilla) 23
– interna
– – (Os frontale) 29
– – (Squama frontalis) 24
– lateralis (Os zygomaticum) 5
– lingualis (Dens molaris) 70
– maxillaris (Os sphenoidale) 30
– mesialis (Dens molaris) 70
– nasalis (Maxilla) 23
– orbitalis
– – (Ala major ossis sphenoidalis) 6, 28–30, 102
– – (Maxilla) 23, 102–103
– – (Os frontale) 102–103
– – (Os temporale) 22
– – (Os zygomaticum) 5, 28, 102
– posterior
– – (Cornea) 127
– – (Iris) 125, 127
– – (Lens) 125, 128
– – palpebrae 106
– – partis petrosae 33, 150
– temporalis
– – (Ala major ossis sphenoidalis) 30, 149
– – (Os frontale) 43
– – (Os temporale) 22, 32
– vestibularis (Dens molaris) 70
Fascia
– cervicalis 40–42, 90, 93
– masseterica 90, 93
– parotidea 41, 90
– temporalis 42
Fasciculus longitudinalis medialis 158, 160
Fazialisdiagnostik 147
Fazialisparese 54
– BELL-Phänomen 105
– Lidspaltenerweiterung 104
– SCHIRMER-Test 108
Fenestra
– cochleae 145, 153–154, 157
– vestibuli 145, 152–153, 157
Fibrae
– circulares (M. ciliaris) 125
– meridionales (M. ciliaris) 125
– zonulares 127
Filum(-a) olfactoria 60, 67
Fissura(-ae)
– infraorbitalis 78
– orbitalis
– – inferior 5, 14–16, 27–28, 78–79, 102–103, 109, 112, 115
– – – Inhalt 16
– – superior 5, 12–13, 17, 28, 30–31, 102, 114–115
– – – Inhalt 17
– petrooccipitalis 12
– petrosquamosa 12, 32, 38
– petrotympanica (GLASER-Spalte) 32–33, 38
– pterygoidea 30
– pterygomaxillaris 102
– sphenopetrosa 13, 15–17, 38, 150
– – Inhalt 16–17
– tympanomastoidea 32
– tympanosquamosa 38
Flügelgaumengrube 27
– Zugang von lateral 27
Flügelknorpel, großer/kleiner, Nase 58
Fluorapatit 74
Fluoreszenzangiographie, Augenhintergrund 129
Fontanelle(n) 19
– große/kleine 19
– Nasennebenhöhlen 65
Fonticulus
– anterior 18–19
– mastoideus 18–20
– posterior 18–20
– sphenoidalis 18–19
Foramen(-ina)
– alveolaria 23, 27, 78
– apicis dentis 70
– caecum 10, 12
– – linguae 81–83
– cribrosa 10, 12, 17, 22, 24–25, 59, 103
– ethmoidale
– – anterius 28–29, 102
– – posterius 28–29, 102
– frontalis 102
– incisivum(-a) 14–16, 23, 26
– infraorbitale 6, 18, 23, 28, 62, 102
– jugulare 12–17, 151–152
– lacerum 12–17, 149, 151–152
– linguale 35
– magnum 12–14, 16–17, 20, 31
– mandibulae 34–35, 69, 85
– mastoideum 9–10, 12, 14, 16, 32–33
– mentale 6–7, 18, 34–35, 40, 69, 75–76, 85
– ovale 12–17, 27, 31, 149–152
– palatinum(-a)
– – majus 14–16, 26, 69, 80
– – minora 15–16, 26
– parietale 8–10
– rotundum 12–13, 17, 29–31, 78, 151
– singulare 152
– sphenopalatinum 25, 29, 67, 78, 102
– spinosum 12–17, 27, 31, 151
– – Inhalt 16–17
– stylomastoideum 14–16, 33, 145, 147
– supraorbitale 5, 18, 102–103
– zygomaticofaciale 5, 27–28, 102
– zygomaticoorbitale 29, 102, 109
Fornix
– conjunctivae
– – inferior 104, 110, 123
– – superior 110, 123

Fornix
– sacci lacrimalis 110
Fossa
– canina 23
– cerebellaris 13, 31
– condylaris 15
– cranii
– – anterior 13, 122
– – media 13, 148
– – posterior 13, 148
– digastrica 34–35
– glandulae lacrimalis 22, 102–103
– hypophysialis 12, 24, 31, 36
– incisiva 14–16, 26, 59
– incudis 145–146
– infraorbitalis 112
– infratemporalis 15, 27
– jugularis (Drosselgrube) 14, 33
– mandibularis 15, 32–33, 37–39, 44–45, 81, 149
– pterygoidea 10, 30, 59
– pterygopalatina 27, 29, 78–79, 102
– retromolaris 34
– sacci lacrimalis 7, 27, 29, 102–103
– scaphoidea 30
– subarcuata 12, 33
– supraclavicularis minor 4
– supratonsillaris 68, 81
– temporalis 122
– triangularis 139
Fossula(-ae)
– fenestrae
– – cochleae 145, 147, 153
– – vestibuli 145
– petrosa 14, 33
– tonsillares 82
Fovea
– centralis 125, 129
– pterygoidea 34, 38
– sublingualis 34–35
– submandibularis 34–35
– trochlearis 102
Foveola(-ae) 129
– granulares 11
– suprameatalis 32
FRANCESCHETTI-Syndrom (Dysostosis mandibulofacialis) 137
Frankfurter Horizontale (Linea horizontalis auriculoorbitalis) 7
Frenulum
– labii inferioris/superioris 68
– linguae 83, 87, 92
FRENZEL-Brille, Nystagmus 158
Frons 5
Fundus
– meatus acustici interni 152
– oculi 129

G

Galea aponeurotica 40–43, 63
GALEN-Vene (V. magna cerebri) 131
Ganglienzellen, Retina 131
Ganglion(-ia)
– cervicale superius 79, 132
– ciliare 96, 118–119, 121, 132
– geniculi 77, 79, 147, 151
– inferius (N. glossopharyngeus) 148
– oticum 96
– pterygoideum 77
– pterygopalatinum 77–79, 96, 109, 121
– spirale cochleae 159
– sublinguale 96
– submandibulare 51, 89, 93, 95–96
– trigeminale (Ganglion semilunare, Ganglion GASSERI) 77, 117–118, 147, 150
– vestibulare 151, 160
Gaumen 80–81
– harter 26, 80
– weicher 80
Gaumenbein 23
Gaumenbögen 80
Gaumendrüsen 91
Gaumenfortsatz 81
Gaumenmandel 89
Gaumenmuskeln 80
Gaumenspalten 80, 150
Gebiss, Bezugsebenen 7
Gehirn 131
Gehirnbläschen 100
Gehörgang 138
– äußerer 140
– innerer 152
Gehörknöchelchen 136, 138, 142–143
– Verknöcherungsmodus 20
gelber Fleck (Macula lutea) 129
Gelenk, dithalamisches 37
Gerstenkorn (Hordeolum) 108
Gesichtsbereich, Entzündungen, Sinusphlebitis/-thrombose 53
Gesichtsfeld, Stabilisierung 158
Gesichtsmuskeln 40–43, 105
Gesichtsregion, Keimverschleppung, Sinus-cavernosus-Thrombose 116
Gesichtsschädel 28
Gesichtsspalten 80
Gingiva 68–69, 92, 94
Glabella 5, 22
Glandula(-ae)
– buccales 91
– labiales 68, 91
– lacrimalis 63, 79, 96, 107, 109–110, 112, 116–119, 121, 124
– linguales (BLANDIN-NUHN-Drüsen) 83, 91, 95–96
– molares 91
– nasales 59, 96
– palatinae 80, 91, 96
– parotidea 40, 46, 54, 57, 90–91, 93, 96, 140
– – accessoria 42, 90, 93
– – Schwellungen 42
– pituitaria 61
– salivariae 91
– – majores 91, 95
– – minores 91
– sublingualis 51, 63, 88, 91, 93–96
– submandibularis 42, 91, 93–96
– tarsales (MEIBOM-Drüsen) 106
– thyroidea 57
GLASER-Spalte (Fissura petrotympanica) 32–33, 38
Glaskörper 101
Glaukom (grüner Star) 99, 127, 129
Gleichgewicht, Kontrolle 158
Gleichgewichtsbahn 160
Gleichgewichtsorgan (Labyrinthus vestibularis) 138
Gnathion 5
GRATIOLET-Sehstrahlung (Radiatio optica) 131–132
grauer Star (Katarakt) 99
Grenzzellen, äußere/innere, CORTI-Organ 156
grüner Star (Glaukom) 99, 127, 129
Grundlamellen, Nasennebenhöhlen 65
gustatorisches Schwitzen (FREY-Syndrom) 90
Gyri orbitales 130

H

Haarzellen, äußere/innere, CORTI-Organ 156
Hämatom, epidurales 11
Hagelkörnchen (Chalazion) 108
HALLER-Zelle 65
Hals
– Gefäße und Nerven 46–47
– Hautinnervation 55
– Lymphgefäße, oberflächliche 56
– Lymphknoten 56–57
– Regionen 4, 46–47
Halsschlagader, äußere 53
Hammer s. Maleus
Hamulus
– laminae spiralis 153
Hamulus
– pterygoideus 10, 14, 24–25, 27, 29–30, 36, 45, 59, 68, 80–81, 149
HASNER-Klappe (Plica lacrimalis) 65, 110
HASNER-Membran, persistierende, Dakryostenosen 111
Helicotrema 154, 156
Helix 139
Hemianopsie, bitemporale/homonyme 132
HENSEN-Zellen, CORTI-Organ 156
HESCHL-Querwindung 159
Hiatus
– maxillaris 25
– semilunaris 25, 65–66
Hinterhauptsbein s. Os occipitale
Hirnabszess, Otitis media 144
Hirnhaut, harte s. Dura mater
Hirnstamm, Durchblutungsstörungen 84
Hörbahn 159
Hören 158
Hörorgan (Labyrinthus cochlearis) 138
Hörsturz 135
Hordeolum (Gerstenkorn) 108
HORNER-Muskel (M. orbicularis oculi) 40–43, 46, 105–106, 110–111, 123
– Lähmungen 41
Hornhaut (Auge) s. Cornea
Hornhautentzündung 41
Hornhauttransplantation 124
Hydrops cochleae 155
Hyperakusis 146
Hypophysis (Gl. pituitaria) 115
Hyposmie, Septumdeviation 63
Hypotympanon 143

I

Impressio(-nes)
– gyrorum 12
– trigeminalis 145, 150
Impressionsfraktur, Schädel 8
Incisura
– anterior 139
– frontalis 22, 28, 102
– intertragica 139
– jugularis 31
– lacrimalis 23, 102
– mandibulae 34, 39
– mastoidea 9, 15, 32–33
– nasalis (Maxilla) 23
– parietalis 32–33
– pterygoidea 30
– sphenopalatina 23
– supraorbitalis 22, 103
– tympanica 147
Incus 136, 138, 141–143, 146–148, 157
Infiltrationsanästhesie, Zähne 77
Infundibulum
– ethmoidale 65
– maxillare 65
Inion 9
Innenohr 134, 136–138, 151
– Blutversorgung 155
– Computertomographie 148
– Innervation 155
Interdentalzellen, CORTI-Organ 156
Iris 101, 104, 125, 127
Isthmus faucium (Rachenenge) 68, 80

J

JACOBSON-Nerv (N. tympanicus) 77, 96, 146, 148
Jugularis-Puls 53
Jugularis-Thrombose, Otitis media 144
Jugum(-a)
– alveolaria 23
– sphenoidale 31

K

Kammerwinkel 127
Katarakt (grauer Star) 99
Kauebene, Gebiss 7
Kaumuskeln 40, 42–43, 45, 91
Keilbein 30–31
Keratitis 41
keystone area, Nase 58
Kiefergelenk 36–38, 44
– Abduktion/Adduktion 37
– Arthrose 38
– Kollumfraktur 38
– Protrusion/Retrusion 37
– Röntgenbild 39
Kieferhöhle 26, 122
– Entwicklung 64
Kieferhöhlenentzündung
– einseitige 64
– odontogene 28
Kieferklemme 45
Kieferspalten 80
Kiefersperre 45
Knalltrauma 156
Knochenleitung 138
knorpelfreies Feld, Nase 58
Kollumfraktur, Kiefergelenk 38
Konjunktivitis 104
Kopf
– Arterien 49, 51
– Frontalschnitt 63
– Gefäße 46–48, 50
– Hautinnervation 55
– Lymphgefäße, oberflächliche 56
– Lymphknoten 56
– Nerven 46–51
– Regionen 4, 46–51
Kopfdrüsen, Innervation 96
Kopfganglien, vegetative 96
Kraniostenosen 21
Kraniosynostosen 21
Kranznaht 8, 19

L

Labium
– inferius 81, 83
– superius 81
Labyrinth
– häutiges 154–155
– – Entwicklung 136
– knöchernes 152–153, 155
– kochleäres 138, 154, 159
– vestibuläres 138, 154, 160
Labyrinthitis 157
– Otitis media 144
Labyrinthus
– cochlearis 138, 159
– ethmoidalis 22, 103
– membranaceus 154–155
– osseus 152–153, 155
– vestibularis 138, 160
Lacertus musculi recti lateralis 114
Lacus lacrimalis 104, 110
Lagophthalmus 41, 105
Lambda 8
Lambdanaht 8, 19
Lamina
– basilaris 156
– choroidocapillaris 126
– cribrosa
– – (Os ethmoidale) 10, 12–13, 17, 22, 24–25, 28, 59, 103
– – sclerae 125
– externa (Calvaria) 11
– horizontalis (Os palatinum) 14, 20, 23–26, 149
– interna (Calvaria) 11
– lateralis
– – (Cartilago tubae auditivae) 81, 149–150
– – (Proc. pterygoideus ossis sphenoidalis) 10, 14, 24, 26, 29–30, 36, 81, 149
Lamina
– limitans
– – anterior (BOWMAN-Membran) 125
– – posterior (DESCEMET-Membran) 125
– medialis
– – (Cartilago tubae auditivae) 81, 149–150
– – (Proc. pterygoideus ossis sphenoidalis) 10, 14, 24–26, 30, 36, 68, 81, 149
– membranacea (Tuba auditiva) 149–150
– modioli 152–153
– orbitalis (Os ethmoidale) 27–29, 61, 102–103
– papyracea (Os ethmoidale) 28
– perpendicularis
– – (Os ethmoidale) 10, 22, 24, 28, 36, 59, 103
– – (Os palatinum) 23, 25, 27, 78
– profunda (Fascia temporalis) 42
– spiralis
– – ossea 152–153, 156
– – secundaria 152–153
– superficialis
– – (Fascia cervicalis) 40–42, 90, 93
– – (Fascia temporalis) 42
– vasculosa (uvea) 126
Lederhaut (Auge) 125
LE-FORT-Frakturen 5
Leitungsanästhesie, Unterkiefer 77
Lemniscus lateralis 159
Lens 125, 127–128, 130
Lidbänder 107
Lidplatten 107
Lidrand, Entzündung 108
Lidspaltenerweiterung 104
– Fazialisparese 104
Lidspaltenverengung
– Dakryoadenitis 108
– Okulomotoriusparese 104
Ligamentum(-a)
– anulare stapediale 143
– incudis posterius/superius 143, 146
– laterale (Art. temporomandibularis) 36, 42–43
– mallei
– – anterius 143
– – laterale 143–144
– – superius 143–144, 146
– ossiculorum auditus 143
– palpebrale
– – laterale 107
– – mediale 40, 42, 105, 107, 110–111
– pterygospinale 36
– sphenomandibulare 36, 45, 50–51, 68
– spirale 156
– stylohyoideum 68, 85, 87
– stylomandibulare 36, 68
– suspensorium bulbi (LOCKWOOD-Band) 124
Limbus
– anterior palpebrae 104, 106
– corneae 125
– posterior palpebrae 104, 106
– spiralis 156
Limen nasi 60
Linea
– horizontalis auriculoorbitalis (Frankfurter [Deutsche] Horizontale) 7
– mylohyoidea 34–36
– nuchalis
– – inferior 9, 14–15
– – superior 9, 14
– obliqua (Mandibula) 34
– temporalis
– – inferior 7–8, 43
– – superior 7–8
Linearfrakturen, Schädel 8
Lingua 62–63, 81–83, 86, 88–89, 92, 95
lingual 69
Lingula
– cerebelli 50
– mandibulae 34–35
– sphenoidalis 12, 30–31
Linse 101, 127–128
– Brechwert 126
Linsenanlage 100
Linsenepithel, vorderes 101
Linsenfasern 101
Linsenluxation, MARFAN-Krankheit 127
Linsenplakode 100
Lippendrüsen 91
Lippen-Kiefer-Gaumenspalten 80
Lobulus auriculae 139
Lobus
– dexter (Gl. thyroidea) 95
– frontalis 130
– pyramidalis 95
– temporalis 130
LOCKWOOD-Band (Lig. suspensorium bulbi) 124
Locus KIESSELBACH 59, 66
– Nasenbluten (Epistaxis) 66
Luftleitung 138
lymphatischer Rachenring (WALDEYER-Rachenring) 89

M

Macula
– cribrosa media/superior 153
– lutea (gelber Fleck) 125, 129
Magnetresonanztomographie, Auge 130
Mahlzahn, erster, oberer, bleibender 70
Makuladegeneration, altersabhängige (AMD) 99, 129
MALASSEZ-Epithelreste 73
Malleus 136, 138, 142–143, 147–148, 157
Mandibula 5–6, 18, 20, 34–35, 44, 51, 68, 75–76, 83, 85–87
– Frakturen 35
Manubrium mallei 141–144, 146–147
MARFAN-Krankheit, Linsenluxation 127
Margo
– ciliaris (Lens) 127
– frontalis (Os sphenoidale) 31
– gingivalis 70
– infraorbitalis 6, 23, 102
– lacrimalis (Maxilla) 23
– lambdoideus (Os occipitale) 31
– lateralis (Orbita) 102
– linguae 82
– mastoideus (Os occipitale) 31
– medialis (Orbita) 102
– occipitalis (Os temporale) 32–33
– parietalis
– – (Os sphenoidale) 30
– – (Os temporale) 22, 32–33
– pupillaris 127
– sphenoidalis (Os temporale) 32–33
– squamosus (Os sphenoidale) 30–31
– superior partis petrosae 12, 33, 62
– supraorbitalis
– – (Orbita) 102–103
– – (Os frontale) 5, 22
– – (Os temporale) 22
– zygomaticus (Os sphenoidale) 30
Mastoiditis 145
– Otitis media 144
Maxilla 5–7, 14, 18, 20, 23–26, 28–29, 58–60, 64, 74–76, 78, 81, 91, 102–103, 107, 110–111, 123
Meatus
– acusticus
– – externus 14, 16, 32–33, 38–39, 43, 76, 136–138, 140–141, 144–145, 147–148, 157
– – internus 10, 17, 148, 152, 155
– nasi
– – inferior 25, 28, 59, 64, 91, 110
– – medius 25
– – superior 124
MECKEL-Knorpel 20
MEIBOM-Drüsen (Gll. tarsales) 106
Membrana
– basilaris 156
– stapedialis 143, 146
– synovialis (Art. temporomandibularis) 37

Membrana
– tectoria 156
– thyrohyoidea 87, 95
– tympanica 137–138, 140–141, 143–144, 146, 155, 157
– vestibularis (REISSNER-Membran) 156
Meningitis, Otitis media 144
MENIÈRE-Syndrom 155
Merseburg-Trias 123
Mesencephalon 131
mesial 69–70
Mesotympanon 143
Mikrotie 137
Mikrozephalie 21
Milchgebiss, Zahnformel 71
Milchmahlzahn, zweiter 70
Milchzähne 71
– Oberkiefer 74
Mittelgesichtsfrakturen, zentrale, LE-FORT-Klassifikation 5
Mittelohr 134, 137–138
– Computertomographie 148
– Entwicklung 136
Modiolus cochleae 152, 156
Molaren 72
Molarendrüsen 91
Morbus MENIÈRE 155
MORGAGNI-Ventrikel (Ventriculus laryngis) 83
MÜLLER-Muskel (M. ciliaris) 127
Mumps (Parotitis epidemica) 90
Mund, trockener 92
Mundbodenmuskeln 85
Mundhöhle 68, 80
Mundregion 84
Musculus(-i)
– antitragicus 140
– auricularis
– – anterior 41, 140
– – posterior 41, 140
– – superior 41, 140
– buccinator 40, 42–43, 48, 63, 68, 80, 90
– bulbi 112–114, 130
– chondroglossus 86–87
– ciliaris 96, 125, 127
– – (Fibrae circulares, MÜLLER-Muskel) 127
– – (Fibrae meridionales, BRÜCKE-Muskel) 127
– constrictor pharyngis
– – inferior 43, 87, 93, 95
– – medius 86–87
– – superior 51, 80, 86–87, 89
– corrugator supercilii 40, 42–43, 105
– cricothyroideus 95
– depressor
– – anguli oris 40–43, 90
– – labii inferioris 40–43
– – septi nasi 40, 105
– – supercilii 40–43, 105
– digastricus 42–43, 56–57, 63, 68, 84–85, 93–95, 147
– dilatator pupillae 127
– epicranius 40–43, 46, 123
– faciei 40–43, 105
– genioglossus 45, 51, 63, 68, 83, 85–89, 93–95
– geniohyoideus 45, 51, 63, 68, 83, 85–87, 89, 93–94
– helicis major/minor 140
– hyoglossus 51, 68, 84, 86–89, 93–95
– levator(-es)
– – anguli oris 40, 42–43, 105
– – labii superioris 40–43, 105
– – – alaeque nasi 40–43, 105
– – palpebrae superioris 63, 107, 112, 114–120, 123–124, 130
– – – Lähmung, Ptosis 112
– – scapulae 46, 56–57
– – veli palatini 68, 81, 149–150
– linguae 83, 87
– – externi 86–87
– – interni 83
– longitudinalis
– – inferior 83, 86–87
Musculus(-i) longitudinalis
– – superior 83
– longus capitis 68
– masseter 40, 42–46, 90, 93
– masticatorii 40, 42–43, 45, 91
– mentalis 40–43
– mylohyoideus 45, 57, 63, 68, 83–85, 89, 93–95
– nasalis 40–43, 105
– obliquus
– – auriculae 140
– – inferior 110–114, 116, 120, 123
– – superior 63, 112–120, 124, 130
– occipitofrontalis 40–43, 46, 105
– omohyoideus 45, 56, 95
– orbicularis
– – oculi (HORNER-Muskel) 40–43, 46, 105–106, 110–111, 123
– – oris 40–43, 48, 68, 105
– orbitalis 114
– palati 80
– palatoglossus 80, 82, 86–87, 89
– palatopharyngeus 80, 82, 89
– procerus 40–42, 105
– pterygoideus
– – lateralis 37–38, 44–45, 49, 51, 68, 91
– – medialis 44–45, 50, 68, 94
– rectus
– – inferior 63, 112–116, 120, 123–124, 130
– – lateralis 63, 109, 112–121, 124, 130
– – medialis 63, 112–115, 119–121, 124, 130
– – superior 63, 112–120, 123–124, 130
– risorius 40–42, 90
– scalenus
– – anterior 56–57
– – medius 56–57
– – posterior 56
– semispinalis capitis 41
– sphincter pupillae 96, 125, 127
– splenius capitis 41, 47, 56–57
– stapedius 143, 146–147
– sternocleidomastoideus 40–43, 47–48, 56–57, 90
– sternohyoideus 45, 87, 95
– sternothyroideus 95
– styloglossus 86–89, 93, 95
– stylohyoideus 43, 68, 84–85, 93, 95, 147
– stylopharyngeus 86–87, 89
– suprahyoidei 84–85
– temporalis 38, 43–46, 51, 91
– – Ursprünge 43
– temporoparietalis 40–42
– tensor
– – tympani 141, 143–144, 146–147, 150
– – veli palatini 68, 81, 149–150
– thyrohyoideus 45, 87, 93, 95
– tragicus 140
– transversus
– – auriculae 140
– – linguae 83
– trapezius 41, 46–48, 56–57
– uvulae 80–81, 149
– verticalis linguae 83
– zygomaticus
– – major 40–42, 90, 105
– – minor 40–42, 105

N

Nahtknochen 9
Nahtsprengungen 8
Nase
– Dreieck, schwaches/weiches 58
– Dreiecksknorpel 58
– Flügelknorpel, großer/kleiner 58
– keystone area 58
– Knorpel 58
– knorpelfreies Feld 58
– Seitenknorpel 58
– supratip area 58
Nasenbein 5, 22
– Frakturen 6
Nasenbluten (Epistaxis), Locus KIESSELBACH 66
Nasenfrakturen 6
Nasenhöhle(n) 66, 122
– Arterien 66
– Innervation 67
– laterale Wand 25, 60, 65
– Venen 67
Nasenmuschel, untere 26, 59
Nasennebenhöhlen 61, 64–65
– Röntgenbild 62
– Zugänge 60
Nasenscheidewand 59
– knöcherne 24
– Verkrümmung 24
Nasenschleimhaut 59
Nasenskelett 58
Nasenspitzenknorpel 58
Nasenzyklus 59
Nasion 5
Nasopharynx, Verschluss beim Schluckvorgang 81
Nervus(-i)
– abducens [VI] 45, 113, 115, 117–120, 124, 147
– – Schädigung, Diplopie (Doppelbilder) 112
– accessorius [XI] 46–47, 56, 147
– – Verletzungen, Schulterfunktionsstörungen 47
– alveolaris(-es)
– – inferior 45, 48–51, 63, 77, 94
– – superior(-es) 49, 67, 77
– – – anterior 77–78
– – – medius 77–78
– – – posterior 77–78
– ampullaris
– – anterior 154
– – lateralis 154
– – posterior 154
– auricularis
– – magnus 46–47, 139
– – posterior 48, 51, 54, 148
– auriculotemporalis 46–48, 50–51, 55, 96, 139
– buccalis 48–51, 55
– canalis pterygoidei [VIDIANUS] 77, 79, 109, 148
– caroticotympanicus 148
– caroticus internus 77, 79
– cervicalis 89
– ciliares
– – breves 96, 119
– – longi 119
– cochlearis 151, 154–156, 158–159
– ethmoidalis
– – anterior 48, 67, 119–120
– – posterior 119–120
– facialis [VII] 48, 50–51, 54, 77, 93, 96, 109, 139, 146–148, 151, 155
– – Endäste 54
– – Parese, periphere 54
– – Verletzungen 105
– frontalis 115, 117, 123–124
– glossopharyngeus [IX] 77, 82, 89, 96, 147–148
– hypoglossus [XII] 43, 51, 88–89, 93–95
– – Schädigung/Verletzungen 88
– infraorbitalis 43, 47–48, 50–51, 55, 63, 67, 77–78, 107, 109–110, 114, 120–121, 123–124
– infratrochlearis 48, 51, 55, 107, 119–120
– intermedius 77
– lacrimalis 55, 79, 107, 109, 115, 117–119, 121, 124
– laryngeus superior 82, 87–88, 95
– lingualis 45, 49–51, 77, 82, 88–89, 93–96
– mandibularis [V/3] 51, 55, 77–78, 82, 96, 109, 117–118, 120, 150
– – Aufzweigungen 50–51
– massetericus 48–51
– maxillaris [V/2] 55, 67, 77–78, 96, 109, 117–118, 120–121, 147
– meatus acustici externi 51
– mentalis 47–48, 50, 55, 77

Nervus(-i)
- mylohyoideus 49–51
- nasociliaris 115, 117–119, 124
- nasopalatinus 60, 67
- occipitalis
- – major 47–48, 55
- – minor 46–48, 139
- oculomotorius [III] 45, 96, 113–115, 117–120, 124, 132, 147
- olfactorii [I] 60, 67
- ophthalmicus [V/1] 55, 77–78, 96, 109, 115, 117–120, 147
- – Verlauf 117
- opticus [II] 45, 63, 77, 101, 109, 112, 114–121, 123–124, 130–132
- palatinus(-i)
- – major 67, 78, 80
- – minores 78
- petrosus
- – major 77, 79, 96, 109, 146–148, 151
- – minor 77, 148
- – profundus 77, 79, 109
- pharyngeus 78
- pterygoideus
- – lateralis 51
- – medialis 150
- saccularis 154
- sublingualis 88, 95
- supraclaviculares 47
- supraorbitalis 46–48, 50, 55, 107, 109, 117–118, 124
- supratrochlearis 47–48, 51, 55, 107, 117–118
- temporales profundi 51
- transversus colli 47
- trigeminus [V] 45, 51, 77, 96, 109, 117–120, 147
- – Äste 55
- trochlearis [IV] 45, 113, 115, 117–119, 124
- – Läsion, Diplopie (Doppelbilder) 112
- tympanicus (JACOBSON) 77, 96, 146, 148
- utricularis 154
- utriculoampullaris 154
- vagus [X] 43, 51, 77, 82, 139, 147–148
- vestibularis 151, 154–155, 160
- vestibulocochlearis [VIII] 138, 147, 151, 154–155, 157, 159–160
- zygomaticofacialis 55
- zygomaticotemporalis 55, 109
- zygomaticus 48, 78–79, 109, 120–121, 124

Netzhaut s. Retina
Netzhautablösung (Ablatio oder Amotio retinae) 125, 129, 131
- Stauungspapille 129

Neuralrohr 100
Neurokranium, Verknöcherungsmodus 20
Neurone, Hörbahn 159
Nodus(-i) lymphoideus(-i)
- buccinatorius 56
- capitis 56
- cervicales
- – anteriores profundi 57
- – laterales 56–57
- – – profundi inferiores/superiores 56–57
- – – superficiales 56
- faciales 56
- infraauriculares 56
- intraglandulares 56
- jugulodigastricus 56
- juguloomohyoideus 56
- linguales 56
- malaris 56
- mandibularis 56
- mastoidei 56
- nasolabialis 56
- occipitales 56
- parotidei 56–57
- – profundi 56
- – superficiales 56
- preauriculares 56
- retropharyngeales 57
- submandibulares 56, 93
- submentales 56–57, 93
- thyroidei 57

Nucleus(-i)
- accessorius nervi oculomotorii (EDINGER-WESTPHAL) 96, 118
- centralis (Medulla spinalis) 158
- cochlearis(-es) 158–159
- – anterior 159
- – posterior 159
- cornus anterioris musculorum colli 158
- corporis trapezoidei 158–159
- cuneatus 158, 160
- gracilis 158
- interstitialis 160
- lemnisci lateralis 158–159
- lentis 128
- nervi
- – abducentis 158, 160
- – oculomotorii 158, 160
- – trochlearis 158, 160
- olivaris(-es) 158
- – inferiores/superiores 159
- salivatorius inferior/superior 96
- vestibularis(-es) 158
- – inferior (ROLLER) 160
- – lateralis (DEITERS) 160
- – medialis (SCHWALBE) 160
- – superior (BECHTEREW) 160

Nuël-Raum 156
Nystagmus, FRENZEL-Brille 158
Nystagmusprüfung (kalorische) 158

O

Oberkiefer 6, 23, 75
- Dentes decidui/permanentes 74
- Milchzähne 74
- Panoramaröntgenaufnahme 76
- Weisheitszahn 75
- Zahnbogen 69
- Zahnfächer 23

Oberlid 104, 106, 109, 123, 130
- ektropioniertes 104

Occiput 8
Oculus 104, 116, 121
Offenwinkelglaukom 127
Ohr 133–160
- äußeres 134, 137
- Entwicklung 136
- inneres 137
- Perlgeschwulst 157

Ohrbläschen 136
Ohrgeräusche s. Tinnitus
Ohrgrübchen 136
Ohrmuschel (Auricula) 138–139
- Arterien 139
- Dysplasie 137
- Entwicklung 136
- Fehlbildungen 137
- Innervation, sensible 139
- Knorpel 140
- Muskeln 140
- Perichondritis 140
- verkleinerte, rudimentäre 137

Ohrplakode 136
Ohrspeicheldrüse 90–91
- Ausführungsgang, Mündung 92

Ohrtrompete 146, 150
- Entwicklung 136

Okulomotoriusparese 113
- Diplopie 113
- Lidspaltenverengung 104

ÓNODO-GRÜNWALD-Zelle 65
Ophthalmoplegie, Orbitaspitzensyndrom 115
Ophthalmoskopie, Augenhintergrund 129–130
Ora serrata 125–126
Orbiculus ciliaris 125, 127
Orbita 5, 28, 62, 64, 76, 102, 116–121, 123
- Achse 114
- Dach 103
- Frontalschnitt 124
- Horizontalschnitt 121
- mittlere Etage 119, 123
- obere Etage 117, 123

Orbita
- untere Etage 120, 123

Orbitaboden, Fraktur 103
Orbitalhernie, Blow-out-Fraktur 103
Orbitaspitzensyndrom 115
Orbitopathie, endokrine 123
Organum spirale 156–157
Oropharynx, Verschluss beim Schluckvorgang 81
Os(-sa)
- cranii 6–10
- ethmoidale 6, 10, 22, 24–25, 27–29, 36, 59, 61, 64, 102–103, 115, 124
- frontale 5, 7, 18–19, 22, 28–29, 43, 60, 102–103, 109, 114, 123–124
- hyoideum 43, 45, 51, 68, 76, 83–87, 90, 94–95
- incae 9
- incisivum 20, 26
- interparietale 9
- lacrimale 6–7, 24–25, 27, 29, 102–103, 111, 115
- nasale 5, 7, 18, 22, 24–25, 28–29, 58, 60, 102–103, 105
- occipitale 9, 14, 18–20, 25, 31
- palatinum 10, 14, 20, 23–29, 78, 102–103, 115, 149
- parietale 6–9, 18–20, 29, 43
- sphenoidale 6–7, 12, 14, 18, 20, 24–25, 27–31, 36, 78, 102–103, 109, 112, 114, 121, 149
- suturalia 9
- temporale 7, 9–10, 12, 14, 18, 20, 28–29, 32–33, 36, 39, 44, 138, 147–150
- zygomaticum 5, 7, 18, 27–29, 37, 44, 78, 102–103, 124

Ossicula auditus 136, 138, 142–143
osteomeataler Komplex 65
Ostium
- pharyngeum tubae auditivae 60, 149
- tympanicum tubae auditivae 145–146

Otitis
- externa 138
- media 141, 144

Otosklerose 135, 142
ovales Fenster (Fenestra vestibuli) 145

P

palatinal 69
Palatum
- durum 15, 26, 60, 68, 76, 80
- molle 45, 60, 76, 78, 80–81

Palpebra
- inferior 104, 106, 109, 123, 130
- superior 104, 106, 109, 123, 130

Panniculus adiposus 41
Panoramaröntgenaufnahme, Ober-/Unterkiefer 76
Papilla(-ae)
- ductus parotidei 92
- filiformes 82
- foliatae 81–82, 86–87
- fungiformes 82
- incisiva 80
- lacrimalis inferior/superior 104, 110
- nervi optici 129
- vallatae 81–82, 86

Paries
- caroticus (Cavitas tympani) 144
- inferior orbitae 27, 103, 130
- jugularis (Cavitas tympani) 144
- labyrinthicus (Cavitas tympani) 144–145
- lateralis
- – (Cellulae ethmoidales) 130
- – orbitae 29, 102
- mastoideus (Cavitas tympani) 144–145
- medialis
- – (Cellulae ethmoidales) 130
- – orbitae 29, 102
- membranaceus (Cavitas tympani) 144, 146
- posterior (Meatus acusticus externus) 141

Paries
- superior
- – (Cellulae ethmoidales) 130
- – orbitae 103
- tegmentalis (Cavitas tympani) 144
Parodontopathien 74
Parodontose 74
Parotistumoren
- Fazialisschädigungen, periphere 90
- FREY-Syndrom (gustatorisches Schwitzen) 90
Parotitis epidemica (Mumps, Ziegenpeter) 42, 90
Pars
- alveolaris (Mandibula) 34
- anterior (Dorsum linguae) 82
- basilaris (Os occipitale) 14, 31
- canalis (N. opticus) 115
- cartilaginea (Tuba auditiva) 149–150
- cavernosa (A. carotis interna) 151
- ceratopharyngea (M. constrictor pharyngis medius) 86–87
- cerebralis (A. carotis interna) 115
- chondropharyngea (M. constrictor pharyngis medius) 86–87
- ciliaris retinae 125, 127
- cuneiformis vomeris 24
- cupularis (Cavitas tympani) 144
- fibrocartilaginea 140
- flaccida 141
- glossopharyngea (M. constrictor pharyngis superior) 80, 86–87
- inferior (Orbita) 64
- intermuscularis (A. maxillaris) 49
- intracranialis (N. opticus) 115
- iridica retinae 127
- labialis (M. orbicularis oris) 40
- lacrimalis (M. orbicularis oculi) 105, 111
- lateralis
- – (M. pterygoideus medialis) 44
- – (Os occipitale) 18, 20, 31
- mandibularis (A. maxillaris) 52
- marginalis (M. orbicularis oris) 40, 105
- medialis (M. pterygoideus medialis) 44
- nasalis (Os temporale) 22
- optica retinae 125
- oralis pharyngis (Mesopharynx, Oropharynx) 68
- orbitalis
- – (Gl. lacrimalis) 107, 109, 112, 117–119
- – (M. orbicularis oculi) 40–42, 105
- – (N. opticus) 115
- – (Os frontale) 5, 22, 28, 102
- ossea (Tuba auditiva) 140, 149–150
- palpebralis
- – (Gl. lacrimalis) 107
- – (M. orbicularis oculi) 40–42, 105–106
- petrosa (Os temporale) 12, 18, 20, 32, 147, 149–150
- plana (Corpus ciliare) 127
- plicata (Corpus ciliare) 127
- posterior (Dorsum linguae) 82
- profunda
- – (Gl. parotidea) 91
- – (M. masseter) 43–44
- pterygoidea (A. maxillaris) 52
- retromandibularis (A. maxillaris) 49
- sphenopalatina (A. maxillaris) 49
- squamosa (Os temporale) 7, 10, 12, 18, 20, 28–29, 32–33
- superficialis
- – (Gl. parotidea) 90–91
- – (M. masseter) 43–44
- supraclavicularis (Plexus brachialis) 56
- supratarsalis (Palpebra superior) 104
- tarsalis (Palpebra superior) 104
- tensa 141
- thyropharyngea (M. constrictor pharyngis inferior) 87
- tympanica (Os temporale) 20, 32
Paukenhöhle 138, 144, 146–147
- Entwicklung 136
- Etagen 143

Paukenhöhle
- laterale Wand 146
- mediale Wand 145
- Recessus 141
- topographische Beziehungen 144
Paukenröhrchen 141
Pedunculus(-i) cerebri 131
Pericranium 42–43
Perilymphraum 157
Periodontium 70
Periorbita 112, 114–115, 123–124
periorbitale Region 107
Pfeilerzelle, innere, CORTI-Organ 156
Pfeilnaht 8, 19
Phalangenzellen, äußere/innere, CORTI-Organ 156
Photorezeptoren/-rezeptorzellen 131
Plagiozephalie 21
Platysma 40–41, 45–46, 63, 68, 90, 93
Plexus
- brachialis 56
- caroticus internus 79, 109, 148
- cavernosus 59, 91
- cervicalis 46, 55
- choroideus ventriculi lateralis 131
- dentalis
- – inferior 50, 77
- – superior 77
- intraparotideus 47
- pterygoideus 50, 53, 76, 79
- tympanicus 148
- venosus
- – caroticus internus 150
- – foraminis ovalis 150
- – pterygoideus 116
Plica(-ae)
- ciliares 127
- fimbriata 83, 87, 92, 95
- glossoepiglottica lateralis/mediana 82
- iridis 127
- lacrimalis (HASNER-Klappe) 65, 110
- mallearis
- – anterior 141, 144, 146–147
- – posterior 141, 146–147
- – superior 141
- palatinae transversae 80
- salpingopharyngea 81
- semilunaris conjunctivae 104, 110
- sublingualis 92, 94–95
- triangularis 82
Polus
- anterior
- – bulbi 125
- – lentis 125, 128
- posterior
- – bulbi 125
- – lentis 125, 128
Porus acusticus
- externus 7, 15, 36–37
- internus 10, 12–13, 17, 33, 151
- – Inhalt 17
präaurikuläres Hautanhängsel 137
Prämolaren 72
Presbyakusis (Altersschwerhörigkeit) 99, 135
Presbyopie (Alterssichtigkeit) 128
Processus(-us)
- alveolaris (Maxilla) 6, 23, 28–29, 61
- anterior (Malleus) 142
- ciliaris 127
- clinoideus anterior/posterior 12, 30
- cochleariformis 144–146
- condylaris (Mandibula) 34–36, 38–39, 62, 76, 91
- coronoideus (Mandibula) 34–37, 39, 62, 91
- ethmoidalis (Concha nasalis inferior) 25
- frontalis (Maxilla) 5–6, 18, 23–24, 58, 62, 102, 107, 110–111
- intrajugularis 31, 33
- jugularis 31
- lateralis (Malleus) 142, 147
- lenticularis (Incus) 142, 146–147
- mastoideus 7, 9, 14–15, 32–33, 37, 91, 138, 144–145, 147

Processus(-us)
- orbitalis (Os palatinum) 27–29, 102–103
- palatinus (Maxilla) 10, 14, 20, 23–26, 28, 59, 64
- posterior (Cartilago septi nasi) 59
- pterygoideus
- – (Os sphenoidale) 14, 20, 24–27, 29–30, 68, 78, 81, 102, 149
- – (Os temporale) 36
- pyramidalis (Os palatinum) 14, 26–27, 102
- styloideus (Os temporale) 7, 9–10, 14, 32–33, 36–37, 43, 68, 87, 91, 138, 144–145
- temporalis (Os zygomaticum) 44
- uncinatus
- – (Os ethmoidale) 65–66
- – (Os sphenoidale) 25
- vaginalis (Os sphenoidale) 30
- zygomaticus
- – (Maxilla) 14, 23, 26, 29
- – (Os frontale) 5, 22, 102–103
- – (Os temporale) 14, 22, 32–33, 36, 44
Prominentia
- canalis
- – nervi facialis 145
- – semicircularis lateralis 145
- mallearis 141
Promontorium 144–148
Protrusion, Kiefergelenk 37
Protuberantia
- mentalis 6–7, 34, 85
- occipitalis
- – externa 9–10, 15
- – interna 12, 31
Ptosis 104
- M. levator palpebrae superioris, Lähmung 112
Pulpa
- coronalis 70
- dentis 70
- radicularis 70
Punctum
- lacrimale 104–105, 110
- nervosum (ERB-Punkt) 47
Pupilla 104, 127
Pupillen, Abstand 126

R

Rachenenge (Isthmus faucium) 80
Rachenmandel 89
Radiatio
- acustica 159
- optica (GRATIOLET-Sehstrahlung) 131–132
- – Verletzung 132
Radii lentis 128
Radix(-ces)
- clinica 70
- dentis 70
- facialis (N. canalis pterygoidei) 148
- lateralis (Tractus opticus) 131
- linguae 82–83, 86, 94
- parasympathica
- – (Ganglion pterygopalatinum) 77
- – [oculomotoria] (Ganglion ciliare) 96, 119
- sensoria (N. trigeminus) 119
- superior (Ansa cervicalis) 89
- sympathica ganglii pterygopalatini 77
Ramus(-i)
- alveolares superiores
- – anteriores 77
- – medii 77
- – posteriores 49, 51, 77
- anastomoticus cum a. meningea media (A. lacrimalis) 118
- auricularis(-es)
- – (A. auricularis posterior) 52, 139
- – anteriores (A. temporalis superficialis) 52, 139
- – (N. vagus) 51, 148
- buccales (N. facialis) 46, 54
- calcarinus 131
- cervicofacialis (N. auricularis posterior) 54

Ramus(-i)
- colli (N. facialis) 46–47, 54, 93
- communicans cum nervo
- – faciali 96
- – zygomatico 109, 121
- cricothyroideus (A. thyroidea superior) 52
- dentales
- – (A. alveolaris inferior) 49
- – (A. alveolaris superior posterior) 49, 52
- descendens (A. occipitalis) 52
- digastricus (N. facialis) 48, 51, 147
- diploicus (A. supraorbitalis) 118
- dorsales linguae (A. lingualis) 52, 88–89
- frontalis (A. temporalis superficialis) 45–46, 48, 52
- ganglionares ad ganglion pterygopalatinum 77–78
- glandularis(-es) (A. thyroidea superior) 52
- hyoideus (A. lingualis) 88
- inferior(-es) (N. oculomotorius) 113–115, 119–120, 124
- infrahyoideus (A. thyroidea superior) 52
- internus (N. laryngeus superior) 88
- lateralis
- – (N. supraorbitalis) 47–48, 50, 117–118
- – nasi (A. facialis) 52
- linguales (N. glossopharyngeus) 82
- mandibulae 6, 34–37, 43–44, 50, 68, 85
- marginalis mandibularis (N. facialis) 46, 54
- mastoideus (A. occipitalis) 52
- medialis (N. supraorbitalis) 47–48, 50, 117–118
- meningeus
- – (A. occipitalis) 52
- – (A. ophthalmica) 115
- – anterior (A. ethmoidalis anterior) 117–120
- – (N. mandibularis) 117
- – recurrens (A. ophthalmica) 115–116, 118
- mentalis (A. alveolaris inferior) 49, 52
- musculares (N. pterygoideus medialis) 150
- mylohyoideus (A. alveolaris inferior) 49
- nasalis(-es)
- – anteriores laterales (A. ethmoidalis anterior) 118
- – externus
- – – (A. ethmoidalis anterior) 66
- – – (N. ethmoidalis anterior) 48, 67
- – – (N. trigeminus) 55
- – interni (N. infraorbitalis) 67
- – posteriores
- – – inferiores (N. palatinus major) 67
- – – superiores 78
- – – – laterales 67
- occipitalis
- – (A. auricularis posterior) 52
- – (A. occipitalis) 52
- orbitales (N. maxillaris) 78
- parietalis (A. temporalis superficialis) 46, 48–49, 51–52
- parotideus(-i)
- – (A. auricularis posterior) 52
- – (A. temporalis superficialis) 52
- – (N. facialis) 96
- perforantes (A. auricularis posterior) 139
- peridentales
- – (A. alveolaris inferior) 49
- – (A. alveolaris superior posterior) 49, 52
- – (A. infraorbitalis) 49
- pharyngealis(-es)/pharyngeus(-i)
- – (A. canalis pterygoidei) 79
- – (A. palatina descendens) 89
- – (A. pharyngea ascendens) 52
- – (Aa. palatinae minores) 52
- pterygoidei (A. maxillaris) 49, 52
- radicularis(-es) anteriores (A. ethmoidalis anterior) 118
- septalis
- – (A. ethmoidalis posterior) 66
- – anterior (A. ethmoidalis anterior) 66
- – (N. ethmoidalis anterior) 67
- – posterior (A. sphenopalatina) 52, 66
- septi nasi (A. labialis superior) 52, 66

Ramus(-i)
- sternocleidomastoideus
- – (A. occipitalis) 52, 89
- – (A. thyroidea superior) 52
- stylohyoideus (N. facialis) 48, 147
- superior(-es) (N. oculomotorius) 113, 115, 118–119, 124
- suprahyoideus (A. lingualis) 88
- temporalis(-es) (N. facialis) 46, 54
- temporofacialis (N. auricularis posterior) 54
- tentorius (N. trochlearis) 117
- tonsillaris(-es)
- – (A. facialis) 52
- – (A. palatina ascendens) 89
- – (A. pharyngea ascendens) 89
- – (N. glossopharyngeus) 82, 89
- – (Nn. palatini minores) 89
- zygomatici (N. facialis) 46, 54
- zygomaticofacialis (N. zygomaticus) 48, 78
- zygomaticotemporalis (N. zygomaticus) 48, 78–79

Ranula 92
Raphe
- mylohyoidea 84–85
- palati 68, 80–81
- palpebralis lateralis 104, 107
- pterygomandibularis 49, 51, 68, 80

Recessus
- cochlearis 153
- ellipticus 153
- epitympanicus 141, 143–144, 146
- frontalis 65
- inferioris 140
- meatus acustici 65
- membranae tympanicae 141, 144
- pharyngeus 60, 150
- sphenoethmoidalis 65
- sphericus 153
- supraorbitalis 63
- tubotympanicus 136
- – Entwicklung 136

Regenbogenhaut 125, 127
Regio
- buccalis 4
- capitis 4
- cervicalis
- – anterior 4
- – lateralis 4
- – posterior 4
- colli 4
- deltoidea 4
- frontalis 4
- infraorbitalis 4
- mentalis 4
- nasalis 4
- occipitalis 4
- oralis 4
- orbitalis 4
- parietalis 4
- parotideomasseterica 4
- sternocleidomastoidea 4
- temporalis 4
- zygomatica 4

REICHERT-Knorpel 20
REISSNER-Membran (Membrana vestibuli) 156
Reticulum trabeculare 125, 127
Retina 125–126
- Blutgefäße 129
- Inversion 131
- Neuralepithel 101
- – Anlage 100
- Pigmentepithel 100–101
- Stäbchenbipolare/-zellen 131
- Zapfenbipolare/-zellen 131

Retinaculum laterale/mediale 124
Retinopathie, diabetische 99
retroartikuläres Venenpolster 38
Retrusion, Kiefergelenk 37
Rhinoliquorrhö 67
Rima palpebrarum 104, 106
Rindenblindheit, Amaurose, kortikale 132
RIOLAN-Muskel (Pars palpebralis, M. orbicularis oculi) 106
Röntgenbild
- Kiefergelenk 39
- Nasennebenhöhlen 62
- Ober/-Unterkiefer 76

ROLLER-Kern (Ncl. vestivbularis inferior) 160
ROMBERG-Versuch, Schwindel 158
Rostrum sphenoidale 30
rundes Fenster (Fenestra cochleae) 145

S

Sacculus vestibularis 134, 137, 154, 157
Saccus
- endolymphaticus 137, 154
- lacrimalis 110–111

Scala
- tympani 152–154, 156–157
- vestibuli 152–154, 156–157

Scapha 139–140
Schädel 5
- Berstungs-, Impressions- bzw. Linearfrakturen 8
- Neugeborenes 18–20

Schädelbasis
- äußere 14–16
- – Foramina (Inhalt) 16
- Frakturen 8, 16
- hintere 15
- innere 12–13, 17
- – Foramina (Inhalt) 16–17
- mittlere 14–15
- vordere 14, 26

Schädeldach 10–11
Schädelfrakturen 8
Schädelgrube
- hintere 13
- mittlere 12
- vordere 12, 122

Schädelkalotte, Biegebrüche 11
Schädelknochen 6–10
- Verknöcherungsmodus 20

Schallempfindungsschwerhörigkeit 135, 157
Schallleitung 157
- Wanderwellen 157

Schallleitungsschwerhörigkeit 135, 142
- Cerumen 135

Schallwellenwiderstand (Schallimpedanz) 138
SCHIRMER-Test 108, 147
- Fazialisparese 108
- Tränendrüsenfunktionsstörung 108

Schläfenbein 32–33, 148
- Neugeborenes 32

Schläfengrube 122
SCHLEMM-Kanal (Sinus venosus sclerae) 125–127
Schluckreflex 84
Schlund s. Pharynx
Schlundenge 68
Schlundschnürer 87
Schmelzdefekte
- Tetrazykline 73
- Vitamin-D-Mangel (Rachitis) 73

Schnecke 156
Schneckengang 152
Schneidezahn 70
Schulterfunktionsstörungen, N. accessorius, Verletzung 47
SCHWALBE-Kern (Ncl. vestibularis medialis) 160
Schwerhörigkeit 135
Schwindel 135, 158
- ROMBERG-Versuch 158
- UNTERBERGER-Tretversuch 158

Sclera 101, 123–127
- Krümmungsradius 126

Sehachse 114
Sehbahn 132
- Gefäßversorgung 131

Sehnervenpapille, Glaukom 129
Sehventrikel 100–101

Seitenfontanelle, hintere/vordere 19
Seitenknorpel, Nase 58
Seitenstränge 89
Sella turcica 10, 31, 60
Semicanalis
– musculi tensoris tympani 145–146, 150
– tubae auditivae 81, 146, 149–150, 152
Sensibilitätsstörungen, Blow-out-Fraktur 103
Septum
– canalis musculotubarii 145–146, 150
– linguae 83, 87, 95
– nasi 59, 62–64, 76
– – osseum 6, 18, 24, 36
– orbitale 107, 111, 123
Septumdeviation 24, 63
Septumhämatom 58
Seromukotympanon 143
SERRE-Körper 73
SHRAPNELL-Membran 141
Sialolithen 92, 94
Siebbein 22
Siebbeinzellen 122
– Entzündungen 28
Sinus
– cavernosus 115–116
– – Thrombose 108, 116
– frontalis 10, 24–25, 28, 59–64, 122, 130
– – Entwicklung 64
– – Lage im Schädel 61
– – Zugang 60
– maxillaris 23, 26, 28–29, 61–64, 76–77, 91, 102, 110–112, 122–124, 130
– – Entwicklung 64
– – Zugang 60
– paranasales 62
– – Zugänge 60
– posterior (Cavum tympani) 145
– sagittalis superior 63
– sphenoidalis 10, 24–25, 29–30, 36, 59–62, 121, 130
– – Lage im Schädel 61
– – operative Eingriffe 61
– – Sinusitis/Tumoren 120
– – Zugang 60
– transversus 147
– tympani 145–146
– venosus sclerae (SCHLEMM-Kanal) 125–127
Sinusitis 62
– chronische, Computertomographie 64
– maxillaris 28
– – odontogene 64
Sinusphlebitis, Gesichtsbereich, Entzündungen 53
Sinusthrombose, Gesichtsbereich, Entzündungen 53
Skaphozephalus 21
Sklera, Anlage 100
Sonographie, Auge 130
Spaltlampenuntersuchung, Auge 108
Spatium(-a)
– episclerale 123
– intervaginale subarachnoidale 125
– perichoroideum (Retina) 125
– zonularia 127
Speicheldrüsen 91
– Ausführungsgang, Fehlbildungen 92
– Entzündungen 92
– große 91, 95
– kleine 91
Speichelsteine 92, 94
Spina(-ae)
– mentalis 34–35
– – superior 85
– nasalis 22
– – anterior 6–7, 23, 25–26, 59
– – posterior 14, 23–26
– ossis sphenoidalis 12, 14, 27, 30, 36, 149
– palatinae 26
– suprameatica 32
– tympanica major/minor 147
Squama
– frontalis 5, 19, 22, 24, 29, 102–103
Squama
– occipitalis 9–10, 18–20, 31
Stäbchenbipolare/-zellen, Retina 131
Stapes 136, 138, 141–144, 147, 154, 157
Stauungspapille, Netzhautablösung 129
Steigbügel s. Stapes
STENON-Gang (Ductus parotideus) 40, 42–43, 46, 90, 92–93
Stirnbein 5, 22
Stirnhöhle 122
– Entwicklung 64
Stirnnaht 19
Stratum
– nervosum (Retina) 125
– pigmentosum (Retina) 125
Stria mallearis 141
Stützzelle 157
Subiculum promontorii 145
Substantia lentis 128
Sulcus(-i)
– arteriae
– – meningeae mediae 11
– – temporalis mediae 32
– arteriosus
– – (Os sphenoidale) 30
– – (Os temporale) 10–12, 33
– calcarinus 131–132
– caroticus 12, 30–31
– infraorbitalis 23, 27–29, 102–103
– lacrimalis 23, 102
– medianus linguae 82
– mylohyoideus 34–36
– nervi petrosi
– – majoris 12, 152
– – minoris 12
– palatini 26
– palpebralis superior 104
– palpebronasalis 104
– prechiasmaticus 31
– promontorii 145
– sclerae 104
– sinus
– – petrosi
– – – inferioris 12, 152
– – – superioris 12
– – sagittalis superioris 11–12
– – sigmoidei 10, 12–13, 31, 33, 151–152
– – transversi 10, 12–13, 31
– spiralis internus 156
– terminalis linguae 82
– tubae auditivae 15, 30
– tympanicus 145
– venosi 11
Supercilium 104, 123
suprahyoidale Muskeln 84–85
Sutura
– coronalis 6–8, 10–11, 18–19
– ethmoidolacrimalis 29
– frontalis 18–19, 24
– frontolacrimalis 6–7
– frontomaxillaris 28, 58
– frontonasalis 5, 58
– frontozygomatica 6–7, 62
– incisiva 26
– intermaxillaris 6
– internasalis 5
– lacrimomaxillaris 7
– lambdoidea 7–11, 18–19
– nasomaxillaris 6–7, 58
– occipitalis transversa 9, 20
– occipitomastoidea 7, 9, 12
– palatina
– – mediana 14, 26
– – transversa 14, 23, 26, 59
– parietomastoidea 7, 9
– sagittalis 8–9, 19
– sphenofrontalis 6–7, 12, 29
– sphenoparietalis 6
– sphenosquamosa 7, 12, 38
– sphenozygomatica 6–7, 109
– squamosa 7, 9–10
– temporozygomatica 7
– vomeromaxillaris 59
Sutura
– zygomaticofrontalis 28
– zygomaticomaxillaris 6–7, 23, 27–28, 103
Symphysis mandibulae 18, 35
Synchondrosis
– petrooccipitalis 152
– sphenopetrosa 151–152
Syndrom des trockenen Mundes 92

T

Tarsus
– inferior 106–107, 123
– superior 106–107, 123
Taubheit, angeborene 137
Tectum mesencephali 131
Tendo intermedius (M. digastricus) 84–85
TENON-Kapsel (Vagina bulbi) 123
Tetrazykline, Schmelzdefekte 73
Thalamus 160
Thrombophlebitis, Otitis media 144
Thrombose, Sinus cavernosus 108
Tic douloureux (Trigeminusneuralgie) 55
Tinnitus 135, 156
Tonsilla
– lingualis 81–82, 89
– palatina 68, 80–82, 87, 89
– pharyngea 60, 68, 89
– tubaria 89
Tonsillektomie 89
Torus
– mandibularis 34
– tubarius 60
Trachom 99
Tractus
– olfactorius 60
– opticus 115, 131–132
– spiralis foraminosus 152
– vestibulothalamicus 160
Tränenapparat 110–111
Tränendrüse
– Entzündungen 108
– Innervation 109, 121
Tränendrüsenanastomose 96
Tränendrüsenfunktionsstörung, SCHIRMER-Test 108
Tränenfilm, Bildung, Komponenten 106
Tränenfilmaufrisszeit (Break-up-time) 108
Tränenpünktchen 105
Tränenträufeln 41, 111
Tränentransport, verminderter 111
Tragus 7, 139
Trigeminusdruckpunkte 55
Trigeminusneuralgie (Tic douloureux) 55
Trigonum
– caroticum 4
– musculare (omotracheale) 4
– omoclaviculare 4
– retromolare 34
– submandibulare 4
– submentale 4
Trochlearisparese 114
Trommelfell (Membrana tympanica) 138, 141
– Entwicklung 136
– Perforation, Otitis media 144
– Quadranten 141
Truncus(-i) sympathicus 79
Tuba auditiva [auditoria] (EUSTACHII-Röhre, Tuba EUSTACHII) 137–138, 141, 146, 149–150, 155
Tubenkatarrh 149
Tubenknorpel 81, 149
Tubenmandeln 89
Tubenverschluss 143
Tuber
– cinereum 131
– frontale 8, 18, 22
– maxillae 23, 78
– parietale 7–8, 18–19
Tuberculum
– articulare (Os temporale) 15, 32–33, 37–39, 44, 76, 139

Tuberculum
- dentis 70
- jugulare 31
- mentale 34, 85
- pharyngeum 14
- sellae 12, 31
Tuberositas
- masseterica 34, 36
- pterygoidea 34–36
Tumorkachexie, BICHAT-Wangenfettkörper 42
Tunica
- conjunctiva
- - bulbi 104, 125
- - palpebrarum 104, 106
- mucosa
- - linguae 83
- - oris 69, 86–87
- - tuba auditivae 150
Tunnel, äußerer, CORTI-Organ 156
Turmschädel 21
tympanale Belegschicht, CORTI-Organ 156

U

Umbo membranae tympanicae 141, 144
UNTERBERGER-Tretversuch, Schwindel 158
Unterkiefer 6, 34–35, 75, 85
- Gelenkfortsatz 38
- Greis 35
- Leitungsanästhesie 77
- Neugeborenes 35
- Panoramaröntgenaufnahme 76
- Zahnbogen 69
Unterkieferspeicheldrüse 91, 93–94
- Ausführungsgang, Mündung 92
Unterlid 104, 106, 109, 123, 130
Unterzungenspeicheldrüse 91, 93–94
Utriculus 134, 137, 148, 154, 157
Uvula 89
- bifida 80
- palatina 68, 80

V

Vagina
- bulbi (TENON-Kapsel) 123
- externa
- - (Anulus tendineus communis) 115
- - nervi optici 114, 123, 125
- interna (Anulus tendineus communis) 115
- processus styloidei 33
Vallecula epiglottica 82
Vas(-a)
- sanguinea retinae 129
- spirale 156
Velum palatinum 68, 76, 80–81
Vena(-ae)
- alveolaris
- - inferior 63, 76
- - superior
- - - anterior 76
- - - posterior 76, 79
- angularis 53, 107, 116
- aquaeductus vestibuli 155
- aqueductus cochleae 155
- brachiocephalica 57
- centralis retinae 63, 126
- - Thrombose 124
- cervicalis profunda 53
- ciliaris anterior 126
- comitans nervi hypoglossi 53, 95
- conjunctivalis anterior 126
- diploicae
- - frontales 53
- - occipitales 53
- - temporales anteriores 53
- dorsalis linguae 89
- emissaria(-ae) 76
- - mastoidea 53

Vena(-ae) emissaria(-ae)
- - parietalis 53
- episcleralis 126
- ethmoidalis
- - anterior 67
- - posterior 67
- facialis 47–48, 50, 53, 63, 76, 79, 90, 93, 116
- infraorbitalis 76, 79, 116, 124
- infratrochlearis 107
- jugularis
- - externa 46–47, 53, 76, 93
- - interna 43, 53, 56–57, 76, 89
- labialis
- - inferior 53, 67
- - superior 53, 67
- labyrinthi 155
- laryngea superior 87, 95
- lingualis 63, 88–89
- magna cerebri (GALEN-Vene) 131
- maxillaris 50, 53, 76
- nasalis 67
- nasofrontalis 53, 116
- occipitalis 53
- ophthalmica
- - inferior 115–116
- - superior 115–116, 124
- palatina descendens 79
- pharyngeae 53
- profunda(-ae)
- - faciei 50
- - linguae 89
- retromandibularis 48, 50, 53, 76
- scalae
- - tympani 155
- - vestibuli 155
- sphenopalatina 67, 79
- subclavia dextra 57
- sublingualis 88–89, 93, 95
- submentalis 48, 50, 53, 93
- supraorbitalis 107, 116
- supratrochlearis 53, 107, 116
- temporalis
- - media 48, 50
- - superficialis 50, 53, 107
- thyroidea superior 53, 93
- transversa colli 47
- vestibulares 155
- vorticosa 116, 126
Venenpolster, retroartikuläres 38
Venter
- anterior (M. digastricus) 42–43, 56–57, 63, 84–85, 93–95
- frontalis (M. occipitofrontalis) 40–43, 105
- inferior (M. omohyoideus) 56
- occipitalis (M. occipitofrontalis) 41–43
- posterior (M. digastricus) 43, 84–85, 93, 147
- superior (M. omohyoideus) 56, 95
Ventriculus laryngis (MORGAGNI-Ventrikel) 83
Venula
- macularis inferior/superior 129
- medialis retinae 129
- nasalis retinae inferior/superior 129
- temporalis retinae inferior/superior 129
Vertex 8
- corneae 125
vestibular 69
Vestibularis-Schwannom 152
Vestibularorgan 134
Vestibulum
- labyrinthi 153, 155
- nasi 60
- oris 68, 81, 83
Vibrissae 68
VIDIANUS-Kanal (Canalis pterygoideus) 29–30, 78
VIDIANUS-Nerv (N. canalis pterygoidei) 77, 79, 109, 148
Viscerocranium 28
- Verknöcherungsmodus 20

Vitamin-A-Mangel, Erblindung 99
Vitamin-D-Mangel (Rachitis), Schmelzdefekte 73
Vitrektomie 124
Vomer 5–6, 10, 14, 20, 24, 28, 36, 59

W

WALDEYER-Rachenring (lymphatischer Rachenring) 89
Wanderwellen, Schallleitung 157
Wangendrüsen 91
Wangenfettkörper (BICHAT-Fettpfropf, Corpus adiposum buccae) 40, 42, 90
- Tumorkachexie 42
weiches Dreieck, Nase 58
Weisheitszahn, Oberkiefer 75
WERNICKE-Zentrum (sensorisches Sprachzentrum) 159
WHARTON-Gang (Ductus submandibularis) 92
Winkelblockglaukom 127
Würgereflex 84

Z

Zahn/Zähne
- bleibende 72–74
- Gefäßversorgung 76
- Infiltrationsanästhesie 77
- Innervation 77
Zahnbogen
- Ober-/Unterkiefer 69
Zahnentwicklung 73
Zahnfächer, Oberkiefer 23
Zahnformel 71
Zahnhals 70
Zahnkrone 70
Zahnpulpa 70
Zahnverlust, Mandibulafrakturen 35
Zahnwurzel 70
Zapfenbipolare/-zellen, Retina 131
Zentralvenenthrombose 124
Ziliarkörper 127
ZINN-Sehnenring (Anulus tendineus communis) 112, 114–115
Zonula ciliaris 125, 127
Zunge 81–83, 86
- Gefäße 88–89, 95
- motorische Innervation 88
- Nerven 88–89, 95
- subepitheliales Venennetz 93
- Verätzungen/Verbrühungen 84
Zungenbein 84–85
Zungendrüsen 91
Zungenmandel 89
Zungenmuskeln 83, 87
- äußere 86–87
- innere 83
Zungenrand, Leukoplakien/Präkanzerosen 84
Zungenrücken 82
Zungenwurzel 82
Zyklopie 101